Methodik zur Einführung datengetriebener Geschäftsmodelle im Werkzeugbau

Methodology for the Introduction of Data-driven Business Models in the Tooling Industry

Von der Fakultät für Maschinenwesen
der Rheinisch-Westfälischen Technischen Hochschule Aachen
zur Erlangung des akademischen Grades eines
Doktors der Ingenieurwissenschaften
genehmigte Dissertation

vorgelegt von

Julian Andreas Trisjono

Berichter/in:

Univ.-Prof. Dr.-Ing. Dipl.-Wirt. Ing. Günther Schuh
apl. Prof. Dr.-Ing. Wolfgang Boos

Tag der mündlichen Prüfung: 02. Juni 2025

ERGEBNISSE AUS DER PRODUKTIONSTECHNIK

Julian Andreas Trisjono

Methodik zur Einführung datengetriebener Geschäftsmodelle im Werkzeugbau

Herausgeber:
Prof. Dr.-Ing. Dipl.-Wirt. Ing. G. Schuh
Prof. Dr.-Ing. C. Brecher
Prof. Dr.-Ing. R. H. Schmitt

Band 14/2025

WZL | RWTH AACHEN UNIVERSITY

Fraunhofer
IPT

Bibliografische Information der Deutschen Nationalbibliothek
Die Deutsche Nationalbibliothek verzeichnet diese Publikation in der Deutschen Nationalbibliografie; detaillierte bibliografische Daten sind im Internet über https://portal.dnb.de abrufbar.

Julian Andreas Trisjono:

Methodik zur Einführung datengetriebener Geschäftsmodelle im Werkzeugbau

1. Auflage, 2025

Gedruckt auf holz- und säurefreiem Papier, 100% chlorfrei gebleicht.

Wissenschaftsverlag des Instituts für Industriekommunikation und Fachmedien an der RWTH Aachen
Steinbachstr. 25, 52074 Aachen, Deutschland
Internet: www.apprimus-verlag.de, E-Mail: info@apprimus-verlag.de

Druck: CPI Druckdienstleistungen GmbH
Ferdinand-Jühlke-Straße 7 | 99095 Erfurt | Deutschland

ISBN 978-3-98555-298-6

D 82 (Diss. RWTH Aachen University, 2025)

Vorwort

Die vorliegende Dissertation ist das zentrale Ergebnis meiner Tätigkeit am Werkzeugmaschinenlabor WZL der Rheinisch-Westfälischen Technischen Hochschule (RWTH) Aachen. Meine Tätigkeit am WZL begann als wissenschaftliche Hilfskraft, führte sich als wissenschaftlicher Mitarbeiter fort und brachte mich schließlich in die Position des Gruppenleiters der Abteilung für Unternehmensentwicklung am Lehrstuhl für Produktionssystematik. Ich möchte mich in besonderem Maße bei meinem Doktorvater Herrn Professor Günther Schuh für die Betreuung meiner Dissertation bedanken. Sein visionäres, inspirierendes und anspruchsvolles Arbeitsumfeld hat sowohl meine persönliche als auch fachliche Weiterentwicklung wesentlich geprägt. Weiterhin möchte ich mich bei Herrn Professor Wolfgang Boos für die Übernahme des Korreferats bedanken. Ich danke zudem Frau Professor Katharina Schmitz für die Übernahme des Prüfungsvorsitzes und Herrn Professor Georg Jacobs für die Übernahme des Prüfungsbeisitzes.

Zahlreiche nationale und internationale Industrieberatungsprojekte in der Branche Werkzeugbau haben die Adressierung praxisrelevanter Fragestellungen im Zuge meiner Forschung bestärkt. Für die Möglichkeit der Leitung dieser Projekte und der damit verbundenen Verantwortung sowie Gestaltungsfreiheit möchte ich Herrn Professor Wolfgang Boos von der WBA Aachener Werkzeugbau Akademie GmbH herzlich danken. Der stetige Austausch mit Unternehmen der Branche Werkzeugbau ermöglichte auch die Validierung der Dissertation. Hierfür danke ich Herrn Jan Wiese von der production.AI GmbH sowie den Herren Michael Stepper und Daniel Ast von der Fritz Stepper GmbH & Co. KG.

Besonderen Dank richte ich an meine ehemaligen Kolleginnen und Kollegen vom WZL sowie von der WBA. Auf die gegenseitige Unterstützung, die gemeinsamen Dienstreisen im In- und Ausland, die enorme Leistungsbereitschaft und die vielen gemeinsamen Stunden auch abseits der Arbeit werde ich stets in bester Erinnerung zurückblicken. Hierfür möchte ich insbesondere meinen langjährigen Weggefährten Dr. Felix Stracke, Tammo Dannen, Lea Niwar, Christoph Frey, Dr. Tim Ochel, Jonas Kenfenheuer, Thomas Eberius, Leonhard Klisch, Dr. Julian Schweins und Dr. Niklas Kessler danken. Meine Vorgesetzten Dr. Christoph Kelzenberg und Dr. Gerret Lukas danke ich für ihren unermüdlichen Einsatz. Eure Perspektiven und Impulse haben meine wissenschaftliche Arbeit wesentlich vorangebracht und das Vertrauen, mir die Gruppenleitung zu übertragen, hat meine persönliche Entwicklung nachhaltig geprägt.

Schließlich möchte ich den größten Dank meinen Eltern, meinen Geschwistern Martin, Simon und Philipp sowie meiner Partnerin Kira aussprechen. Durch eure bedingungslose Unterstützung, euren unerschütterlichen Rückhalt durch alle meine Lebensphasen und vorbehaltlose Rücksichtnahme habt ihr mir die Verfassung dieser Dissertation ermöglicht. Durch euch ist diese Dissertation zustande gekommen.

Aachen, im Juni 2025 — Julian Trisjono

Kurzzusammenfassung

Deutsche Werkzeugbaubetriebe gelten im internationalen Vergleich als hochindustrialisiert und als Lieferanten qualitativ hochwertiger sowie präziser Erzeugnisse. Wettbewerber aus Ländern mit geringeren Faktorkosten schaffen es jedoch vermehrt Werkzeuge zu offerieren, welche eine vergleichbare Auftragsdauer, Qualität und Präzision zu deutlich niedrigeren Preisen aufweisen. Die Verfügbarkeit dieser Konkurrenzprodukte auf Kernabsatzmärkten deutscher Werkzeugbaubetriebe steigt auch im Zuge von globalen Krisen kontinuierlich. Dies führt zu sinkenden Preisniveaus von werkzeugbauspezifischen Erzeugnissen und somit zu einem Rückgang der Produktmargen im deutschen Werkzeugbau. Die hieraus resultierende wirtschaftliche Stagnation ist kein diskontinuierliches Umweltereignis, welches mittels der Reduzierung von Kosten durch Fokussierung auf Kernaktivitäten adressiert werden kann. Aufgrund des bereits hohen Industrialisierungsgrads und der vergleichsweise geringen Faktorkosten der interkontinentalen Wettbewerber kann dieser Entwicklung nur unzulänglich durch interne Effizienzsteigerungen begegnet werden.

Infolgedessen gilt für deutsche Werkzeugbaubaubetriebe die explorative Geschäftsmodellerschießung als ein zentrales Handlungsfeld zur Sicherung der Wettbewerbsfähigkeit. Die Einführung datengetriebener Geschäftsmodelle bietet für deutsche Werkzeugbaubetriebe ein besonderes Potenzial. Einerseits können sie dazu beitragen, das Kerngeschäft vor dem Hintergrund erodierender Wettbewerbsvorteile und sinkenden Preisniveaus zu sichern. Andererseits bietet die Einführung von datengetriebenen Geschäftsmodellen mit Fokus auf die Produktionsabläufe der Kunden langfristig verteidigungsfähige Wettbewerbspositionen und erhebliche Wachstumspotenziale. Es lassen sich bereits einige wenige Pionierleistungen von Unternehmen der deutschen Branche Werkzeugbau beobachten. Diese Unternehmen betreiben erfolgreich datengetriebene Geschäftsmodelle, die zu einer erheblichen Umsatzgenerierung führen. Flächendeckend sind datengetriebene Geschäftsmodelle im Werkzeugbau zum Zeitpunkt der Veröffentlichung der vorliegenden Arbeit jedoch kaum verbreitet.

Das Ziel der im Rahmen der vorliegenden Arbeit entwickelten Methodik ist die systematische Unterstützung der Einführung datengetriebener Geschäftsmodelle im Werkzeugbau. Hierfür werden in der ersten Phase werkzeugbauspezifische Anbieter-Kunden Paarungen für datengetriebene Geschäftsmodelle identifiziert. Für diese Paarungen werden daten- und vernetzungsspezifische Voraussetzungen abgeleitet. In einer weiteren Phase werden Szenarien datengetriebener Geschäftsmodelle im Werkzeugbau entwickelt. Für die identifizierten Paarungen werden jeweils die geeignetsten Szenarien hergeleitet. Schließlich werden in der letzten Phase Hypothesen für die erfolgreiche Einführung datengetriebener Geschäftsmodelle ermittelt und Experimente für deren Verifizierung identifiziert.

Die Validierung der entwickelten Methodik erfolgt anhand von zwei Fallbeispielen der production.AI GmbH und der Fritz Stepper GmbH & Co. KG. Der wissenschaftliche Beitrag der vorliegenden Arbeit besteht in der Methodik als ganzheitlicher Lösungsansatz zur Einführung datengetriebener Geschäftsmodelle im Werkzeugbau. Dies bildet die Grundlage zur Realisierung der Wachstums- und Differenzierungspotenziale für Werkzeugbaubetriebe durch datengetriebene Geschäftsmodelle.

Abstract

German tool shops have long been recognized for their high level of industrialization and their ability to produce high-quality, precise products. However, competitors from countries with lower factor costs are increasingly able to offer tools that have a comparable order duration, quality and precision at significantly lower prices. The availability of these competing products in the core markets of German tool shops is also increasing continuously in the wake of global crises. As a result, price levels for tooling products are falling, leading to shrinking product margins across the German tooling industry. This economic stagnation is not a temporary disruption that can be addressed by reducing costs by focusing on core activities. Due to the already high degree of industrialization and the comparatively low factor costs of intercontinental competitors, this development can only be counteracted insufficiently by internal efficiency increases.

Consequently, the exploratory development of business models has become a key strategic priority for German tool shops to maintain their competitiveness. The adoption of data-driven business models presents significant potential for the industry. On one hand, these models help safeguard core business operations amid eroding competitive advantages and declining price levels. On the other hand, data-driven business models focused on customer production processes create sustainable competitive advantages and substantial long-term growth opportunities. A few pioneering companies in the German tooling industry have already demonstrated the success of such models, generating significant revenue. However, as of the publication of this work, data-driven business models remain largely uncommon in the sector.

The methodology developed in this work aims to systematically support the introduction of data-driven business models in the tooling industry. To achieve this, the first phase involves identifying tooling-specific supplier-customer pairings suitable for data-driven business models. Based on these pairings, relevant data and network requirements are derived. In the next phase, various scenarios for data-driven business models in tooling are developed, and the most suitable ones are selected for each pairing. Finally, in the last phase, hypotheses for the successful introduction of data-driven business models are determined and experiments for their verification are identified.

The developed methodology is validated using two case studies from production.AI GmbH and Fritz Stepper GmbH & Co. KG. The scientific contribution of this work consists of the methodology as a holistic approach to introducing data-driven business models in tooling industry. This forms the basis for realizing the growth and differentiation potential for tool shops through data-driven business models.

I Inhaltsübersicht

II Inhaltsverzeichnis

III Formelzeichen und Abkürzungen

Abkürzung	Beschreibung
BDE	Betriebsdatenerfassung
BIP	Bruttoinlandsprodukt
B2B	Business-to-Business
B2C	Business-to-Consumer
CAD	Computer Aided Design
CAM	Computer Aided Manufacturing
CAQ	Computer Aided Quality
CNC	Computerized Numerical Control
CO_2	Kohlenstoffdioxid
CPPS	Cyber-Physisches Produktionssystem
CPS	Cyber Physische Systeme
CRM	Customer Relationship Management
DIG	Data Insight Generator
DIN	Deutsches Institut für Normung
DRM	Design Research Methodology
DSRM	Design Science Research Methodology
EiP	Excellence in Production
ERP	Enterprise Resource Planning
EU	Europäische Union
FEM	Finite-Elemente-Methode

HPP	Hypothesen-Prioritäts-Portfolio
IIoT	Industrial Internet of Things
IKT	Informations- und Kommunikationstechnologie
IPT	Institut für Produktionstechnologie
IoT	Internet of Things
ISO	International Organization for Standardization
ITU	International Telecommunication Union
KMU	Kleine und mittelständige Unternehmen
KPI	Key Performance Indicator
MES	Manufacturing Execution System
MIT	Massachusetts Institute of Technology
MVP	Minimum Viable Product
PKW	Personenkraftwagen
PLM	Product Lifecycle Management
RWTH	Rheinisch-Westfälische Technische Hochschule
SaaS	Software as a Service
SCM	Supply Chain Management
VDI	Verein Deutscher Ingenieure
VDMA	Verein Deutscher Maschinen- und Anlagenbau
VPC	Value Proposition Canvas
WBA	WBA Aachener Werkzeugbau Akademie GmbH
WZL	Werkzeugmaschinenlabor WZL der RWTH Aachen

IV Abbildungsverzeichnis

1 Einleitung

Das vorliegende Kapitel bildet die Einleitung der Arbeit. In der Einleitung wird die Ausgangssituation beschrieben, die zu behandelnde Problemstellung erläutert und eine Zielsetzung im Rahmen einer handlungsleitenden Forschungsfrage formuliert. Zudem werden der Forschungsansatz und der Aufbau der Arbeit dargelegt.

1.1 Ausgangssituation

Das produzierende Gewerbe der deutschen Volkswirtschaft ist ein wesentlicher Treiber des Wohlstands. Der Anteil des produzierenden Gewerbes am Bruttoinlandsprodukt (BIP) in Deutschland liegt bei ca. 25 %.[1] Trotz der ausgeprägten Leistungsfähigkeit des produzierenden Gewerbes in Deutschland ist dieses mit vielfältigen Herausforderungen konfrontiert. Hierzu gehören beispielsweise der steigende interkontinentale Wettbewerbsdruck, der resultierende Rückgang von Produktmargen sowie die zunehmenden Produktreifegrade und die damit einhergehende Kommoditisierung von Produkten.[2]

Die Datenökonomie erfasst die Gesamtauswirkungen des Datenmarkts auf eine Volkswirtschaft. Der Datenmarkt umfasst den Markt für datengetriebene Leistungen, welche beispielsweise in Form von Rohdaten, datengetriebenen Dienstleistungen oder hybriden Leistungsbündeln gehandelt werden. Im Jahr 2023 liegt der Anteil der Datenökonomie am BIP in der Europäischen Union (EU) bei ca. 4 %. Eine Studie der Europäischen Kommission zeigt jedoch, dass das Volumen der Datenökonomie in den letzten Jahren rasant gewachsen ist. Von 2022 bis 2023 alleine stieg das Volumen in der EU um ca. weitere 10 % von 497 Mrd. auf 544 Mrd. Euro an. Es wird erwartet, dass sich dieses Wachstum fortsetzt und somit die volkswirtschaftliche Bedeutung der Datenökonomie zunimmt. Deutschland zählt in der EU zu den wesentlichen Treibern des Wachstums. Zudem erzeugen produzierende Unternehmen in der EU ca. 20 % des Volumens der Datenökonomie. Der Fokus von produzierenden Unternehmen liegt dabei beispielsweise auf präventivem Instandhaltungsmanagement, Produktlebenszyklusmanagement oder datengetriebener Lokalisierung von Prozessverbesserungen.[3]

Vor dem Hintergrund des schnellen Wachstums der Datenökonomie werden Daten mit Blick auf ihre Wertigkeit oftmals als das neue Öl bezeichnet.[4] Die Analogie zwischen Daten und Öl weist jedoch einige Schwachpunkte auf. Daten sind im Gegensatz zu Öl durch eine hohe Wiederverwendbarkeit gekennzeichnet. Zudem steigt die Menge an Daten im Zuge der fortschreitenden Digitalisierung exponentiell an.[5] Die Analogie verdeutlicht dennoch sowohl die zunehmende Anerkennung von Daten als Wirtschaftsgut als auch das erhebliche Wertschöpfungspotenzial von Daten.

---

[1] Vgl. Destatis Statistisches Bundesamt (Volkswirtschaftliche Gesamtrechnungen), 2024, S. 11.
[2] Vgl. Kolz (Komponenten industrieller, datenbasierter Dienstleistungen), 2019, S. 1.
[3] Vgl. Micheletti et al. (European Data Market Study), 2024, S. 110-139.
[4] Vgl. Boßow-Thies et al. (Das Öl des 21. Jahrhunderts – Strategischer Einsatz von Daten), 2020, S. 3.
[5] Vgl. Reinsel et al. (The Digitization of the World), 2018, S. 6.

Dieses Potenzial lässt sich mittels produktionstheoretischer Grundlagen eindeutig erklären. In der Produktionstheorie wird die Kombination oder Transformation von Produktionsfaktoren zur wertsteigernden Erstellung einer Leistung im Rahmen einer Input-Output-Beziehung beschrieben. In diesem Sinne wird auch von der industriellen Produktion als Faktorkombinationsprozess gesprochen. Die Produktionsfaktoren stellen Input-Größen dar, die unterschiedliche Eigenschaften aufweisen können.[6] Daten können als ein vollständig immaterieller Produktionsfaktor verstanden werden, dessen Verwendung als nicht-rivalisierend charakterisiert werden kann. Demzufolge können Daten theoretisch uneingeschränkt häufig und von unterschiedlichen Akteuren ohne Beeinträchtigung gleichzeitig genutzt werden.[7] Die datengetriebene Leistungserstellung, in welcher Daten den wesentlichen Produktionsfaktor bilden, ist daher durch nahezu grenzkostenfreie Skaleneffekte geprägt.[8] Die weitestgehende Vermeidung von Grenzkosten führt oftmals zu ertragreichen Deckungsbeiträgen von datengetriebenen Leistungen und steigert dadurch die Profitabilität erheblich. Betriebswirtschaftlich können diese Effekte durch datengetriebenen Geschäftsmodellen hervorgerufen werden.[9]

Datengetriebene Geschäftsmodelle werden daher auch als Null-Grenzkosten-Geschäftsmodelle bezeichnet und gelten anderen Geschäftsmodelltypen gegenüber als überlegen.[10] In der wissenschaftlichen Literatur wird wörtlich auch von einer „Kollision" gesprochen, in deren Rahmen neuartige datengetriebene Geschäftsmodelle auf klassische Modelle stoßen und diese überwältigen.[11] Der deutsche Sachverständigenrat zur Begutachtung der gesamtwirtschaftlichen Entwicklung unterstreicht daher ebenso das erhebliche Wachstumspotenzial durch die Einführung datengetriebener Geschäftsmodelle für produzierende Unternehmen.[12]

Unternehmen scheinen dieses Potenzial gleichermaßen erkannt zu haben. In Abbildung 1 ist zu erkennen, dass laut den befragten Unternehmenslenkern in den nächsten zwei Jahren die Relevanz von datengetriebenen Geschäftsmodellen für den übergeordneten Geschäftserfolg stark zunehmen wird. Zudem wird sich der Anteil der Unternehmen, die kein datengetriebenes Geschäftsmodell anbieten, in Zukunft nahezu halbieren.[13]

Unternehmen, die sich vorrangig auf Produktverkäufe fokussieren, sehen jedoch verschiedene Hemmnisse bei der Einführung datengetriebener Geschäftsmodelle. 64 % der Unternehmen nennen den unklaren Nutzen von datengetriebenen Geschäftsmodellen als Hemmnis. 49 % der Unternehmen fehlen Ideen für datengetriebene Leistungen und 48 % der Unternehmen mangelt es an einer Strategie für die Einführung datengetriebener Geschäftsmodelle. Es bedarf mithin Ansätze, um diese Hemmnisse zu überwinden. Denn demgegenüber geben auch 89 % der Unternehmen an, durch die Einführung von datengetriebenen Geschäftsmodellen die eigene Wettbewerbsfähigkeit bzw. das eigene Kerngeschäft sichern zu wollen.[14]

---

[6] Vgl. Günther; Tempelmeier (Produktion und Logistik), 2012, S. 7.
[7] Vgl. Rusche; Scheufen (Frameworks in the Digital Economy), 2018, S. 11-12.
[8] Vgl. Trauth et al. (Monetarisierung von technischen Daten), 2021, S. 6.
[9] Vgl. Azkan et al. (Forschungsbereiche der Datenökonomie), 2020, S. 124-125.
[10] Vgl. Frank et al. (Cloud-Transformation), 2019, S. 49.
[11] Vgl. Iansiti; Lakhani (Competing in the age of AI), 2020, S. 36.
[12] Vgl. Rat der Wirtschaftsweisen (Transformation gestalten), 2021, S. 321-324.
[13] Vgl. Bitkom Research (Wo steht die deutsche Wirtschaft?), 2023, S. 6.
[14] Vgl. Fritsch; Krotova (Wie datengetrieben sind Geschäftsmodelle in Deutschland), 2020, S. 12-16.

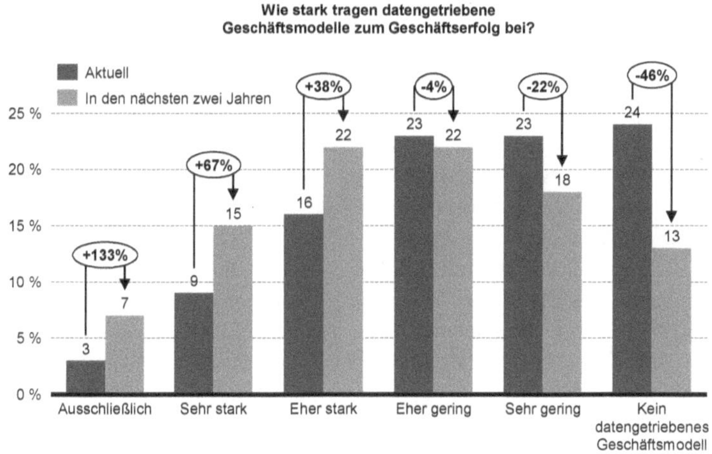

Abbildung 1: Relevanz datengetriebener Geschäftsmodelle[15]

Somit adressiert die Einführung von datengetriebenen Geschäftsmodellen auch die eingangs erwähnten Herausforderungen für das produzierende Gewerbe in Deutschland. Dem erhöhten Wettbewerbsdruck kann durch die Schaffung verteidigungsfähiger Wettbewerbsposition durch datengetriebene Geschäftsmodelle begegnet werden. Über das Angebot komplementärer datengetriebener Leistungen mit profitablen Deckungsbeiträgen können sinkende Produktmargen und -preise zum Zwecke der Umsatzsicherung kompensiert werden.[16] Schließlich kann über die Einführung datengetriebener Geschäftsmodelle das bisherige Leistungsversprechen kundenspezifisch erweitert werden, um steigender Produktreifegrade und der damit verbundenen Kommoditisierung entgegenzuwirken.[17]

1.2 Problemstellung

Die beschriebene Ausgangssituation trifft in besonderem Maße auf die deutsche Branche Werkzeugbau zu. Die Einführung von datengetriebenen Geschäftsmodellen wird daher auch als ein strategischer Erfolgsfaktor im deutschen Werkzeugbau konstatiert.[18] Der Werkzeugbau gilt als Mittler zwischen der Produktentwicklung und der Serienproduktion. Das eigentliche Werkzeug befähigt die Serienproduktion einer bestimmten Produktentwicklung. Obwohl der Werkzeugbau im produzierenden Gewerbe vergleichsweise kleinanteilig ist, weist dieser aufgrund der Stellung als Bindeglied zwischen Produktentwicklung und Serienproduktion einen

[15] I. A. a. Bitkom Research (Wo steht die deutsche Wirtschaft?), 2023, S. 6; Stichprobengröße: 602; Zielpersonen: Geschäftsführung und Vorstand; Grundgesamtheit: Deutsche Unternehmen mit min. 20 Beschäftigten.
[16] Vgl. Kreutzkamm; Weber (Einführung digitaler Produkte im Maschinenbau), 2022, S. 601.
[17] Vgl. Huber (Geschäftsmodellinnovation in disruptiven Branchen), 2021, S. 379.
[18] Vgl. Boos et al. (Strategische Allianzen im Werkzeugbau), 2022, S. 62.

signifikanten Einfluss auf die zuvor beschriebene Leistungsfähigkeit des produzierenden Gewerbes in Deutschland auf.[19]

Im internationalen Vergleich sind die Erzeugnisse der deutschen Branche Werkzeugbau vorrangig für die Qualität und Präzision bekannt. Wettbewerber aus Fernostasien schaffen es jedoch vermehrt Werkzeuge zu offerieren, welche eine vergleichbare Auftragsdauer, Qualität und Präzision bei geringeren Preisen aufweisen. Infolgedessen verliert der deutsche Werkzeugbau zunehmend entscheidende Differenzierungsmerkmale. Zudem fallen aufgrund der Verfügbarkeit ausländischer Werkzeuge auf dem hiesigen Markt die durchschnittlichen Preise für Werkzeuge und somit auch die Produktmargen für Werkzeugbaubetriebe.[20] Es kommt hinzu, dass infolge des hohen Industrialisierungsgrads der deutschen Branche Werkzeugbau keine maßgeblichen Effizienzsteigerungen in der Wertschöpfung erwartet werden.[21] Der deutsche Werkzeugbau benötigt daher Initiativen, um das Kerngeschäft nachhaltig zu sichern.

Neben diesen wettbewerbsorientierten Faktoren zeigt es sich, dass die kundenseitigen Produktionsabläufe dem Trend steigender technischer und operationaler Komplexität ausgesetzt sind.[22] Diese Komplexität verdeutlicht sich vor allem durch eine Vielzahl an Produktvarianten, technisch anspruchsvoller zu bedienende Produktionsprozesse und schwankende Kundennachfragen. Dies geht einher mit der Notwendigkeit, die Durchlaufzeiten zu verkürzen und gleichzeitig eine hohe Auslastung der Produktionsressourcen zu gewährleisten, um die Kosteneffizienz zu optimieren.[23]

Mithin können Unternehmen der Branche Werkzeugbau einerseits durch die Einführung von datengetriebenen Geschäftsmodellen das Kerngeschäft vor dem Hintergrund erodierender Wettbewerbsvorteile und sinkenden Preisniveaus sichern. Andererseits bietet die Einführung von datengetriebenen Geschäftsmodellen mit Fokus auf die Produktionsabläufe der Kunden langfristig verteidigungsfähige Wettbewerbspositionen und erhebliche Wachstumspotenziale. Trotz des Potenzials datengetriebener Geschäftsmodelle haben sich diese im Werkzeugbau bisher jedoch kaum durchgesetzt. Es ist unklar, welche werkzeugbauspezifischen Anbieter-Kunden Paarungen sich für datengetriebene Geschäftsmodelle eignen.[24] Zudem herrscht Ungewissheit über den Lösungsraum von potenziellen datengetriebenen Geschäftsmodellen im Werkzeugbau.[25] Es fehlt folglich ein ganzheitlicher Ansatz, wie diese Aspekte zur Einführung datengetriebener Geschäftsmodelle im Werkzeugbau vereint werden können.

1.3 Zielsetzung der Arbeit

Mit Blick auf die dargelegte Problemstellung bildet das übergeordnete Ziel der vorliegenden Arbeit einen Lösungsansatz zu erzeugen, welche Unternehmen der Branche Werkzeugbau

[19] Vgl. Schuh et al. (Customer Integration), 2015, S. 275.
[20] Vgl. Boos et al. (Tooling in Germany 2023), 2023, S. 4.
[21] Vgl. Boos et al. (Ökoeffektiver Werkzeugbau), 2023, S. 5.
[22] Vgl. Efthymiou et al. (Manufacturing systems complexity analysis), 2016, S. 1025-1029.
[23] Vgl. Roh (Datengetriebene Verbesserung von Produktionsabläufen), 2019, S. 6.
[24] Vgl. Boos et al. (Datengetriebene Geschäftsmodelle), 2023, S. 27.
[25] Vgl. Boshof (Datenbasierte Dienstleistungen), 2022, S. 241-242.

zur Einführung datengetriebener Geschäftsmodelle befähigt. Im Rahmen dieses Lösungsansatzes sollen potenziell geeignete werkzeugbauspezifische Anbieter-Kunden Paarungen sowie der Lösungsraum für datengetriebene Geschäftsmodelle im Werkzeugbau beschrieben werden. Zudem gilt es zu eruieren, wie die Erprobung von möglichen datengetriebenen Geschäftsmodellen im Werkzeugbau erfolgen kann. Der Lösungsansatz soll insbesondere Unternehmen der Branche Werkzeugbau an Standorten mit hohen Faktorkosten wie beispielsweise Deutschland unterstützen.

Datengetriebene Geschäftsmodelle sind durch spezielle Eigenschaften wie beispielsweise der Datenwertschöpfung und der Datenmonetarisierung gekennzeichnet. Zur Realisierung der Potenziale datengetriebener Geschäftsmodelle ist daher eine zielgerichtete Entwicklung eines Lösungsansatzes unter Berücksichtigung dieser Eigenschaften erforderlich. Aktuelle Ansätze vereinen die Rahmenbedingungen der Unternehmen der Branche Werkzeugbau jedoch unzulänglich mit den Eigenschaften datengetriebener Geschäftsmodelle. Es gibt zwar Ansätze, welche die Auslegung einzelner Teilmodelle eines datengetriebenen Geschäftsmodells im Werkzeugbau adressieren. Dabei handelt es sich zum Beispiel um das Leistungsangebotsmodell. Die Adressierung einzelner Teilmodelle ist jedoch nicht ausreichend, um die ganzheitliche Konsistenz eines Geschäftsmodells zu sichern. Die einzelnen Teilmodelle müssen sinnvoll aufeinander abgestimmt sein und im Rahmen einer übergreifenden Logik zusammenpassen. Es bedarf daher einer holistischen Lösung, welche alle Teilmodelle eines Geschäftsmodells berücksichtigt und harmonisiert. Ein weiteres systematisches Defizit bildet die fehlende Eignungsprüfung für datengetriebene Geschäftsmodelle. Im Rahmen der bestehenden Ansätze erfolgt keine Prüfung, welche werkzeugbauspezifischen Anbieter-Kunden Paarungen sich für datengetriebene Geschäftsmodelle eignen. Die Identifikation geeigneter Paarungen bildet die Grundlage zur Einführung datengetriebener Geschäftsmodelle. Abschließend kommt hinzu, dass ein Großteil der Ansätze die Erprobung des datengetriebenen Geschäftsmodells vernachlässigt. Zur erfolgreichen Einführung von datengetriebenen Geschäftsmodellen muss deren Funktionsnachweis im Rahmen einer Erprobung erbracht werden. Zum Zeitpunkt der Veröffentlichung der vorliegenden Arbeit existiert kein Lösungsansatz, welcher die Problemstellung anforderungsgerecht adressiert.

Infolgedessen beinhaltet die konkrete Zielsetzung der vorliegenden Arbeit die Entwicklung einer Methodik zur Einführung datengetriebener Geschäftsmodelle im Werkzeugbau. Dieses Ziel wird unter Berücksichtigung der aktuellen Rahmenbedingungen der deutschen Branche Werkzeugbau verfolgt, um die Umsetzbarkeit der Forschungsergebnisse in der Praxis zu sichern. Zur stringenten Durchführung des Forschungsprozesses und Eingrenzung des Betrachtungsbereichs ist laut KUBICEK die Aufstellung einer grundlegenden Forschungsfrage erforderlich.[26] Dem angelehnt lautet die handlungsleitende Forschungsfrage der vorliegenden Arbeit zusammenfassend:

[26] Vgl. Kubicek (Heuristische Bezugsrahmen), 1976, S. 24-26.

Wie kann eine Methodik zur Einführung von datengetriebenen Geschäftsmodellen im Werkzeugbau gestaltet sein?

Die handlungsleitende Forschungsfrage wird in Kapitel 3.4 im Rahmen der Ableitung untergeordneter Teilforschungsfragen konkretisiert. Die abgeleiteten Teilforschungsfragen gliedern die Untersuchung der handlungsleitenden Forschungsfrage in bearbeitbare und abgrenzbare Abschnitte. Dies ermöglicht eine strukturierte und gezielte Beantwortung der handlungsleitenden Forschungsfrage.

1.4 Forschungsansatz der Arbeit

Der in der vorliegenden Arbeit genutzte Forschungsansatz beschreibt das methodische Vorgehen mit dem Ziel, Erkenntnis zu generieren. Die Basis des Forschungsansatzes bildet das allgemeine Forschungsverständnis des Lehrstuhls für Produktionssystematik am Werkzeugmaschinenlabor WZL der RWTH Aachen University. Dieses Forschungsverständnis folgt dem forschungsmethodischen Vorgehen nach KUBIECK und dem wissenschaftstheoretischen Ansatz für Betriebswirtschaftslehre nach ULRICH. Auf dieser Basis werden nachfolgend die wissenschaftliche Einordnung, die Forschungsmethodik und der heuristische Bezugsrahmen beschrieben. Die Beschreibungen stützen sich auf von bereits verfassten Forschungspublikationen der Abteilung Unternehmensentwicklung am Lehrstuhl für Produktionssystematik. Hierzu zählen beispielhaft die Arbeiten von BOSHOF[27], GRABERG[28] oder OCHEL[29].

1.4.1 Wissenschaftliche Einordnung

Die nachfolgende wissenschaftliche Einordnung dient der Erläuterung der zugrundeliegenden Erkenntnisperspektive. Gemäß BINDER & KANTOWSKY umfasst die wissenschaftliche Forschung einen Prozess, welche sowohl für den Forschenden als auch für die wissenschaftliche Fachgemeinde zur Realisierung einer neuen Wirklichkeit führt.[30] Die aus einem Forschungsprozess resultierende Erkenntnisgenerierung weist in unregelmäßigen Verhältnissen subjektive Züge auf, welche durch das nicht vollständig erfassbare Wertesystem des Forschenden verursacht werden.[31] Infolgedessen wird zum intersubjektiven Verständnis des Forschungsprozesses eine Darlegung der Erkenntnisperspektive gefordert.[32] Diese Darlegung wird nachfolgend durch die Einordnung der vorliegenden Arbeit in das wissenschaftliche Spektrum durchgeführt.

Abbildung 2 verdeutlicht, dass das wissenschaftliche Spektrum gemäß ULRICH & HILL in Formal- und Realwissenschaften geteilt werden kann.[33] Im Rahmen der Formalwissenschaft besteht das Ziel, Regeln für den Einsatz von Zeichensystemen zu erstellen.[34] Die Aussagen der

[27] Vgl. Boshof (Datenbasierte Dienstleistungen), 2022.
[28] Vgl. Graberg (Digitaler Schatten im Werkzeugbau), 2023.
[29] Vgl. Ochel (Prognostik zur Resilienzsteigerung), 2023.
[30] Vgl. Binder; Kantowsky (Technologiepotentiale), 1996, S. 3.
[31] Vgl. Deutskens (Konfiguration der Wertschöpfung), 2014, S. 7.
[32] Vgl. Binder; Kantowsky (Technologiepotentiale), 1996, S. 3-4.
[33] Vgl. Ulrich; Hill (Wissenschaftstheoretische Grundlagen), 1976, S. 305.
[34] Vgl. Ulrich; Hill (Wissenschaftstheoretische Grundlagen), 1976, S. 305.

Formalwissenschaften sind analytischer und theoretischer Natur. Sie können praktisch nicht falsifiziert oder verifiziert werden, weil sie in der Praxis nicht beobachtbar sind. Die Widerlegung der Aussagen kann durch die Identifikation von logischen oder theoretischen Widersprüchen erfolgen. Die Formalwissenschaften umfassen beispielsweise die Logik, Philosophie oder Mathematik.[35]

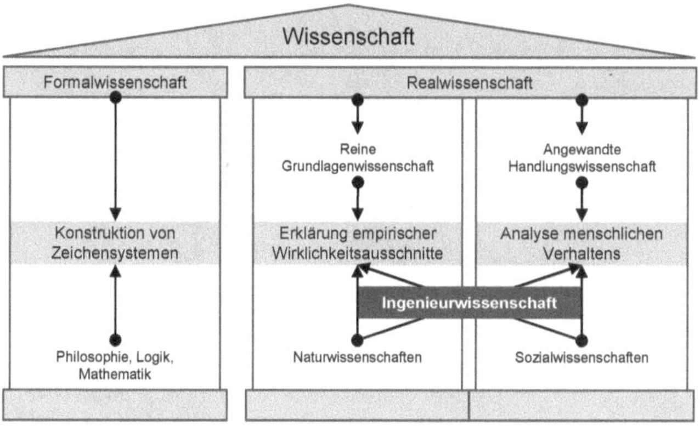

Abbildung 2: Wissenschaftssystematik[36]

Im Gegensatz dazu stehen die Realwissenschaften für die empirische Darstellung, Erklärung sowie Gestaltung sinnlich erfassbarer Ausschnitte der Wirklichkeit.[37] Zur Validierung und Falsifizierung der Aussagen und Ergebnisse der Realwissenschaften werden Faktenanalysen durchgeführt.[38] Die Realwissenschaften können zudem in die reinen Grundlagenwissenschaften sowie die angewandten Handlungswissenschaften strukturiert werden. In den reinen Grundlagenwissenschaften werden Modelle und Theorien entwickelt sowie geprüft, welche zur Erklärung von Ausschnitten der Natur und deren Phänomene eingesetzt werden. Es besteht ein theoretischer Zielzustand. Zu den Disziplinen der reinen Grundlagenwissenschaften gehören beispielsweise die Physik, die Biologie oder die Chemie.

Die angewandten Handlungswissenschaften umfassen dahingegen Untersuchungen hinsichtlich eines menschlichen Individuums, einer Gruppe oder einer Gesellschaft. Es besteht ein praktischer Zielzustand. Zu den Disziplinen der reinen Grundlagenwissenschaften gehört beispielsweise die Sozialwissenschaft, welche die Betriebswirtschaftslehre oder die Soziologie beinhaltet.[39]

Die Ingenieurwissenschaft zählt ebenso zu den Realwissenschaften. Im Gegensatz zur z. B. der Mathematik oder der Soziologie kann die Ingenieurwissenschaft im Allgemeinen jedoch

[35] Vgl. Schanz (Grundfragen der Führungsforschung), 1987, S. 2039.
[36] I. A. a. Ulrich; Hill (Wissenschaftstheoretische Grundlagen), 1976, S. 305.
[37] Vgl. Ulrich; Hill (Wissenschaftstheoretische Grundlagen), 1976, S. 305.
[38] Vgl. Schanz (Grundfragen der Führungsforschung), 1987, S. 2039.
[39] Vgl. Ulrich; Hill (Wissenschaftstheoretische Grundlagen), 1976, S. 305.

weder den reinen Grundlagenwissenschaften noch den angewandten Handlungswissenschaften eindeutig und vollständig zugeordnet werden.[40] Die vorliegende Publikation ist eine ingenieurswissenschaftliche Arbeit, welche vollständig im Rahmen der angewandten Handlungswissenschaften verortet werden kann. Die Verortung ergibt sich sowohl aus der methodischen Lösung einer Problemstellung menschlichen Handelns als auch aus der Schnittmenge zur Betriebswirtschaftslehre.

Zur vollständigen Darstellung der Erkenntnisperspektive werden neben der wissenschaftlichen Einordnung der vorliegenden Arbeit die Überzeugungen des Forschers dargelegt. Diese Überzeugungen umfassen wertgebundene und vorwissenschaftliche Annahmen, welche sich nicht vollständig überprüfen lassen und sich keiner empirischen Eruierung unterziehen. Anhand der Darlegung potenziell subjektiver Prämissen soll das sogenannte Subjektivitätskriterium im Rahmen von wissenschaftlichen Publikationen überwunden werden.[41] Die Darlegung kann vor dem Hintergrund der betriebswirtschaftlichen Wissenschaftstheorie auf dem faktortheoretischen Ansatz gemäß GUTENBERG[42], dem entscheidungstheoretischen Ansatz gemäß HEINEN[43] oder dem Systemansatz gemäß ULRICH[44] basieren.[45] ULRICH betrachtet Unternehmen in dem systemtheoretischen Ansatz als „produktive soziale Systeme". Diese Betrachtungsweise eignet sich insbesondere für den Geschäftsmodellfokus der vorliegenden Arbeit. Daher wird für die vorliegende Arbeit der systemtheoretische Ansatz gemäß ULRICH als zugrundeliegende Wissenschaftstheorie angenommen.

1.4.2 Forschungsmethodologie

Weiterhin bedarf es einer tiefergehenden Beschreibung des anvisierten Forschungsprozesses. Die Art und Weise, wie Erkenntnisse im Forschungsprozess gewonnen werden, wird durch die Forschungsmethodologie gekennzeichnet. Die Forschungsmethodologie umfasst im Sinne der Erkenntnistheorie eine definierte Sammlung von Methoden und Hilfsmitteln, welche entlang des Forschungsprozesses angewendet werden können. Die Regeln der Methodologie sollen die Prüfbarkeit von Theorien sicherstellen.[46] Der Forschungsprozess startet gemäß POPPER zudem mit der Feststellung einer Problemstellung. POPPER erwähnt in diesem Zusammenhang explizit, dass der Forschungsprozess nicht mit der Erfassung oder Beobachtung von Daten und Tatsachen beginnt.[47] An dieser Stelle wird ein wesentlicher Unterschied zwischen den reinen Grundlagenwissenschaften und den angewandten Handlungswissenschaften deutlich.

Die reinen Grundlagenwissenschaften erörtern Inkonsistenzen zwischen durchgeführten Beobachtungen und aufgestellten Theorien. Empirie wird zur Verifizierung oder Falsifizierung von

---

[40] Vgl. Ulrich (Der systemorientierte Ansatz), 1971, S. 47.
[41] Vgl. Ulrich; Hill (Wissenschaftstheoretische Grundlagen), 1976, S. 306.
[42] Vgl. Gutenberg (Betriebswirtschaftslehre), 1951.
[43] Vgl. Heinen (Einführung in die Betriebswirtschaftslehre), 1968.
[44] Vgl. Ulrich (Der systemorientierte Ansatz), 1971.
[45] Vgl. Ulrich; Hill (Wissenschaftstheoretische Grundlagen), 1976, S. 308-309.
[46] Vgl. Keuth (Logik der Forschung), 2019, S. 62.
[47] Vgl. Popper (Die Logik der Sozialwissenschaften), 1962, S. 234.

Theorien angewendet.[48] Es zeigt sich das primäre Ziel des theoretischen Erkenntnisgewinns.[49] Die angewandten Handlungswissenschaften dahingegen fokussieren sich auf offene Probleme des praktischen menschlichen Handelns. Dabei besteht für diese offenen Probleme bisher unzureichend Wissen für die Lösungsfindung. Es wird im Rahmen der angewandten Handlungswissenschaften daher ein Konflikt in der Anwendung von Empirie im Sinne des Induktivismus deutlich. ULRICH zufolge entstehen die Aufgaben der Grundlagenwissenschaften im Zusammenhang mit Theorien, wohingegen sich die Aufgaben der Handlungswissenschaften im Zusammenhang mit den Herausforderungen der unternehmerischen Praxis ergeben.[50]

Im Einklang hiermit bemerkt SCHANZ, dass Fortschritt im Kontext der angewandten Handlungswissenschaften nicht primär auf der Erkenntnissicherung liegt. Vorrangig liegt der Fokus auf der Schaffung eines besseren Verständnisses der Realität, um diese beherrschbarer zu gestalten.[51] Nach KUBICEK ist zu diesem Zwecke die empirische Forschung ausgehend von der formalverfahrenstechnischen Orientierung nicht vollständig geeignet. KUBICEK beschreibt diese gar als ein Hindernis in der Forschungspraxis. Aus diesem Grund schlägt KUBICEK eine explorative Forschungsmethodologie vor, welche die Konstruktion theoretischer Aussagen auf der Grundlage von systematischen Erfahrungswissen erlaubt.[52] KUBICEK folgend basiert die vorliegende Arbeit auf dem forschungsmethodischen Ansatz der Exploration bzw. der explorativen Forschung. Des Weiteren wird sich an dem Forschungszyklus nach TOMCZAK orientiert, welcher in Abbildung 3 dargestellt.

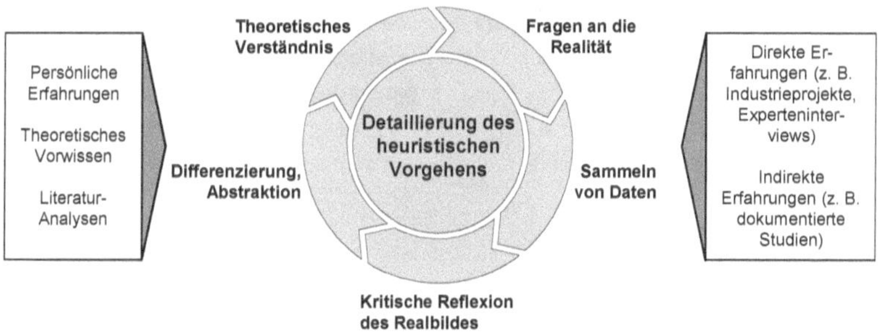

Abbildung 3: Forschungsmethodisches Vorgehen[53]

Explorative Forschung ist laut KUBICEK durch einen iterativen Prozess gekennzeichnet, der auf systematischem Erfahrungswissen basiert. Die zentrale Leistung in dem Prozess bildet die wechselseitige „Formulierung von Annahmen und Fragen."[54] Es werden Fragen an die

---

[48] Vgl. Ulrich (Management), 1984, S. 172-173.
[49] Vgl. Schanz (Grundfragen der Führungsforschung), 1987, S. 2041.
[50] Vgl. Ulrich (Management), 1984, S. 172-173.
[51] Vgl. Schanz (Grundfragen der Führungsforschung), 1987, S. 2041.
[52] Vgl. Kubicek (Heuristische Bezugsrahmen), 1976, S. 13.
[53] I. A. a. Tomczak (Forschungsmethoden), 1992, S. 84; vgl. Kubicek (Heuristische Bezugsrahmen), 1977, S. 13-15.
[54] Vgl. Kubicek (Heuristische Bezugsrahmen), 1976, S. 14.

Realität gestellt mit dem Ziel, generiete Erkenntnisse theoretisch zu verarbeiten. Anhand dieser Verarbeitung entstehen wiederum neue Fragen, welche zu neuem Erkenntnisgewinn führen.[55]

1.4.3 Heuristischer Bezugsrahmen

Den Ausgangspunkt des forschungsmethodischen Ansatzes der Exploration bildet ein heuristischer Bezugsrahmen. Dieser resultiert nach TOMCZAK aus einem theoretischen Problem bzw. generellem Phänomen, „das nicht genügend verstanden bzw. unzureichend beherrscht wird".[56] Der heuristische Bezugsrahmen verdeutlicht das Vorverständnis eines Forschenden und steuert den Forschungsprozess zur Lösung praxisrelevanter Problemstellungen.[57] Vor diesem Hintergrund verfolgt ein heuristischer Bezugsrahmen verschiedene Aufgaben. Einerseits sollen die Einzelbereiche des theoretischen Problems integriert werden. Andererseits sollen anknüpfende künftige Forschungsarbeiten antizipiert werden.[58] KUBICEK schreibt auch vom heuristischen Potenzial eines Bezugsrahmens, welches durch die Möglichkeit zur Formulierung künftiger Fragen oder Erklärungsansätze gekennzeichnet ist.[59]

Der heuristische Bezugsrahmen der vorliegenden Arbeit ist in Abbildung 4 dargestellt und besteht insgesamt aus sechs Einzelbereichen. Der Bereich der Datenökonomie nimmt eine zentrale Position im heuristischen Bezugsrahmen ein. Die Datenökonomie ist durch die schnell wachsende Nachfrage von datengetriebenen Leistungen gekennzeichnet, welche beispielsweise in Form von Rohdaten, datengetriebenen Dienstleistungen oder hybriden Leistungsbündeln verteilt werden können. Die Entwicklung der Nachfrage wird maßgeblich durch produzierende Unternehmen getrieben. Der Werkzeugbau als Teil des produzierenden Gewerbes bildet den Betrachtungsbereich der vorliegenden Arbeit und stellt einen weiteren Bereich im heuristischen Bezugsrahmen dar.

Die Datenökonomie weist zudem disruptive Auswirkungen auf Geschäftsmodelle auf, welche als Gestaltungsbereich der vorliegenden Arbeit ebenso einen Bereich im heuristischen Bezugsrahmen bilden. Die kombinierte Betrachtung der Datenökonomie und von Geschäftsmodellen führt auf der einen Seite zum Bereich der Datenmonetarisierung. In dessen Rahmen kann der messbare ökonomische Vorteil durch die wirtschaftliche Verwertung von Daten beschrieben werden. Auf der anderen Seite resultiert aus der gemeinschaftlichen Betrachtung der Datenökonomie und dem Werkzeugbau der Bereich von Daten als Produktionsfaktor. Wenn Daten den wesentlichen Produktionsfaktor in der Wertschöpfung von werkzeugbauspezifischen Unternehmen darstellen, können Grenzkosten reduziert oder vermieden werden. Die Bereiche Datenmonetarisierung und Daten als Produktionsfaktor bilden schließlich den Kern einer Methodik zur Einführung datengetriebener Geschäftsmodelle im Werkzeugbau.

[55] Vgl. Kubicek (Heuristische Bezugsrahmen), 1976, S. 13-14.
[56] Vgl. Tomczak (Forschungsmethoden), 1992, S. 84.
[57] Vgl. Tomczak (Forschungsmethoden), 1992, S. 84.
[58] Vgl. Ruhnke (Bezugsrahmen), 2003, S. 252.
[59] Vgl. Kubicek (Heuristische Bezugsrahmen), 1976, S. 17-18.

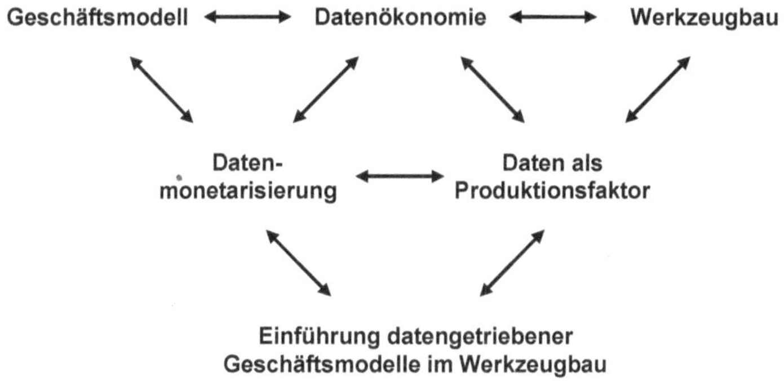

Abbildung 4: Heuristischer Bezugsrahmen[60]

1.5 Aufbau der Arbeit

Die vorliegende Arbeit resultiert aus explorativer Forschung. Der Aufbau der folgenden Arbeit orientiert sich entsprechend an der „Strategie angewandter Forschung" nach ULRICH ET AL. Demnach lässt sich die Forschung in die Identifikation praxisrelevanter Probleme, die Entwicklung eines allgemeingültigen Lösungsansatzes und dessen Validierung im Praxisumfeld gliedern.

Es zeigt sich mithin, dass die Forschung sowohl zu Beginn bei der Erfassung des Problems als auch zum Ende beim Transfer des Ansatzes durch einen klaren Praxisbezug gekennzeichnet ist.[61] Es ist jedoch festzuhalten, dass der Praxisbezug entlang des gesamten Prozesses zur Erkenntnisgenerierung zu integrieren ist. In Abbildung 5 ist der Aufbau der vorliegenden Arbeit dargestellt.

Im vorliegenden ersten Kapitel der Arbeit erfolgt die Einleitung, in welcher die Ausgangssituation, die Problemstellung, die Zielsetzung sowie der Forschungsansatz dargelegt wird. Das zweite Kapitel dient zur Beschreibung der problemrelevanten Grundlagen des Gestaltungs- und Betrachtungsbereichs der Arbeit. Hierzu zählen u. a. Begriffsdefinitionen und Themenabgrenzungen. Hinsichtlich des Gestaltungsbereichs werden Grundlagen im Bezug zur Industrie 4.0 und darauf aufbauend zu datengetriebenen Geschäftsmodellen geliefert. Zudem werden die Grundlagen des Werkzeugbaus dargelegt, welcher den Betrachtungsbereich formt. Die Ausführungen im zweiten Kapitel führen schließlich zur Ableitung eines Handlungsbedarfs aus der Praxis.

Im dritten Kapitel wird zunächst eine Systematik zur Bewertung bestehender Ansätze entwickelt. Diese Systematik umfasst einerseits ein Bewertungssystem. Andererseits werden für die Systematik konkrete Anforderungen für die Einführung datengetriebener Geschäftsmodelle im Werkzeugbau abgeleitet. Anschließend werden potenzielle Lösungsansätze aus der Theorie

[60] Eigene Abbildung
[61] Vgl. Ulrich (Management), 1984, S. 192-193.

beschrieben und mittels der Bewertungssystematik evaluiert. Dies ermöglicht die Identifikation eines Praxisbedarfs aus der Theorie und die Konkretisierung der handlungsleitenden Forschungsfrage in untergeordnete Teilforschungsfragen.

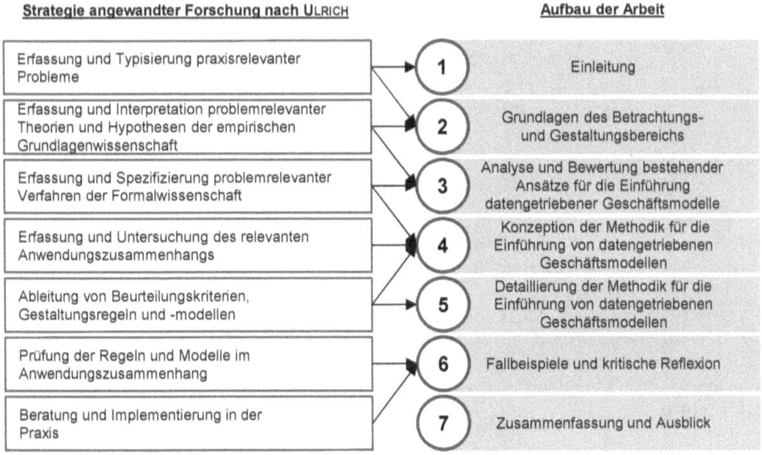

Abbildung 5: Aufbau der Arbeit[62]

Aufbauend auf dem Handlungsbedarf aus der Praxis und dem Handlungsbedarf aus der Theorie wird im vierten Kapitel ein Lösungsansatz in Form einer Methodik konzipiert. Zur Konzeptionierung wird sich an den Grundlagen der Systemwissenschaft und der Modelltheorie orientiert. Des Weiteren wird ein Ordnungsrahmen zur Identifikation der notwendigen Bestandteile und Strukturierung eines Lösungsansatzes hergeleitet. Diese Bestandteile werden konzeptionell beschrieben und im Lösungsansatz integriert. Abschließend gilt es zu überprüfen, ob dieser Lösungsansatz die formulierten Anforderungen aus Kapitel 3 erfüllt.

Die einzelnen Bestandteile der Methodik werden in Kapitel 5 detailliert. Die Detaillierungen dienen als Handlungsempfehlungen zur Einführung datengetriebener Geschäftsmodelle im Werkzeugbau. Einem anwendenden Unternehmen werden auf strukturierte Weise Hilfsmittel, Modelle und Methoden zur Einführung datengetriebener Geschäftsmodelle im Werkzeugbau geliefert. Auf diese Weise bilden die Beschreibungen in Kapitel 5 eine Antwort auf die handlungsleitende Forschungsfrage.

Im sechsten Kapitel wird die Validierung der entwickelten Methodik adressiert. Zu diesem Zweck wird die Methodik vollständig an zwei Fallbeispielen aus der Praxis angewendet. Zunächst wird die Ausgangssituation der Unternehmen dargelegt, die als Fallbeispiel dienen. Anschließend werden die einzelnen Bestandteile der Methodik und deren Ergebnisse im Rahmen der Fallbeispiele genutzt. Schließlich erfolgt eine kritische Reflektion der Praxisanwendung und Überprüfung der Ergebnisse der Fallbeispiele vor dem Hintergrund der formulierten Anforderungen.

62 I. A. a. Ulrich (Management), 1984, S. 192-193.

Die vorliegende Arbeit endet mit Kapitel 7. Es werden abschließend die Ergebnisse der Dissertation in aggregierter Form zusammengefasst und kritisch reflektiert. Des Weiteren wird ein Ausblick für zukünftige Forschungsfragen und -aktivitäten gegeben.

2 Grundlagen des Gestaltungs- und Betrachtungsbereichs

Das folgende Kapitel 2 dient der Beschreibung des Gestaltungs- und Betrachtungsbereichs der vorliegenden Arbeit. Beginnend werden die Grundlagen von Industrie 4.0 dargelegt, in dessen übergeordneten Kontext sich die vorliegende Arbeit eingliedert. Hierbei werden Voraussetzungen für die Umsetzung und der wertschöpfungs- sowie marktseitige Nutzen, der durch Industrie 4.0 realisiert werden kann, erörtert. Das marktseitige Potenzial von Industrie 4.0 bildet den Übergang zu datengetriebenen Geschäftsmodellen. Diese werden anhand von zentralen Merkmalen beschrieben und von anderen Arten von Geschäftsmodellen abgegrenzt. Anschließend erfolgt die Darlegung der relevanten Zusammenhänge des Betrachtungsbereichs, welcher durch den Werkzeugbau abgebildet wird. Im Zuge dessen werden die in der Branche vorherrschenden Ausgestaltungen von Geschäftsmodellelementen erläutert. Dem angeschlossen schließt das Kapitel mit der Ableitung des Handlungsbedarfs aus der Praxis.

In Kapitel 2 wird deutlich, dass Daten in der Gesellschaft und in der Wirtschaft einen wachsenden Stellenwert einnehmen. Die wirtschaftliche Nutzung von Daten im Rahmen von Industrie 4.0 ermöglicht die Optimierung von Wertschöpfungsprozessen und die Einführung neuer Geschäftsmodelle im verarbeitenden Gewerbe. Hierzu zählen auch datengetriebene Geschäftsmodelle, die durch externe Datenmonetarisierung und die Schlüsselressource Daten geprägt sind. Datengetriebene Geschäftsmodelle gelten tradierten Modellen aufgrund von grenzkostenfreien Skaleneffekten überlegen und weisen große Wachstumspotenziale auf. Die produzierende Industrie hat dieses Potenzial erkannt und sieht die Einführung von datengetriebenen Geschäftsmodellen als ein zukunftsweisendes Handlungsfeld. Von diesem Handlungsfeld versprechen sich Unternehmen vorrangig die Schaffung eines neuen Wettbewerbsvorteils im internationalen Markt.

Der Werkzeugbau besetzt aufgrund der Verknüpfung von Produktentwicklung und Serienproduktion eine Schlüsselposition in der industriellen Wertschöpfung. Die mittelständisch geprägte Branche Werkzeugbau ist zudem hohen Grenzkosten ausgesetzt. Die Gründe hierfür liegen in der stark kundenindividuellen Leistungserbringung sowie geringen Wiederhol- und Skaleneffekten, die durch den Unikatcharakter der Leistungen beschränkt sind. Datengetriebene Geschäftsmodelle bieten mithin ein hohes Potenzial für den Werkzeugbau.

Bei Betrachtung der deutschen Branche Werkzeugbau lassen sich abnehmende Wettbewerbsvorteile im internationalen Markt beobachten. Die deutsche Branche Werkzeugbau differenziert sich vorrangig anhand der hohen Qualität und Komplexität ihrer Leistungen. Konkurrenten aus beispielsweise Südamerika oder Fernostasien können vergleichbare Qualität und Komplexität oftmals zu geringen Preisen anbieten, welche durch geringe Faktorkosten im Vergleich zu Deutschland geprägt sind. Die Unternehmen der deutschen Branche Werkzeugbau leiden folglich an erodierenden Differenzierungsmerkmalen. Diese spiegeln sich insbesondere in fallenden Werkzeugpreisen sowie sinkenden Auftragsvolumen wider. Die Überlebensfähigkeit von deutschen externen Werkzeugbautrieben wird mithin als gering eingestuft. Datengetriebene Geschäftsmodelle bieten sich für deutsche Werkzeugbaubetriebe folglich nicht nur aufgrund von grenzkostenfreien Skaleneffekten, sondern auch zur Schaffung von

Wettbewerbsvorteilen im internationalen Markt an. Datengetriebene Geschäftsmodelle lassen sich in der deutschen Branche Werkzeugbau bislang jedoch kaum beobachten.

Es wird daher schlussfolgernd festgehalten, dass es dem Werkzeugbau nach einer systematischen Vorgehensweise zur Einführung datengetriebener Geschäftsmodelle bedarf. Einerseits müssen diese datengetriebenen Geschäftsmodelle für Werkzeugbaubetriebe interne Konsistenz aufweisen. Dazu zählt die harmonische und ganzheitliche Gestaltung des Leistungsangebots- sowie Marktadressierungsmodells, des Ertragsmodells und des Leistungserbringungsmodells. Zudem müssen die Prozesse, Kompetenzen, Ressourcen und Organisation der Werkzeugbaubetriebe die nachhaltige sowie parallele Operationalisierung dieser Modelle erlauben. Andererseits ist die externe Konsistenz der datengetriebenen Geschäftsmodelle im Umfeld der Werkzeugbautriebe sicherzustellen. Aufgrund der erläuterten Schlüsselposition des Werkzeugbaus erfordert dies insbesondere eine anforderungsgerechte Integration in die Kundenwertschöpfungsprozesse.

2.1 Industrie 4.0

In diesem Kapitel werden die Grundlagen von Industrie 4.0 beschrieben. Zunächst erfolgen die Begriffsdefinition von Industrie 4.0 sowie die Abgrenzung zu eng verknüpften Begrifflichkeiten. Hieran angeknüpft werden technologische Befähiger von Industrie 4.0 erläutert. Schließlich wird der Nutzen, der durch Industrie 4.0 in der produzierenden Industrie realisiert werden kann, dargelegt. Die Beschreibungen sowie die Struktur dieses Kapitels orientieren sich in Teilen an Vorarbeiten durch KELZENBERG[63], SCHULTES[64] und BOSHOF[65].

2.1.1 Begriffsdefinition und Abgrenzung

In der wissenschaftlichen Literatur lassen sich verschiedene Definition von Industrie 4.0 finden.[66] Zudem werden die Begriffe Industrie 4.0, Digitalisierung und Digitale Vernetzung trotz wesentlicher Unterschiede oftmals synonym verwendet. Folgend werden diese Begriffe definiert und voneinander abgegrenzt. Zudem wird eine Definition von Industrie 4.0 für die vorliegende Arbeit festgelegt.

2.1.1.1 Industrie 4.0

Erstmalig wurde der Begriff Industrie 4.0 im Rahmen der Hightech-Strategie der Bundesregierung auf der Hannover Messe im Jahr 2011 vorgestellt. Ziel von Industrie 4.0 soll demnach die Sicherung der Führungsposition des deutschen Produktionsstandortes vor dem Hintergrund steigender internationaler Konkurrenz im Zuge der Globalisierung sein.[67] Seit der Einführung des Begriffs wird Industrie 4.0 oftmals als die Digitalisierung der Industrie verstanden.[68] BAUERNHANSL ET AL. kritisieren an diesem Verständnis, dass nicht die eigentliche Digitalisierung von Systemen die Kernidee von Industrie 4.0 darstellt, sondern die Vernetzung verschiedener

[63] Vgl. Kelzenberg (Datenstrukturmodell für den digitalen Schatten), 2020, S. 13-73.
[64] Vgl. Schultes (Digitale Lieferantenvernetzung), 2020, S. 29-65.
[65] Vgl. Boshof (Datenbasierte Dienstleistungen), 2022, S. 11-66.
[66] Vgl. Boshof (Datenbasierte Dienstleistungen), 2022, S. 13.
[67] Vgl. BMWi (Industrie 4.0), 2015.
[68] Vgl. Schneider (Lean und Industrie 4.0), 2019, S. 31.

Systeme in Echtzeit mithilfe von Kommunikations- und Internettechnologie.[69] Hieran anknüpfend verstehen SCHUH ET AL. Industrie 4.0 als die „echtzeitfähige, intelligente, horizontale und vertikale Vernetzung von Menschen, Maschinen, Objekten und IKT-Systemen zur dynamischen Beherrschung komplexer Systeme“ (IKT: Informations- und Kommunikationstechnologie).[70] Diese Vernetzung ermöglicht neue Leistungssysteme und führt zudem zu wesentlichen Veränderungen in der industriellen Wertschöpfung.[71] Im Rahmen der vorliegenden Arbeit wird die oben erwähnte Definition von SCHUH ET AL. von Industrie 4.0 verwendet.

Zur weiteren Erläuterung von Industrie 4.0 ist die Beschreibung des Industrie 4.0-Entwicklungspfads sinnvoll (vgl. Abbildung 6). In der wissenschaftlichen Literatur lassen sich zahlreiche Reifegrad-Modelle finden, die einen Entwicklungsweg von Industrie 4.0 aufzeigen. Einen Vergleich von derartigen Reifegradmodellen erfolgt beispielsweise durch FIEDLER ET AL.[72]. Die vorliegende Arbeit sieht die Verwendung des Industrie 4.0 Maturity Index der ACATECH vor. Dieser wurde von führenden deutschen produktionswissenschaftlichen Forschungseinrichtungen vorgestellt und verfügt über eine breite Akzeptanz in der Produktionsforschung.

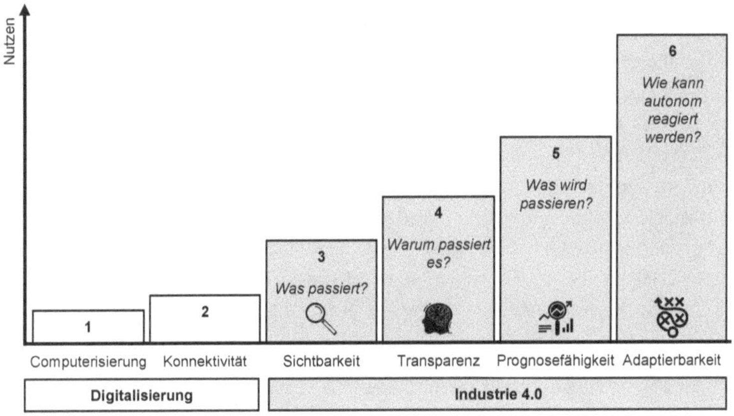

Abbildung 6: Stufen des Industrie 4.0-Entwicklungspfads[73]

Die Vorstufen von Industrie 4.0 bilden die Computerisierung und Konnektivität, die zusammen als Digitalisierung verstanden werden (vgl. Kapitel 2.1.1.2).[74] Die erste Stufe von Industrie 4.0 fokussiert die Sichtbarkeit. Anwendungsrelevante Informationen werden durch die Aufnahme von Daten adressatengerecht zum Zwecke der Entscheidungsunterstützung visualisiert. Die zweite Stufe nutzt aufgenommene Daten, um Transparenz und Verständnis über bestehende Wirkzusammenhänge zu schaffen. Über die Aufnahme von Daten hinaus sind für die zweite Stufe die Verknüpfung, Aggregation und kontextuelle Einordnung der Daten erforderlich. Die

[69] Vgl. Bauernhansl et al. (WGP-Standpunkt Industrie 4.0), 2016, S. 6.
[70] Vgl. Schuh et al. (Industrie 4.0: Implement it!), 2018, S. 6.
[71] Vgl. Sendler (Industrie 4.0 - Beherrschung industrieller Komplexität), 2013, S. 1.
[72] Vgl. Fiedler et al. (Reifegradmodell), 2018, S. 49-50.
[73] Vgl. Schuh et al. (Industrie 4.0 Maturity Index), 2017, S. 16.
[74] Vgl. Schuh et al. (Industrie 4.0 - Implikationen für produzierende Unternehmen), 2016, S. 42.

dritte Stufe umfasst die Prognosefähigkeit. Auf Basis von aufgenommenen Daten werden mithilfe von mathematischen Prognosemodellen Zukunftsszenarien simuliert und hinsichtlich ihrer Eintrittswahrscheinlichkeit evaluiert. Hieraus ergibt sich der Nutzen, dass Unternehmen zukünftige Zustände voraussehen und somit frühzeitig potenzielle Reaktionsmaßnahmen vorbereiten und durchführen können.[75] Hieran anknüpfend hat die vierte Stufe das Ziel der Adaptierbarkeit. Aufbauend auf den Prognosen und deren Eintrittswahrscheinlichkeiten werden automatisch Maßnahmen zur Selbstoptimierung des Systems gestaltet und durchgeführt.[76]

Aus der Begriffsdefinition von Industrie 4.0 lassen sich zwei zentrale Erkenntnisse ableiten. Erstens bildet die Digitalisierung die Voraussetzung für die Umsetzung von Industrie 4.0. Die Digitalisierung selbst ist kein Bestandteil von Industrie 4.0. Zweitens stellt die digitale Vernetzung definitionsgemäß einen zentralen Bestandteil von Industrie 4.0 dar. An dieses Verständnis anknüpfend werden die Begriffe Digitalisierung und digitale Vernetzung folgend erläutert.

2.1.1.2 Digitalisierung

Die Digitalisierung beruht ursprünglich auf der Umwandlung von analogen Signalen in digitale Signale.[77] Im Kern der Digitalisierung stehen somit Signale, die definiert werden als „eine von einer physikalischen Größe getragene Zeitfunktion, deren Informationsparameter den Wertverlauf einer technischen oder physikalischen Größe abbildet."[78] Mathematisch-physikalisch betrachtet können Signale daher als Schwingungen angesehen werden.[79] Der Amplitudenwert der physikalischen Größe spiegelt die Information wider, die durch das Signal übertragen wird.[80] Analoge Signale können dabei unzählbar viele Werte einnehmen, wohingegen digitale Signale über eine diskrete Anzahl an Werten verfügen[81]. Im Rahmen des weit verbreiteten Binärcodes können digitale Signale ausschließlich die diskreten Zustände „0" und „1" einnehmen. Diese Zustände werden synonym auch Bit (Binary Digits; Deutsch: Binärzeichen) genannt und bilden den elementarsten Informationswert in digitalen Systemen.[82]

Hieran anknüpfend kann Digitalisierung als die Abstraktion von zum Beispiel Texten, Tönen, Bildern oder Eigenschaften physikalischer Objekte in binären Zuständen „0" und „1" verstanden werden. Die Verarbeitung dieser Zustände erfolgt durch Computer mit einer hohen Geschwindigkeit.[83] Als Ursprung der Digitalisierung wird daher der erste Computer angesehen, welcher sowohl Binärcode verwendet als auch programmierbar ist. Dieser Computer wurde im Jahre 1941 von Helmut Schreyer und Konrad Zuse in Berlin entwickelt und gebaut.[84] Seit Anfang der 2000er Jahre lassen sich in der wissenschaftlichen Literatur teilweise übergreifende Definitionen von Digitalisierung finden. Diese fokussieren den Wandel der Lebens- und der

[75] Vgl. Boos et al. (Smart Tooling), 2016, S. 10.
[76] Vgl. Schuh et al. (Industrie 4.0 Maturity Index), 2017, S. 16-21.
[77] Vgl. Fricke (Digitaltechnik), 2014, S. 2.
[78] Vgl. Beucher (Signale und Systeme), 2015, S. 16.
[79] Vgl. Karrenberg (Signale), 2017, S. 33.
[80] Vgl. Fricke (Digitaltechnik), 2014, S. 1.
[81] Vgl. Gehrke et al. (Grundlagen der Digitaltechnik), 2017, S. 11; Fricke (Digitaltechnik), 2014, S. 2.
[82] Vgl. Gierens (Digitaltechnik - Handbuch Elektrotechnik), 2016, S. 590.
[83] Vgl. Hippmann et al. (Digitalisierung), 2018, S. 9.
[84] Vgl. Neugebauer (Digitale Information), 2018, S. 1.

Arbeitswelt der Menschen im Zuge der fortschreitenden Digitalisierung sowie die weitreichende Vernetzung von Menschen durch das Internet.[85]

Circa zwei Jahrzehnte nach dem Bau des ersten Computers in Berlin beginnt die Digitalisierung der Produktion. Ausgangspunkt hierfür bildet die Computerized Numerical Control-(CNC-)Technologie, deren Entwicklung in den 1960er Jahren startet. Außerdem wurden im Laufe der Jahre zahlreiche digitale Anwendungen für weitere Bereiche der industriellen Wertschöpfungskette entwickelt. Beispielhaft seien an dieser Stelle Enterprise Resource Planning-(ERP-)Systeme oder auch Computer-aided-(CA-)Systeme genannt. Unter diesen digitalen Anwendungen lassen sich zudem eine Vielzahl von IKT finden. Insbesondere um die Jahrtausendwende ist der Vernetzungsgrad in der Produktion bedingt durch das Internet und das WLAN stark gestiegen. Die Entwicklung dieser Technologien resultiert in neuen Möglichkeiten der Konnektivität und bildet somit die Grundlage für Industrie 4.0 (vgl. Abbildung 6).[86]

2.1.1.3 Digitale Vernetzung

Wie in Kapitel 2.1.1.1 dargestellt ist die umfassende digitale Vernetzung ein zentrales Element zur Umsetzung von Industrie 4.0. Es wird zwischen vertikaler und horizontaler Vernetzung differenziert.[87] Die vertikale Vernetzung beschreibt die Aggregation eigenständiger Software-Lösungen entlang der verschiedenen Hierarchieebenen eines Produktionssystems zur Schaffung einer durchgängigen Lösung.[88] Diese bezweckt den Aufbau einer durchgängigen sowie barrierefreien Kommunikation im Unternehmen. Der Betrachtungsrahmen der vertikalen Vernetzung liegt damit innerhalb eines Unternehmens und betrifft insbesondere die fünf Ebenen der Automatisierungspyramide. Diese umfasst die unterschiedlichen IT-Systeme der industriellen Wertschöpfung und setzt sich hierarchisch aus der Unternehmensleit-, Betriebsleit-, Prozessleit-, Steuerungs- und Feldebene zusammen.[89] Im Rahmen der vertikalen Vernetzung sollen hierarchielose Kommunikationsstrukturen aufgebaut werden, indem die Produktion über die Vernetzung von CPS (vgl. Kapitel 2.1.2.1) selbst gesteuert wird. Hierfür werden die Auflösung der Automatisierungspyramide und stattdessen der Einsatz eines flexiblen, dezentral organisierten Unternehmenssteuerungsnetzwerks gefordert.[90] Die vertikale Vernetzung verspricht auf diese Weise signifikante Produktivitätssteigerungen und Ressourcenoptimierungen.[91]

Im Gegensatz zur vertikalen Vernetzung erfolgt die horizontale Vernetzung über Unternehmensgrenzen hinweg. Das Ziel der horizontalen Vernetzung ist es, die durchgängige vertikale Vernetzung innerhalb eines Betriebs auf ein gesamtes Wertschöpfungsnetzwerk auszuweiten.[92] Es soll so eine Skalierung der unternehmensinternen Produktivitäts- und Kostenvorteile auf das gesamte Wertschöpfungsnetzwerk erreicht werden. Durch die horizontale Vernetzung

---

[85] Vgl. Sendler (Industrie 4.0 grenzenlos), 2016, S. 5.
[86] Vgl. Bauernhansl et al. (WGP-Standpunkt Industrie 4.0), 2016, S. 6-7.
[87] Vgl. Bischoff et al. (I4.0 im Mittelstand), 2015, S. 6-7.
[88] Vgl. Kagermann et al. (Zukunftsprojekt Industrie 4.0), 2013, S. 24.
[89] Vgl. Bauernhansl (Die Vierte Industrielle Revolution), 2017, S. 11.
[90] Vgl. Kleinemeier (Automatisierungspyramide), 2014, S. 571.
[91] Vgl. Kempermann; Lichtblau (Dienstleistungspotenziale), 2014, S. 8.
[92] Vgl. Kagermann et al. (Zukunftsprojekt Industrie 4.0), 2013, S. 24.

können unternehmensübergreifende Prozesse und Logistikketten sowie der Gesamtressourceneinsatz des Wertschöpfungsnetzwerks optimiert werden.[93]

2.1.2 Technologische Befähiger

Nachdem im Kapitel 2.1.1 anhand der Begriffsdefinition und -abgrenzung ein allgemeines Verständnis von Industrie 4.0 geschaffen wurde, werden folgend die technologischen Befähiger von Industrie 4.0 beschrieben. Zunächst werden die zentralen technologischen Befähiger CPS und das Internet of Things beschrieben. Des Weiteren wird das Internet of Production dargelegt, das ein Zielbild von Industrie 4.0 aufzeigt und in diesem Rahmen verschiedene Befähiger in Zusammenhang setzt.

2.1.2.1 Cyber Physische Systeme

CPS stellen Anlagen, Geräte oder Objekte dar, welche im Internet kommunizieren und Internetdienste verrichten.[94] Sie werden daher auch als Verbindung der physischen Welt der Objekte mit der virtuellen Welt des Internets verstanden.[95] Aus technischer Sicht bilden CPS mithin die Weiterentwicklung von mechatronischen Systemen, die als integriertes Funktionsmodell aus mechanischen, elektrischen und informationstechnischen Komponenten bestehen.[96,97] Mechatronische Systeme können anhand von Sensoren Daten aufnehmen und die Steuerung von Aktoren beeinflussen.[98] Sie können zudem lokal über eine Schnittstelle mit Menschen und untereinander kommunizieren.[99]

Hierüberhinaus sind CPS in der Lage, Daten zu speichern und auszuwerten. Mithin verfügen CPS über die Fähigkeit der Selbstbeschreibung.[100] Diese umfasst insbesondere das Wissen über die eigenen Funktionen und deren Auswirkungen sowie über den eigenen Zustand, z. B. den eigenen Abnutzungsgrad und die nächsten geplanten Aufgaben.[101] Eine weitere essenzielle Fähigkeit von CPS bildet die Interaktion mit einem globalen Netzwerk. Dies befähigt CPS, global zu kommunizieren und mithin in einem globalen Netzwerk verfügbare Daten sowie Dienste zu nutzen. Aufgrund dieser oben beschriebenen Fähigkeiten bilden CPS im Rahmen der in Kapitel 2.1.1.3 dargelegten digitalen Vernetzung einen zentralen Befähiger von Industrie 4.0.[102]

Die Integration mehrerer CPS in industrielle Wertschöpfungsprozesse und -netzwerke resultiert in sogenannten Cyber-Physischen Produktionssystemen (CPPS).[103] Die Vernetzung von CPS im Rahmen von CPPS ermöglicht selbstoptimierende Wertschöpfungsprozesse, in denen übergreifend beispielsweise Produkte, Produktionsmittel sowie Halbzeuge miteinander

[93] Vgl. Kempermann; Lichtblau (Dienstleistungspotenziale), 2014, S. 10.
[94] Vgl. Bauernhansl (Die Vierte Industrielle Revolution), 2017, S. 11-12.
[95] Vgl. Weiber et al. (Butler-Services), 2017, S. 65.
[96] Vgl. Drossel et al. (Cyber-Physische Systeme), 2018, S. 199.
[97] Vgl. Reinhart; Zühlke (Von CIM zu Industrie 4.0), 2017, S. XXXIV.
[98] Vgl. Monostori et al. (Cyber-physical systems in manufacturing), 2016, S. 621.
[99] Vgl. Sisinni et al. (Industrial Internet of Things), 2018, S. 4726.
[100] Vgl. Berger et al. (Characterization of Cyber-Physical Sensor Systems), 2016, S. 640.
[101] Vgl. Bauernhansl et al. (WGP-Standpunkt Industrie 4.0), 2016, S. 11.
[102] Vgl. Gölzer (Big Data in Industrie 4.0), 2017, S. 40.
[103] Vgl. Michels (Industrial Connectivity), 2016, S. 266.

kommunizieren.[104] Die Vernetzung der CPS verläuft unter der Voraussetzung, dass die erforderlichen Daten dort verarbeitet werden, wo sie situationsabhängig benötigt werden. Diese Prämisse führt zu einer Auflösung der klassischen Automatisierungspyramide in der Produktion, weil die Daten nicht mehr auf der jeweiligen Ebene bzw. Leitebene gespeichert werden müssen. Ausgenommen hiervon ist die Feldebene, in der weiterhin in Echtzeit bzw. echtzeitnah Daten aufgenommen werden. Dabei könnte es sich beispielsweise um Maschinen- oder Positionsdaten handeln. Die hierarchisch überliegenden Ebenen entfallen und werden durch ein Netz von CPS ersetzt.[105] Dieser Zusammenhang ist in Abbildung 7 dargestellt.

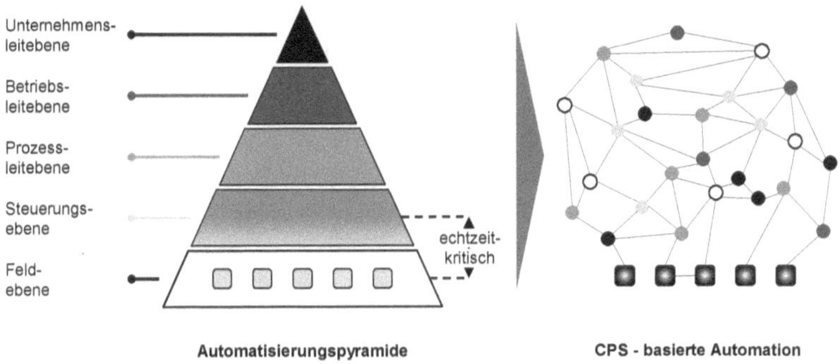

Abbildung 7: Auflösung der Automatisierungspyramide durch CPS[106]

Dieses beschriebene Netz wird in der wissenschaftlichen Literatur auch als Internet of Things (IoT; Deutsch: Internet der Dinge und Dienste) bezeichnet. Das IoT wird im nächsten Abschnitt beschrieben.

2.1.2.2 Internet of Things

Wie in Kapitel 2.1.2 angekündigt stellt das sogenannten IoT einen weiteren zentralen Befähiger von Industrie 4.0 dar. ASTHON, der einer der Gründer des Auto-ID Centers am Massachusetts Institute of Technology (MIT) ist, führt den Begriff IoT erstmalig im Jahr 1999 ein.[107,] In diesem Rahmen wurde IoT als ein Konzept zur Verbindung physischer Objekte mit dem Internet über Sensoren verstanden.[108] Ohne den Begriff IoT konkret zu nennen, brachte zudem WEISER bereits im Jahr 1991 die Idee der Vernetzung alltägliche physischer Dinge auf.[109]

Seit der der Begriffseinführung durch ASHTON lassen sich geprägt durch die technologischen Entwicklungen eine Vielzahl unterschiedlicher Definitionen von IoT finden, die teilweise andere Schwerpunkte setzen oder kontroverse Ansichten aufzeigen.[110] Die vorliegende Arbeit basiert auf der Definition der International Telecommunication Union (ITU), welche eine Organisation

[104] Vgl. Reinhart; Zühlke (Von CIM zu Industrie 4.0), 2017, S. XXXIV.
[105] Vgl. Bauernhansl et al. (WGP-Standpunkt Industrie 4.0), 2016, S. 11-12.
[106] I.A.a. Bauernhansl et al. (WGP-Standpunkt Industrie 4.0), 2016, S. 11.
[107] Vgl. Ashton (That 'internet of things' thing), 2009.
[108] Vgl. Rose et al. (The Internet of Things: An Overview), 2015, S. 12.
[109] Vgl. Weiser (The computer for the 21 st century), 1999.
[110] Vgl. Greer et al. (CPS and IoT), 2019, S. 9-10.

der Vereinten Nationen bildet und in diesem Rahmen international sowie neutral agiert. Das ITU versteht das IoT als eine weltweite Infrastruktur, welche virtuelle sowie physische Dinge anhand von interoperabler IKT miteinander verbindet und auf diese Weise fortschrittliche Dienste anbieten kann.[111] Die Verbindung der virtuellen mit der physischen Welt erfolgt auf der Grundlage der Verfügbarkeit von physischen Kontextinformationen. Mithin wird IoT auch als ein Informationsnetzwerk beschrieben, welches die Kommunikation, Vernetzung und Kooperationen physischer Objekte zum Ziel hat.[112]

Wenn das IoT in einem industriellen Umfeld aufgebaut wird, wird in der wissenschaftlichen Literatur auch der Begriff des Industrial Internet of Things (IIoT; Deutsch: Industrielles Internet der Dinge) verwendet.[113] Definitorisch versteht das ITU IIoT als einen erweiterten IoT-Ansatz, welcher einen industriellen Wandel über die Verwendung neuartiger IKT herbeiführt.[114]

Sowohl das IoT als auch CPS bedingen die Umsetzung von Industrie 4.0. Die Entwicklung dieser beiden Konzepte erfolgte parallel in zwei unterschiedlichen akademischen Fachrichtungen. IoT hat seinen Ursprung in der Netzwerk- und Informationstechnologie, während CPS schwerpunktmäßig aus Sicht der sogenannten Steuerungs- und Systemtechnik entwickelt wurde.[115] Hieran angeknüpft bilden wie in Abbildung 8 dargestellt CPS und IoT sowohl die technischen als auch infrastrukturellen Voraussetzungen zur Umsetzung von Industrie 4.0.[116]

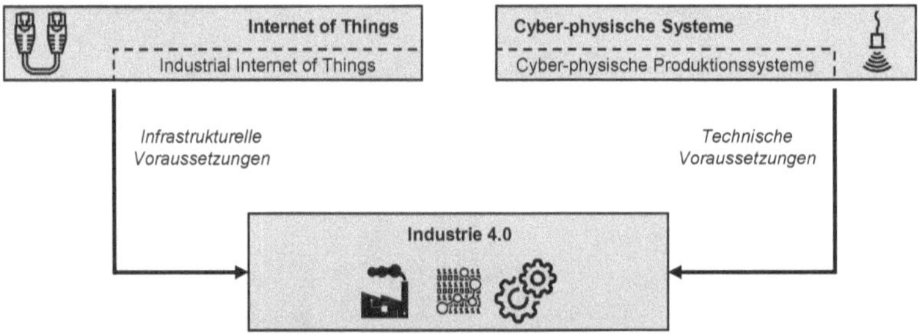

Abbildung 8: Technische und infrastrukturelle Voraussetzungen für Industrie 4.0[117]

Nachdem in den vorherigen Abschnitten die zentralen technischen und infrastrukturellen Befähiger von Industrie 4.0 beschrieben worden sind, wird im Folgenden ein weit verbreiteter Ordnungsrahmen zur Realisierung von Industrie 4.0 dargelegt. Dieser Ordnungsrahmen setzt verschiedene Befähiger in Zusammenhang und knüpft an die Konzepte von CPS sowie IoT an.

[111] Vgl. International Telecommunication Union (Overview of Industrial IoT), 2018, S. 1.
[112] Vgl. Atzori et al. (Preface IoT), 2010, S. V.
[113] Vgl. Boyes et al. (IIoT: An analysis framework), 2018, S. 1.
[114] Vgl. International Telecommunication Union (Overview of Industrial IoT), 2018, S. 2.
[115] Vgl. Greer et al. (CPS and IoT), 2019, S. 10.
[116] Vgl. Kagermann et al. (Zukunftsprojekt Industrie 4.0), 2013, S. 18.
[117] Vgl. Reynolds; Uygun (Strengthening advanced manufacturing), 2018, S. 180.

2.1.2.3 Internet of Production

Im vergangenen Jahrzehnt sind von Forschungsinstituten oder Unternehmen verschiedene Ordnungsrahmen entwickelt worden, um die Umsetzung von Industrie 4.0 erfolgreich adressieren zu können. Neben asiatischen Ordnungsrahmen wie beispielsweise der aus Japan stammenden „IT Strategy" oder der „Connected Smart Factory" aus Südkorea und den US-amerikanischen Ordnungsrahmen „Smart Manufacturing" oder „Industrial Internet" wurden in Europa „Digital Agenda" oder „Factories of the Future" entwickelt.[118] Am Werkzeugmaschinenlabor WZL der RWTH Aachen haben SCHUH ET AL. den Ordnungsrahmen Internet of Production wie in Abbildung 9 dargestellt entwickelt, der an die beiden zuvor beschriebenen Befähiger anknüpft und die gesamte industrielle Wertschöpfungskette betrachtet.[119] Nachfolgend werden die einzelnen Elemente des Internet of Production sowie deren Zusammenhänge gemäß SCHUH ET AL.[120] und KLOCKE ET AL.[121] beschrieben.

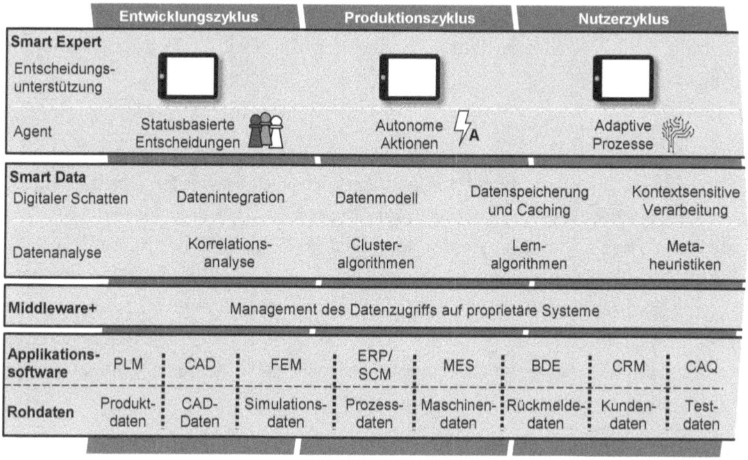

Abbildung 9: Internet of Production[122]

Die unterste Schicht adressiert die in der Praxis bestehenden Applikationssoftwares produzierender Unternehmen. Dazu zählen beispielsweise das Product Lifecycle Management (PLM), Computer Aided Design (CAD), Finite-Elemente-Methode (FEM), Enterprise Resource Planning (ERP), Manufacturing-Execution-Systeme (MES) oder Computer Aided Quality (CAQ). Innerhalb dieser Applikationssoftwares werden Rohdaten für spezifische Aufgaben verarbeitet. Die Vernetzung der einzelnen Applikationssoftwares untereinander ist durch hohen Migrationsaufwand geprägt. Die sogenannte Middleware+ hat daher die Aufgabe, den Datenzugriff auf die proprietären Systeme zu regeln. In der Informatik werden unter dem Begriff Middleware

[118] Vgl. Gausemeier et al. (Internationaler Benchmark), 2016.
[119] Vgl. Schuh et al. (Change Requests), 2017, S. 120-131.
[120] Vgl. Schuh et al. (Change Requests), 2017, S. 120-121.
[121] Vgl. Klocke et al. (Vernetzte adaptive Produktion), 2017, S. 266-285.
[122] Vgl. Schuh et al. (Change Requests), 2017, S. 120-121.

anwendungsneutrale Programme verstanden, welche proprietäre Anwendungen verbinden.[123] Über die Regelung des Datenzugriffs überträgt die Middleware+ anforderungsgerecht und echtzeitnah die erforderlichen Rohdaten an die dritte Schicht, in welcher über Datenanalyse sowie den Digitalen Schatten sogenannte Smart Data generiert wird. Die Rohdaten werden beispielsweise anhand von Korrelationsanalysen, Metaheuristiken oder Lernalgorithmen zur Erstellung des Digitalen Schattens aufbereitet. Der Digitale Schatten stellt definitorisch anhand von Daten ein hinreichend genaues Abbild relevanter Prozesse in Entwicklung, Produktion und angrenzenden Bereichen dar, um eine anforderungsgerechte und echtzeitfähige Auswertungsbasis zu liefern.[124] Der anwendungsbezogene Digitale Schatten wird der vierten Schicht übergeben, in welcher anhand von softwarebasierten Agenten datengetriebene Entscheidungsunterstützung für sogenannte Smart Experts geschaffen wird. Die Entscheidungsunterstützung kann beispielsweise zu eigenständigen Handlungen von Mitarbeitenden oder adaptiven Prozessen führen. Der beschriebene Zusammenhang der einzelnen Schichten des Internet of Production erstreckt sich über den gesamten Produktlebenszyklus. Entsprechend beziehen sich die Schichten auf den Entwicklungszyklus, den Produktionszyklus sowie auf den Nutzerzyklus.

2.1.3 Nutzen

Im Kapitel 2.1.2 wurden die wesentlichen technologischen Befähiger zur Realisierung von Industrie 4.0 beschrieben. Angelehnt an die Forderung von TRAUTH EL AL., dass die Realisierung nicht zum Selbstzweck adressiert werden darf, wird im Folgenden der Nutzen von Industrie 4.0 erläutert.[125] Dabei kann gemäß SCHUH ET AL. in der Produktionstechnik zwischen wertschöpfungsseitigen und marktseitigen Nutzen unterschieden werden.[126] Sozialer Nutzen von Industrie 4.0, welcher sich nach HIRSCH-KREINSEN & ITTERMANN in der Steigerung der Lebens- und Arbeitsqualität der Mitarbeitenden zeigen kann, wird im Rahmen der vorliegenden Arbeit nicht vordergründig behandelt.[127]

2.1.3.1 Wertschöpfungsseitiger Nutzen

Der wesentliche wertschöpfungsseitige Nutzen von Industrie 4.0 ergibt sich aus in Echtzeit verfügbaren Informationen über produktionsrelevante Prozesse. Der Nutzen, der hieraus generiert werden kann, orientiert sich an den vier Reifegrad-Stufen von Industrie 4.0 (vgl. Kapitel 2.1.1.1). Über die vier Reifegrad-Stufen hinweg wird der wertschöpfungsseitige Nutzen über die datengetriebene Lokalisierung von internen Produktionsoptimierungen erreicht.[128] In diesem Kontext wird in der wissenschaftlichen Literatur der Begriff der internen Datenmonetarisierung aufgebracht, welche zu einer Abschwächung des Effekts sinkender Grenzerträge führt (vgl. Kapitel 2.2.2.1).[129] Der wertschöpfungsseitige Nutzen von Industrie 4.0 liegt somit in der

[123] Vgl. Österle et al. (Middleware), 1996, S. 27-28.
[124] Vgl. Riesener et al. (The Digital Shadow), 2019, S. 730.
[125] Vgl. Trauth et al. (Monetarisierung von technischen Daten), 2021, S. 3.
[126] Vgl. Schuh et al. (Industry 4.0 implementation framework), 2018, S. 1-2.
[127] Vgl. Hirsch-Kreinsen; Ittermann (Digitalisierung industrieller Einfacharbeit), 2019, S. 99-117.
[128] Vgl. Roh (Datengetriebene Verbesserung von Produktionsabläufen), 2019, S. 5.
[129] Vgl. Trauth et al. (Monetarisierung von technischen Daten), 2021, S. 4.

Stabilisierung von Grenzerträgen und spiegelt sich insbesondere in der Reduktion von Kosten sowie Latenz- und Durchlaufzeiten über die gesamte Wertschöpfungskette wider.

BAUERNHANSL ET AL. postulieren zum Beispiel eine Reduktion von Bestandskosten von 30% bis 40%.[130] Dieses Einsparpotenzial ergibt sich aus der Reduzierung von Sicherheitsbeständen und der Vermeidung des Bullwhip-Effekts.[131] Der Bullwhip-Effekt beschreibt zunehmende Bedarfsschwankungen entlang der Lieferketten. Diese Bedarfsschwankungen resultieren u. a. aufgrund von Informationsintransparenz der beteiligten Unternehmen.[132] Weiterhin prognostizieren BAUERNHANSL ET AL. eine potenzielle Abnahme von Fertigungskosten von bis zu 30% über die Umsetzung von Industrie 4.0. Die Treiber zur Reduktion der Fertigungskosten bilden die Verbesserung der Produktivität, der Einsatz von Prozessregelkreisen und die Optimierung vertikaler sowie horizontaler Personalflexibilität. Neben den Bestands- und Fertigungskosten können zudem Logistik-, Komplexitäts-, Qualitäts- und Instandhaltungskosten durch die Umsetzung von Industrie 4.0 gemindert werden.[133]

2.1.3.2 Marktseitiger Nutzen

Neben dem wertschöpfungsseitigen Nutzen von Industrie 4.0 werden in der wissenschaftlichen Literatur zahlreiche markseitige Potenziale benannt. Diese Potenziale liegen in der Erschließung neuer Einkommensströme, der Steigerung des bestehenden Marktwerts, der Erhöhung von Kundenbindung sowie der Entwicklung progressiver Geschäftsmodelle.[134] Wenn entsprechende Industrie 4.0-Lösungen in der Wertschöpfungskette des Kunden betriebenen werden, lassen sich zudem die oben beschriebenen wertschöpfungsseitigen Nutzen direkt monetarisieren. Im nächsten Kapitel werden tradierte sowie datengetriebene Geschäftsmodelle genauer beschrieben.

2.2 Datengetriebene Geschäftsmodelle

Aufbauend zu den Beschreibungen von Industrie 4.0 werden im Folgenden die Grundlagen von datengetriebenen Geschäftsmodellen vorgestellt. Zunächst erfolgt hierfür eine Begriffsdefinition von datengetriebenen Geschäftsmodellen sowie eine Abgrenzung zu anderen Arten von Geschäftsmodellen. Hieran angeknüpft werden die zentralen Eigenschaften von datengetriebenen Geschäftsmodellen beschriebenen. Da sich datengetriebene Geschäftsmodelle in den Ausprägungen ihrer zentralen Eigenschaften unterscheiden können, werden zudem verschiedene Typen von datengetriebenen Geschäftsmodellen erläutert.

---

[130] Vgl. Bauernhansl et al. (WGP-Standpunkt Industrie 4.0), 2016, S. 9.
[131] Vgl. Bauernhansl (Die Vierte Industrielle Revolution), 2017, S. 31.
[132] Vgl. Gudehus (Logistik), 2010, S. 984.
[133] Vgl. Bauernhansl et al. (WGP-Standpunkt Industrie 4.0), 2016, S. 9.
[134] Vgl. Trauth et al. (Monetarisierung von technischen Daten), 2021, S. 6.

2.2.1 Begriffsdefinition und Abgrenzung

In der wissenschaftlichen Literatur lassen sich verschiedene Arten und Definitionen von Geschäftsmodellen beobachten. Zudem werden unterschiedliche Arten von Geschäftsmodellen oftmals synonym verwendet. Folgend werden daher klassische, digitale und datengetriebene Geschäftsmodelle definiert und voneinander abgegrenzt.

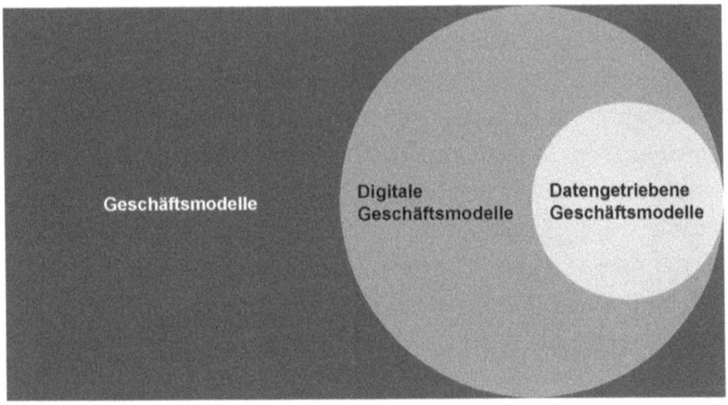

Abbildung 10: Arten von Geschäftsmodellen[135]

Wie in Abbildung 10 dargestellt gilt, dass digitale Geschäftsmodelle eine Schnittmenge von klassischen Geschäftsmodellen bilden und datengetriebene Geschäftsmodelle wiederum eine Schnittmenge von digitalen Geschäftsmodellen. Daraus folgt, dass die Beschreibungen von klassischen Geschäftsmodellen und digitale Geschäftsmodellen auch für datengetriebene Geschäftsmodelle bestehen. Die Eigenschaften von datengetriebenen Geschäftsmodellen treffen jedoch nicht zwingend auf klassische Geschäftsmodelle und digitale Geschäftsmodelle zu. Entsprechend Abbildung 10 umfasst der Begriff klassische Geschäftsmodelle zudem die Gemeinsamkeiten jeglicher Ausprägungen von Geschäftsmodellen. Entsprechend dieser Logik sind die folgenden Unterkapitel zu verstehen.

2.2.1.1 Geschäftsmodell

Der Begriff Geschäftsmodell wird erstmalig im Jahr 1957 in einem wissenschaftlichen Artikel von BELLMANN genannt.[136] Seit Anfang der 1970er wird der Begriff regelmäßig in wissenschaftlichen und praktischen Veröffentlichungen verwendet.[137] Die Manifestation des Begriffs in verschiedenen akademischen Fachrichtungen und die Fokussierung auf verschiedene Themenschwerpunkte resultieren in einem teilweise divergierenden Begriffsverständnis.[138] Daher lässt sich zum aktuellen Zeitpunkt keine einheitliche und gesamtheitlich anerkannte Definition des Begriffs Geschäftsmodell finden.[139] Es existieren einerseits beispielsweise sogenannte Universalansätze, welche in der Geschäftsmodelldefinition branchenunabhängig die gesamte Un-

---

[135] I. A. a. Fritsch; Krotova (Der Weg zu datengetriebenen Geschäftsmodellen), 2020, S. 23.
[136] Vgl. Bellman et al. (Business Game), 1957, S. 474.
[137] Vgl. Ghaziani; Ventresca (Analysis of Business Model Public Talk), 2005, S. 541.
[138] Vgl. Gassmann et al. (Geschäftsmodelle entwickeln), 2013, S. 5.
[139] Vgl. Schuh et al. (Geschäftsmodell-Innovation), 2017, S. 4.

ternehmung sowie Schnittstellen zu externen Stakeholdern betrachten. Andererseits adressieren sogenannte Partialansätze Teilaspekte der Unternehmung oder Rahmenbedingungen einer spezifischen Branche.[140] In den folgenden Abschnitten wird ein Überblick über weit verbreitete Geschäftsmodelldefinitionen und Ansätze zur Beschreibung der Komponenten von Geschäftsmodellen geliefert.

SCHUH ET AL. vergleichen diverse Geschäftsmodelldefinitionen und stellen Unterschiede sowie Gemeinsamkeiten heraus. Aus der Aggregation und Analyse der Definitionen beschreiben SCHUH ET AL. Geschäftsmodelle übergreifend als „die logische Funktionsweise eines Unternehmens und [...] die spezifische Art und Weise, mit der es Gewinne erwirtschaftet."[141] WIRTZ hebt in seiner Definition das hohe Abstraktionsniveau hervor, indem er ein Geschäftsmodell als „eine stark vereinfachte und aggregierte Abbildung der relevanten Aktivitäten einer Unternehmung" beschreibt.[142] Diese Abbildung umfasst, wie über wertschöpfende Prozesse und Elemente Leistungen erzeugt werden. Weiterhin werden in der Abbildung die Kunden- und Marktsicht adressiert. Das Ziel eines Geschäftsmodells ist nach WIRTZ die Erzeugung und möglichst langfristige Verteidigung von Wettbewerbspositionen und -vorteilen. Die jeweiligen Elemente eines Geschäftsmodells werden dabei von ihm als Partialmodelle benannt.[143]

Während bei SCHUH ET AL. und WIRTZ das Unternehmen im Zentrum der Definition steht, bezeichnen BIEGER & REINHOLD ein Geschäftsmodell als „Grundlogik, wie eine Organisation Werte schafft."[144] Diesem Verständnis folgend sehen OSTERWALDER & PIGNEUR Geschäftsmodelle ebenso als eine Logik, nach welcher eine Organisation Werte erzeugt, diese den Kunden überbringt und in diesem Rahmen Gewinne erwirtschaftet. Die Logik umfasst die Wertschöpfungsmechanik, das Leistungssystem, die Kunden sowie die Finanzierung. Die Konkretisierung dieser vier Bereiche erfolgt durch neun Elemente, welche die Basis zur Beschreibung eines Geschäftsmodells darstellen.[145] Aus diesen neun Elementen resultiert wie in der Abbildung 11 dargestellt das sogenannte Business Canvas (deutsch: Geschäftsleinwand), das gemäß OSTERWALDER & PIGNEUR als eine „gemeinsame Sprache zur Beschreibung, Visualisierung, Bewertung und Modifikation von Geschäftsmodellen" dient.[146]

[140] Vgl. Becker (Transformation von Geschäftsmodellen), 2019, S. 18.
[141] Vgl. Schuh et al. (Management industrieller Dienstleistungen), 2016, S. 65.
[142] Vgl. Wirtz (Business Model Management), 2010, S. 70.
[143] Vgl. Wirtz (Business Model Management), 2010, S. 41-70.
[144] Vgl. Bieger; Reinhold (Das wertbasierte Geschäftsmodell), 2011, S. 32.
[145] Vgl. Osterwalder; Pigneur (Business Model Generation), 2011, S. 14-15.
[146] Vgl. Osterwalder; Pigneur (Business Model Generation), 2011, S. 12.

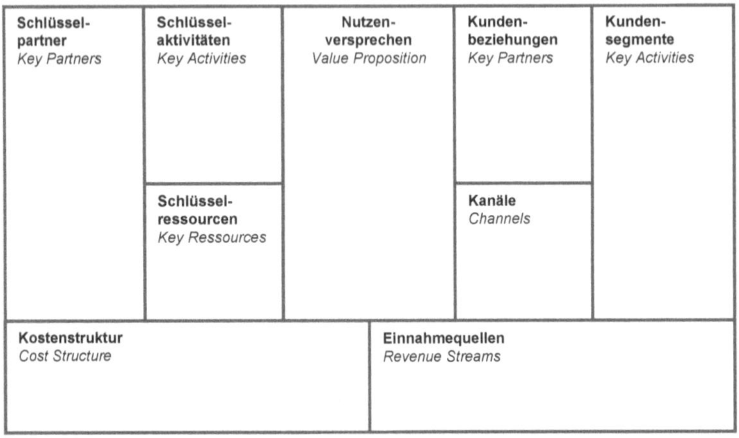

Abbildung 11: Business Model Canvas[147]

Im Zentrum des Business Model Canvas steht das Nutzenversprechen, welches dem Kunden angeboten wird. Das Nutzenversprechen beinhaltet das Wertangebot bzw. das Leistungssystem und kann daher aus Produkten oder Dienstleistungen oder einer Kombination dieser beiden bestehen. Die Leistungen können entweder aus Erweiterungen von bestehenden Marktangeboten oder aus vollständig innovativen und neuartigen Überlegungen resultieren. Der Bereich Kunde umfasst Kundenbeziehungen, Kanäle und die Kundensegmente. Kundenbeziehungen beschreibt die Art und Weise, wie mit den Kunden interagiert wird. Über die Kanäle vermittelt ein Unternehmen seinem Kunden das Wertangebot. Es kann sich beispielsweise um Distributions-, Vertriebs- oder Kommunikationskanäle handeln.

Ein Kundensegment bildet eine Gruppe von Organisationen oder Personen, welche durch ähnliche Bedürfnisse charakterisiert sind und durch das Wertangebot eines Geschäftsmodells adressiert werden sollen. Die Wertschöpfungsmechanik wird über die Schlüsselressourcen, Schlüsselaktivitäten sowie Schlüsselpartnerschaften beschrieben. Schlüsselressourcen bilden die kritischen materiellen und immateriellen Mittel sowie Güter eines Unternehmens, welche zur Erstellung der Leistungen erforderlich sind. Die Schlüsselaktivitäten basieren auf der Nutzung bzw. Verwertung von Schlüsselressourcen und sind Tätigkeiten von besonderer Bedeutung für den Erfolg eines Geschäftsmodells. Unternehmensexterne Partner, die wesentlich zur Funktion und für den Erfolg eines Geschäftsmodell beitragen, werden innerhalb der Schlüsselpartner aufgeführt. Den vierten Bereich bildet die Finanzierung des Geschäftsmodells. Dieser Bereich ist gekennzeichnet über die entstehenden Kosten sowie über die erzielten Einnahmen bei der Ausübung eines Geschäftsmodells.[148]

---

[147] I. A. a. Osterwalder; Pigneur (Business Model Generation), 2011, S. 144.
[148] Vgl. Osterwalder; Pigneur (Business Model Generation), 2011, S. 22-46.

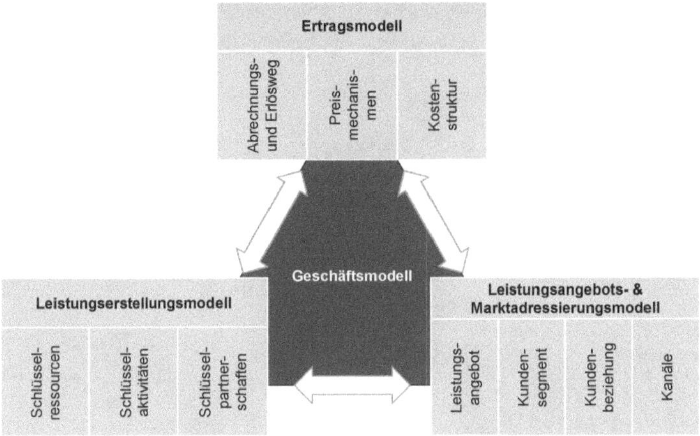

Abbildung 12: Teilmodelle von Geschäftsmodellen[149]

Viele Überschneidungen zum Business Model Canvas weisen die Teilmodelle von Geschäftsmodellen nach SCHUH ET AL. auf. Wie in Abbildung 12 dargestellt stellen das Ertragsmodell, das Leistungserstellungsmodell sowie das Leistungsangebots- und Markadressierungsmodell die drei Teilmodelle dar. In Aggregation bilden die Teilmodelle das Geschäftsmodell. Die Elemente der Teilmodelle orientieren sich namentlich und inhaltlich an den Elementen des Business Model Canvas. Die Einnahmequellen werden in dem Ansatz nach SCHUH ET AL. jedoch durch die Abrechnungs- und Erlöswege sowie durch die Preismechanismen beschrieben.[150]

Ähnlich zu den Teilmodellen nach SCHUH ET AL. und den vier Bereichen im Business Model Canvas definieren GASSMANN ET AL. Geschäftsmodelle über die Fragen „wer die Kunden sind, was verkauft wird, wie man es herstellt und wie man einen Ertrag realisiert".[151] Die Fragen bilden wie in Abbildung 13 illustriert das sogenannte magische Dreieck der Geschäftsmodelle und resultieren in vier Dimensionen Kunde, Nutzenversprechen, Wertschöpfungskette und Ertragsmechanik. Der Kunde bzw. die relevanten Kundensegmente bilden den Kern des Dreiecks. Über das Nutzenversprechen wird festgelegt, mit welchem Angebot die Bedürfnisse der Zielkunden befriedigt werden können. Die Wertschöpfungskette umfasst alle notwendigen Aktivitäten, Prozesse, Ressourcen und Fähigkeiten zur Erfüllung des Nutzenversprechens. Hierunter fällt ebenso die erforderliche Koordinationsarbeit entlang der Wertschöpfungskette. Die vierte und letzte Dimension Ertragsmechanik adressiert die finanzielle Überlebensfähigkeit eines Geschäftsmodells. Hierfür berücksichtigt die Ertragsmechanik sowohl die Kostenstruktur als auch die Umsatzmechanismen.[152] Die interne Konsistenz eines Geschäftsmodells zeigt

[149] I. A. a. Schuh et al. (Management industrieller Dienstleistungen), 2016, S. 68.
[150] Vgl. Schuh et al. (Management industrieller Dienstleistungen), 2016, S. 68.
[151] Vgl. Gassmann et al. (Geschäftsmodelle entwickeln), 2013, S. 7.
[152] Vgl. Gassmann et al. (Geschäftsmodelle entwickeln), 2013, S. 6-7.

sich nach GASSMANN ET AL. im harmonischen Zusammenspiel der einzelnen Geschäftsmodelldimensionen. Externe Konsistenz bezeichnet hingegen die Stimmigkeit des Geschäftsmodells im unternehmerischen Umfeld.[153]

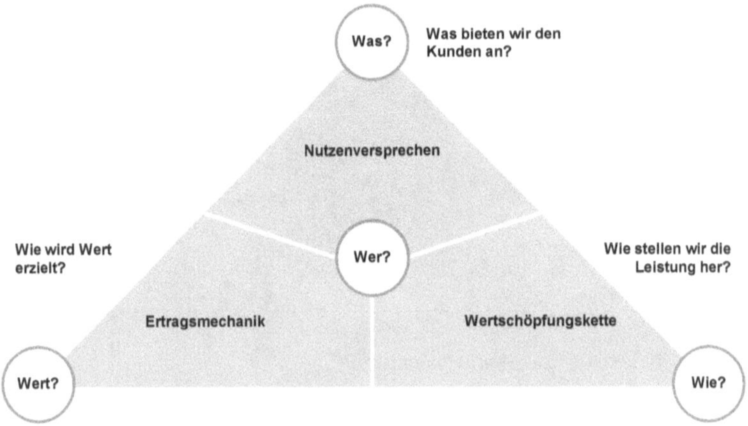

Abbildung 13: Dimensionen eines Geschäftsmodells[154]

Die vorliegende Arbeit orientiert sich an der oben beschriebenen übergreifenden Definition nach SCHUH ET AL. Die übergreifende Definition resultiert wie oben erwähnt aus der Aggregation und Analyse zahlreicher Geschäftsmodelldefinitionen. Dabei werden u. a. alle oben beschriebenen Geschäftsmodelldefinitionen berücksichtigt. Zudem erlaubt die Fokussierung auf Unternehmen in der Definition nach SCHUH ET AL. die Betrachtung von externen Werkzeugbaubetrieben sowie von Profit Centern (vgl. Kapitel 2.3.1.2) im Kontext von Geschäftsmodellen.

Geschäftsmodelle unterliegen weiterhin einem Lebenszyklus, welcher sich in verschiedene Phasen gliedert. ZOLLENKOP leitet her, dass Lebenszyklusmodelle ein geeignetes Instrumentarium im Rahmen der Unternehmensentwicklung darstellen und auf Geschäftsmodelle anwendbar sind.[155] Lebenszyklusmodelle können Hinweise „zur zeitlichen Gestaltung des Übergangs zu einem neuen Geschäftsmodell geben."[156] Nach SCHMIDT gliedern sich Geschäftsmodelle in die Phasen Entwicklung, Wachstum und Reife (vgl. Abbildung 14). Die Entwicklungsphase ist von Experimenten und Simulationen verschiedener Szenarien von Geschäftsmodellen geprägt. Das Ziel ist es eine konsistente und profitable Konfiguration des Geschäftsmodells zu entdecken. In diesem Sinne wird auch von der explorativen Geschäftsmodellerschließung gesprochen. In der Wachstumsphase wird die Expansion anhand der Anwendung und Ausweitung der entdeckten Geschäftsmodellkonfiguration angestrebt.[157]

[153] Vgl. Gassmann et al. (Geschäftsmodelle entwickeln), 2013, S. 45-49.
[154] I. A. a. Gassmann et al. (Geschäftsmodelle entwickeln), 2013, S. 6.
[155] Vgl. Zollenkop (Geschäftsmodellinnovation), 2006, S. 171.
[156] Vgl. Zollenkop (Geschäftsmodellinnovation), 2006, S. 174.
[157] Vgl. Schmidt (Überlegene Geschäftsmodelle), 2015, S. 353.

Im Verlauf der Entwicklung und marktseitigen Anwendung postuliert SCHMIDT zudem unvorhersehbare emergente Störeinflüsse. Diese werden dazu führen, dass sich die tatsächlich eingesetzten Konfigurationen von den initial idealtypisch entwickelten Geschäftsmodellkonfigurationen unterscheiden werden. Aufgrund dessen sind entlang des gesamten Lebenszyklus von Geschäftsmodellen Korrekturmaßnahmen erforderlich.[158] Der Übergang von der Wachstums- zur Reifephase ist durch die Stagnation gekennzeichnet. Um einer Degeneration frühzeitig zu begegnen, können in dieser Phase Aktivitäten zur Exploration neuer, profitabler Geschäftsmodellkonfigurationen lanciert werden.[159] Nach MCGRATH & CLIFFE kann die sukzessive Degeneration von Geschäftsmodellen an drei wesentlichen Faktoren erkannt werden. Erstens erzielen Weiterentwicklungen des Geschäftsmodells immer kleiner werdende Verbesserungen. Zweitens sind Alternativen am Markt zunehmend attraktiver für den Kunden. Drittens spiegelt sich die Degeneration an finanziellen oder anderen Kennzahlen wider.[160]

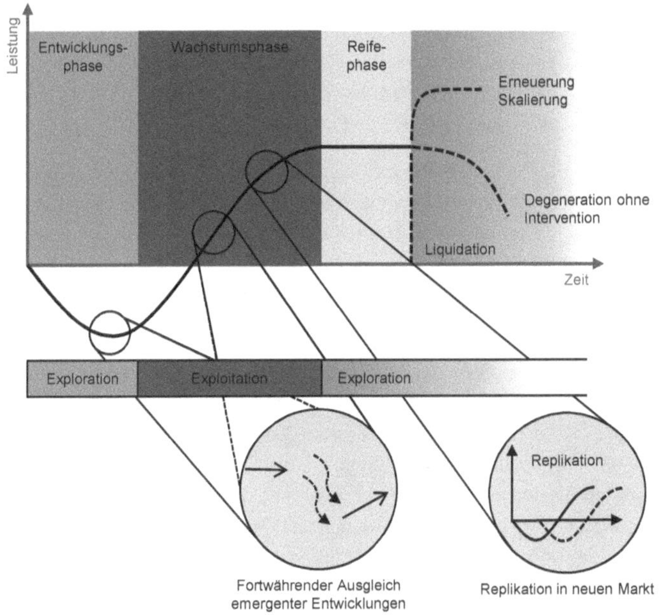

Abbildung 14: Idealtypischer Lebenslauf eines Geschäftsmodells[161]

Es ist zu betonen, dass es sich bei den Beschreibungen um einen idealtypischen Verlauf des Lebenslaufs eines Geschäftsmodells handelt. Nach SCHMIDT handelt es sich bei dem konkreten Kurvenverlauf am ehesten um emergente sowie korrigierende Entwicklungen einer geglät-

[158] Vgl. Schmidt (Überlegene Geschäftsmodelle), 2015, S. 353-354.
[159] Vgl. Schmidt (Überlegene Geschäftsmodelle), 2015, S. 354.
[160] Vgl. McGrath; Cliffe (When Your Business Model is in Trouble), 2011, S. 96.
[161] I. A. a. Schmidt (Überlegene Geschäftsmodelle), 2015, S. 354.

teten Option mit mäßiger Umweltdynamik. Bei volatileren Umweltbedingungen kann der Kurvenverlauf durch Unterbrechungen und ein vorzeitiges Ende gekennzeichnet sein. Die Liquidation eines Geschäftsmodells wird notwendig, wenn das adressierte Marktpotenzial derartig schrumpft, dass die Kosten für die Operationalisierung des Geschäftsmodells die erwarteten Erlöse stark übertreffen.[162]

2.2.1.2 Digitales Geschäftsmodell

Analog zum allgemeinen Geschäftsmodellbegriff lässt sich auch für digitale Geschäftsmodelle keine einheitliche Definition in der wissenschaftlichen Literatur finden.[163] Circa 20 Jahre nach der Einführung des Geschäftsmodellbegriffs, also in den 1990er Jahren, wurden in ersten wissenschaftlichen Veröffentlichungen digitale Geschäftsmodelle erwähnt.[164] VEIT & STEINIGER stufen ein Geschäftsmodell als digital ein, „wenn Veränderungen digitaler Technologien mit fundamentalen Auswirkungen auf die Durchführung des Geschäftsbetriebs sowie auf die generierten Einnahmen eines Unternehmens einhergehen."[165] MÜLLER ET AL. greifen die Definition nach VEIT & STEINIGER auf und leiten ihre Definition für digitale Geschäftsmodelle im Kontext der digitalen Wirtschaft her.[166] Demnach liegt ein digitales Geschäftsmodell vor, „wenn die Wertschöpfung im starken Maße von IKT abhängig ist."[167]

METZGER untersucht die Geschäftsmodelle sogenannter digitaler Gründer. Diese Geschäftsmodelle sind demnach rein digital oder weisen eine wesentliche digitale Komponente auf oder umfassen eine Tätigkeit, welche in starkem Maße auf einer digitalen Technologie basiert.[168] HOFFMANN & SCHRÖDER greifen diese Merkmale nach METZGER auf und beziehen diese auf die Wertschöpfung sowie auf das Nutzenversprechen.[169]

FRITSCH & KROTOVA knüpfen an die genannte Definition von VEIT & STEINGIER an und sehen ebenso einen fundamentalen Wandel in der Unternehmensführung sowie der Umsatzgenerierung durch die Nutzung digitaler Technologie als entscheidendes Kriterium für digitale Geschäftsmodelle. Eine Abgrenzung von klassischen Geschäftsmodellen erfolgt demnach in den Bereichen Leistungserstellung und Leistungsangebot.[170] Sofern die Leistungserstellung wesentlich durch den Einsatz einer digitalen Komponente charakterisiert ist oder das Leistungsanbot aus digitalen Gütern besteht, liegt ein digitales Geschäftsmodell vor. Das Ertragsmodell und das Partnernetzwerk sind daher für die Abgrenzung digitaler von klassischen Geschäftsmodellen nicht entscheidend.[171]

[162] Vgl. Schmidt (Überlegene Geschäftsmodelle), 2015, S. 355.
[163] Vgl. Fritsch; Krotova (Der Weg zu datengetriebenen Geschäftsmodellen), 2020, S. 19.
[164] Vgl. Veit; Steininger (Terminologische Diffusion von Geschäftsmodellen), 2012, S. 8.
[165] Vgl. Veit; Steininger (Terminologische Diffusion von Geschäftsmodellen), 2012, S. 8.
[166] Vgl. Müller et al. (Geschäftsmodelle in der digitalen Wirtschaft), 2016, S. 4-8.
[167] Vgl. Müller et al. (Geschäftsmodelle in der digitalen Wirtschaft), 2016, S. 7.
[168] Vgl. Metzger (Digitale Gründer), 2017, S. 1.
[169] Vgl. Hoffmann; Schröder (Datenbasierte Geschäftsmodelle), 2019, S. 278.
[170] Vgl. Fritsch; Krotova (Der Weg zu datengetriebenen Geschäftsmodellen), 2020, S. 19-21.
[171] Vgl. Fritsch; Krotova (Der Weg zu datengetriebenen Geschäftsmodellen), 2020, S. 21.

2.2.1.3 Datengetriebenes Geschäftsmodell

Bezüglich der Definition von datengetriebenen Geschäftsmodellen herrscht analog zu den vorherigen Kapiteln in der Forschung keine übergreifend anerkannte Einigung. KÜHNE & BÖHMANN sehen das Differenzierungsmerkmal für datengetriebene Geschäftsmodelle in den Schlüsselressourcen.[172] In datengetriebenen Geschäftsmodellen werden Daten als Schlüsselressource genutzt, um das Leistungsversprechen für den Kunden zu erfüllen. ZOLONOWSKI ET AL. schließen sich diesem Verständnis an und bezeichnen Daten als Hauptressource in datengetriebenen Geschäftsmodellen.[173]

AKZAN ET AL. halten Daten ebenso für die Schlüsselressource in datengetriebenen Geschäftsmodellen. Sie ergänzen, dass die Schlüsselaktivitäten in datengetriebenen Geschäftsmodellen datenorientiert sind. Beispielsweise kann es sich um Datengenerierung, Datenanalyse oder Visualisierung handeln (vgl. Kapitel 2.2.2.2).[174] Im Rahmen derartiger Schlüsselaktivitäten nehmen Daten eine Schlüsselfunktion bei der Wertschöpfung ein. Daraus folgt nicht, dass die Wertschöpfung ausschließlich auf Daten basieren muss. AKZAN ET AL. benennen die Neukonzeption einer Leistung oder die Optimierung sowie Erweiterung eines bestehenden Modells als Varianten von datengetriebenen Geschäftsmodellen, bei denen die Wertschöpfung nicht ausschließlich auf der Schlüsselressource Daten basiert.[175]

Dem Grundverständnis von AKZAN ET AL. folgend definieren TRAUTH ET AL. datengetriebene Geschäftsmodelle auf einem höheren Abstraktionsniveau. Dementsprechend werden datengetriebene Geschäftsmodelle als „auf Gewinn abzielende Interaktionen zwischen Unternehmen verstanden, welche monetäre Mehrwerte durch die Generierung, Analyse, Weiterverarbeitung, Verwertung und insbesondere den Handel von Daten und datenbasierten Informationen schaffen."[176] Datengetriebene Geschäftsmodelle sind demnach neben der Schlüsselressource Daten auch durch die externe Datenmonetarisierung charakterisiert (vgl. Kapitel 2.2.2.1). Aufgrund des übergreifenden Abstraktionsniveaus mit dem Fokus auf Daten als Schlüsselressource und der externen Datenmonetarisierung wird der vorliegenden Arbeit diese Definition von datengetriebenen Geschäftsmodellen zugrunde gelegt.

Die dargelegten Definitionen zeigen, dass datengetriebene Geschäftsmodelle eine Unterkategorie von digitalen Geschäftsmodellen bilden. Demnach folgt, dass datengetriebene Geschäftsmodelle auch digital sind. Digitale Geschäftsmodelle sind umgekehrt nicht in jedem Fall datengetrieben. Ein Beispiel für ein Geschäftsmodell, welches definitorisch digital aber nicht datengetrieben ist, wäre der Verkauf eines digitalen Guts ohne die externe Monetarisierung von Daten.[177] Im wissenschaftlichen Diskurs führt dieser Sachzusammenhang oftmals zu Irritationen und Verwechslungen. So lassen sich in wissenschaftlichen Publikationen für digitale

[172] Vgl. Kühne; Bohmann (Representing Data-Driven Business), 2018, S. 4.
[173] Vgl. Zolnowski et al. (Data-Driven Innovations), 2016, S. 2.
[174] Vgl. Azkan et al. (Research Streams in the Data Economy), 2019, S. 62-64.
[175] Vgl. Azkan et al. (Forschungsbereiche der Datenökonomie), 2020, S. 124-125.
[176] Vgl. Trauth et al. (Monetarisierung von technischen Daten), 2021, S. 500.
[177] Vgl. Fritsch; Krotova (Der Weg zu datengetriebenen Geschäftsmodellen), 2020, S. 22.

Geschäftsmodelle auch Definitionen finden, welche keine eindeutige Abgrenzung zu den obigen Definitionen von datengetriebenen Geschäftsmodellen zulassen.[178]

Trotz der definitorischen Abgrenzung zwischen klassischen, digitalen und datengetriebenen Geschäftsmodellen bemerken FRITSCH & KROTOVA, dass es „bei der Konzeptionierung keine klaren Grenzen gibt."[179] Diesem Verständnis folgend existiert nach SCHÜRITZ & SATZGER anstelle von digitalen oder datengetriebenen Geschäftsmodellen ein Kontinuum an Transformationsoptionen von klassischen Geschäftsmodellen, welche sich für Unternehmen über Datennutzung und -generierung ergeben.[180] Dementsprechend gilt, dass die in Kapitel 2.2.1.1 beschriebenen grundlegenden Elemente und Denkmuster ebenso für datengetriebene Geschäftsmodelle anwendbar sind, gleichwohl bestimmte Elemente maßgeblich durch Daten geprägt sind.

2.2.2 Merkmale datengetriebener Geschäftsmodelle

In Kapitel 2.2.1 wird anhand der Begriffsdefinition und -abgrenzung ein allgemeines Verständnis von datengetriebenen Geschäftsmodellen geschaffen. Dem Verständnis folgend werden im vorliegenden Kapitel die Datenmonetarisierung, die Datenwertschöpfung sowie datengetriebene Leistungssysteme als zentrale Merkmale von datengetriebenen Geschäftsmodellen beschrieben.

2.2.2.1 Datenmonetarisierung

Der Begriff der Datenmonetarisierung steht in engem Zusammenhang mit datengetriebenen Geschäftsmodellen. Definitorisch wird unter der Monetisierung von Daten jeglicher Vorgang verstanden, „der einen messbaren ökonomischen Vorteil durch die Verwendung von Daten schafft."[181] Zur Erläuterung der Datenmonetarisierung lassen sich derartige Vorteile in zwei Kategorien unterscheiden. Einerseits kann Datenmonetarisierung interne Mehrwerte bewirken, welche sich auf Prozesse innerhalb eines Unternehmens beziehen. Dies wird als interne Datenmonetarisierung bezeichnet. Andererseits resultiert die externe Datenmonetarisierung in Mehrwerten, die sich zwischen Unternehmen ergeben.[182]

Die in Kapitel 2.1.3.1 beschriebenen wertschöpfungsseitigen Nutzen von Industrie 4.0 stellen Mehrwerte dar, die über interne Datenmonetarisierung erzielt werden können. Zu den Mehrwerten von interner Datenmonetarisierung zählen weiterhin die Steigerung von Profiten durch die Reduktion von Kosten oder die Optimierung einer Leistung sowie die Gewinnung neuer Erkenntnisse über Geschäfts- und Wertschöpfungsprozesse. Bei der Schaffung von Mehrwerten im Rahmen der internen Datenmonetarisierung verlassen in der Regel keine vertraulichen Daten das Unternehmensnetzwerk. Verglichen mit der externen Datenmonetarisierung sind

[178] Vgl. Stähler (Geschäftsmodelle in der digitalen Ökonomie), 2001, S. 181-253.
[179] Vgl. Fritsch; Krotova (Der Weg zu datengetriebenen Geschäftsmodellen), 2020, S. 22.
[180] Vgl. Schuritz; Satzger (Data-Infused Business Model Innovation), 2016, S. 136.
[181] Vgl. Rohde et al. (Datenwirtschaft und Datentechnologie), 2022, S. 293.
[182] Vgl. Trauth et al. (Monetarisierung von technischen Daten), 2021, S. 4.

die Anforderungen an Datenschutz, -sicherheit und -souveränität daher geringer. Aus diesem Grund sind Mehrwerte der internen Datenmonetarisierung oftmals schneller zu erzielen.[183]

Externe Datenmonetarisierung schafft kundenzentrierte Mehrwerte. Diese Mehrwerte können über verschiedene Typen von datengetriebenen Geschäftsmodellen erzielt werden (vgl. Kapitel 2.2.3). Beispielsweise kann schon über das Verkaufen von Daten ein kundenzentrierter Mehrwert entstehen.[184] Aufgrund der hohen Anforderungen an Datensicherheit und -schutz sind kundenzentrierte Mehrwerte dennoch häufig deutlich schwieriger zu erreichen als unternehmensinterne Mehrwerte. Die Vorteile der externen Datenmonetarisierung spiegeln sich in der Gewinnung neuer Einkommensströme, der Erschließung neuer Marktanteile, der Steigerung des bestehenden Marktwerts sowie in der Erhöhung der Kundenbindung wider.[185]

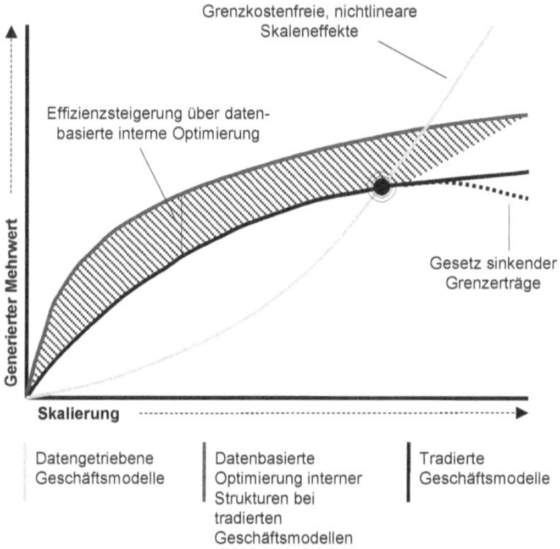

Abbildung 15: Mehrwert durch datengetriebene Geschäftsmodelle[186]

In der klassischen Produktionstheorie sind erzeugte Mehrwerte im Rahmen des Gesetzes der sinkenden Grenzerträge an sogenannte Grenzkosten gebunden. Grenzkosten umfassen zusätzlich anfallende Kosten, die durch die Herstellung einer zusätzlichen Einheit anfallen.[187] Hieraus folgt, dass erwirtschaftete Erträge einer Leistung ab einem gewissen Skalierungspunkt degressiv zunehmen bzw. abnehmen.[188] Die Gründe für zunehmende Grenzkosten bzw.

183 Vgl. Trauth et al. (Monetarisierung von technischen Daten), 2021, S. 4-5.
184 Vgl. Strahringer; Wiener (Datengetriebene Geschäftsmodelle - Konzeptuelles Rahmenwerk), 2021, S. 462-463.
185 Vgl. Trauth et al. (Monetarisierung von technischen Daten), 2021, S. 6.
186 I. A. a. Trauth et al. (Monetarisierung von technischen Daten), 2021, S. 5 f.; Iansiti; Lakhani (Competing in the age of AI), 2020, S. 36.
187 Vgl. Beutel (Mikroökonomie), 2006, S. 363-364.
188 Vgl. Beck (Volkswirtschaftslehre), 2012, S. 94-97.

sinkender Grenzerträge bilden beispielsweise steigende operative Komplexität, organisationale Trägheit oder höherer Administrationsaufwand.[189]

Klassische Geschäftsmodelle unterliegen sinkenden Grenzerträgen.[190] Wie in Abbildung 15 dargestellt erzielen klassische Geschäftsmodelle daher ab einem gewissen Skalierungspunkt aufgrund steigender Grenzkosten degressiv steigende oder gar abnehmende Mehrwerte. TRAUTH ET AL. bemerken, dass dieser Effekt bei klassischen Geschäftsmodellen „so ausgereift sie auch sind“[191] eintritt. Wird ein klassisches Geschäftsmodell über interne Datenmonetarisierung optimiert, können signifikante Effizienzsteigerungen geschaffen werden. Trotz derartiger Effizienzsteigerungen können abnehmende Grenzerträge nicht verhindert werden, sodass auch klassische Geschäftsmodelle mit interner Datenmonetarisierung ab bestimmter Skalierung geringere Mehrwerte erreichen.[192]

Externe Datenmonetarisierung im Rahmen von datengetriebenen Geschäftsmodellen erlaubt nichtlineare und näherungsweise grenzenkostenfreie Skaleneffekte. Als einer der Gründe hierfür wird genannt, dass sich einmal erfasste Daten in sehr kurzer Zeit grenzkostenfrei replizieren lassen und somit einer theoretisch unendlichen Zielgruppe zur Verfügung gestellt werden können.[193] FRANK ET AL. sprechen daher in diesem Zusammenhang auch von „Null-Grenzkosten-Geschäftsmodellen.“[194] Die Existenz derartiger Geschäftsmodelle wird bereits Anfang der 2000er Jahre von BIEGER ET AL. postuliert.[195] IANSITI & LAKHANI sprechen wörtlich von einer Kollision, im Rahmen welcher neuartige, überlegene Geschäftsmodelle auf klassische Modelle stoßen und diese überwältigen.[196]

In dem vorliegenden Abschnitt werden die Mehrwerte von interner und externer Datenmonetarisierung dargelegt. Zudem wird die externe Datenmonetarisierung als zentrales Merkmal datengetriebener Geschäftsmodelle beschrieben. Im nachfolgenden Abschnitt wird erläutert, mit welchen Aktivitäten Mehrwerte anhand von Daten geschaffen werden können.

2.2.2.2 Datenwertschöpfung

In der wissenschaftlichen Literatur lassen sich keine einheitlichen Definitionen für den Begriff der Datenwertschöpfung finden. Das Verständnis für den Begriff erfolgt aus zwei Perspektiven. Einerseits wird der Begriff als integraler Bestandteil der Datenwertschöpfungskette angesehen. Andererseits wird der Begriff als Wertschöpfungslogik in datengetriebenen Geschäftsmodellen verstanden.

Für KREBS & HAGENWEILER besteht die Datenwertschöpfungskette aus den Schritten Gewinnung, Speicherung, Analyse und Verwertung.[197] Unter Datengewinnung wird die Erfassung

---

[189] Vgl. Trauth et al. (Monetarisierung von technischen Daten), 2021, S. 5; Frank et al. (Cloud-Transformation), 2019, S. 193.
[190] Vgl. Varian (Grundzüge der Mikroökonomik), 2016, S. 394.
[191] Vgl. Trauth et al. (Monetarisierung von technischen Daten), 2021, S. 5.
[192] Vgl. Trauth et al. (Monetarisierung von technischen Daten), 2021, S. 5.
[193] Vgl. Trauth et al. (Monetarisierung von technischen Daten), 2021, S. 6.
[194] Vgl. Frank et al. (Cloud-Transformation), 2019, S. 49.
[195] Vgl. Bieger et al. (Über zukünftige Geschäftsmodelle), 2002, S. 3.
[196] Vgl. Iansiti; Lakhani (Competing in the age of AI), 2020, S. 36.
[197] Vgl. Krebs; Hagenweiler (Datenanonymisierung), 2022, S. 47.

von Rohdaten zur Beschreibung eines Systemzustands verstanden. Im Rahmen der Datenspeicherung werden die erfassten Daten auf einem Datenträger gespeichert, der die erforderliche Speicherkapazität aufweist und einen anforderungsgerechten Datenzugriff ermöglicht. Datenanalyse umfasst alle Algorithmen, die Daten nach Mustern und Zusammenhängen durchsuchen, Daten aus verschiedenen Quellen kombinieren oder aus Daten neue semantische Informationen extrahieren. Der Nutzen von Datenanalysen orientiert sich an den Reifegradstufen von Industrie 4.0 (vgl. Kapitel 2.1.1.1).[198] Dieser Nutzen zeigt sich im Rahmen der Datenverwertung.[199] KAMPKER ET AL. definieren Datenerfassung, Datenübertragung, Datenspeicherung sowie Datenauswertung als die „neue Form der Datenwertschöpfung."[200] Für GREINER ET AL. weist die generische Datenwertschöpfungskette hingegen die Schritte Datenerhebung, Datenverarbeitung, Datenanalyse und Datenmehrwert auf.[201] Datenverarbeitung umfasst dabei im Wesentlichen die Zusammenführung von Daten aus verschiedenen Quellen in ein gemeinsames System.[202] GREINER ET AL. erkennen jedoch auch an, dass die Datenwertschöpfungskette abhängig vom jeweiligen Geschäftsmodell in Teilen variieren kann.[203] Ein Vergleich unterschiedlich definierter Datenwertschöpfungsketten erfolgt durch STRAßBURG & BECKMANN. [204]

Laut LEMKE nimmt die Datenwertschöpfung bei der Umsetzung datengetriebener Geschäftsmodelle einen hohen Stellenwert ein.[205] DORFER beschreibt, dass anhand von Datenwertschöpfung die Leistungen innerhalb von datengetriebenen Geschäftsmodellen realisiert werden.[206] Dieses Begriffsverständnis wird ebenso der vorliegenden Arbeit zugrunde gelegt. Das Ergebnis der Datenwertschöpfung stellt einen informationellen Wert für eine spezifische Kundengruppe dar.[207] Nach STRAHRINGER & WIENER sind dafür je nach Ausprägung des datengetriebenen Geschäftsmodells die Aktivitäten Datengenerierung, Datenaggregation, Datenbeschaffung, Datenanalyse sowie Entwicklung datengetriebener Dienstleistungen erforderlich.[208]

Zusammenfassend ist für den vorliegenden Abschnitt festzuhalten, dass Datenwertschöpfung in datengetriebenen Geschäftsmodellen zur Realisierung der Leistungen dient. Die speziellen Aktivitäten der Datenwertschöpfung können je nach Leistung variieren. Im folgenden Abschnitt werden die potenziellen Leistungen eines datengetriebenen Geschäftsmodells beschrieben.

2.2.2.3 Datengetriebenes Leistungssystem

Der Begriff Leistungssystem umfasst zwei fundamentale Komponenten. Immaterielle Dienstleistungen können eine Komponente eines Leistungssystems sein. Des Weiteren können materielle Sachleistungen, die auch als Produkte bezeichnet werden, eine Komponente eines

[198] Vgl. Schuh et al. (Industrie 4.0 Maturity Index), 2017, S. 16-21.
[199] Vgl. Krebs; Hagenweiler (Datenanonymisierung), 2022, S. 46-57.
[200] Vgl. Kampker et al. (Digitale Vernetzung im Service), 2017, S. 2.
[201] Vgl. Greiner et al. (Analytics und Artificial Intelligence), 2022, S. 141.
[202] Vgl. Greiner et al. (Analytics und Artificial Intelligence), 2022, S. 146.
[203] Vgl. Greiner et al. (Analytics und Artificial Intelligence), 2022, S. 140.
[204] Vgl. Straßburg; Beckmann (Datenwirtschaft und Datenwertschöpfungsketten), 2022, S. 8-10.
[205] Vgl. Lemke (Digitalisierung zwischen Technologie und Management), 2020, S. 26.
[206] Vgl. Dorfer (Datenzentrische Geschäftsmodelle als neuer Geschäftsmodelltypus), 2016, S. 330.
[207] Vgl. Dorfer (Erfolgsstrategien Datenzentrischer Geschäftsmodelle), 2018, S. 25.
[208] Vgl. Strahringer; Wiener (Datengetriebene Geschäftsmodelle - Konzeptuelles Rahmenwerk), 2021, S. 465.

Leistungssystems darstellen. Das Leistungssystem eines datengetriebenen Geschäftsmodells kann laut STRAHRINGER & WIENER aus verkauften Daten, datenbezogenen Infrastrukturlösungen, datengetriebenen Dienstleistungen oder hybriden Leistungsbündeln bestehen.[209]

Erstens können im Rahmen von datengetriebenen Geschäftsmodellen also Rohdaten oder Datenprodukte an eine Kundengruppe verkauft werden. In diesem Fall wird auch vom Datenlieferant gesprochen (vgl. Kapitel 2.2.3). Zweitens können im Zuge von datengetriebenen Geschäftsmodellen Dateninfrastrukturlösungen vertrieben werden. Nach ROHDE ET AL. bestehen Dateninfrastrukturlösungen „aus Daten, Akteuren, die diese bereitstellen, verarbeiten, handeln und nutzen sowie aus einem Set an Richtlinien und Regularien."[210] Gemäß KREBS & HAGENWEILER könnten über eine Dateninfrastrukturlösung beispielsweise CPS miteinander kommunizieren und Daten ablegen (vgl. Kapitel 2.1.2.1).[211] GREINER ET AL. schaffen eine detaillierte Übersicht der Komponenten einer Dateninfrastruktur.[212]

Drittens zählen datengetriebene Dienstleistungen als eine Leistung in datengetriebenen Geschäftsmodellen. In der wissenschaftlichen Literatur herrscht keine übergreifende Einigung hinsichtlich der Begriffsdefinition von datengetriebenen Dienstleistungen.[213] Die Begriffe datenbasierte Dienstleistungen, datengetriebene Dienstleistungen, Dienstleistungen 4.0 und Smart Services werden zudem vielmals gleichbedeutend verwendet.[214] HUSMANN kritisiert dementsprechend, dass der wissenschaftliche Diskurs nicht auf der Grundlage einheitlicher Definitionsansätze stattfindet.[215] KAGERMANN ET AL. beschreiben datengetriebene Dienstleistungen als „über das Internet individuell konfigurierte Pakete aus Produkten, Dienstleistungen und Diensten." Nach ANKE & KRENKE dienen „digitale Dienstleistungen für technische Produkte, die als Produkt-Service-System auf Basis von Cyber-[p]hysischen Systemen erbracht werden." AZKAN ET AL. überführen die in Kapitel 2.2.1.3 beschriebene Definition für datengetriebene Geschäftsmodelle auf datengetriebene Dienstleistungen. Dementsprechend basieren datengetriebene Dienstleistungen auf der Schlüsselressource Daten und unterstützen Entscheidungsprozesse beim Kunden auf der Grundlage von daten- und analysebasierten Funktionen und Erfahrungen.[216] BOSHOF definiert analog datengetriebene „Dienstleistungen, welche sowohl physische als auch digitale Komponenten benötigen und einen Mehrwert auf Basis von Daten generieren."[217] Diese Definition resultiert aus der Systematisierung verschiedener Definitionsansätze und ist thematisch im Werkzeugbau verortet. Daher wird diese Definition der vorliegenden Arbeit zugrunde gelegt.

Viertens kann ein hybrides Leistungsbündel die Leistung in einem datengetriebenen Geschäftsmodell darstellen. Laut MEIER & UHLMANN sind hybride Leistungsbündel durch „die in-

[209] Vgl. Strahringer; Wiener (Datengetriebene Geschäftsmodelle - Konzeptuelles Rahmenwerk), 2021, S. 464.
[210] Vgl. Rohde et al. (Datenwirtschaft und Datentechnologie), 2022, S. 292.
[211] Vgl. Krebs; Hagenweiler (Datenanonymisierung), 2022, S. 48.
[212] Vgl. Greiner et al. (Analytics und Artificial Intelligence), 2022, S. 157.
[213] Vgl. Biehl (Design guidelines for smart services), 2017, S. 338; Jüttner et al. (Design von Smart Services), 2017, S. 50.
[214] Vgl. Boshof (Datenbasierte Dienstleistungen), 2022, S. 37-38.
[215] Vgl. Husmann (Markteinführung datenbasierter Dienstleistungen), 2020, S. 20.
[216] Vgl. Azkan et al. (Data Business in Ecosystems), 2021, S. 18.
[217] Vgl. Boshof (Datenbasierte Dienstleistungen), 2022, S. 43.

tegrierte, sich gegenseitig determinierende Planung, Entwicklung, Implementierung, Erbringung und Nutzung von Sach- und Dienstleistungsanteilen einschließlich ihrer immanenten Softwarekomponenten in industriellen Anwendungen“ gekennzeichnet.[218] BOOS ET AL. definieren hybride Leistungsbündel vergleichbar als „flexible und am Kundennutzen ausgerichtete Kombinationen von Sach- und begleitenden [datengetriebenen] Dienstleistungen.“[219] Die vorliegende Arbeit orientiert sich an dieser Definition, weil diese im thematischen Umfeld des Werkzeugbaus verwendet wird. Konzepte zur Bündelung von Sach- und Dienstleistungen werden in der wissenschaftlichen Literatur durch unterschiedliche Begriffe geprägt. Im deutschsprachigen Raum lassen sich beispielsweise die Begriffe des Produkt-Service-Systems, des hybriden Produkts oder des hybriden Leistungsbündels finden.[220] EBI stellt fest, dass diese Begriffe weitreichende Ähnlichkeiten aufweisen und oftmals als Synonym füreinander verwendet werden.[221]

Die vorangegangenen Kapitel verdeutlichen, dass sich datengetriebene Geschäftsmodelle in dem Leistungssystem sowie dem Wertschöpfungsprozess wesentlich unterscheiden können. Es resultiert hieraus, dass in der wissenschaftlichen Literatur zwischen verschiedenen Typen von datengetriebenen Geschäftsmodellen unterschieden wird. Im folgenden Kapitel werden verschiedene Typen von datengetriebenen Geschäftsmodellen beschrieben.

2.2.3 Typen von datengetriebenen Geschäftsmodellen

Wie im Kapitel 2.2.2 beschrieben können sich datengetriebene Geschäftsmodelle in ihren wesentlichen Eigenschaften unterscheiden. In der wissenschaftlichen Literatur erfolgt daher oftmals die Unterscheidung in unterschiedliche Typen von datengetriebenen Geschäftsmodellen.[222] In den folgenden Abschnitten werden zwei weit verbreitete Typisierungen hinsichtlich des Wertschöpfungssystems und des Leistungssystems dargelegt. Zudem wird eine Unterscheidung in Bezug auf die externe Datenmonetarisierung beschrieben.

HARTMANN ET AL. führen eine Unterscheidung anhand der Dimensionen Datenressourcen und Schlüsselaktivitäten durch (vgl. Abbildung 16). Die Dimension Datenressourcen verfügt über die drei Ausprägungen frei verfügbare Daten, vom Kunden bereitgestellte Daten sowie unternehmensintern nachverfolgte und erzeugte Daten. Die zweite Dimension umfasst die Schlüsselaktivitäten Datenaggregation, Datenanalyse sowie Datengenerierung. Anhand dieser Dimensionen werden sechs Typen von datengetriebenen Geschäftsmodellen aufgezeigt.[223]

[218] Vgl. Meier; Uhlmann (Hybride Leistungsbündel), 2012, S. 6.
[219] Vgl. Boos et al. (Intelligente Werkzeuge und datenbasierte Geschäftsmodelle), 2018, S. 6.
[220] Vgl. Reim et al. (A systematic literature review of Product–Service Systems), 2015, 64.
[221] Vgl. Ebi (Implementierung von Subskriptionsmodellen), 2021, S. 22.
[222] Vgl. Voigt; M. Müller (Digital Business Models in Industrial Ecosystems), 2021, S. 140-142.
[223] Vgl. Hartmann et al. (Capturing value from big data), 2016, S. 1394.

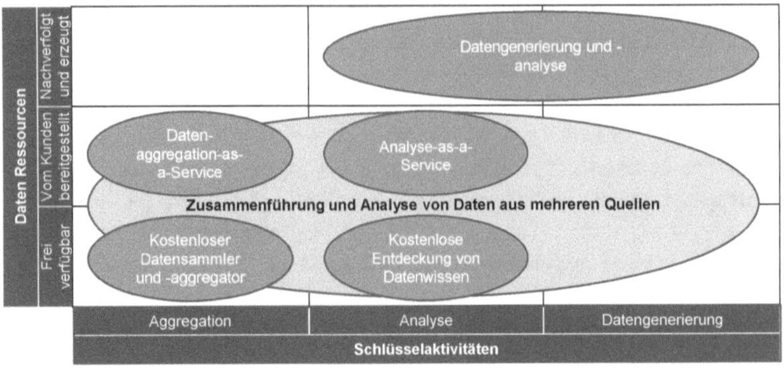

Abbildung 16: Typen von datengetriebenen Geschäftsmodellen[224]

Der Typ A fokussiert sich auf frei verfügbare Daten und schafft Mehrwerte durch die Verarbeitung sowie Visualisierung dieser Daten. Diese Mehrwerte können sowohl im Business-to-Business- (B2B, deutsch: Geschäftsbeziehungen zwischen Unternehmen) als auch im Business-to-Consumer-Umfeld (B2C, deutsch: Geschäftsbeziehungen zwischen Unternehmern und Privatpersonen) vertrieben werden. Die Ertragsmechanik basiert zumeist auf subskriptiven Ansätzen. Typ B ist gekennzeichnet von der Analyse von Daten, welche der Kunde zur Verfügung stellt. Dieser Typ weist oftmals subskriptive Ertragsmechaniken im B2B-Bereich auf. Unternehmen des Typs C erheben eigenständig Daten, anstatt auf bestehenden Datensätzen aufzubauen. Neben der Erhebung zählt die Datenanalyse zu den Schlüsselaktivitäten dieses Typs, der sowohl im B2B- als auch B2C-Umfeld vorkommt. Typ D beruht ebenso wie Typ A auf frei verfügbaren Daten. Im Gegensatz zu Typ A bildet die Schlüsselaktivität für Unternehmen des Typs D jedoch die Datenanalyse. Die Zielkunden sind hauptsächlich im B2B-Bereich verortet. Unternehmen des Typs E betreiben wesentlich die Aggregation und Verarbeitung von Kundendaten. Ähnlich zu Typ B adressiert Typ E vorrangig den B2B-Markt und basiert auf subskriptiven Ansätzen. Unternehmen des Typs F beherrschen schließlich die gesamte Datenwertschöpfungskette (vgl. Kapitel 2.2.2.2) und nutzen sowohl frei verfügbare als auch vom Kunden gelieferte Daten. Die Ertragsmechanik beruht zumeist auf der Nutzung von Werbung oder subskriptiven Ansätzen und zielt auf Partner im B2B-Bereich ab.[225]

Angelehnt an SCHROEDER schlagen STRAHRINGER & WIENER den Datennutzern, den Datenlieferant und den Datenbefähiger als Typen datengetriebener Geschäftsmodelle vor.[226] Datennutzer verwerten bestehende Datensätze, um im Sinne der externen Datenmonetarisierung die Wertschöpfung ihrer Kunden zu optimieren. Die Optimierung spiegelt sich zum Beispiel in der Verbesserung von Prozessabläufen oder der Weiterentwicklung von Produkten wider. Datenlieferanten generieren entweder Daten, welche einen Eigenwert aufweisen und vermarktet werden können, oder bieten Zugang zu aggregierten Erst- und Drittdaten. Laut SCHROEDER

224 I. A. a. Hartmann et al. (Capturing value from big data), 2016, S. 1397.
225 Vgl. Hartmann et al. (Capturing value from big data), 2016, S. 1392-1400.
226 Vgl. Strahringer; Wiener (Datengetriebene Geschäftsmodelle - Konzeptuelles Rahmenwerk), 2021, S. 462-463; Schroeder (Big data business models), 2016, S. 8-9.

existiert eine Vielzahl an Unternehmen, welche über Daten verfügen, die einen beträchtlichen Wert haben, wenn eine andere Organisation die Daten für einen anderen Zweck als den, für den sie ursprünglich gesammelt wurden, verwendet.[227] Datenbefähiger bieten unterstützende datengetriebene Dienstleistungen und Dateninfrastrukturlösungen an (vgl. Kapitel 2.2.2.3). Den Kunden von Datenbefähigern mangelt es oftmals an Fachwissen oder Infrastruktur, um datengetriebene Optimierungen zu erzielen. Allgemein kann zudem angemerkt werden, dass Datennutzer die Kunden von Datenbefähigern und Datenlieferanten darstellen. Datenbefähiger können weiterhin Leistungen für andere Datenbefähiger oder Datenlieferanten erbringen.[228]

SCHUH ET AL. unterscheiden datengetriebene Geschäftsmodelle hinsichtlich ihres Ansatzes bei der externen Datenmonetarisierung (vgl. Abbildung 17). Der Fokus liegt dabei auf der produzierenden Industrie. Anhand der Dimensionen Datendichte und Individualisierungsgrad werden sechs Strategien zur Datenmonetarisierung aufgezeigt. Die Datendichte ist durch den potenziell erzeugbaren Nutzen determiniert, welcher durch die vorhandenen Daten erzielt werden kann. Für die Erzielung eines hohen Kundennutzens ist folglich eine hohe Datendichte erforderlich. Bei steigender Datenmenge nimmt die Datendichte entweder zu oder bleibt konstant. Anhand des Individualisierungsgrads wird beschrieben, inwiefern Leistungen für spezifische Kunden individualisiert werden können. Mit steigender Auflagehöhe eines Produkts nimmt der Individualisierungsgrad in der Regel ab.[229]

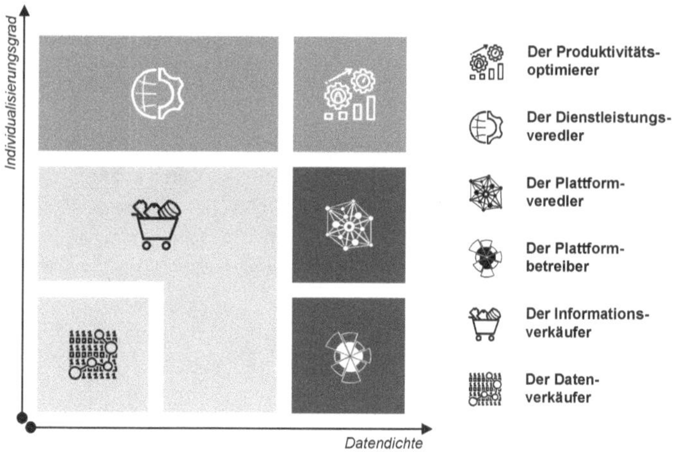

Abbildung 17: Strategien der externen Datenmonetarisierung[230]

[227] Vgl. Schroeder (Big data business models), 2016, S. 9.
[228] Vgl. Strahringer; Wiener (Datengetriebene Geschäftsmodelle - Konzeptuelles Rahmenwerk), 2021, S. 463.
[229] Vgl. Schuh et al. (Strategien der Datenmonetarisierung), 2021, S. 149-150.
[230] I. A. a. Schuh et al. (Strategien der Datenmonetarisierung), 2021, S. 151.

Unternehmen des Typs Datenverkäufer monetarisieren Daten über den Verkauf an Dritte. Dieser Typ ist geprägt von einer niedrigen Datendichte und einem geringem Individualisierungsgrad. Das Produktportfolio von Unternehmen dieses Typs umfasst oftmals kurzlebige Verbrauchsgüter, die geringe Komplexität und Stückzahlen aufweisen. Das Produktportfolio von Unternehmen des Typs Informationsverkäufer besteht hingegen aus kundenindividuellen Großserien von Verbrauchsgütern mit niedriger Marge. Aufgrund der höheren Datendichte monetarisieren diese Unternehmen Daten anhand identifizierter Muster oder Ursachen von Wechselwirkungen. Unternehmen, die dem Typ Plattformbetreiber zugeordnet werden können, koordinieren Angebot und Nachfrage spezifischer, datengetriebener Anwendungsgebiete anhand von Innovations- oder Transaktionsplattformen. Die Leistungen eines Plattformbetreibers sind oftmals kundenunabhängig, wohingegen die Leistungen der einzelnen Plattformnutzer kundenindividuell gestaltet sind. Die Datenmonetarisierung ist daher durch einen geringen Individualisierungsgrad der Leistung bei hoher Datendichte gekennzeichnet. Über einen höheren Individualisierungsgrad verfügen Unternehmen des Typs Plattformveredler. Diese Unternehmen nutzen die verfügbaren Daten von Kunden, Nutzern und Transaktionen, um den Kunden einen individuellen Mehrwert zu liefern. Die Typen Dienstleistungsveredler sowie Produktivitätsoptimierer sind weiterhin durch den höchsten Individualisierungsgrad charakterisiert. Unternehmen des Typs Dienstleistungsveredlers nutzen vorhandene Daten, um angebotene analoge Dienstleistungen datengetrieben zu optimieren. Die Optimierungen können der ersten und zweiten Stufe von Industrie 4.0 zugeordnet werden (vgl. Kapitel 2.1.1.1). Der Typ Produktivitätsoptimierer weist die höchste Datendichte und den höchsten Individualisierungsgrad auf. Daten werden analog zur dritten und vierten Stufe von Industrie 4.0 monetarisiert. Unternehmen dieses Typs verfügen oftmals über eine große Marktmacht und einen hohen Vernetzungsgrad in die Wertschöpfungsprozesse des Kunden.[231]

Nach der Vorstellung verschiedener Typen von datengetriebenen Geschäftsmodellen ist anzumerken, dass in der Praxis eine idealtypische Reinform nur selten auftritt. STRAHRINGER & WIENER stellen jedoch fest, dass ein Typ mit hoher Wahrscheinlichkeit in einem konkreten datengetriebenen Geschäftsmodell dominiert.[232] Die Einordnung von in der Praxis auftretenden datengetriebenen Geschäftsmodellen in einer der vorgestellten Typsierungen ist in dieser Weise möglich.

2.3 Werkzeugbau

Folgend werden Erläuterungen zum Betrachtungsbereich des Werkzeugbaus geliefert. Diese Erläuterungen gliedern sich in die Begriffsdefinition und Abgrenzung, das Leistungsspektrum sowie die Einordnung des Werkzeugbaus in die Wertschöpfungskette. Angelehnt an SCHUH ET AL. werden innerhalb dieser Gliederung zudem vorherrschende Gestaltungen des Ertragsmodells, Leistungserbringungsmodells, Leistungsangebotsmodells und Marktadressierungsmodells im Werkzeugbau erläutert.[233]

231 Vgl. Schuh et al. (Strategien der Datenmonetarisierung), 2021, S. 151-160.
232 Vgl. Strahringer; Wiener (Datengetriebene Geschäftsmodelle - Konzeptuelles Rahmenwerk), 2021, S. 463.
233 Vgl. Schuh et al. (Management industrieller Dienstleistungen), 2016, S. 68.

Es ist zudem anzumerken, dass sich die Erläuterungen in dem Kapitel 2.3 an dem Verständnis der Abteilung Unternehmensentwicklung des Lehrstuhls für Produktionssystematik am Werkzeugmaschinenlabor WZL der RWTH Aachen University orientieren. Zum Zeitpunkt der Veröffentlichung der vorliegenden Arbeit bildet der Werkzeugbau einen zentralen Forschungsfokus dieser Abteilung. Beschreibungen und Gliederung dieses Kapitel beruhen teilweise auf Arbeiten aus dieser Abteilung. Beispielhaft seien hier HENSEN[234], BUSCH[235], GOERTZ[236] und BOSHOF[237] genannt.

2.3.1 Begriffsdefinition und Abgrenzung

Das Verständnis der Begriffe Werkzeug und Werkzeugbau unterscheidet sich oftmals. Beispielsweise kommt es vielfach zu Verwechselungen hinsichtlich Bearbeitungswerkzeugen, Präzisionswerkzeugen oder Betriebsmitteln. Folgend werden die Begriffe Werkzeug und Werkzeugbau daher definiert und abgegrenzt. Zudem wird ein einheitliches und durchgehendes Verständnis für die vorliegende Arbeit dargelegt.

2.3.1.1 Werkzeug

Der Verein Deutscher Ingenieure (VDI) versteht unter dem Begriff Werkzeug jegliche Fertigungsmittel, welche zur Form und Substanzänderung eines bestimmten Materials dienen. Diese Änderung erfolgt entweder auf mechanischer oder physikalisch-chemischer Weise.[238] Diese Definition umfasst ebenso Standwerkzeuge wie Schleifscheiben, Fräsköpfe, Schneidplatten oder Bohrer.[239] Derartige Standardwerkzeuge fallen nicht in den Betrachtungsbereich der vorliegenden Arbeit. Die Definition von EVERSHEIM & KLOCKE wird der vorliegenden Arbeit zur Grunde gelegt. Diese Definition verweist auf Hohlformwerkzeuge, welche über die „teilweise oder vollständige Abbildung der Werkstückform auf der Werkzeuggeometrie“[240] gekennzeichnet sind. Spritzgieß- oder Presswerkzeuge bilden Beispiele für derartige Hohlformwerkzeuge.[241] Unter einem Werkzeug wird im Zusammenhang der vorliegenden Arbeit ein der Definition entsprechendes Hohlformwerkzeug verstanden. Weil ein Werkzeug stets in Verbindung mit weiteren Anlagen, Vorrichtungen oder Maschinen verwendet wird, werden Werkzeuge auch als passive Mittel zur Verrichtung von Arbeit bezeichnet.[242] Zusammenfassend kann für diesen Abschnitt festgehalten werden, dass unter Werkzeugen im Rahmen der vorliegenden Arbeit Hohlformwerkzeuge verstanden werden, welche maßgeblich zur Formgebung von Teilen beitragen und individuelle Eigenschaften aufweisen.

---

[234] Vgl. Hensen (Strategische Auslegung industrieller Werkzeugbaubetriebe), 2017, S. 32-57.
[235] Vgl. Busch (Intelligente Produktionsplanungsprozesse im Werkzeugbau), 2022, S. 54-75.
[236] Vgl. Goertz (Vernetzte adaptive Montage im Werkzeugbau), 2022, S. 36-51.
[237] Vgl. Boshof (Datenbasierte Dienstleistungen), 2022, S. 47-66.
[238] Vgl. Verein Deutscher Ingenieure e. V. (VDI 2815) Diese Norm wurde im Jahr 2001 ersatzlos zurückgezogen. Die Norm befindet sich allerdings in der industriellen Praxis weiterhin in Gebrauch. Vgl. diesbezüglich auch Frick (Geschäftsmodelle im Werkzeugbau), 2006, S. 20.
[239] Vgl. Eversheim; Klocke (Werkzeugbau mit Zukunft), 1998, S. 25.
[240] Vgl. Eversheim; Klocke (Werkzeugbau mit Zukunft), 1998, S. 25.
[241] Vgl. Eversheim; Klocke (Werkzeugbau mit Zukunft), 1998, S. 25.
[242] Vgl. Corsten; Gössinger (Produktionswirtschaft), 2016, S. 367.

2.3.1.2 Werkzeugbau

In der wissenschaftlichen Literatur werden die Begriffe Werkzeugbau und Betriebsmittelbau oftmals synonym verwendet.[243] Nach FRICK ist eine begriffliche Abgrenzung vor dem Hintergrund des breiten Spektrums von Betriebsmitteln jedoch sinnvoll.[244] Die Erzeugnisse von Werkzeugbaubetrieben umfassen neben Hohlformwerkzeugen gemäß EVERSHEIM & KLOCKE Vorrichtungen, Sondermaschinen, Modelle und Prüfmittel.[245] Der Werkzeugbau gilt somit laut FRICK als übergreifender Begriff für den „Werkzeug- und Anlagenbau", den „Werkzeug- und Formenbau", den „Formenbau" und weitere vergleichbare Bezeichnungen.[246] Die physischen Erzeugnisse des Werkzeugbaus werden auch als Betriebsmittel beschrieben.[247] Die vorliegende Arbeit knüpft an die beschriebene Auffassung des Werkzeugbaubegriffs nach FRICK an. Der Begriff Werkzeugbau steht in der vorliegenden Arbeit für die gesamte Branche Werkzeugbau. Der Begriff Werkzeugbaubetrieb bezeichnet hingegen eine einzelne Entität dieser Branche.[248]

Der Werkzeugbau ist im Rahmen der Fertigungsart weiterhin der Einmalfertigung und der Einzel- und Kleinserienfertigung zuzuordnen.[249] Die Fertigungsart beschreibt die Häufigkeit der Leistungswiederholung in der Produktion. Auf diese Weise können die Einmalfertigung, Einzel- und Kleinserienfertigung, Serienfertigung und Massenfertigung unterschieden werden.[250] Für die Unterscheidung werden die durchschnittliche Auflagenhöhe sowie die durchschnittliche Wiederholhäufigkeit eingesetzt. Die Einmalfertigung ist durch eine sehr geringe Auflagenhöhe gekennzeichnet. Zudem werden gleiche Erzeugnisse in der Regel nicht erneut hergestellt. Eine eindeutige Abgrenzung der Einzel- und Kleinserienfertigung von der Serienfertigung ist aufgrund unscharfer Definitionsgrenzen nur bedingt möglich. Quantitative Grenzen sind vorrangig als Richtwerte zu verstehen. Vor diesem Hintergrund wird in der wissenschaftlichen Literatur beispielsweise beschrieben, dass produzierende Unternehmen der Serienfertigung zugerechnet werden können, falls der Wert für die durchschnittliche Wiederholhäufigkeit der Erzeugnisse pro Jahr größer als zwölf ist. Somit wird ca. monatlich ein neues Los gefertigt, wobei die Auflagenhöhe etwa mehr als 50 Einheiten umfasst. Daneben ist die Serienfertigung in der Regel durch einen höheren Automatisierungsgrad in der Fertigung und Montage sowie einen stärker arbeitsteilig gestalteten Produktionsprozess gekennzeichnet. Falls Erzeugnisse wiederum in sehr hohen Stückzahlen ununterbrochen hintereinander hergestellt werden, wird von einer Massenfertigung gesprochen. Die Auflagehöhe bei der Massenfertigung ist nicht limitiert. Die beschriebene Abgrenzung der Fertigungsarten ist zusammenfassend in Abbildung 18 dargestellt.[251]

---

[243] Vgl. Brankamp (Werkzeug- und Betriebsmittelbau), 1991, S. 5.
[244] Vgl. Frick (Geschäftsmodelle im Werkzeugbau), 2006, S. 21.
[245] Vgl. Eversheim; Klocke (Werkzeugbau mit Zukunft), 1998, S. 25.
[246] Vgl. Frick (Geschäftsmodelle im Werkzeugbau), 2006, S. 21.
[247] Vgl. Frick (Geschäftsmodelle im Werkzeugbau), 2006, S. 21.
[248] Vgl. Boshof (Datenbasierte Dienstleistungen), 2022, S. 49.
[249] Vgl. Boos (Bewertung von modularen Werkzeugen), 2008, S. 41.
[250] Vgl. Schuh; Stich (Produktionsplanung und -steuerung), 2012, S. 205.
[251] Vgl. Schuh; Schmidt (Produktionsmanagement), 2014, S. 29-30.

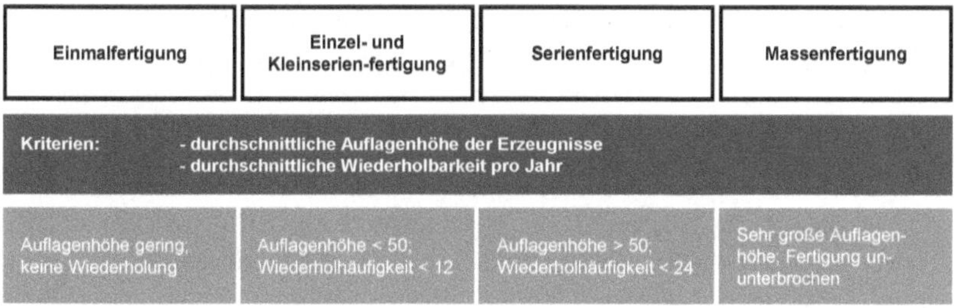

Abbildung 18: Ausprägung der Fertigungsarten[252]

Der Marktzugang von Werkzeugbaubetrieben kann sowohl extern als auch intern erfolgen.[253] Auf dem deutschensprachigen Markt sind beide Typen des Marktzugangs im Werkzeugbau nahezu gleichhäufig zu beobachten. Die Gleichverteilung des Marktzugangs ist Abbildung 19 dargestellt. Unter Betrachtung der vergangenen zwei Jahrzehnte hat sich diese Gleichverteilung weder bei wirtschaftlichen florierenden noch bei wirtschaftlich schwächeren Phasen signifikant verändert. [254]

Externe Werkzeugbaubetriebe sind unabhängige sowie rechtlich eigenständige Unternehmen. Sie beliefern andere eigenständige Unternehmen mit werkzeugspezifischen Leistungen. Externe Werkzeugbaubetriebe können zudem auf verschiedene Kapitalquellen zurückgreifen.[255] Das Ziel von externen Werkzeugbaubetrieben bildet aus betriebswirtschaftlicher Perspektive die Gewinnmaximierung.[256]

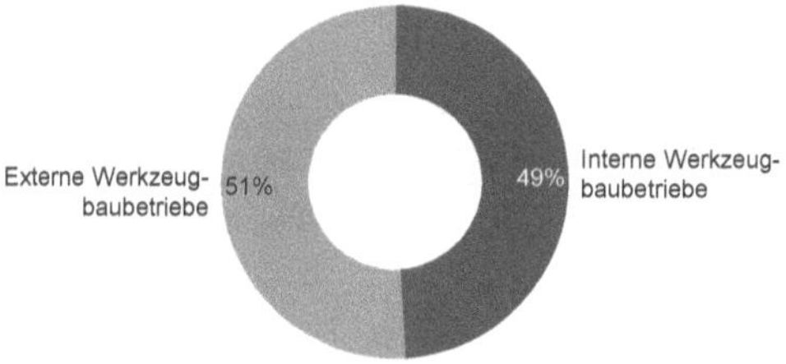

Abbildung 19: Marktzugang deutscher Werkzeugbaubetriebe[257]

Interne Werkzeugbaubaubetriebe gehören einem übergreifenden Unternehmen an und integrieren sich in dessen Aufbauorganisation.[258] Die zentrale Aufgabe von internen Werkzeugbaubetrieben bildet die Versorgung von Werkzeugen für das Mutterunternehmen, um die Serienproduktion zu befähigen. Unter Versorgung sind hierbei ebenso Reparaturen und Wartungen

[252] Vgl. Schuh; Schmidt (Produktionsmanagement), 2014, S. 29-30.
[253] Vgl. Eversheim; Klocke (Werkzeugbau mit Zukunft), 1998, S. 3.
[254] Vgl. WZL/IPT (Datenbank Werkzeugbau), 2024.
[255] Vgl. Eversheim; Klocke (Werkzeugbau mit Zukunft), 1998, S. 3-4.
[256] Vgl. Boos (Bewertung von modularen Werkzeugen), 2008, S. 28.
[257] I.A.a. Boos et al (Tooling in Germany 2023), 2023, S.15.
[258] Vgl. Eversheim; Klocke (Werkzeugbau mit Zukunft), 1998, S. 75.

von Werkzeugen für das Mutterunternehmen zu verstehen. Weiterhin tragen interne Werkzeugbaubetriebe zur Unabhängigkeit von externen Anbietern sowie zum Know-How-Schutz des Mutterunternehmens bei.[259] Das Mutterunternehmen ist der zentrale Kapitalgeber für einen internen Werkzeugbaubetrieb.[260]

Die Integration eines internen Werkzeugbaubetriebs in die Aufbauorganisation des Mutterunternehmens erfolgt wie in Abbildung 20 dargestellt als Abteilung, Cost-Center oder Profit Center.[261] Wenn der interne Werkzeugbaubetrieb als Abteilung agiert, werden ohne einen konkreten Fokus auf die Gewinnmaximierung alle Leistungen ausschließlich für das Mutterunternehmen erbracht. Die Kosten der Abteilung werden vollständig von dem Mutterunternehmen getragen. Ein Werkzeugbaubetrieb als Cost-Center kann neben dem Mutterunternehmen auch externe Entitäten mit Leistungen bedienen. Demzufolge steht ein Cost-Center mit externen Anbietern in Konkurrenz. Hinzu kommt, dass ein Cost-Center vor dem Hintergrund der Kosteneinhaltung und -optimierung die eigenen Kosten zu verantworten hat. Wenn ein interner Werkzeugbaubetrieb schließlich als Profit-Center auftritt, wird das Ziel der Gewinnmaximierung angestrebt. Entsprechend werden entstandene Verluste selbst kompensiert und erwirtschaftete Gewinne können wiederum frei eingesetzt werden. Profit-Center können somit als eigenständige und auf dem Markt frei agierende Unternehmen angesehen werden, während das Mutterunternehmen als zentraler Kapitelgeber fungiert.[262] In der Praxis lassen sich auch Mischformen von Abteilungen, Cost Centern oder Proft Centern beobachten. Ein Beispiel für eine Mischform bildet die sogenannte Option Last Call. Im Rahmen dieser Option hat ein interner Werkzeugbaubetrieb die Möglichkeit, nach dem Eingang und der Sichtung aller Angebote das eigene Angebot zu überarbeiten. Als Reaktion kann der Preis verringert werden und auf diese Weise der Auftrag gewonnen werden.[263]

	Abteilung	Cost-Center	Profit-Center
Ausrichtung	aufgabenorientiert	kostenorientiert	leistungsorientiert
Arbeitsweise	Kostenumlage auf andere Bereiche	Eigenverantwortung bezüglich Kosten	Eigenverantwortung bezüglich Ergebnis
Vorteile	"unbeschränkte" Finanzmittel	Kostensenkung durch Kostenverantwortung	Vergleichsmöglichkeit mit externen Anbietern
Nachteile	Hohe Kosten durch fehlende Verantwortung	Bedingter Rentabilitätsvergleich	Höherer administrativer Aufwand

Abbildung 20: Organisationsformen interner Werkzeugbaubetriebe[264]

259 Vgl. Zwicker (Kostenfaktor oder Erfolgsgeheimnis), 2009, S. 13.
260 Vgl. Eversheim; Klocke (Werkzeugbau mit Zukunft), 1998, S. 3-4.
261 Vgl. Eversheim; Klocke (Werkzeugbau mit Zukunft), 1998, S. 4.
262 Vgl. Eversheim; Klocke (Werkzeugbau mit Zukunft), 1998, S. 74-80.
263 Vgl. Kuhlmann (Gestaltung von Geschäftsprozessen), 2011, S. 28.
264 I. A. a. Eversheim; Klocke (Werkzeugbau mit Zukunft), 1998, S. 75.

2.3.1.3 Industrielles Umfeld

Die deutsche Branche Werkzeugbau umfasst ca. 3.800 Werkzeugbaubetriebe und 54.000 Mitarbeitende.[265] In Betrachtung des Umsatzes und der Anzahl an Mitarbeitenden von Werkzeugbaubetrieben wird zudem der klein- und mittelständische Charakter der Branche in Deutschland offensichtlich.[266] Rund die Hälfte der deutschen Werkzeugbaubetriebe erzielen einen jährlichen Umsatz geringer als fünf Mio. €. Ca. ein Viertel der deutschen Werkzeugbaubetriebe erwirtschaften einen jährlichen Umsatz, der größer als zehn Mio. € ist. Etwa ein weiteres Viertel der Betriebe erwirtschaftet einen Jahresumsatz zwischen fünf und zehn Mio. €. Abbildung 21 illustriert die beschriebene Verteilung des Umsatzes in der Branche Werkzeugbau.[267]

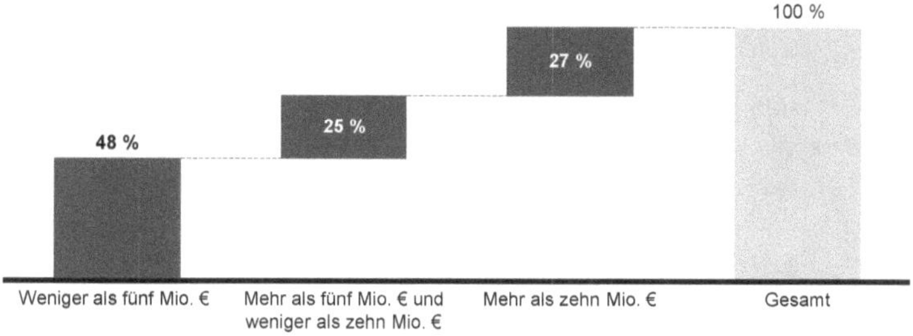

Abbildung 21: Jahresumsatz der deutschen Branche Werkzeugbau[268]

Neben dem Jahresumsatz unterstreicht ebenso die Anzahl der Mitarbeitenden von Werkzeugbautrieben die Vielzahl an KMU in der deutschen Branche Werkzeugbau. Abbildung 22 zeigt, dass rund zwei Drittel der deutschen Werkzeugbaubetriebe weniger als 50 Mitarbeitende beschäftigen. In ca. einem Drittel der deutschen Werkzeugbaubetriebe arbeiten zwischen 50 und 100 Mitarbeitende. In nur einem Prozent der deutschen Werkzeugbaubetriebe sind mehr als 100 Mitarbeitende angestellt.[269]

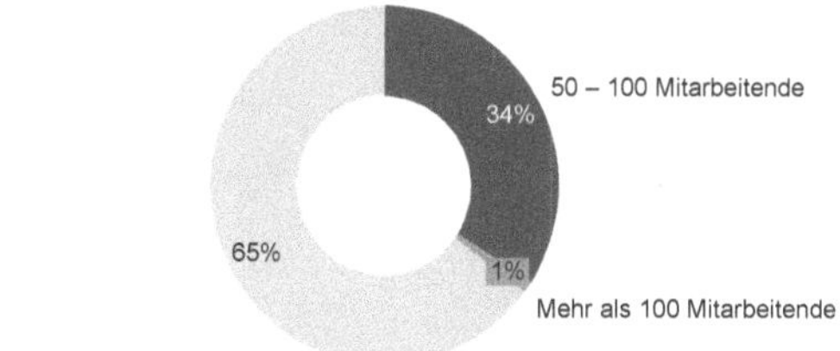

Abbildung 22: Verteilung der Mitarbeitenden in der deutschen Branche Werkzeugbau[270]

[265] Vgl. Boos et al. (Tooling in Germany 2023), 2023, S. 15.
[266] Vgl. Boos et al. (Tooling in Germany 2020), 2020, S. 13.
[267] Vgl. Boos et al. (Tooling in Germany 2023), 2023, S. 15.
[268] I. A. a. Boos et al. (Tooling in Germany 2023), 2023, S. 15.
[269] Vgl. Boos et al. (Tooling in Germany 2023), 2023, S. 15.
[270] I. A. a. Boos et al. (Tooling in Germany 2023), 2023, S. 15.

Gemessen an der Marktgröße und der Werkzeugbaukompetenz bildet Deutschland einer der relevantesten Werkzeugbaumärkte weltweit. Aufgrund dessen zählt Deutschland zu den sogenannten Allstars, die sowohl ein sehr großes Produktionsvolumen für Werkzeuge aufweisen als auch über eine sehr hohe Werkzeugkompetenz verfügen. Ebenso zu diesen Allstars gehören wie in Abbildung 23 illustriert Südkorea, Japan, die USA und China. China verfügt weltweit mit maßgeblichem Abstand über das größte Produktionsvolumen. Das Kompetenzniveau in China ist im Vergleich zu den anderen Ländern der Allstars jedoch insgesamt gering. Dies ist durch die hohe Varianz des Kompetenzniveaus chinesischer Werkzeugbaubetriebe begründet. Es existieren jedoch diverse chinesische Werkzeugbaubetriebe, welche sowohl hohe Produktionskapazitäten als auch hohe Werkzeugkompetenz aufweisen. Die USA stellen den zweitgrößten Werkzeugbaumarkt der Welt dar. Hinsichtlich der Werkzeugbaukompetenz verfügen Südkorea, Deutschland und Japan jedoch über Vorteile. Aus diesen Ländern stammen zahlreiche organisatorische und technologische Innovationen im Werkzeugbau.[271]

Des Weiteren haben Werkzeugbaubetriebe aus der Schweiz ein vergleichbares Kompetenzniveau. Der Markt für Werkzeuge ist in der Schweiz jedoch deutlich geringer als in den Ländern der Allstars. Die Schweiz zählt daher zu der sogenannten Gruppe Established, welche durch eine sehr hohe Werkzeugbaukompetenz bei geringerem Produktionsvolumen gekennzeichnet ist. Ebenso zu dieser Gruppe gehören Österreich, Frankreich, Portugal, Spanien, Tschechien, Italien und Kanada. Dabei führen Italien und Kanada die Gruppe hinsichtlich des Produktionsvolumens an. Es kann hinsichtlich dieser Gruppe zudem festgehalten werden, dass Länder mit geringeren Faktorkosten als Deutschland in Teilen eine gleichwertige Werkzeugkompetenz aufweisen. Ein Beispiel hierfür stellt insbesondere im Kunststoffbereich Portugal dar.[272]

[271] Vgl. Boos et al. (World of Tooling 2022), 2022, S. 11.
[272] Vgl. Boos et al. (World of Tooling 2022), 2022, S. 12.

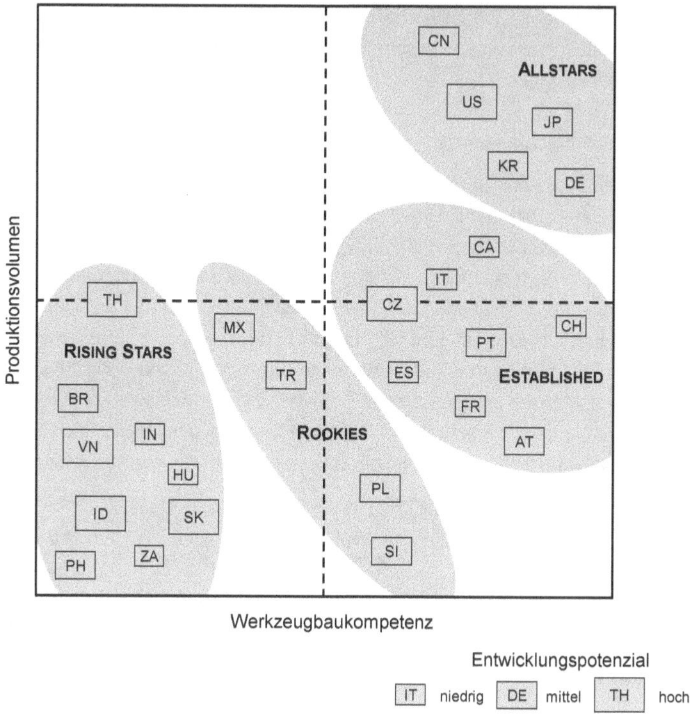

Abbildung 23: Word of Tooling Radar[273]

Eine weitere Gruppe stellen die sogenannten Rookies dar. Die Länder dieser Gruppe zeichnen sich durch durchschnittliche Werkzeugbaukompetenz und Produktionsvolumina aus. In dieser Gruppe sind Slowenien, Polen, Türkei und Mexiko. Die vierte Gruppe sind die sogenannten Rising Stars, die durch vergleichsweise geringe Werkzeugkompetenz und Produktionsvolumina charakterisiert sind. In dieser Gruppe sind die Märkte der Länder Slowakei, Philippinen, Südafrika, Indonesien, Ungarn, Indien, Vietnam, Brasilien und Thailand verortet. Den Märkten dieser Länder wird in den nächsten Jahren ein Sprung in einer der anderen Gruppen zugetraut.[274]

2.3.2 Leistungsspektrum

Nach der Begriffsdefinition und Abgrenzung im vorangegangenen Kapitel wird folgend das Leistungsspektrum im Werkzeugbau beschrieben. Dieses gliedert sich vorrangig in industrielle

273 I. A. a. Boos et al. (World of Tooling 2022), 2022, S. 9.
274 Vgl. Boos et al. (World of Tooling 2022), 2022, S. 13-14.

Sach- und Dienstleistungen. Zudem werden datengetriebene Dienstleistungen im Werkzeugbau dargelegt. Diese können eine Komponente eines Leistungssystems eines datengetriebenen Geschäftsmodells darstellen.

2.3.2.1 Industrielle Sachleistungen

Das Kernprodukt industrieller Sachleistungen im Werkzeugbau bilden Hohlformwerkzeuge. Diese werden zur Befähigung der Serienproduktion eingesetzt und werden als Unikate oder in kleinen Serien hergestellt. Die Eigenschaften von Hohlformwerkzeugen unterliegen einer hohen Varianz. So kann die Masse eines Hohlformwerkzeugs zwischen hundert Kilogramm bis zu vierzig Tonnen liegen.[275] Weiterhin kann ein Hohlformwerkzeug aus wenigen hundert bis zu vielen tausend Bauteilen bestehen.[276] Aufgrund hoher Anforderungen hinsichtlich von Oberflächengüte und Toleranzen sowie komplizierter Geometrien sind Hohlformwerkzeuge in der Regel hochkomplexe technische Bauteile.[277] Neben Hohlformwerkzeugen bilden Modelle, systemische Anwendungen, Prüfmittel und Prototypen weitere industrielle Sachleistungen im Werkzeugbau. Abbildung 24 liefert einen Überblick des Spektrums der Sachleistungen.

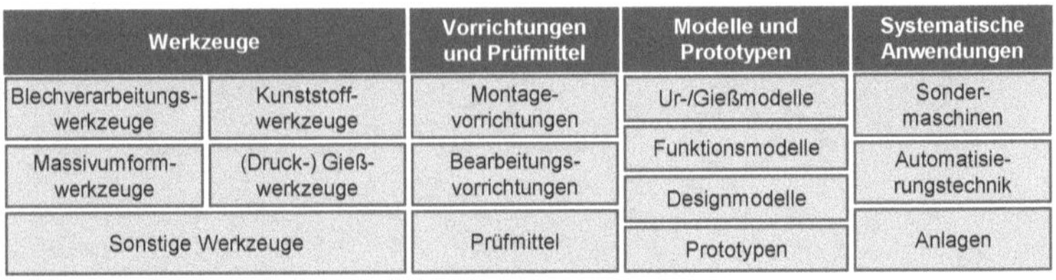

Abbildung 24: Sachleistungsspektrum der Branche Werkzeugbau[278]

Folgend werden die unterschiedlichen Hohlformwerkzeuge, welche das Kernprodukt industrieller Sachleistungen darstellen, beschrieben. Blechverarbeitungswerkzeuge unterteilen sich in Tiefzieh- und Stanz-Biegewerkzeuge. Ein Tiefziehwerkzeug erwirkt die Zugdruckumformung von Blechteilen zu Hohlkörpern. Erfolgsfaktoren für das Tiefziehen von Bauteilen stellen u. a. die Kenntnis von Umformgrenzen, die Beherrschung des Materialflusses sowie die Bestimmung der erforderlichen Kraftwirkung dar.[279] Stanz-Biegewerkzeuge vereinen diverse Verfahren wie beispielsweise Blechumformen, -zerteilen und -fügen. In einem Stanz-Biegewerkzeug werden in der Regel entsprechend verschiedene Arbeitsschritte durchgeführt. Daher werden Stanz-Biegewerkzeuge oftmals als Transfer- oder Folgeverbundwerkzeuge umgesetzt.[280]

---

[275] Vgl. Klotzbach (Industrieller Werkzeugbau), 2007, S. 46.
[276] Vgl. Frick (Geschäftsmodelle im Werkzeugbau), 2006, S. 22.
[277] Vgl. Klocke; Arntz (Technologien für den Werkzeugbau), 2004, S. 10-12.
[278] I. A. a. Eversheim; Klocke (Werkzeugbau mit Zukunft), 1998, S. 25; Kozielski (Kennzahlensystem für den Werkzeugbau), 2013, S. 14.
[279] Vgl. Klocke (Fertigungsverfahren 4), 2017, S. 352.
[280] Vgl. Schuler GmbH (Handbuch der Umformtechnik), 1996, S. 123-144.

Fast alle Kunststoffwerkzeuge basieren auf dem Fertigungsverfahren des Urformens nach DIN 8580. Der Prozess der Formbildung erfolgt in einer Kavität. Eine Ausnahme bilden Thermoformwerkzeuge für Kunststoffe.[281] Die wirtschaftlich bedeutendsten Kunststoffwerkzeuge stellen Spritzgießwerkzeuge dar.[282] Sie ermöglichen die Herstellung von Kunststoff-Formteilen in gleichbleibender Qualität in millionenfacher Stückzahl.[283]

Massivumformwerkzeuge werden für die Umformung von massiven, metallischen Werkstücken in entweder einem oder mehreren Kalt- bzw. Warmumformschritten eingesetzt.[284] In DIN 8580 wird beschrieben, dass ein Körper durch Massivumformung in drei Koordinatenrichtungen verändert wird.[285] Das Strangpressen, das Fließpressen, das Durchziehen, das Walzen, das Stauchen, das Schmieden sowie das Biegen bilden die wichtigsten Verfahren der Massivumformung.[286]

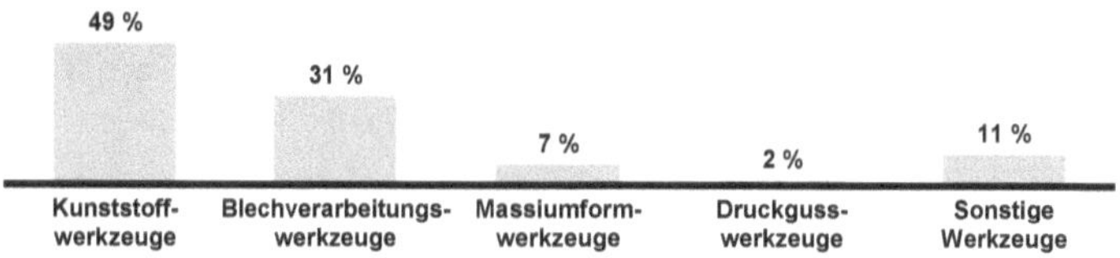

Abbildung 25: Umsatzverteilung auf Werkzeugarten

(Druck-)Gießwerkzeuge befähigen die Urformung von Bauteilen aus schmelzflüssigem Metall. Aufgrund der vergleichsweise hohen Temperaturen unterliegen (Druck-)Gießwerkzeuge starken thermischen Belastungen.[287] Aus diesem Grund ist die Lebensdauer von (Druck-)Gießwerkzeuge in der Regel deutlich geringer als die von Spritzgießwerkzeugen.[288] Werkzeuge, welche nicht den beschriebenen Gruppen zugeordnet werden können, werden in der Gruppe der sonstigen Werkzeuge repräsentiert. Beispiele bilden Galvanoformen oder Sinter-Pressformen.[289]

Abbildung 25 stellt die Umsatzanteile verschiedener Werkzeugarten dar. Kunststoff- und Blechverarbeitungswerkzeuge nehmen zusammen den wesentlichen Umsatzanteil im deutschen Werkzeugbau ein. Es zeigt sich, dass ungefähr die Hälfte des Umsatzes in der deutschen Branche Werkzeugbau in Verbindung mit Kunststoffwerkzeugen generiert werden. Etwa ein Drittel des Umsatzes wird in Verbindung mit Blechverarbeitungswerkzeugen erzeugt.

---

281 Vgl. Mennig; Bogensperger (Werkzeuge für die Kunststoffverarbeitung), 1995, S. 3.
282 Vgl. Westkämper; Warnecke (Einführung in die Fertigungstechnik), 2004, S. 212.
283 Vgl. Menges et al. (Spritzgießwerkzeuge), 2007, S. V.; Hopmann et al. (Technologie des Spritzgießens), 2017, S. 87.
284 Vgl. Kuhlmann (Corporate Tooling), 2017, S. 81.
285 Vgl. Deutsches Institut für Normung e. V. (DIN 8580: Fertigungsverfahren), 2003.
286 Vgl. Doege; Behrens (Handbuch Umformtechnik), 2010, S. 469-471.
287 Vgl. Brunhuber (Praxis der Druckgußfertigung), 1991, S. 187-188.
288 Vgl. Bilsing (Leistungsfähigkeit im Werkzeugbau), 2007, S. 5.
289 Vgl. Grote (Das Ingenieurwissen), 2014, S. 120.

20 % des Umsatzes entfallen in aufsteigender Reihenfolge auf Druckgusswerkzeuge, Massivumformwerkzeuge und sonstige Werkzeuge. Während Massivumformwerkzeuge und sonstige Werkzeuge einen vergleichbaren Anteil einnehmen, verursachen Druckgusswerkzeuge in Relation zum gesamten deutschen Werkzeugbau lediglich einen sehr kleinen Anteil des Umsatzes.[290]

2.3.2.2 Industrielle Dienstleistungen

Neben den industriellen Sachleistungen setzt sich das Leistungsspektrum von Werkzeugbaubetrieben auch aus industriellen Dienstleistungen zusammen. Die Neuanfertigung von Werkzeugen nimmt rund ein Drittel aller Aufträge im deutschen Werkzeugbau ein.[291] Die anderen Aufträge umfassen u.a. zum Beispiel Reparaturen, Änderungen oder Wartungen.[292] BOOS ET AL. argumentieren, dass Werkzeugbaubetriebe entlang das Lebenszyklus von Werkzeugen Dienstleistungen anbieten, die sich in ihrer Nachfrage unterscheiden.[293] Hieran angelehnt zeigt Abbildung 26 verschiedene vor- und nachgelagerte Dienstleistungen im Werkzeugbau. Vorgelagerte Dienstleistungen erfolgen vor der Werkzeugnutzung und nachgelagerte Dienstleistungen entsprechend während oder nach der Werkzeugnutzung.[294] Die Prozentzahlen in der Abbildung illustrieren den Anteil deutscher Werkzeugbaubetriebe, welche die jeweilige Dienstleistung anbieten.

[290] Vgl. Boos et al. (Tooling in Germany 2023), 2023, S. 21.
[291] WZL/IPT (Datenbank Werkzeugbau), 2020
[292] Vgl. Eversheim; Klocke (Werkzeugbau mit Zukunft), 1998, S. 20.
[293] Vgl. Boos et al. (Datenbasierte Dienstleistungen für den Werkzeugbau), 2022, S. 8-9.
[294] Vgl. Boshof (Datenbasierte Dienstleistungen), 2022, S. 56.

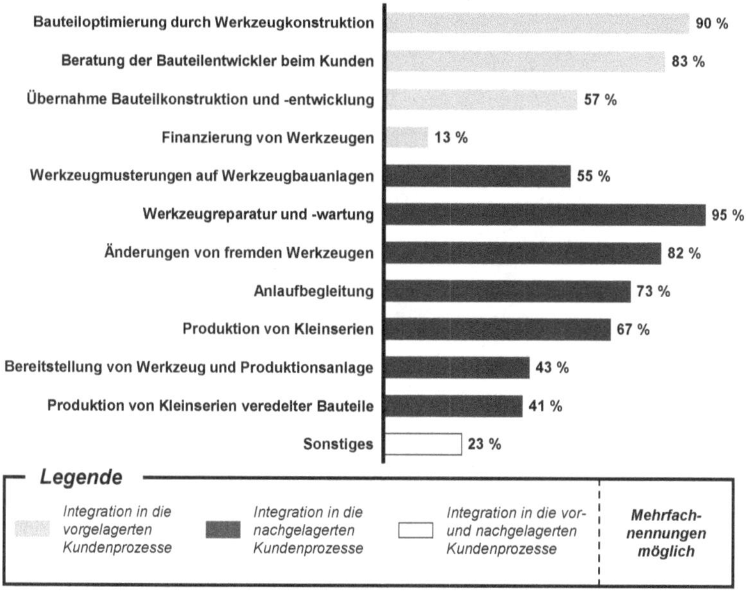

Abbildung 26: Übersicht angebotener industrieller Dienstleistungen im Werkzeugbau[295]

Aus der Abbildung wird deutlich, dass über drei Viertel aller deutschen Werkzeugbaubetriebe die Bauteiloptimierung durch die Werkzeugkonstruktion, die Beratung der Bauteilentwicklung, die Werkzeugreparatur und -wartung sowie die Änderung von Fremdwerkzeugen anbietet. Ebenso verdeutlicht die Abbildung, dass sich Werkzeugbaubetriebe hinsichtlich des Dienstleistungsgeschäfts vermehrt auf die Phase der Werkzeugnutzung fokussieren.

Abbildung 27 zeigt hingegen an ausgewählten Dienstleistungen den Anteil an Werkzeugen, die in Verbindung mit Dienstleistungen verkauft werden. Es ist ersichtlich, dass im Schnitt ca. jedes zweite Werkzeug in Verbindung mit Dienstleistungen verkauft wird. Dabei ist insbesondere bei den vorgelagerten Dienstleistungen ein aufsteigender Trend zu erkennen. Nachgelagerte Dienstleistungen werden insgesamt im Vergleich zu 2017 weniger verkauft.[296]

[295] I.A.a. Boshof (Datenbasierte Dienstleistungen), 2022, S. 56.
[296] Vgl. Boos et al. (Tooling in Germany 2023), 2023, S. 23.

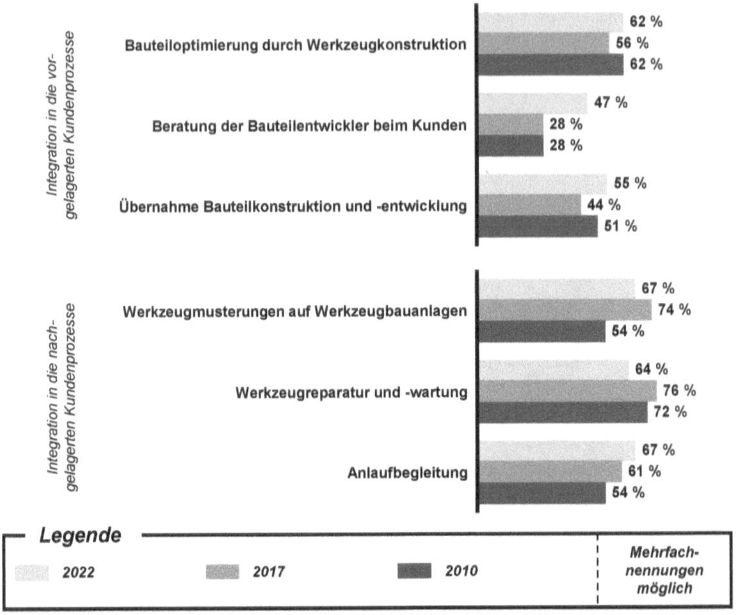

Abbildung 27: Anteil Werkzeuge, die in Verbindung mit Dienstleistungen verkauft werden[297]

BOOS ET AL. haben zudem eruiert, dass Werkzeugbaubetriebe im Laufe des letztens Jahrzehnts zunehmend das Dienstleistungsgeschäft gestärkt haben.[298] Die Unternehmen haben realisiert, dass eine Kombination aus Werkzeugen und ergänzenden Dienstleistungen die Verteidigung von Wettbewerbsposition stärkt.[299] BEGOVIC identifiziert weiterhin eine positive Korrelation zwischen dem Angebot von Dienstleistungen und dem Unternehmenserfolg von deutschen Werkzeugbaubetrieben.[300]

2.3.2.3 Datengetriebene Dienstleistungen

Datengetriebene Dienstleistungen erzielen wie in Kapitel 2.2.2.3 beschrieben einen Mehrwert auf Basis von Daten. Derartige Dienstleistungen haben laut BOSHOF und BOOS ET AL. bisher kaum Einzug in die Branche Werkzeugbau erhalten. Demnach bieten nur 3 % der deutschen Werkzeugbaubetriebe datengetriebene Dienstleistungen an. Wenn datengetriebene Dienstleistungen angeboten werden, werden diese neben dem Werkzeug in rund ein Drittel der Fälle von Kunden bezogen.[301] BOSHOF schlussfolgert, dass datengetriebene Leistungen oftmals den

[297] I. A. a.Boos et al. (Tooling in Germany 2023), 2023, S. 23.
[298] Vgl. Boos et al. (Tooling in Germany 2018), 2018, S. 22.
[299] Vgl. Schuh et al. (Operative Exzellenz im Werkzeug), 2010, S. 27.
[300] Vgl. Begovic (Datenbasiertes Wissensmanagement), 2018, S. 70.
[301] Vgl. Boos et al. (Datenbasierte Dienstleistungen für den Werkzeugbau), 2022, S. 8-9.

falschen Kunden angeboten werden oder keinen wahrgenommenen individuellen Kundennuten erzielen.[302]

Um ein besseres Verständnis für datengetriebene Dienstleistungen in der Branche Werkzeugbau zu schaffen, können diese Leistungen in eine begrenzte Menge an Kategorien gegliedert werden. BOSHOF und BEGOVIC schlagen Kategorien vor, die in weiten Teilen große Überschneidungen aufweisen.[303] Der Grund für diese Überschneidungen liegt in der Anlehnung an das „Data Analytics Maturity Model“ beider Kategorisierungen. Dieses Modell wird erstmalig von LINDEN ET AL. entwickelt, um Unternehmen hinsichtlich ihre Datenanalysefähigkeiten bewerten zu können.[304] Die Datenanalysefähigkeiten werden in die Stufen „Descriptive Analytics“, „Diagnostic Analytics“, „Predictive Analytics“ und „Prescriptive Analytics“ gegliedert. Diese Stufen unterscheidet der Grad der Analysekomplexität sowie den Wettbewerbsvorteil, den Unternehmen anhand der Datenanalyse generieren können.[305] Der in Kapitel 2.1.1.1vorgestellte Industrie 4.0 Maturity Index basiert ebenfalls auf diesen vier Kategorien.[306] In der vorliegenden Arbeit wird sich an der Kategorisierung von datengetriebenen Dienstleistungen nach BOSHOF orientiert, die folgend beschrieben wird.

Abbildung 28 liefert einen Überblick der Kategorisierung. Die erste Kategorie bilden deskriptive datengetriebene Dienstleistungen. Diese umfassen die Klassifizierung, Konsolidierung sowie Charakterisierung von historischen und aktuellen Daten zur Schaffung von relevanten Informationen.[307] Anhand derartiger Informationen können Mitarbeitende beispielsweise ungewollte Zustände erkennen oder Prozessabläufe besser verstehen.[308] Im Werkzeugbau bilden u.a. die Transparenzschaffung der Werkzeugnutzung in der Serienproduktion, die automatisierte Dokumentationserstellung, die Werkzeugortung oder die Überwachung eines Auftragsfortschritts deskriptive datengetriebene Dienstleistungen.[309]

Die zweite Kategorie stellen diagnostische datengetriebene Dienstleistungen dar, welche auf Ursachenanalysen basieren und somit Wechselwirkungen, Gründe, Folgen von Ergebnissen oder Auswirkungen aufzeigen können.[310] Daten werden kontextabhängig interpretiert, um kausale Zusammenhänge oder Korrelationen zu erkennen.[311] Somit erlaubt diese Kategorie der datengetriebenen Dienstleistungen beispielsweise die Suche nach Fehlerursachen oder die Ableitung von Ursache-Wirkungs- Zusammenhängen.[312] Ein Beispiel im Werkzeugbau ist die vernetzte Werkzeugzustandsüberwachung.[313]

[302] Vgl. Boshof (Datenbasierte Dienstleistungen), 2022, S. 57-58.
[303] Vgl. Boshof (Datenbasierte Dienstleistungen), 2022, S. 57-61; Begovic (Datenbasiertes Wissensmanagement), 2018, S. 203.
[304] Vgl. Linden et al. (Portfolio of Analytics Capabilities), 2013.
[305] Vgl. Fair Isaac Corporation (Business Intelligence), 2013, S. 2-5.
[306] Vgl. Schuh et al. (Industrie 4.0 Maturity Index), 2017, S. 16-21.
[307] Vgl. Evans (Business analytics), 2017, S. 45.
[308] Vgl. Schuh et al. (Industrie 4.0 Maturity Index), 2017, S. 16-17.
[309] Vgl. Begovic (Datenbasiertes Wissensmanagement), 2018, S. 204.
[310] Vgl. Boos et al. (Intelligente Werkzeuge und datenbasierte Geschäftsmodelle), 2018, S. 28.
[311] Vgl. Dorschel (Praxishandbuch Big Data), 2015, S. 57.
[312] Vgl. Boos et al. (Intelligente Werkzeuge und datenbasierte Geschäftsmodelle), 2018, S. 35.
[313] Vgl. Begovic (Datenbasiertes Wissensmanagement), 2018, S. 204.

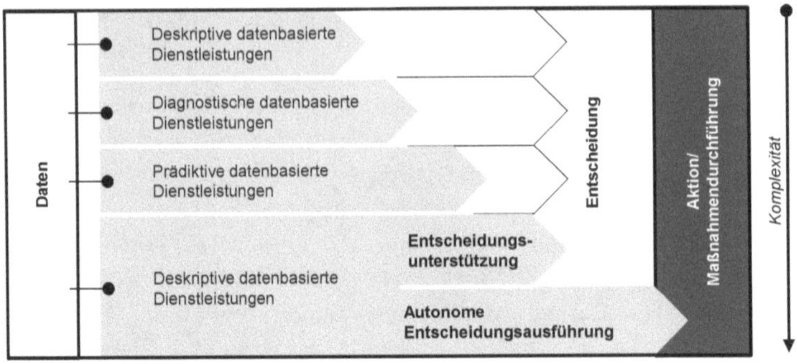

Abbildung 28: Komplexitätsstufen datengetriebener Dienstleistungen im Werkzeugbau[314]

Die dritte Kategorie sind prädiktive datengetriebene Dienstleistungen. Anhand dieser werden Zukunftszustände über die Analyse historischer Daten, die Erkennung von Korrelationsmuster und Wirkbeziehungen sowie die zeitliche vorwärts Extrapolation von Zustandsereignissen vorausgesagt.[315] Zudem wird die Eintrittswahrscheinlichkeit von Zukunftszuständen bewertet. Dies erlaubt die rechtzeitige Entscheidungsfindung sowie die präventive Einleitung von Maßnahmen.[316] Im Werkzeugbau bieten prädiktive datengetriebene Dienstleistungen das Potenzial für robustere Serienproduktionsabläufe, vorausschauende Wartungen und Reparaturen von Werkzeugen sowie ein vorausschauendes Auslaufmanagement.[317]

Die letzte Kategorie der präskriptiven getriebenen Dienstleistungen beinhaltet Entscheidungsempfehlungen oder gar autonome Entscheidungsausführung.[318] Aufbauend auf den drei vorherigen Kategorien werden Entscheidungen, welche die positivsten Auswirkungen versprechen, autonom vorgeschlagen. Folgend können die daraus resultierenden Maßnahmen umgesetzt werden.[319] Anhand dieser Kategorien lässt sich in der Serienproduktion höchste werkzeugbedingte Prozessstabilität realisieren. Beispielweise können Wartungsaufgaben unter der Berücksichtigung des Werkzeugzustands, des Ersatzteilelagers, des Auftragsfortschritts sowie der Auslastung und Verfügbarkeit von Mitarbeitenden bedarfsflexibel terminiert werden.[320]

2.3.3 Werkzeugbau in der Wertschöpfungskette

Innerhalb der industriellen Wertschöpfungskette platziert sich der Werkzeugbau zwischen Produktentwicklung und der Serienproduktion. Aufgrund dessen nimmt der Werkzeugbau eine Schlüsselposition ein und determiniert maßgeblich die Leistungsfähigkeit der industriellen

314 I. A. a. Linden et al. (Analytics Capabilities), 2013.
315 Vgl. Evans (Business analytics), 2017, S. 36.
316 Vgl. Schuh et al. (Industrie 4.0 Maturity Index), 2017, S. 18.
317 Vgl. Boos (Bewertung von modularen Werkzeugen), 2008, S. 36; Begovic (Datenbasiertes Wissensmanagement), 2018, S. 204.
318 Vgl. Boos et al. (Intelligente Werkzeuge und datenbasierte Geschäftsmodelle), 2018, S. 28.
319 Vgl. Dorschel (Praxishandbuch Big Data), 2015, S. 57.
320 Boshof (Datenbasierte Dienstleistungen), 2022, S. 60-61; Vgl. Boos (Bewertung von modularen Werkzeugen), 2008, S. 36-37.

Wertschöpfung.[321] Angelehnt an HENSEN illustriert Abbildung 29 die Position des Werkzeugbaus sowie dessen generische Prozesskette.[322]

Es kann zwischen den Akteuren Partner, Werkzeugbau und Kunde unterschieden werden. Der Kunde führt oftmals die Produktentwicklung durch. Hieran angeknüpft beginnt die Prozesskette des Werkzeugbaus mit der Auftragsakquise. Hierzu zählt der Vertrieb, der für die Kommunikation mit dem Kunden verantwortlich ist. Weitere beispielhafte Aufgaben des Vertriebs sind die Machbarkeitsprüfung oder die organisatorische Bearbeitung von Kundenanfragen.[323] Neben dem Vertrieb wird in der Phase der Auftragsakquise die Kalkulation der Eigenkosten des Auftrags durchgeführt.[324]

Darauf folgt die Phase der Werkzeugentwicklung, welche die Methodenplanung und die Werkzeugkonstruktion umfasst. In der Methodenplanung wird das Werkzeugkonzept festgelegt.[325] Dazu zählt zum Beispiel die Festlegung der erforderlichen Operationsstufen in einem Blechverarbeitungswerkzeugbau. Hierauf aufbauend wird in der Konstruktion das CAD-Modell des Werkzeugs entwickelt.[326] In der darauffolgenden Phase der Arbeitsplanung erfolgt die Arbeitsvorbereitung und die NC-Programmierung. In der Arbeitsvorbereitung werden die Arbeitspläne erstellt sowie die Einlastung von Aufträgen durchgeführt. Weiterhin werden auf Basis der CAD-Modelle Bearbeitungsgramme für die Werkzeugmaschinen festgelegt.[327]

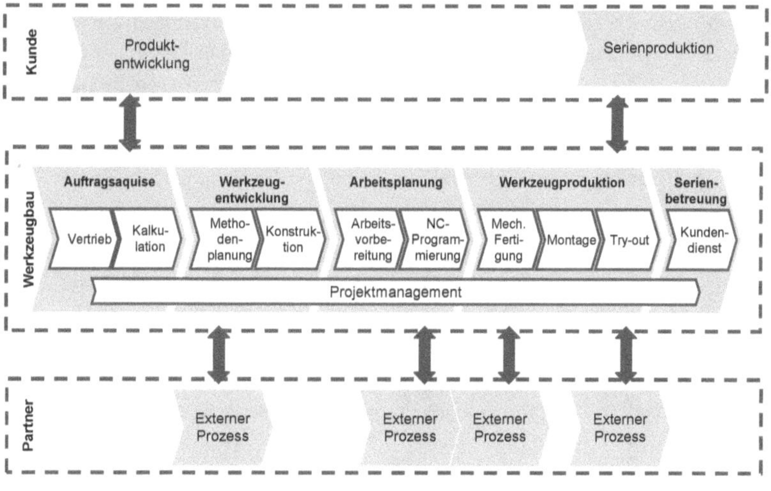

Abbildung 29: Prozesskette des Werkzeugbaus in der industriellen Wertschöpfungskette[328]

[321] Vgl. Schuh et al. (Customer Integration), 2015, S. 275.
[322] Vgl. Hensen (Strategische Auslegung industrieller Werkzeugbaubetriebe), 2017, S. 48.
[323] Vgl. Kühn (Lebenszyklusorientierte Leistungssysteme), 2016, S. 44.
[324] Vgl. Boos (Bewertung von modularen Werkzeugen), 2008, S. 46.
[325] Vgl. Klotzbach (Industrieller Werkzeugbau), 2007, S. 50.
[326] Vgl. Frick (Geschäftsmodelle im Werkzeugbau), 2006, S. 27.
[327] Vgl. Graberg (Digitaler Schatten im Werkzeugbau), 2023, S. 54.
[328] I.A.an. Hensen (Strategische Auslegung), 2017, S. 48.

In der Werkzeugproduktion erfolgt die mechanische Fertigung, die Montage sowie der Try-out. In der mechanischen Fertigung werden die einzelnen Bauteile des Werkzeugs herstellt. Üblicherweise werden Fertigungstechnologien wie Fräsen, Erodieren, Schleifen oder Drehen eingesetzt. Fertigungstechnologien, die nicht vom Werkzeugbau geleistet werden können oder sollen, werden an externe Partner vergeben.[329] Oftmals wird beispielsweise das Härten an externe Partner vergeben. In der Montage werden die einzelnen Bauteile zum vollständigen Werkzeug zusammengebaut. Darauf folgt der sogenannte Try-out, bei dem das Werkzeug hinsichtlich der zuverlässigen Herstellung von Artikeln in Serienqualität erprobt wird.[330]

Nach der erfolgreichen Erprobung wird das Werkzeug dem Kunden übergeben, womit sich ebenfalls die Zuständigkeit für das Werkzeug überträgt. Anhand von Dienstleistungen kann der Kundendienst der Serienbetreuung geleistet werden. Das Projektmanagement verfolgt die Aufgabe der zeitlichen und organisatorischen Koordination entlang aller Phasen.[331]

2.4 Handlungsbedarf aus der Praxis

Zur Ableitung des Handlungsbedarfs aus der Praxis lohnt es sich zwei grundsätzliche Ansätze des Managements von Geschäftsmodellen zu vergleichen. Diese Ansätze resultieren aus dem in der wissenschaftlichen Literatur weitgehend einheitlichen Verständnis, dass sich etablierte Unternehmen sowohl des revolutionär-radikalen als auch des evolutionär-inkrementellen Wandels bedienen müssen.[332] Dieser Wandel ist aufgrund von sich ändernden internen und externen Umweltanforderungen erforderlich. Der Vergleich der beiden resultierenden Ansätze erfolgt in den nächsten Abschnitten. Den ersten Ansatz bildet die exploitative Geschäftsmodellanwendung. Das Ziel bildet die Potenzialabschöpfung im Rahmen bestehender Geschäftsmodelle. Dieser Ansatz beruht auf dem stabilisierenden Management und evolutionär-inkrementellen Verbesserungen zur kontinuierlichen Sicherung des bestehenden Kerngeschäfts.[333]

Das Kerngeschäft im Werkzeugbau liegt schwerpunktmäßig auf industriellen Sachleistungen und begleitenden industriellen Dienstleistungen. Die Differenzierungsmerkmale von deutschen Unternehmen der Branche Werkzeugbau bilden vorrangig die Qualität und Präzision der Leistungen. Anhand dieser Differenzierungsmerkmale erreichen deutsche Unternehmen der Branche in den vergangenen Jahren eine solide Wirtschaftlichkeit. So liegt die durchschnittliche Umsatzrendite im deutschen Werkzeugbau im Jahr 2016 bei neun %. Die Entwicklung der durchschnittlichen Umsatzrendite im deutschen Werkzeugbau ist jedoch stark rückläufig. Bereits vor dem Ausbruch der Corona-Pandemie in Deutschland im Jahr 2020 ist ein Rückgang der durchschnittlichen Umsatzrendite von 47 % zu beobachten. Von 2016 bis 2022 hat sich der Wert um 67 % verringert. Im Jahr 2022 liegt die durchschnittliche Umsatzrendite nur noch bei drei Prozent.[334] Diese Entwicklung ist in Abbildung 30 dargestellt.

---

329 Vgl. Ziskoven (Auftragseinplanung einer getakteten Fertigung), 2013, S. 47.
330 Vgl. Boos (Bewertung von modularen Werkzeugen), 2008, S. 44.
331 Vgl. Kühn (Lebenszyklusorientierte Leistungssysteme), 2016, S. 49.
332 Vgl. Echterhoff (Einführung innovativer Geschäftsmodelle), 2018, S. 37.
333 Vgl. Schmidt (Überlegene Geschäftsmodelle), 2015, S. 386.
334 Vgl. Boos et al. (Tooling in Germany 2023), 2023, S. 13.

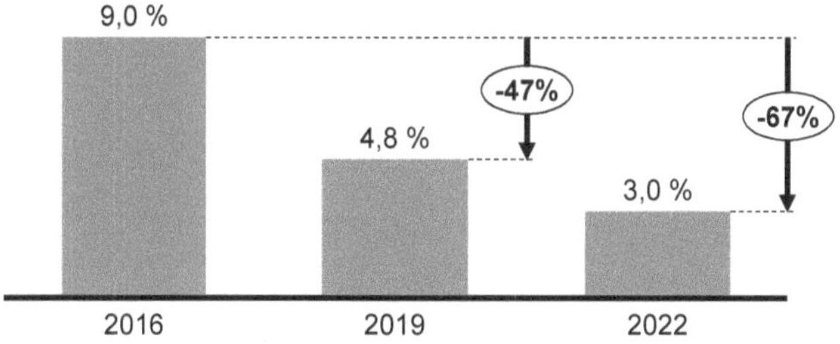

Abbildung 30: Entwicklung der Umsatzrendite im deutschen Werkzeugbau[335]

Der Rückgang der Wirtschaftlichkeit des Kerngeschäfts deutscher Werkzeugbaubetriebe ist durch den Verlust der Differenzierungsmerkmale und die Erosion von Wettbewerbspositionen zu erklären. Konkurrenzprodukte aus Ländern mit geringeren Faktorkosten erreichen mittlerweile eine vergleichbare Qualität und Präzision. Aufgrund der geringeren Faktorkosten sind die Konkurrenzprodukte jedoch günstiger.[336] Die Verfügbarkeit dieser Konkurrenzprodukte auf Kernabsatzmärkten deutscher Werkzeugbaubetriebe steigt auch im Zuge von globalen Krisen kontinuierlich. Diese Verfügbarkeit führt zu sinkenden Preisniveaus von werkzeugbauspezifischen Erzeugnissen und somit zu einem Rückgang der Produktmargen im deutschen Werkzeugbau.[337] Infolgedessen sinkt die Umsatzrendite für deutsche Unternehmen der Branche. Dabei ist zu betonen, dass die schiere Marktpräsenz von Konkurrenzprodukten ohne dessen eigentlichen Absatz bereits zu sinkenden Preisniveaus führt. Beispielsweise liegen die Werkzeugimporte nach Deutschland aktuell auf einem nahezu gleichwertigen Niveau wie im Jahr 2017, wohingegen die Verringerung des Preisniveaus in dieser Zeitspanne fortgeschritten ist.[338] Ohne den Einfluss der Corona-Pandemie haben sich die durchschnittlichen Preise eines in Deutschland gefertigten Werkzeugs von 2014 bis 2018 um acht % verringert.[339] Weiterhin beklagen ca. 80 % von befragten deutschen Werkzeugbaubetrieben seit 2018 einen Preisverfall.[340]

Zur Sicherung des Kerngeschäfts und Steigerung der Wirtschaftlichkeit bei sinkenden Preisniveaus können deutsche Unternehmen der Branche Werkzeugbau interne Effizienzsteigerungen nutzen. Diese können dazu führen, die Eigenkosten zu senken und dadurch Produktmargen zu erhöhen. Boos et al. postulieren jedoch, dass aufgrund des bereits hohen Industrialisierungsgrads nur inkrementelle Verbesserungen erreicht werden können, die alleinstehend langfristig nicht zu einer Sicherung des Kerngeschäfts ausreichen werden. Als Beleg hierfür kann die Entwicklung der Wertschöpfung pro Mitarbeitendem im deutschen Werkzeugbau angeführt werden. Während diese von 2011 bis 2019 um 23 % stieg, beträgt die Steigerung zwischen 2019 und 2023 nur noch 0,2 %.[341] Der Auslöser für die Stagnation ist mithin kein

[335] I. A. a. Boos et al. (Tooling in Germany 2023), 2023, S. 13
[336] Vgl. Boshof (Datenbasierte Dienstleistungen), 2022, S. 3.
[337] Vgl. Boos et al. (Tooling in Germany 2023), 2023, S. 15-16.
[338] Vgl. ISTMA (Statistical Year Book 2023), 2023.
[339] Vgl. Boos et al. (Tooling in Germany 2023), 2023, S. 17.
[340] Vgl. Lüdtke (Zukünftige Entwicklung im Werkzeugbau), 2021, S. 4.
[341] Vgl. Boos et al. (Ökoeffektiver Werkzeugbau), 2023, S. 5.

diskontinuierliches Umweltereignis, welches mittels der Reduzierung von Kosten durch Fokussierung auf Kernaktivitäten adressiert werden kann.

Es ist folglich an allen drei Faktoren nach McGrath & Cliffe erkennbar, dass sich aktuelle Geschäftsmodelle im Werkzeugbau in der Lebenszyklusphase der sukzessiven Degenerationen befinden.[342] Demnach ist die alleinige exploitative Geschäftsmodellanwendung im deutschen Werkzeug nicht zukunftsfähig. Diese wird weder zu einer Sicherung des Kerngeschäfts noch zu einer Schaffung von Wachstumspotenzialen führen.

Nach der Einordnung der exploitativen Geschäftsmodellanwendung im Werkzeugbau wird folgend auf den zweiten Ansatz des Managements von Geschäftsmodellen eingegangen. Diesen Ansatz bildet die explorative Geschäftsmodellerschließung. In diesem Ansatz soll durch alternative Geschäftsmodellkonfigurationen die Entdeckung bisher verborgener Potenziale adressiert werden. Der Ansatz beruht auf revolutionär-radikalen Veränderungen anhand alternativer Geschäftsmodellkonfigurationen.[343]

In der Praxis zeigt sich, dass die explorative Geschäftsmodellerschließung für deutsche Unternehmen der Branche Werkzeugbau das wichtigste Handlungsfeld zur Sicherung der Wettbewerbsfähigkeit darstellt. Dies ist das Ergebnis einer branchenspezifischen Umfrage mit über 80 Geschäftsführerinnen und Geschäftsführern. Demnach ist die Entwicklung alternativer Geschäftsmodelle relevanter als die Optimierung intern bestehender Prozesse oder die Veränderung der Kundenstruktur. Zudem halten nahezu alle Befragten alternative Geschäftsmodelle für ein unerlässliches Erfordernis für die zukünftige Wettbewerbsfähigkeit der deutschen Branche Werkzeugbau.[344]

Das Potenzial datengetriebener Geschäftsmodelle für den Werkzeugbau wird bereits seit längerer Zeit postuliert.[345] Datengetriebene Geschäftsmodelle setzen definitorisch Daten als Schlüsselressource ein und sind durch die externe Datenmonetarisierung gekennzeichnet. Weil Daten einen immateriellen und nicht-rivalisierenden Produktionsfaktor darstellen, können im Rahmen von datengetriebenen Geschäftsmodellen grenzkostenfreie Skaleneffekte erzielt werden.[346] Auf diese Weise können große Wachstumspotenziale geschaffen werden, wie beispielsweise die schnelle Zunahme der Datenökonomie verdeutlicht.[347] Zudem kann das bisherige Leistungsversprechen kundenspezifisch erweitert und somit das Kerngeschäft gestärkt werden. Unternehmen führen datengetriebene Geschäftsmodelle vordergründig zur Sicherung der Wettbewerbsfähigkeit im Kerngeschäft ein.[348]

Trotz der frühen Postulierung des Potenzials sind datengetriebene Geschäftsmodelle im Werkzeugbau bisher kaum verbreitet. Vereinzelte Pionierleistungen in der Branche bilden die Ausnahme.[349] Insbesondere kleine und mittelständische Unternehmen sind nicht in der Lage, das Potenzial von Daten auszuschöpfen. In einer Umfrage geben ca. Dreiviertel der Unternehmen

[342] Vgl. McGrath; Cliffe (When Your Business Model is in Trouble), 2011, S. 96.
[343] Vgl. Schmidt (Überlegene Geschäftsmodelle), 2015, S. 386.
[344] Vgl. Lüdtke (Zukünftige Entwicklung im Werkzeugbau), 2021, S. 9-16.
[345] Vgl. Boos et al. (Intelligente Werkzeuge und datenbasierte Geschäftsmodelle), 2018, S. 4-5.
[346] Vgl. Rusche; Scheufen (Frameworks in the Digital Economy), 2018, S. 11-12.
[347] Vgl. Micheletti et al. (European Data Market Study), 2024, S. 110-139.
[348] Vgl. Fritsch; Krotova (Wie datengetrieben sind Geschäftsmodelle in Deutschland), 2020, S. 12.
[349] Vgl. Boos et al. (Datengetriebene Geschäftsmodelle), 2023, S. 27-28.

mit weniger als hundert Mitarbeitenden an, das Datenpotenzial bisher kaum oder gar nicht auszuschöpfen.[350] Die deutsche Branche Werkzeugbau besteht hauptsächlich aus derartigen Unternehmen. Unternehmen geben zudem an, dass mangelnde Strategien sowie unklarer Nutzen und fehlende Ideen für datengetriebene Leistungen die Einführung von datengetriebenen Geschäftsmodellen hemmen.[351] Folglich fehlt es sowohl an interner als auch an externer Konsistenz von datengetriebenen Geschäftsmodellen im Werkzeugbau.[352]

Der Vergleich der beiden Ansätze des Managements von Geschäftsmodellen verdeutlicht daher den Handlungsbedarf aus der Praxis. Unternehmen der Branche Werkzeugbau benötigen eine systematische Vorgehensweise zur Einführung datengetriebener Geschäftsmodelle. Diese Vorgehensweise muss den Umstand berücksichtigen, dass sich datengetriebene Geschäftsmodelle trotz ihres proklamierten Potenzials bisher kaum im Werkzeugbau durchgesetzt haben. Daher gilt es im Rahmen der Vorgehensweise systematisch geeignete werkzeugbauspezifische Marktkonstellationen zur Einführung datengetriebener Geschäftsmodelle zu identifizieren. Diese werkzeugbauspezifischen Marktkonstellationen müssen sowohl Zielkunden als auch geeignete anbietende Unternehmen für datengetriebene Geschäftsmodelle umfassen.

Weiterhin hat die Vorgehensweise zur konsistenten Entwicklung von Konfigurationen datengetriebener Geschäftsmodelle zu befähigen. Die entwickelten Konfigurationen müssen einerseits externe Konsistenz hinsichtlich der identifizierten Marktkonstellationen aufweisen. Andererseits müssen die Konfigurationen im Zuge von interner Konsistenz die harmonische und ganzheitliche Gestaltung des Leistungsangebots- sowie Marktadressierungsmodells, des Ertragsmodells und des Leistungserbringungsmodells adressieren. Zudem müssen die Prozesse, Kompetenzen, Ressourcen und Organisation der Unternehmen der Branche Werkzeugbau die nachhaltige sowie parallele Operationalisierung dieser Modelle erlauben. Daher ist schließlich neben der Entwicklung auch die Erprobung der Konfigurationen im Rahmen der Vorgehensweise zu berücksichtigen.

[350] Vgl. Bitkom Research (Wo steht die deutsche Wirtschaft?), 2023, S. 3.
[351] Vgl. Fritsch; Krotova (Wie datengetrieben sind Geschäftsmodelle in Deutschland), 2020, S. 15.
[352] Vgl. Gassmann et al. (Geschäftsmodelle entwickeln), 2013, S. 45-49.

3 Analyse bestehender Ansätze

Bezugnehmend auf den im vorherigen Kapitel beschriebenen Handlungsbedarf aus der Praxis werden im dritten Kapitel bestehende Ansätze aus der Wissenschaft untersucht. Es wird hinsichtlich der übergreifenden Forschungsfrage geprüft, ob anwendbare Lösungen für die Einführung von datengetriebenen Geschäftsmodellen im Werkzeugbau existieren. Weiterhin wird die mögliche Übertragbarkeit von Modellen oder Teilmodellen auf den Betrachtungsbereich der vorliegenden Arbeit, welcher der Werkzeugbau darstellt, eruiert. Der Inhalt des dritten Kapitels spiegelt folglich die Abläufe der zweiten und dritten Phase des Forschungsvorgehens gemäß ULRICH wider.

Zu Beginn des Kapitels wird die Bewertungssystematik zur Evaluierung der bestehenden wissenschaftlichen Ansätze beschrieben. Im Zuge dessen wird das Bewertungs- und Anforderungssystem dargelegt. Nachfolgend werden die für den Betrachtungs- und Gestaltungsbereich der vorliegenden Arbeit relevantesten Ansätze aus der Wissenschaft identifiziert. Diese Ansätze werden vorgestellt und auf Basis der Bewertungssystematik evaluiert. Ausgehend von dieser Evaluierung wird ein Forschungsdefizit festgestellt, woraus der Handlungsbedarf aus der Theorie abgeleitet wird. Schließlich führen der Handlungsbedarf aus der Praxis und der Handlungsbedarf aus der Theorie zu einer Konkretisierung der übergreifenden Forschungsfrage im Rahmen von fünf Teilforschungsfragen.

3.1 Bewertungssystematik

Die Systematik zur Bewertung der bestehenden Ansätze orientiert sich an KUHLMANN[353] und KOMOREK[354]. Diese Autoren untersuchen und bewerten wissenschaftliche Ansätze bezüglicher der Eignung für praktische Themenkomplexe im Werkzeugbau. Die Bewertungssystematik umfasst das Bewertungs- und Anforderungssystem. Das Bewertungssystem beschreibt die Werteskala für die Bewertung. Das Anforderungssystem gibt die Anforderungsdimensionen sowie deren einzelnen Anforderungen vor, anhand derer die strukturierte Bewertung der wissenschaftlichen Ansätze erfolgt.

3.1.1 Bewertungssystem

In der wissenschaftlichen Literatur lassen sich verschiedene Vorgehensweisen zur Bewertung bestehender Ansätze finden.[355] Eine Möglichkeit zur Bewertung liefert eine diskrete Skala mit festgelegten Werten.[356] Diese Möglichkeit wählen beispielsweise u. a. auch PITSCH[357], SALMEN[358], KUHLMANN[359] und KELZENBERG[360]. Nach DAWES ist eine Anzahl von fünf bis sieben

[353] Vgl. Kuhlmann (Corporate Tooling), 2017, S. 91.
[354] Vgl. Komorek (Kollaborative Wertschöpfung im Werkzeugbau), 2014, S. 63.
[355] Vgl. Linacre (Optimizing rating scale category effectiveness), 2002, S. 86; Vgl. Edwards (Organizational Surveys), 1996, S. 43; Vgl. Koch (Steigerung der Wandlungsfähigkeit), 2011, S. 104; Vgl. Pfeiffer (Service-oriented Business Model-Framework), 2018, S. 67.
[356] Vgl. Likert (A technique for the measurement of attitudes), 1932.
[357] Vgl. Pitsch (Kompetenzfeldbasierte Vernetzung), 2014, S. 59.
[358] Vgl. Salmen (Digital vernetzter Shopfloor), 2016, S. 83.
[359] Vgl. Kuhlmann (Corporate Tooling), 2017, S. 91.
[360] Vgl. Kelzenberg (Datenstrukturmodell für den digitalen Schatten), 2020, S. 77.

Werten sinnvoll.[361] Dem angeknüpft wird in der vorliegenden Arbeit eine diskrete Skala mit fünf Werten genutzt.

Abbildung 31: Ausprägungen zur Bewertung von bestehenden Ansätzen[362]

Die Werte spiegeln sich in fünf Abstufungen wider, die anhand sogenannter Harvey Balls illustriert werden. Dieser Umstand ist in Abbildung 31 exemplarisch dargestellt.[363] Mithin wird der Erfüllungsgrad der im weiteren Verlauf betrachteten Anforderungen durch die Abstufungen „nicht erfüllt", „sehr gering", „gering", „hoch" sowie „sehr hoch" determiniert.[364]

3.1.2 Anforderungssystem

Die Anforderungen an eine Methodik zur Einführung datengetriebener Geschäftsmodelle im Werkzeugbau lassen sich anhand des identifizierten Handlungsbedarfs aus der Praxis ableiten. Zur Einführung steht die interne und externe Konsistenz datengetriebener Geschäftsmodelle im Werkzeugbau im Fokus.[365] Demnach folgt eine Gliederung in datenorientierte, geschäftsmodellorientierte, werkzeugbauspezifische sowie allgemeine Anforderungen.

Die Nutzung daten- sowie geschäftsmodellorientierter Anforderungen zur Bewertung bestehender Ansätze im Kontext der Einführung innovativer sowie datengetriebener Geschäftsmodelle basiert zudem u. a. auf HUNKE ET AL.[366], ECHTERHOFF[367] und KÜHNE ET AL.[368]. Analog orientiert sich die Nutzung allgemeiner sowie werkzeugbauspezifischer Anforderungen u. a. an HENSEN[369] und STRACKE.[370] Nachfolgend werden die einzelnen Anforderungen sowie deren Ausprägungen dargelegt.

3.1.2.1 Allgemeine Anforderung

Die allgemeinen Anforderungen an eine Methodik zur Einführung datengetriebener Geschäftsmodelle umfassen die Praktikabilität und die konkrete Vorgehensweise. Auf diese Weise kann die anwenderfreundliche Umsetzbarkeit eines bestehenden Ansatzes geprüft werden. Die Praktikabilität ist durch den klaren Realitätsbezug sowie durch den hohen Anwendungsgrad geprägt. Der Realitätsbezug eines Ansatzes entsteht, wenn die Herleitung, die Problemdefinition und das Lösungssystem sowohl ein reales Problem als auch ein reales Problemumfeld adressieren. Ein hoher Anwendungsgrad liegt vor, wenn das Lösungssystem praxisübliche

[361] Vgl. Dawes (An Experiment Using 5-Point, 7-Point and 10-Point Scales), 2008, S. 61.
[362] i. A. a. Komorek (Kollaborative Wertschöpfung), 2014, S. 64.
[363] Vgl. Kett (Management Skills), 2010, S. 129.
[364] Vgl. Garland (The Mid-Point on a Rating), 1991, S. 66.
[365] Vgl. Gassmann et al. (Geschäftsmodelle entwickeln), 2013, S. 45-49.
[366] Vgl. Hunke et al. (Process Model for Data-Driven Business Model Innovation), 2017, S. 150-152.
[367] Vgl. Echterhoff (Einführung innovativer Geschäftsmodelle), 2018, S. 42-44.
[368] Vgl. Kühne; Bohmann (Requirements for Representing Data-Driven Business Models), 2018, S. 6-8.
[369] Vgl. Hensen (Strategische Auslegung industrieller Werkzeugbaubetriebe), 2017, S. 62-64.
[370] Vgl. Stracke (Serienanlauf von Werkzeugen), 2021, S. 80-81.

und verfügbare Daten, Informationen und Werkzeuge umfasst.[371] Nachfolgend werden die fünf Abstufungen zur Erfüllung der Anforderung an die Praktikabilität gegliedert:[372]

- Nicht erfüllt: Ein Ansatz bezieht sich nicht auf die Realität und weist keine Anwendbarkeit auf.
- Sehr gering: Ein Ansatz ist in der Theorie anwendbar. Es bleiben jedoch in der Realität vorherrschende Strukturen unberücksichtigt.
- Gering: Ein Ansatz basiert vollumfänglich auf realistischen Annahmen. Der notwendige Informationsbedarf ist in der Praxis jedoch nicht zu decken.
- Hoch: Ein Ansatz basiert vollumfänglich auf realistischen Annahmen. Der notwendige Informationsbedarf ist in der Praxis zu decken. Es wird jedoch keine praktische Validierung des Ansatzes vorgenommen.
- Sehr hoch: Ein Ansatz basiert vollumfänglich auf realistischen Annahmen. Der notwendige Informationsbedarf ist in der Praxis zu decken. Der Ansatz ist anhand von Praxisbeispielen validiert.

Die einzelnen Phasen und Schritte einer Methodik sowie deren logische Verknüpfung bedingen die konkrete Vorgehensweise. Für diese sind die einzelnen Phasen und Schritte klar voneinander abzugrenzen. Zudem wird durch eine konkrete Vorgehensweise der Einstieg in die Methodik an unterschiedlichen Stellen ermöglicht. Zu diesem Zwecke sind die Eingangs- und Ausgangsgrößen der einzelnen Phasen und Schritte eindeutig zu determinieren.[373] Nachfolgend werden die fünf Abstufungen zur Erfüllung der Anforderung an die konkrete Vorgehensweise gegliedert:[374]

- Nicht erfüllt: Ein Ansatz ist nicht anhand eines klaren Ablaufs strukturiert.
- Sehr gering: Ein Ansatz umfasst Anweisungen, die eine strukturelle Verknüpfung aufweisen.
- Gering: Ein Ansatz beschreibt den Inhalt zu durchlaufender Phasen.
- Hoch: Ein Ansatz setzt sich aus abgegrenzten und aufeinander aufbauenden Schritten zusammen.
- Sehr hoch: Ein Ansatz setzt sich aus abgegrenzten und aufeinander aufbauenden Schritten zusammen. Zudem werden die Eingangs- und Ausgangsgrößen der jeweiligen Schritte beschrieben. Dies ermöglicht dem Anwendenden den Einstieg an unterschiedlichen Stellen des Ansatzes.

---

371 Vgl. Boos (Bewertung von modularen Werkzeugen), 2008, S. 55; Vgl. Pitsch (Kompetenzfeldbasierte Vernetzung), 2014, S. 53-54.
372 Vgl. Kühn (Lebenszyklusorientierte Leistungssysteme), 2016, S. 61.
373 Vgl. Kuhlmann (Gestaltung von Geschäftsprozessen), 2011, S. 45.
374 Vgl. Kühn (Lebenszyklusorientierte Leistungssysteme), 2016, S. 61.

3.1.2.2 Datenorientierte Anforderungen

Daten bilden definitorisch eine wesentliche Schlüsselressource für datengetriebene Geschäftsmodelle.[375] Auf Basis dieser Schlüsselressource werden Mehrwerte für den Kunden erschaffen. Ein Ansatz zur Einführung datengetriebener Geschäftsmodelle hat daher datenorientierte Anforderungen zu erfüllen. Zu diesen Anforderungen zählt die Datenmonetarisierung. Anhand dieser können Mehrwerte beschrieben werden, die mithilfe von Daten erschaffen werden. Interne Datenmonetarisierung umfasst unternehmensinterne Mehrwerte, die auf Daten beruhen. Zu den Mehrwerten von interner Datenmonetarisierung zählen beispielsweise die Steigerung von Profiten durch die Reduktion von Kosten oder die Gewinnung neuer Erkenntnisse über Geschäfts- und Wertschöpfungsprozesse. Im Gegensatz zur externen Datenmonetarisierung führt die interne Datenmonetarisierung jedoch nicht zu einer strukturellen Vermeidung von Grenzkosten. Externe Datenmonetarisierung umfasst datengetriebene und kundenzentrierte Mehrwerte. Beispielsweise kann schon über das Verkaufen von Daten ein kundenzentrierter Mehrwert entstehen. Daneben existieren jedoch wie zuvor beschrieben diverse weitere Strategien zur externen Monetarisierung von Daten. Weiterhin ist an dieser Stelle nochmals angemerkt, dass die externe Datenmonetarisierung eine Eigenschaft von datengetriebenen Geschäftsmodellen bildet.[376] Nachfolgend werden die fünf Abstufungen zur Erfüllung der Anforderung an die Datenmonetarisierung gegliedert:

- Nicht erfüllt: Ein Ansatz nimmt keine Betrachtung der Datenmonetarisierung vor.
- Sehr gering: Ein Ansatz nimmt Bezug zu Möglichkeiten der Datenmonetarisierung. Dabei wird nicht zwischen interner und externer Datenmonetarisierung unterschieden.
- Gering: Ein Ansatz fokussiert die Mehrwerte der internen Datenmonetarisierung. Diese Mehrwerte sind vor allem unternehmensintern.
- Hoch: Ein Ansatz fokussiert die Mehrwerte der externen Datenmonetarisierung. Es wird beschrieben, welche kundenzentrierten Mehrwerte datengetrieben angeboten werden.
- Sehr hoch: Ein Ansatz fokussiert die Mehrwerte der externen Datenmonetarisierung. Es wird beschrieben, welche kundenzentrierten Mehrwerte datengetrieben angeboten werden. Anhand der Strategie der externen Datenmonetarisierung werden datengetriebene Geschäftsmodelle unterschieden.

Neben der Datenmonetarisierung bildet die Datenwertschöpfung eine weitere datenorientierte Anforderung. Die Datenwertschöpfung nimmt für die Umsetzung datengetriebener Geschäftsmodelle einen hohen Stellenwert ein.[377] Wie in Kapitel 2.2.2.2 dargelegt dient die Datenwertschöpfung für die Realisierung der Leistungen und somit der kundenzentrierten Mehrwerte in

[375] Vgl. Kühne; Bohmann (Representing Data-Driven Business), 2018, S. 4.
[376] Vgl. Trauth et al. (Monetarisierung von technischen Daten), 2021, S. 4.
[377] Vgl. Lemke (Digitalisierung zwischen Technologie und Management), 2020, S. 26.

datengetriebenen Geschäftsmodellen. Die einzelnen Aktivitäten der Datenwertschöpfung können sich je nach Art des Mehrwerts unterscheiden. Nachfolgend werden die fünf Abstufungen zur Erfüllung der Anforderung an die Datenwertschöpfung gegliedert:

- Nicht erfüllt: Ein Ansatz nimmt keine Betrachtung der Datenwertschöpfung vor.
- Sehr gering: Ein Ansatz nimmt Bezug zu der Datenwertschöpfung. Die einzelnen Aktivitäten der Datenwertschöpfung werden nicht beschrieben.
- Gering: Ein Ansatz nimmt Bezug zu der Datenwertschöpfung. Einzelne Aktivitäten der Datenwertschöpfung werden beschrieben.
- Hoch: Ein Ansatz nimmt Bezug zu der Datenwertschöpfung. Die zur Erbringung der spezifischen kundenzentrierten Mehrwerte benötigten Aktivitäten der Datenwertschöpfung werden deklariert und beschrieben. Auf den Komplexitätsgrad der Aktivitäten wird nicht eingegangen.
- Sehr hoch: Ein Ansatz nimmt Bezug zu der Datenwertschöpfung. Weiterhin deklariert und beschreibt der Ansatz den Komplexitätsgrad der Aktivitäten, welche im Rahmen der Datenwertschöpfung zur Erbringung der spezifischen kundenzentrierten Mehrwerte notwendig sind.

3.1.2.3 Geschäftsmodellorientierte Anforderungen

Ein Ansatz zur Einführung von datengetriebenen Geschäftsmodellen hat geschäftsmodellorientierte Anforderungen zu erfüllen. Datengetriebene Geschäftsmodelle sind durch Daten als Schlüsselressource sowie durch die externe Datenmonetarisierung charakterisiert. Neben dieser definitorischen Abgrenzung gelten die allgemeinen Denkmuster und Elemente von Geschäftsmodellen.[378] Zu den geschäftsmodellorientierten Anforderungen zählt daher die Geschäftsmodell-Bilanzhülle. Diese umfasst alle in Kapitel 2.2.1.1 vorgestellten Teilmodelle eines Geschäftsmodells. Die Teilmodelle bilden das Leistungsangebots- und Marktadressierungsmodell, das Leistungserstellungsmodell und das Ertragsmodell. Die Teilmodelle bestehen wiederum aus einzelnen Elementen.[379] Zur Schaffung von interner Konsistenz sind alle Modelle und Elemente berücksichtigen. Zudem sind die einzelnen Modelle und Elemente ganzheitlich und harmonisch auszulegen. Nachfolgend werden die fünf Abstufungen zur Erfüllung der Anforderung an die Geschäftsmodell-Bilanzhülle gegliedert:

- Nicht erfüllt: Ein Ansatz nimmt keinen Bezug auf Geschäftsmodelle.
- Sehr gering: Ein Ansatz nimmt Bezug zu einzelnen Elementen eines Teilmodells von Geschäftsmodellen.
- Gering: Ein Ansatz nimmt Bezug zu allen Elementen eines Teilmodells von Geschäftsmodellen.
- Hoch: Ein Ansatz nimmt Bezug zu allen drei Teilmodellen von Geschäftsmodellen.

[378] Vgl. Schuritz; Satzger (Data-Infused Business Model Innovation), 2016, S. 136.
[379] Vgl. Schuh et al. (Management industrieller Dienstleistungen), 2016, S. 68.

- Sehr hoch: Ein Ansatz nimmt Bezug zu allen Elementen aller drei Teilmodelle von Geschäftsmodellen.

Neben der Anforderung hinsichtlich der Geschäftsmodell-Bilanzhülle gilt es, die externe Konsistenz des einführenden Geschäftsmodells sicherzustellen. Hierfür wird an einen Ansatz die Anforderung der kriterienbasierten Eignungsbewertung gestellt. Anhand dieser ist zu evaluieren, inwiefern Kunde und Anbieter für ein datengetriebenes Geschäftsmodell geeignet sind. Nachfolgend werden die fünf Abstufungen zur Erfüllung der Anforderung an die kriterienbasierte Eignungsbewertung gegliedert:

- Nicht erfüllt: Ein Ansatz nimmt keinen Bezug auf die Eignung des Anbieters.
- Sehr gering: Ein Ansatz nimmt Bezug auf die Eignung des Anbieters. Es erfolgt jedoch keine systematisierte Eignungsbewertung.
- Gering: Ein Ansatz nimmt Bezug auf die Eignung des Kunden und des Anbieters. Es erfolgt jedoch keine systematisierte Eignungsbewertung.
- Hoch: Ein Ansatz nimmt Bezug auf die Eignung des Kunden und des Anbieters in Form einer Umfeld- und Marktanalyse. Es werden jedoch keine konkreten Kunden-Anbieter Paarungen hergeleitet.
- Sehr hoch: Ein Ansatz nimmt Bezug auf die Eignung des Kunden und des Anbieters im Rahmen einer Herleitung von potenziellen Kunden-Anbieter Paarungen für ein datengetriebenes Geschäftsmodell.

Die Einführung eines datengetriebenen Geschäftsmodells birgt vielfältige Risiken. Diese können sich zum Beispiel aufgrund einer Veränderung des Ertragsmodells oder der Kundeninteraktion ergeben. Eine notwendige Bedingung für eine erfolgreiche Einführung stellt daher die Erprobung des Geschäftsmodells dar.[380] Vor der Erprobung basiert die Konsistenz eines Geschäftsmodells lediglich auf ungetesteten Annahmen. Die Erprobung beinhaltet die Verifizierung oder Falsifizierung der entscheidenden Annahmen für die Funktionsfähigkeit des Geschäftsmodells. Die Erprobung des Geschäftsmodells bildet auf diese Weise die dritte geschäftsmodellorientierte Anforderung. Nachfolgend werden die fünf Abstufungen zur Erfüllung der Anforderung an die Erprobung des Geschäftsmodells gegliedert:

- Nicht erfüllt: Ein Ansatz nimmt keinen Bezug auf die Erprobung von Geschäftsmodellen.
- Sehr gering: Ein Ansatz nimmt Bezug auf die Erprobung von Geschäftsmodellen. Diese wird allerdings nicht systematisiert.
- Gering: Ein Ansatz nimmt Bezug auf die Erprobung von Geschäftsmodellen und beschreibt diese in Form eines integrativen Bestandteils.
- Hoch: Ein Ansatz nimmt Bezug auf die Erprobung von Geschäftsmodellen, in dem konkrete Geschäftsmodellexperimente beschrieben werden.

[380] Vgl. Echterhoff (Einführung innovativer Geschäftsmodelle), 2018, S. 42-43.

- Sehr hoch: Ein Ansatz nimmt Bezug auf die Erprobung von Geschäftsmodellen. In diesem Zuge werden Annahmen hergeleitet und zur Prüfung der internen sowie externen Konsistenz für ein spezifisches Geschäftsmodell geeignete Experimente vorgeschlagen.

3.1.2.4 Werkzeugbauspezifische Anforderungen

Ein Ansatz zur Einführung datengetriebener Geschäftsmodelle im Werkzeugbau hat werkzeugbauspezifische Anforderungen zu erfüllen. Zu diesen Anforderungen zählen in Anlehnung an STRACKE die Einzel- und Kleinserienfertigung sowie die individuellen Unternehmensrandbedingungen.[381] Ersteres adressiert insbesondere die stark unikale Leistungserbringung im Werkzeugbau sowie die vergleichsweise geringen Wiederhol- und Skaleneffekte. Nachfolgend werden die fünf Abstufungen zur Erfüllung der Anforderung an die Einzel- und Kleinserienfertigung gegliedert:

- Nicht erfüllt: Ein Ansatz nimmt keine Betrachtung von produzierenden Unternehmen vor.
- Sehr gering: Ein Einsatz betrachtet produzierende Unternehmen.
- Gering: Ein Ansatz betrachtet produzierende Unternehmen und umfasst stückzahlunabhängige Lösungsvorschläge.
- Hoch: Ein Ansatz betrachtet produzierende Unternehmen und die Besonderheiten der Einzel- und Kleinserienfertigung. Es liegt jedoch kein spezifischer Branchenfokus vor.
- Sehr hoch: Ein Ansatz fokussiert spezifisch für die Einzel- und Kleinserienfertigung entwickelte Lösungen innerhalb der Branche Werkzeugbau.

Werkzeugbaubetriebe verbindet oftmals die Unikatfertigung der Erzeugnisse. Die Branche Werkzeugbau weist wie in Kapitel 2.3.1.2 beschrieben jedoch eine hohe Heterogenität hinsichtlich der Anzahl der Mitarbeitenden, des Marktzugangs, der Art der Leistungen sowie des erwirtschafteten Umsatzes auf. Die Randbedingungen von einzelnen Unternehmen der Branche Werkzeugbau können sich daher stark unterschieden. Vor dem Hintergrund der Heterogenität innerhalb der Branche Werkzeugbau muss der Ansatz für verschiedenen Unternehmensrandbedingungen ausgelegt sein. Zu diesem Zweck hat der Ansatz einen universellen Charakter im Werkzeugbau aufzuweisen, welcher verschiedene Unternehmensrandbedingungen zulässt. Im Rahmen dieses universellen Charakters sind Gestaltungsoptionen für die verschiedenen Unternehmensrandbedingungen im Werkzeugbau aufzuzeigen. Weiterhin kann durch einen vollständig modularen Aufbau des Ansatzes sichergestellt werden, dass sich spezifische Lösungsvarianten für verschiedene Unternehmensrandbedingungen ergeben. Nachfolgend werden die fünf Abstufungen zur Erfüllung der Anforderung an die individuellen Unternehmensrandbedingungen gegliedert:

---

[381] Vgl. Stracke (Serienanlauf von Werkzeugen), 2021, S. 82-83.

- Nicht erfüllt: Ein Ansatz ist in der Beschreibung sowie der Anwendung auf konkrete Unternehmensrandbedingungen limitiert. Ohne diese konkreten Unternehmensrandbedingungen kann der Ansatz nicht angewendet werden.
- Sehr gering: Ein Ansatz weist in der Beschreibung sowie der Anwendung einen universellen Charakter auf, der verschiedene Unternehmensrandbedingungen zulässt.
- Gering: Ein Ansatz weist in der Beschreibung sowie der Anwendung einen universellen Charakter auf, der verschiedene Unternehmensrandbedingungen zulässt. Der Ansatz umfasst zudem Gestaltungsoptionen für verschiedene Unternehmensrandbedingungen.
- Hoch: Ein Ansatz weist in der Beschreibung sowie der Anwendung einen universellen Charakter auf, der verschiedene Unternehmensrandbedingungen zulässt. Der Ansatz umfasst zudem Gestaltungsoptionen für verschiedene Unternehmensrandbedingungen. Durch den teilmodularen Aufbau ergeben sich teilweise individuelle Lösungsvarianten für verschiedene Unternehmensrandbedingungen.
- Sehr hoch: Ein Ansatz weist in der Beschreibung sowie der Anwendung einen universellen Charakter auf, der verschiedene Unternehmensrandbedingungen zulässt. Der Ansatz umfasst zudem Gestaltungsoptionen für verschiedene Unternehmensrandbedingungen. Durch den vollständig modularen Aufbau ergeben sich individuelle Lösungsvarianten für verschiedene Unternehmensrandbedingungen.

Abbildung 32 stellt zusammenfassend einen Überblick der Anforderungen dar. Insgesamt werden neun Anforderungen in vier übergeordneten Dimensionen gegliedert. Die Anforderungen dienen der Bewertung bestehender Ansätze zur Einführung datengetriebener Geschäftsmodelle im Werkzeugbau.

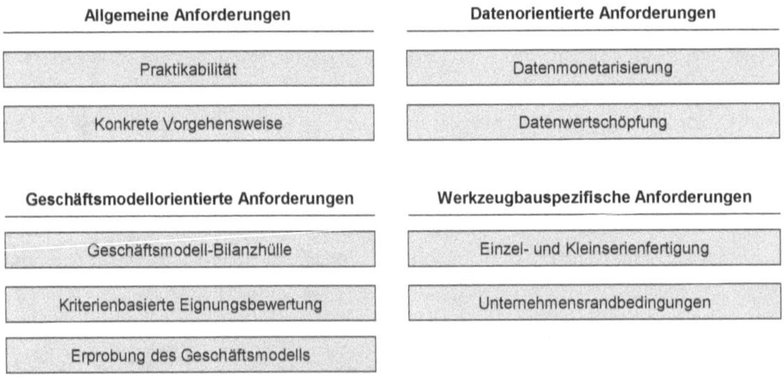

Abbildung 32: Anforderungen der Einführung datengetriebener Geschäftsmodelle[382]

[382] Eigene Abbildung.

3.2 Vorstellung und Bewertung bestehender Ansätze

Basierend auf dem im vorherigen Kapitel definierten Bewertungssystem werden folgend bestehende wissenschaftliche Ansätze beschrieben und bewertet. Hierfür wird zunächst ein Überblick bestehender Ansätze mit Bezug zum Themengebiet der vorliegenden Arbeit gegeben. Anhand dieses Überblicks erfolgt eine Auswahl der für die übergeordnete Forschungsfrage relevantesten Ansätze. Diese Ansätze werden beschrieben und schließlich anhand der dargelegten allgemeinen, datenorientierten, geschäftsmodellorientierten und werkzeugbauspezifischen Anforderungen evaluiert.

3.2.1 Überblick wissenschaftlicher Ansätze

In der internationalen wissenschaftlichen Literatur lassen sich eine Vielzahl von Ansätzen finden, die datengetriebene Geschäftsmodelle oder synonym verwendete Begriffe thematisieren. Die Vielzahl der Ansätze lässt sich anhand der Überlegenheit datengetriebener Geschäftsmodelle vor tradierten Modellen erklären. Diese Überlegenheit zeigt sich wie in Kapitel 2.2.2 dargelegt insbesondere durch die Vermeidung von Grenzkosten sowie der Schaffung verteidigungsfähiger Wettbewerbspositionen. Oftmals können die Ansätze aufgrund der spezifischen Charakteristika der Einzel- und Kleinserienfertigung jedoch nur in limitiertem Maße zur Beantwortung der übergreifenden Forschungsfrage der vorliegenden Arbeit beitragen. Hieran anknüpfend berücksichtigt die Analyse und Recherche der Literatur insbesondere die im vorherigen Kapitel erläuterten allgemeinen, datenorientierten, geschäftsmodellorientierten und werkzeugbauspezifischen Anforderungen. Auf diese Weise können die für diese Arbeit ganzheitlich relevanten Ansätze in einem Überblick dargestellt werden. Dieser Überblick ist in Abbildung 33 dargestellt. Es ist jedoch festzuhalten, dass darüber hinaus in der wissenschaftlichen Literatur zum Themengebiet der datengetriebenen Geschäftsmodelle eine Vielzahl weiterer Ansätze besteht, die im Rahmen der beschriebenen Anforderungen eine geringere Relevanz für die vorliegende Arbeit aufweisen.

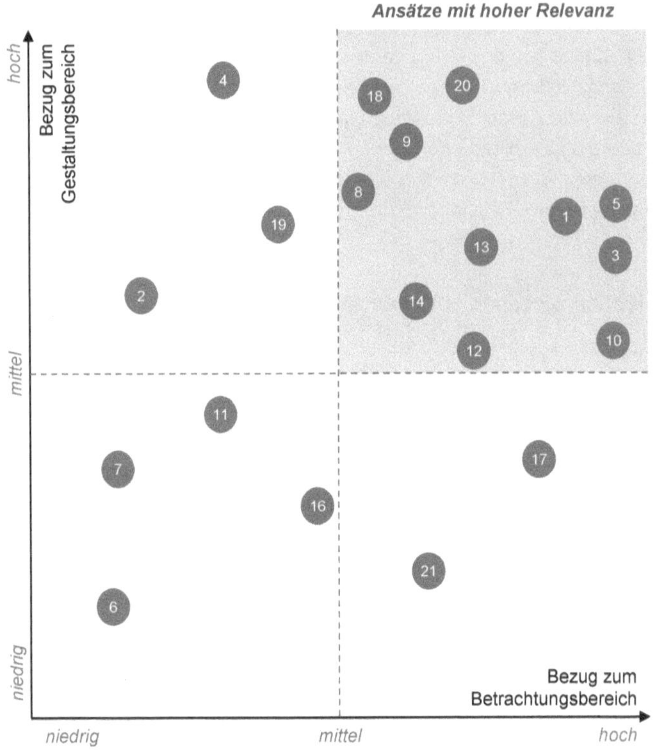

1. Data-Driven Services in Manufacturing Industries – AZKAN ET AL., 2020
2. Design Principles for Data-Driven Services – AZKAN ET AL., 2022
3. Datenbasiertes Wissensmanagement im Werkzeugbau – BEGOVIC, 2018
4. Data Driven Business Model Generation – BENTA ET AL., 2017
5. Datenbasierte Dienstleistungen im Werkzeugbau – BOSHOF, 2022
6. Data-Driven Business Models – BROWNLOW ET AL., 2015
7. The Data-Driven Business Value Matrix – BREITFUSS ET AL., 2019
8. Methodik zur Einführung innovativer Geschäftsmodelle – ECHTERHOFF, 2018
9. Methodology for Data-driven Business Models – EXNER ET AL., 2017
10. Erfolgreiche Geschäftsmodelle im Werkzeugbau – FRICK, 2006
11. Digital servitization business models – KOHTAMAKI ET AL., 2019
12. Einführung digitaler Produkte im Maschinenbau – KREUTZKAMM UND WEBER, 2022
13. Evaluation of Data-Driven Business – KÜHNE UND BOHNMANN, 2020
14. Driven Business Model Innovation – HUNKE ET AL., 2017
15. Advancing Data Monetization – PARVINEN ET AL., 2020
16. Service-oriented Business Model-Framework – PFEIFFER, 2018
17. Datengetriebene Verbesserung von Produktionsabläufen – ROH, 2019
18. Digitale Transformation von Geschäftsmodellen – SCHALLMO, 2022
19. Data-Based Business Models – SCHUH ET AL., 2019
20. Datengetriebene Geschäftsmodelle implementieren – SCHUH ET AL., 2020
21. Digital Business In Global Production – STEIER ET AL., 2021
22. Business Model Management in Offline-Born Organizations – TERRENGHI, 2019

Abbildung 33: Überblick relevanter Forschungsansätze[383]

[383] Eigene Darstellung.

Im Rahmen von Abbildung 33 werden die aufgeführten Ansätze hinsichtlich ihres Bezugs zum Gestaltungs- sowie zum Betrachtungsbereich eingeordnet. Auf Basis dieser Einstufung kann ein Quadrant um die relevantesten Ansätze für die vorliegende Arbeit gebildet werden. Diese Ansätze werden im nachfolgenden Kapitel beschrieben. Die Ansätze nach AZKAN ET AL.[384], BROWNLOW ET AL.[385], BREITFUSS ET AL.[386], KOHTAMÄKI ET AL.[387], KREUTZKAMM UND WEBER[388], PARVINEN ET AL.[389], PFEIFFER[390], ROH[391], SCHUH ET AL.[392], STEIER ET AL.[393] und TERRENGHI[394] werden aufgrund ihrer vergleichsweise geringeren Relevanz nicht spezifischer vorgestellt. Gegebenenfalls werden diese Ansätze zur Übertragung von Teilmodellen jedoch nochmals in Kapitel 5 aufgegriffen.

3.2.2 Vorstellung ausgewählter Ansätze mit hoher Relevanz

Im vorherigen Kapitel werden wissenschaftliche Ansätze aufgeführt, die eine hohe Relevanz für den Betrachtungs- und Gestaltungsbereich der vorliegenden Arbeit aufweisen. Diese Ansätze gilt es im Folgenden hinsichtlich ihrer Charakteristika zu beschreiben. Darauf aufbauend werden die Ansätze auf Basis der definierten Anforderungen bewertet.

3.2.2.1 Erfolgreiche Geschäftsmodelle im Werkzeugbau nach FRICK

Das zentrale Ergebnis in dem Ansatz nach FRICK bilden acht erfolgreiche Geschäftsmodellkonfigurationen im Werkzeugbau. Die Herleitung dieser acht Geschäftsmodellkonfigurationen basiert auf der Analyse von 24 erfolgreichen Werkzeugbaubetrieben im Rahmen des Wettbewerbs „Excellence in Production".[395] Nach FRICK dienen die hergeleiteten acht Geschäftsmodellkonfigurationen als Orientierung bei der Unternehmensentwicklung sowie der strategischen Ausrichtung von Werkzeugbaubetrieben.[396]

Die acht aus der Fallstudie hergeleiteten erfolgreichen Geschäftsmodelle im Werkzeugbau sind in Abbildung 34 dargestellt. Dazu zählen der Komponenten-Lieferant, fokussierte Lieferant, Verfügbarkeitsgarant, Zeit-Lieferant, Koordinator, Systempartner, Systemintegrator und innovativer Generalunternehmer. Der sogenannte Komponenten-Lieferant weist ein stark standardisiertes Leistungsspektrum auf, das sich aus Werkzeugkomponenten wie beispielsweise Normalien oder spezielle verschleißfeste Werkzeugeinsätze zusammensetzt. Aufgrund

[384] Vgl. Azkan et al. (Design Principles for Industrial Data-Driven Services), 2022.
[385] Vgl. Josh Brownlow et al. (Data-Driven Business Models), 2015.
[386] Vgl. Breitfuss et al. (The Data-Driven Business Value Matrix), 2019.
[387] Vgl. Kohtamäki et al. (Digital servitization business models), 2019.
[388] Vgl. Kreutzkamm; Weber (Einführung digitaler Produkte im Maschinenbau), 2022.
[389] Vgl. Parvinen et al. (Advancing Data Monetization), 2020.
[390] Vgl. Pfeiffer (Service-oriented Business Model-Framework), 2018.
[391] Vgl. Roh (Datengetriebene Verbesserung von Produktionsabläufen), 2019.
[392] Vgl. Schuh et al. (Data-Based Business Models), 2019.
[393] Vgl. Steier et al. (Digital Business Model in Global Production), 2022.
[394] Vgl. Nicola Terrenghi (Business Model Management in Offline-Born Organizations), 2019.
[395] Der Wettbewerb „Excellence in Production" wird jährlich vom Fraunhofer-Institut für Produktionstechnologie IPT und dem Werkzeugmaschinenlabor WZL der RWTH Aachen im deutschsprachigen Raum ausgetragen. Die Gewinner des Wettbewerbs werden als „Werkzeugbau des Jahres" bezeichnet.
[396] Vgl. Frick (Geschäftsmodelle im Werkzeugbau), 2006, S. 3.

des hohen Standardisierungsgrads lassen sich in diesem Geschäftsmodell über Skaleneffekte Preisvorteile realisieren, die einen Wettbewerbsvorteil darstellen.[397]

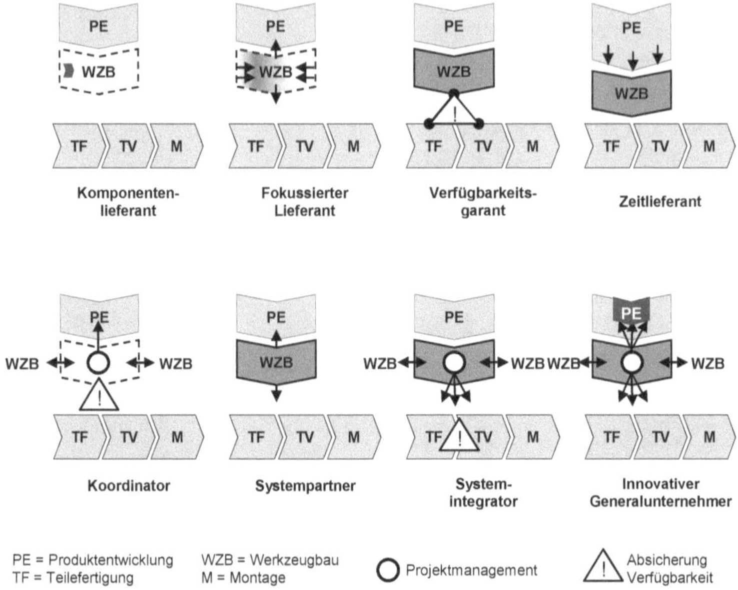

Abbildung 34: Erfolgreiche Geschäftsmodelle im Werkzeugbau[398]

Der fokussierte Lieferant adressiert ein ähnliches Geschäftsmodellmuster. Das Leistungsspektrum des fokussierten Lieferants besteht jedoch aus stark modularisierten und hochindividuellen Werkzeugen, die dem Kunden in kurzer Lieferzeit und mit vergleichsweise geringen Kosten angeboten werden.[399] Der Verfügbarkeitsgarant wiederum fokussiert sich vorrangig auf selektierte wissensintensive Werkzeuge. Anhand von Dienstleistungen wie z. B. der Werkzeugwartung oder -reparatur wird in diesem Geschäftsmodell dem Kunden zudem eine hohe Verfügbarkeit der Werkzeuge offeriert.[400] Das Nutzenversprechen des Zeit-Lieferants liegt in der schnellen und termintreuen Bereitstellung von komplexen Werkzeugen, welche zudem eine hohe Abstimmungsintensität zwischen Kunde und Werkzeugbaubetrieb erfordert.[401] Das Nutzenversprechen des Koordinators fokussiert sich auf die Reduktion von Schnittstellen des Kunden zu externen Partnern. In diesem Geschäftsmodell wird der Kunde mit Werkzeugen geringer bis mittlerer Komplexität versorgt. Zudem werden Kundenschnittstellen übernommen und somit kundenseitige Kosten sowie Komplexität reduziert.[402] Der Systempartner verfügt über eigene Produktionsanlagen, auf denen die Reifmachung der Werkzeuge erfolgt. Hieraus

[397] Vgl. Frick (Geschäftsmodelle im Werkzeugbau), 2006, S. 221-222.
[398] I. A. a. Frick (Geschäftsmodelle im Werkzeugbau), 2006, S. 243.
[399] Vgl. Frick (Geschäftsmodelle im Werkzeugbau), 2006, S. 224-225.
[400] Vgl. Frick (Geschäftsmodelle im Werkzeugbau), 2006, S. 227-228.
[401] Vgl. Frick (Geschäftsmodelle im Werkzeugbau), 2006, S. 229-232.
[402] Vgl. Frick (Geschäftsmodelle im Werkzeugbau), 2006, S. 232-233.

soll für den Kunden ebenso geringe Kosten und geringe Komplexität erreicht werden.[403] Im Rahmen des Geschäftsmodells Systemintegrator wird über innovative Werkzeuge und ergänzende Dienstleistungen Verantwortung für effiziente Produktionsanlagen übernommen. Die Differenzierung in diesem Geschäftsmodell liegt in der Befähigung von Innovationen sowie der Komplexitätsreduktion.[404] Schließlich zeichnet den innovativen Generalunternehmer aus, dass der Werkzeugbau die vollständige Verantwortung von der Bauteilentwicklung bis zur Bereitstellung effizienter Produktionsanlagen sowie veredelter Kleinserien trägt.[405]

Zusammenfassend lässt sich feststellen, dass FRICK in dem Ansatz anhand einer Fallstudienanalyse acht erfolgreiche Geschäftsmodellkonfigurationen im Werkzeugbau entwickelt. Diese Geschäftsmodelle fokussieren jeweils verschiedene Nutzenversprechen für den Kunden. Es ist zudem festzuhalten, dass aufgrund des Erscheinungsdatums des Ansatzes aktuelle Bestrebungen im Kontext von datengetriebenen Geschäftsmodellen nicht adressiert werden.

3.2.2.2 Methodology for Data-driven Business Models nach EXNER ET AL.

EXNER ET AL. erläutern einleitend in ihrem Ansatz, dass zur Einführung datengetriebener Dienstleistungen die Entwicklung von datengetriebenen Geschäftsmodellen erforderlich ist. Dieser Annahme folgend stellt das zentrale Ergebnis des Ansatzes eine Systematik zur Entwicklung von datengetriebenen Geschäftsmodellen dar. Für die Herleitung dieser Systematik orientieren sich EXNER ET AL. an der Design Research Methodologie (DRM) nach BLESSING ET AL.[406]

Die Systematik setzt sich aus zwölf sequentiellen Schritten zusammen, die sich wie in Abbildung 35 dargestellt auf vier Dimensionen gliedern. Diese vier Dimensionen stellen das Management, der Kunde und die Lösung, die datengetriebene Wertschöpfung sowie die Finanzen dar. Die Bearbeitung der zwölf Schritte wird mittels eines entwickelten Fragebogens ermöglicht. EXNER ET AL. betonen jedoch, dass die Fragen als Leitfaden zu verstehen sind und in der Praxis von diesen Fragen abgewichen werden kann.[407] Der erste Schritt Leadership befindet sich in der Dimension Management. In diesem Schritt erfolgt die Festlegung der Strategie und der Vision, indem unter anderem eine Wettbewerbsanalyse durchgeführt wird. Während der gesamten Systematik können kontinuierliche Anpassungen an der Strategie und Vision vorgenommen werden, um auf kurzfristige interne sowie externe Faktoren zu reagieren. Die beiden folgenden Schritte befinden sich in der Dimension Kunde und Lösung. Zunächst wird in dem Schritt Kunde eine Analyse der Kundenanforderungen, der Kundenbeziehung sowie der Kundenkanäle in den jeweiligen relevanten Kundensegmenten durchgeführt. In dem folgenden dritten Schritt erfolgt die Definition des Werteversprechens der geplanten Leistung. Zudem wird festgelegt, in welcher Form die Leistung dem Kunden überbracht wird. Die folgenden vier Schritte zählen zu der Dimension datengetriebene Wertschöpfung. In dem vierten Schritt wird der Prozess zu datengetriebenen Leistungserbringung ausgelegt. Dem angeknüpft

[403] Vgl. Frick (Geschäftsmodelle im Werkzeugbau), 2006, S. 235-236.
[404] Vgl. Frick (Geschäftsmodelle im Werkzeugbau), 2006, S. 237-238.
[405] Vgl. Frick (Geschäftsmodelle im Werkzeugbau), 2006, S. 240-241.
[406] Vgl. Blessing; Chakrabarti (Design Research Methodology), 2009, S. 13-42.
[407] Vgl. Exner et al. (Methodology for Data-driven Business Model), 2017, S. 149-150.

werden in den Schritten fünf, sechs und sieben jeweils die für die Leistungserbringung erforderlichen Ressourcen, Fähigkeiten und Partner ermittelt.

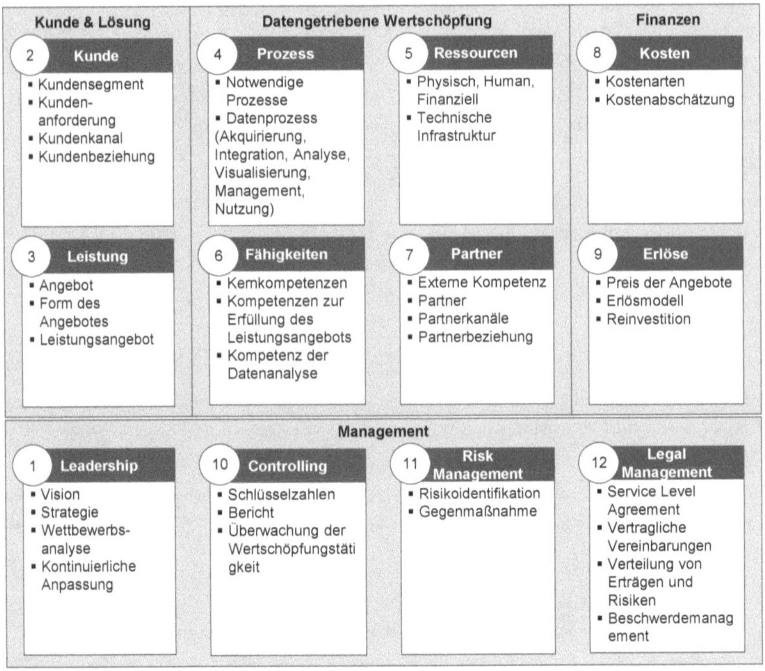

Abbildung 35: Datengetriebene Geschäftsmodelle[408]

Die beiden folgenden Schritte Kosten und Erlöse gehören wiederum zu der Dimension Finanzen. In dem Schritt Kosten werden die für eine kontinuierliche Leistungserbringung anfallenden Kosten kalkuliert. In dem angeschlossenen Schritt Erlöse werden den Kosten entsprechende Ertragsmechaniken für die datengetriebene Leistung gestaltet.[409] Die drei letzten Schritte der Systematik befinden sich in der Dimension Management. Im Schritt 10 wird im Rahmen des Controllings die Überwachung sowie Steuerung von Unternehmensprozessen gestaltet. Hieran angeknüpft erfolgt das Risikomanagement, indem potenzielle Risiken identifiziert und bewertet sowie erforderliche Gegenmaßnahmen festgelegt werden. Zuletzt werden im Schritt Rechtsverwaltung rechtliche Fragestellungen bearbeitet.[410]

Zusammenfassend lässt sich feststellen, dass Exner et al. in dem Ansatz eine generische Systematik zur Entwicklung datengetriebener Geschäftsmodelle liefern. Die Systematik adres-

[408] I. A. a. Exner et al. (Data-driven business model), 2017, S. 151.
[409] Vgl. Exner et al. (Methodology for Data-driven Business Model), 2017, S. 149-152.
[410] Vgl. Exner et al. (Methodology for Data-driven Business Model), 2017, S. 149-152.

siert innerhalb diverser Branchen sowohl das B2B-Geschäft als auch das B2C-Geschäft. Aufgrund des generischen Charakters der Systematik ist der Detaillierungsgrad entsprechend gering. Dies erlaubt eine Anwendung der Systematik in stark unterschiedlichen Umgebungen.

3.2.2.3 Data-Driven Business Model Innovation nach HUNKE ET AL.

Der Ansatz nach HUNKE ET AL. beinhaltet als zentrales Ergebnis ein generisches Prozessmodell für datengetriebene Geschäftsmodellinnovation. Im Rahmen des Ansatzes werden zunächst Anforderungen an ein derartiges Prozessmodell hergeleitet. Diese Anforderungen gliedern sich analog zur vorliegenden Arbeit in geschäftsmodellorientierte und datenorientierte Anforderungen (vgl. Kapitel 3.1.2). Aus der Bewertung bestehender Ansätze für Geschäftsmodellinnovation anhand der hergeleiteten Anforderungen resultiert für HUNKE ET AL. Bedarf für neue Forschungsarbeit. Dem folgend wird das Prozessmodell für datengetriebene Geschäftsmodellinnovation entwickelt, welches in Abbildung 36 dargestellt ist.[411]

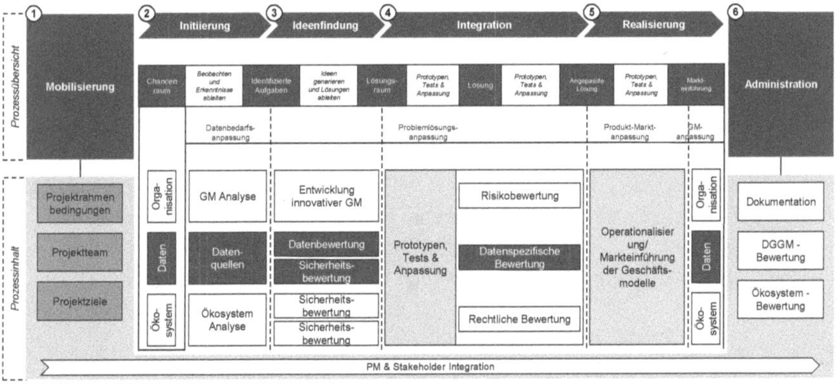

Abbildung 36: Modell für datengetriebene Geschäftsmodellinnovation[412]

Das Prozessmodell gliedert sich in die sechs Phasen Mobilisierung, Initiierung, Ideenfindung, Integration, Realisierung und Administration. Zudem umfasst das Prozessmodell die phasenübergreifenden Schichten Prozessübersicht und Prozessinhalt. In der Schicht Prozessübersicht werden jeweils der generische Phasenablauf sowie die phasenspezifischen Eingangs- und Ausgangsgrößen beschrieben.[413] Die Schicht Prozessinhalt liefert konkrete inhaltliche Aspekte, welche in jeweiligen Phasen durchzuführen sind. Dabei ist die Schicht Prozessinhalt weiterführend in die Kategorien Daten, Organisation und Ökosystem unterteilt.[414]

In der ersten Phase der Mobilisierung wird ein Projekt für die datengetriebene Geschäftsmodellinnovation aufgesetzt. Dies umfasst insbesondere die Ernennung eines Projektteams so-

[411] Vgl. Hunke et al. (Process Model for Data-Driven Business Model Innovation), 2017, S. 150-152.
[412] I. A. a. Hunke et al. (Process Model for Data-Driven Business Model Innovation), 2017, S. 156.
[413] Vgl. Hunke et al. (Process Model for Data-Driven Business Model Innovation), 2017, S. 155.
[414] Vgl. Hunke et al. (Process Model for Data-Driven Business Model Innovation), 2017, S. 155.

wie die Festlegung von Projektzielen und -rahmenbedingungen. Darauf folgt die Initiierungsphase, in der sowohl verfügbare Datenquellen als auch wesentliche Kundenbedürfnisse und Stakeholder identifiziert werden. Zu diesem Zwecke wird eine Analyse des bestehenden Geschäftsmodells sowie des umgegebenen Ökosystems durchgeführt. Die dritte Phase bildet die Ideenfindung. Es werden verschiedene Konzepte für datengetriebene Geschäftsmodellinnovationen entwickelt. HUNKE ET AL. fordern, dass bei der Konzepterstellung sowohl die Verfügbarkeit und die Qualität der Daten als auch Kooperationsmöglichkeiten mit Ökosystem-Partnern zu berücksichtigen sind.[415] In der Integrationsphase werden die entwickelten Konzepte detailliert, indem beispielsweise Prototypen erstellt und getestet werden. Zudem erfolgt eine Risikobewertung der Konzepte hinsichtlich rechtlicher und datenspezifischer Fragestellungen. Das Ergebnis der Integrationsphase bildet eine spezifische Lösung für eine datengetriebene Geschäftsmodellinnovation. Die folgende Realisierungsphase dient der Operationalisierung und Markteinführung ebendieser Lösung. Nach der Markteinführung wird in der Administrationsphase die kontinuierliche Bewertung des neuen datengetriebenen Geschäftsmodells durchgeführt. Zudem wird im Sinne des kontinuierlichen Wissensmanagements eine anforderungsgerechte Dokumentation des Prozesses der datengetriebenen Geschäftsmodellinnovation erstellt.[416]

Zusammenfassend lässt sich feststellen, dass HUNKE ET AL. mit dem Ansatz ein generisches und branchenübergreifendes Prozessmodell für datengetriebene Geschäftsmodellinnovation liefern. Dieses Prozessmodell besteht aus sechs Phasen und zwei übergreifenden Schichten. Die Entwicklung des Prozessmodells basiert auf datenorientierten sowie geschäftsmodellorientierten Anforderungen, welche HUNKE ET AL. anhand einer umfassenden Literaturrecherche herleiten. Diese Anforderungskategorien werden ebenso in der vorliegenden Arbeit berücksichtigt.

3.2.2.4 Datenbasiertes Wissensmanagement im Werkzeugbau nach BEGOVIC

Das zentrale Ergebnis in dem Ansatz nach BEGOVIC stellt ein Gestaltungsmodell für datenbasiertes Wissensmanagement für Smart Services im Werkzeugbau dar. Das Gestaltungsmodell befähigt Werkzeugbaubetriebe zur Integration von Smart Services in das Leistungssystem. Zudem wird durch das Gestaltungsmodell die strategische Neuausrichtung von Werkzeugbetrieben im Zuge dieser Leistungsintegration adressiert.[417]

Abbildung 37 stellt das Gestaltungsmodell nach BEGOVIC dar. Die Voraussetzungen innerhalb des Gestaltungsmodells bilden die digitale Infrastruktur sowie der sogenannte Digital Footprint. Innerhalb des Elements der digitalen Infrastruktur wird die notwendige Infrastruktur zum datenbasierten Wissensmanagement für Smart Services beschrieben. BEGOVIC adressiert hierfür einerseits die Funktionalebene, um die Datenerfassung, Datenspeicherung sowie Datenverarbeitung zu detaillieren. Andererseits werden auf der Hardwareebene technische Anforderungen präzisiert.[418] Im Rahmen des Elements Digital Footprint erfolgt eine Auslegung eines

---

[415] Vgl. Hunke et al. (Process Model for Data-Driven Business Model Innovation), 2017, S. 155-156.
[416] Vgl. Hunke et al. (Process Model for Data-Driven Business Model Innovation), 2017, S. 155-156.
[417] Vgl. Begovic (Datenbasiertes Wissensmanagement), 2018, S. 4.
[418] Vgl. Begovic (Datenbasiertes Wissensmanagement), 2018, S. 137-144.

Digitalen Schattens entlang der Werkzeuglebenszyklus. Der digitale Schatten verfügt über den Anwendungsfall Erkenntnisse über die Werkzeugfunktionalität abzuleiten.[419]

Die befähigenden Elemente des Gestaltungsmodells bilden die lernende Organisation und das agile Kundenmanagement. Im Rahmen einer lernenden Organisation müssen Werkzeugbaubetriebe gemäß Begovic sicherstellen, dass sowohl kundenseitiges Wissen als auch erforderliche Kompetenzen zur kontinuierlichen Weiterentwicklung von Smart Services vorhanden sind.[420] Diese kontinuierliche Weiterentwicklung erfordert im Zuge des agilen Kundenmanagements zudem die datenbasierte Antizipation der Änderung von Kundenanforderungen und die anforderungsgerechte Auslegung der Unternehmenskultur sowie der Organisations- und Prozessstruktur.[421]

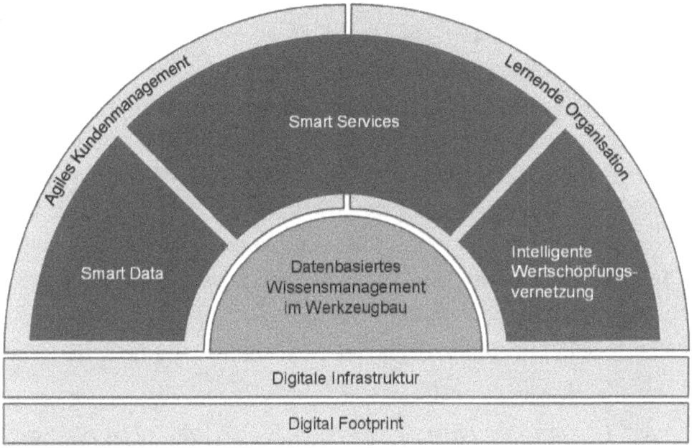

Abbildung 37: Datenbasierte Wissensmanagement für Smart Services[422]

Aufbauend auf den Befähigern und den Voraussetzungen bilden Smart Data, die flexible Wertschöpfungsvernetzung sowie Smart Services die Gestaltungsfelder. Das Angebot von Smart Services erfordert nach BEGOVIC Smart Data als Wissensbasis. Das Gestaltungsfeld Smart Data umfasst, wie aus Rohdaten nutzenstiftende Informationen gewonnen werden können.[423] Dem angeschlossen beschreibt das Gestaltungsfeld der flexiblen Wertschöpfungsvernetzung die zur Erstellung von Smart Services notwendige Zusammenarbeit mit externen Partnern sowie die Neuausrichtung der eigenen Wertschöpfungskette.[424] Smart Services bilden das zentrale Gestaltungsfeld. In diesem Gestaltungsfeld erfolgt zunächst die Herleitung der Geschäftsmodelltypen Discounter, Produktionsbeschleuniger, Premiumpartner, Agiler Wertschöpfungspartner und Innovationspartner anhand einer entwickelten Morphologie, die z. B. die Kriterien Ertragsmodell und Kundennutzen umfasst. Folgend werden 14 Smart Services beschrieben

[419] Vgl. Begovic (Datenbasiertes Wissensmanagement), 2018, S. 144-159.
[420] Vgl. Begovic (Datenbasiertes Wissensmanagement), 2018, S. 160.
[421] Vgl. Begovic (Datenbasiertes Wissensmanagement), 2018, S. 164-165.
[422] I. A. a. Begovic (Datenbasiertes Wissensmanagement), 2018, S. 134.
[423] Vgl. Begovic (Datenbasiertes Wissensmanagement), 2018, S. 168-177.
[424] Vgl. Begovic (Datenbasiertes Wissensmanagement), 2018, S. 177-185.

und den vier Komplexitätsstufen zugeordnet. Diese Smart Services werden schließlich hinsichtlich ihrer Eignung als Leistungsangebot in den definierten Geschäftsmodelltypen bewertet.[425]

Zusammenfassend kann festgehalten werden, dass der beschriebene Ansatz ein Gestaltungsmodell für datenbasiertes Wissensmanagement für Smart Services im Werkzeugbau liefert. Das Gestaltungsmodell umfasst 14 Smart Services sowie deren Einordnung hinsichtlich der vier verschiedenen Komplexitätsstufen. Zudem wird in dem Ansatz diskutiert, inwiefern sich diese Smart Services für verschiedene Geschäftsmodelltypen im Werkzeugbau eignen.

3.2.2.5 Einführung innovativer Geschäftsmodelle nach ECHTERHOFF

Der Ansatz nach ECHTERHOFF beinhaltet eine Methodik zur Einführung innovativer Geschäftsmodelle in etablierten Unternehmen. Diese Methodik soll ein durchgängiges Verfahren von der Konzeptionierung eines zukunftsorientierten Geschäftsmodells über dessen Validierung bis hin zu organisationalen Verankerung darstellen. Die Methodik adressiert vorrangig Mitarbeitende des Innovationsmanagements, des Produktmanagements, der Unternehmensentwicklung sowie der Unternehmensberatung. Auf Basis einer Geschäftsidee sind Muster von Geschäftsmodellkonzepten zu erarbeiten. Anschließend soll das erfolgsversprechende Geschäftsmodellkonzept ausgewählt werden. Dieses gilt es anhand von Annahmen systematisch zu validieren. Dem angeschlossen soll eine Stoßrichtung zum Zwecke der Verankerung des Geschäftsmodells im Rahmen der Unternehmensstruktur selektiert werden. Schließlich soll eine Umsetzungsroadmap mit Maßnahmen zur Implementierung des Geschäftsmodells entwickelt werden.[426]

Die Methodik nach ECHTERHOFF ist in Abbildung 38 dargestellt. Es ist zu erkennen, dass die Methodik aus den vier Schritten Geschäftsmodellkonzeptentwicklung, Geschäftsmodellkonzeptvalidierung, organisationale Verankerung des Geschäftsmodells und Umsatzplanung besteht. Im ersten Schritt der Konzeptentwicklung gilt es die verschiedenen Teilmodelle des Geschäftsmodells sowie den Geschäftsmodellrahmen auszugestalten. ECHTERHOFF unterscheidet das Angebots-, Kunden- und Wertschöpfungs- sowie Finanzmodell Die Entwicklung der Geschäftsmodellkonzepte basiert auf Geschäftsmodellmustern sowie bereits bestehenden Geschäftsideen. Zur Gestaltung des Angebotsmodells wird der sogenannte Value Proposition Canvas (VPC) eingesetzt.[427] Auf diese Weise wird basierend auf den bestehenden Tätigkeiten, Schmerzen und Wünschen potenzieller Kunden das Nutzenversprechen abgeleitet. Anschließend werden verschiedene Geschäftsmodellrahmen auf Basis von Geschäftsmodellmustern erarbeitet. Dem angeschlossen erfolgt die Konkretisierung des Kunden- und Wertschöpfungsmodells. Zu diesem Zweck wird das Wertschöpfungssystem spezifiziert. Hierzu zählt die Positionierung von Marktleistungen, Kundensegmenten und Schlüsselpartnern, die Zuweisung von Aktivitäten und Ressourcen sowie die Spezifizierung von Beziehungen. Das Finanzmodell wird anschließend mithilfe einer Wirtschaftlichkeitsrechnung gestaltet. Es werden die Erlöse und Kosten im Zuge einer potenziellen Umsetzung des Geschäftsmodellkonzepts betrachtet.

[425] Vgl. Begovic (Datenbasiertes Wissensmanagement), 2018, S. 185-214.
[426] Vgl. Echterhoff (Einführung innovativer Geschäftsmodelle), 2018, S. 8-9.
[427] Vgl. Echterhoff (Einführung innovativer Geschäftsmodelle), 2018, S. 90-93.

Schließlich wird die Auswahl eines Geschäftsmodellkonzepts anhand der sogenannten Erschließungspriorität vorgenommen. Diese ist geprägt durch die Erreichbarkeit und Attraktivität eines Geschäftsmodellkonzepts.[428]

Die Geschäftsmodellkonzeptentwicklung bildet den zweiten Schritt der Methodik. In diesem Schritt werden Annahmen identifiziert und ausgewertet, Experimente ausgewählt und durchgeführt sowie deren Ergebnisse ausgewertet. Die Identifizierung der Annahmen baut auf dem VPC, der Wirtschaftlichkeitsrechnung sowie der Spezifizierung des Wertschöpfungssystems auf. Die Priorisierung der identifizierten Annahmen beruht gleichermaßen auf deren Unsicherheit und Auswirkung auf das Geschäftsmodell.[429] Das Vorgehen zur Auswahl der Experimente wird durch das Erhebungsverfahren und den Informationsträger strukturiert. Für die Ausgestaltung der Experimente entwickelt ECHTERHOFF sogenannte Testbedkarten. Anhand dieser soll ein einheitliches Verständnis für alle Mitarbeitende geschaffen werden, die an der Durchführung und Bewertung der Experimente mitwirken. Im Zuge der Bewertung der Experimente werden anschließend gewonnene Erkenntnisse analysiert und Entscheidungen hinsichtlich des weiteren Vorgehens getroffen.[430]

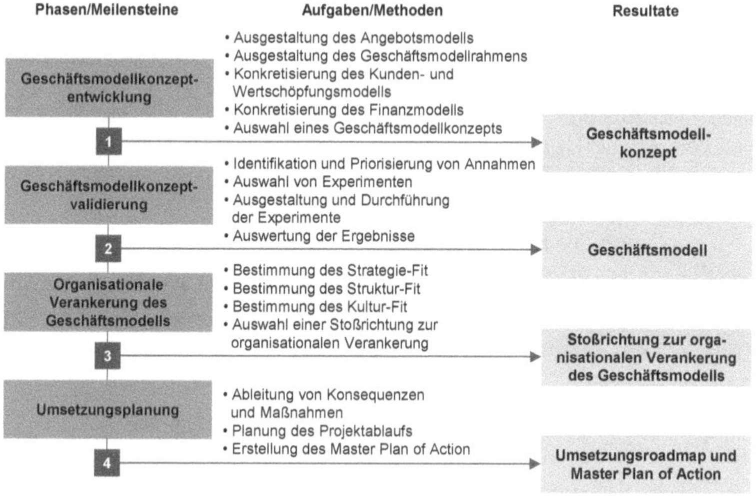

Abbildung 38: Einführung innovativer Geschäftsmodelle[431]

Der dritte Schritt der Methodik umfasst die organisationale Verankerung des Geschäftsmodells. Der Schritt beinhaltet zunächst die Bestimmung des Strategie-, Struktur- und Kultur-Fits des Geschäftsmodells. Auf dieser Basis wird anschließend die organisatorische Stoßrichtung festgelegt. Der Strategie-Fit beschreibt die Kompatibilität der übergreifenden Unternehmensstrategie mit der Einführung des neuen Geschäftsmodells. Zur Bestimmung des Strategie-Fits

[428] Vgl. Echterhoff (Einführung innovativer Geschäftsmodelle), 2018, S. 89-100.
[429] Vgl. Echterhoff (Einführung innovativer Geschäftsmodelle), 2018, S. 102-106.
[430] Vgl. Echterhoff (Einführung innovativer Geschäftsmodelle), 2018, S. 102-115.
[431] I. A. a.Echterhoff (Einführung innovativer Geschäftsmodelle), 2018, S. 88.

schlägt ECHTERHOFF die sogenannte Marktleistung-Marktsegmente-Matrix vor.[432] Der Struktur-Fit ist ein Maß für Synergieeffekte, die zwischen dem neuen Geschäftsmodell und bestehendem Geschäfts des Unternehmens bestehen. Diese Effekte beziehen sich vorrangig auf die Ablauf- und Aufbauorganisation und können beispielsweise in Form von Know-how-Transfer oder der gemeinsamen Verwendung physischer Ressourcen auftreten. Die Bestimmung des Kultur-Fits orientiert sich an übergreifenden Leitfragen. Der Kultur-Fit beschreibt, inwiefern die bestehende Unternehmenskultur die Einführung des neuen Geschäftsmodells unterstützt. Zur Evaluation des Kultur-Fits wird die Übereinstimmung der vorherrschenden Unternehmenskultur mit den Anforderungen des neuen Geschäftsmodells herangezogen. Auf Basis der Ausprägungen des Strategie-, Struktur- und Kultur-Fits schlägt ECHTERHOFF verschiedene Stoßrichtungen zur organisationalen Verankerung vor. Zu diesen Stoßrichtungen zählen beispielsweise die neue Unternehmenssparte, eine unabhängige Geschäftseinheit oder ein Spin-off.[433]

Der vierte und letzte Schritt der Methodik ist die Umsetzungsplanung, welche die Ableitung von Konsequenzen und Maßnahmen, die Planung des Projektablaufs sowie die Erstellung eines sogenannten Master Plan of Action umfasst. Die Konsequenzen und Maßnahmen resultieren aus der gewählten Stoßrichtung zur organisatorischen Verankerung. Zur Reduzierung interner Widerstände sind Veränderungen transparent zu kommunizieren. Die wesentlichen Veränderungen werden daher in dem Master Plan of Action verdichtet.[434] Zusammenfassend lässt sich feststellen, dass in dem Ansatz nach ECHTERHOFF eine branchenunspezifische und ausführliche Methodik zur Einführung innovativer Geschäftsmodelle in etablierten Unternehmen geliefert wird. Folglich gilt es insbesondere die Übertragung dieser Methodik in den Werkzeugbau sowie auf datengetriebene Geschäftsmodelle zur überprüfen.

3.2.2.6 Data-Driven Services in Manufacturing Industries nach AZKAN ET AL.

Der Ansatz nach AZKAN ET AL. umfasst als zentrales Ergebnis eine empirisch fundierte Taxonomie datengetriebener Dienstleistungen im produzierenden Gewerbe. Die Vorgehensweise zur Erstellung der Taxonomie basiert auf NICKERSON ET AL.[435] Die Validierung der Taxonomie beruht auf drei durchgeführten Iterationsschleifen.[436]

Die resultierende Taxonomie ist in Abbildung 39 dargestellt. Die Metadimensionen der Taxonomie bilden die Wertschöpfung, die Wertlieferung sowie die Werterfassung. Die Metadimension Wertschöpfung umfasst wiederum die Dimensionen Wertbeitrag, Nutzen, Analysetyp, Datenquelle, Datentyp sowie Aggregationsniveau. Hinsichtlich des Wertbeitrags wird zwischen Zustandsüberwachung, Entscheidungsunterstützung, Qualitätskontrolle sowie prädiktiven Aktivitäten unterschieden. Der Nutzen durch den Wertbeitrag bildet eine Effizienzsteigerung, eine Qualitätsverbesserung, neue Erkenntnisse und / oder neue Angebote für den Kunden. Die Taxonomie orientiert sich zudem in Bezug auf den Analysetyp auf die in Kapitel 2.3.2.3 erläuterten Komplexitätsstufen datengetriebener Dienstleistungen. Die Dimension Datenquelle ist

[432] Vgl. Echterhoff (Einführung innovativer Geschäftsmodelle), 2018, S. 115-119.
[433] Vgl. Echterhoff (Einführung innovativer Geschäftsmodelle), 2018, S. 115-126.
[434] Vgl. Echterhoff (Einführung innovativer Geschäftsmodelle), 2018, S. 126-136.
[435] Vgl. Nickerson et al. (A method for taxonomy development in information systems), 2013.
[436] Vgl. Azkan et al. (Taxonomy for Data-Driven Services in Manufacturing), 2020, S. 1-2.

durch die Charakteristika selbstgenerierte Daten, gekaufte Daten, Kundendaten und frei verfügbare Daten gekennzeichnet. Des Weiteren stellen Prozessdaten, Produktdaten, Umgebungsdaten sowie sonstige Daten die Datentypen der Taxonomie dar. Schließlich wird in der Metadimension Wertschöpfung die Dimension Aggregationsniveau aufgeführt, welches durch die Charakteristika einfach und mehrfach beschrieben wird.[437]

	Dimensionen	Charakteristika				E/N
Wertschöpfung	Wertbeitrag	Zustands-überwachung	Entscheidungs-unterstützung	Qualitäts-kontrolle	Prädiktive Aktivitäten	E
	Nutzen	Effizienz-steigerung	Qualitäts-verbesserung	Neue Erkenntnisse	Neue Angebote	N
	Analysetyp	Deskriptiv	Diagnostisch	Prädiktiv	Präskriptiv	N
	Datenquelle	Selbstgeneriert	Gekaufte Daten	Kundendaten	Frei verfügbar	N
	Datentyp	Prozess	Produkt	Umgebung	Sonstige	N
	Aggregations-niveau	Einfach		Mehrfach		E
Wertlieferung	Dienstleistungs-erbringung	Software	Download		Webinterface	N
	Dienstleistungs-fluss	Manuell	Vorbestimmter Zeitpunkt	Ereignis-abhängig	Kontinuierlich	N
	Plattformtyp	Analyseplattform	Datenmarktplatz		SaaS-Plattform	E
Werter-fassung	Preismodel	Subskriptionsbasiert	Transaktionsbasiert		Indirekt	E
	Bezahlmethode	In das Produkt integriert	Alleinstehende Dienstleistung		Daten	E

E: Exklusiv; N: Nicht exklusiv

Abbildung 39: Taxonomie datengetriebener Dienstleistungen[438]

Im Rahmen der Metadimension Wertlieferung wird die Dienstleistungserbringung, der Dienstleistungsfluss sowie der erforderliche Plattformtyp strukturiert. Die Dienstleistungserbringung beschreibt, wie die Dienstleistung dem Kunden übermittelt wird. AZKAN ET AL. unterscheiden diesbezüglich in der Taxonomie zwischen Software, Download und Webinterface. Dem angeschlossen determiniert der Dienstleistungsfluss, zu welchen Zeitpunkten die Dienstleistung dem Kunden erbracht wird. In der Taxonomie wird zwischen manuell, vorbestimmter Zeitpunkt, ereignisabhängig und kontinuierlich differenziert. Schließlich wird der Plattformtyp als Dimension im Rahmen der Wertlieferung angeführt. Die Charakteristika in dieser Dimension sind die Analyseplattform, der Datenmarktplatz sowie die sogenannte SaaS-Plattform (Software as a Service Plattform).[439]

Das Preismodell und der Zahlungsmodus stellen die Dimensionen der Werterfassung dar. Das Preismodel kann entweder subskriptionsbasiert, transaktionsbasiert oder indirekt gestaltet werden. Die Zahlung kann entweder für eine alleinstehende datengetriebene Dienstleistung erfolgen oder im Rahmen von hybriden Leistungsbündeln in dem Produktkauf integriert sein.

[437] Vgl. Azkan et al. (Taxonomy for Data-Driven Services in Manufacturing), 2020, S. 8-9.
[438] I. A. a. Azkan et al. (Taxonomy for Data-Driven Services in Manufacturing), 2020, S. 8.
[439] Vgl. Azkan et al. (Taxonomy for Data-Driven Services in Manufacturing), 2020, S. 9-10.

Eine weitere Möglichkeit bildet die Bezahlung durch die Bereitstellung von Daten.[440] Des Weiteren wird in der ganz rechten Spalten der Taxonomie angegeben, ob eine Dimension exklusiv oder nicht exklusiv ist. Falls eine Dimension exklusiv ist, kann ein datengetriebenes Geschäftsmodell genau ein Charakteristikum im Rahmen dieser Dimensionen erfüllen. Im nicht exklusiven Falle kann ein datengetriebenes Geschäftsmodell durch mehrere Charakteristika einer Dimension beschrieben werden.[441]

Zusammenfassend lässt sich feststellen, dass in dem Ansatz nach AZKAN ET AL. eine Taxonomie datengetriebener Dienstleistungen im produzierenden Gewerbe geliefert wird. Die Taxonomie umfasst die Metadimensionen Wertschöpfung, Wertlieferung sowie Werterfassung. Anhand der Taxonomie lassen sich datengetriebene Geschäftsmodelle klassifizieren sowie Archetypen von datengetriebenen Geschäftsmodell ableiten. In der wissenschaftlichen Literatur lassen sich weitere vergleichbare Taxonomien finden, die den Betrachtungs- und Gestaltungsbereich der vorliegenden Arbeit jedoch weniger adressieren als der beschriebene Ansatz nach AZKAN ET AL. Weitere vergleichbare Taxonomien liefern beispielsweise WILLIAMS ET AL.[442], HARTMANN ET AL.[443], AAS ET AL.[444], WEKING ET AL.[445], DEHNERT ET AL.[446], PASSLICK ET AL.[447] und SCHWEIHOFF ET AL.[448].

3.2.2.7 Evaluation of Data-Driven Business nach KÜHNE & BÖHNMANN

KÜHNE & BÖHNMANN stellen in dem Ansatz den sogenannten Data Insight Generator (DIG) vor. Dieser ist in Abbildung 40 dargestellt. Im Rahmen der Forschungsfrage wird untersucht, inwiefern der DIG die Entwicklung, das Verständnis sowie die Analyse von datengetriebenen Geschäftsmodellen unterstützt.[449] Zur Beantwortung dieser Forschungsfrage wird sich an der sogenannten Design Science Research Methodology (DSRM) angelehnt.[450]

Der DIG basiert auf einer iterativen Vorgehensweise. Die optimale Verwendungszeit des DIG besteht, wenn einem Unternehmen eine Idee, geeignete Daten sowie ein entsprechendes Nutzenversprechen für den Kunden vorliegt. Insgesamt setzt sich der DIG aus sieben Kategorien zusammen. Daten als Schlüsselressource von datengetriebenen Geschäftsmodellen stellen die erste Kategorie dar. In dieser Kategorie wird zusammengetragen, welche Daten zur externen Datenmonetarisierung genutzt werden können. Die zweite Kategorie bezieht sich anknüpfend auf die Datenqualität. KÜHNE & BÖHNMANN benennen die Vertraulichkeit, Integrität und Verfügbarkeit als entscheidende Einflussfaktoren auf die Datenqualität. In dieser Kategorie

[440] Vgl. Azkan et al. (Taxonomy for Data-Driven Services in Manufacturing), 2020, S. 10.
[441] Vgl. Azkan et al. (Taxonomy for Data-Driven Services in Manufacturing), 2020, S. 7.
[442] Vgl. Williams et al. (Design of Emerging Digital Services: A Taxonomy), 2010, S. 513.
[443] Vgl. Hartmann et al. (Capturing value from big data), 2016, S. 1388.
[444] Vgl. Aas et al. (Business Models in Manufacturing in the Digital Era: Towards a New Taxonomy), 2020, S. 11.
[445] Vgl. Weking et al. (A hierarchical taxonomy of business model patterns), 2020, S. 453.
[446] Vgl. Dehnert et al. (What makes a data-driven business model? A consolidated taxonomy), 2021, S. 11.
[447] Vgl. Passlick et al. (Internet of things enabled business model: A taxonomy), 2021, S. 6.
[448] Vgl. Schweihoff et al. (A Taxonomy of Data Sharing Business Models), 2023, S. 8.
[449] Vgl. Kühne; Böhmann (Formative Evaluation of Data-Driven Business), 2020, S. 427-429.
[450] Vgl. Hevner; Chatterjee (Design Research in Information Systems), 2010, S. 23-31.

wird entsprechend dieser Einflussfaktoren festgelegt, inwiefern die Daten zur externen Datenmonetarisierung geeignet sind.[451] Die dritte Kategorie stellt die Kombination dar. Es wird adressiert, ob die Kombination von Datensätzen die Gewinnung neuer Informationen zulässt. Hieran anknüpfend befasst sich die vierte Kategorie sowohl mit den Schnittstellen als auch der Infrastruktur, welche für die Kombination der Datensätze erforderlich sind. Die folgende fünfte Phase bildet die Analyse. Es wird festgelegt, welche Methoden der Datenanalyse die sinnhafte Verwertung der Daten ermöglicht. Die aus der Datenanalyse resultierende Erkenntnis umfasst die nächste Kategorie. Insbesondere wird die Frage untersucht, ob und inwiefern diese Erkenntnis bzw. diese Erkenntnisse dem Nutzenversprechen des datengetriebenen Geschäftsmodells dienen. Schließlich bildet die letzte Kategorie der Nutzen. Es wird analysiert, welcher konkrete Nutzen für den Kunden durch die neue Erkenntnis gewonnen werden kann.[452]

	Daten	Daten Qualität	Kombination	Leitung	Analyse	Neue Erkenntnis	Leistungs-angebot
Denken	Wertemenge von quantitativen Variablen	Vollständigkeit und Konsistenz	Kombination von Datensätzen	Infrastruktur	Werkzeuge zur Analyse der Datensätze	Die Analyse liefert neue Erkenntnisse	Leistungsangebot für den Kunden
	Welche Daten können im Geschäftsmodell verwendet werden?	Sind diese Daten vollständig und konsistent? Sind sie für mein Geschäftsmodell geeignet?	Können die Datensätze kombiniert werden, um neue Informationen zu erhalten?	Über welche Schnittstellen lassen sich diese Daten zusammenführen, um sie zu analysieren?	Wie und mit welchen Werkzeugen kann ich die Daten analysieren?	Welche neuen Erkenntnisse bringt die Analyse?	Welchen Nutzen kann ich einem Kunden mit diesen neuen Informationen bieten?
Validieren							
Wissen							

Abbildung 40: Der Data-Insight Generator[453]

Die beschriebenen Kategorien können im Rahmen der drei horizontalen Zeilen Denken, Validieren und Wissen iterativ erarbeitet werden. Zunächst wird ausschließlich die erste Zeile Denken von Anwendenden befüllt. Darauffolgend wird die Zeile Validieren und Wissen bearbeitet, bevor mit der nächsten Kategorie fortgefahren wird.[454] KÜHNE & BÖHNMANN untersuchen in dem Ansatz zur Herleitung des beschriebenen DIG diverse Fallstudien aus verschiedenen Branchen.[455]

Zusammenfassend lässt sich feststellen, dass KÜHNE & BÖHNMANN in der Publikation einen Ansatz zur formativen Evaluation von datengetriebenen Geschäftsmodellen liefern. Der DIG stellt für Unternehmen zudem eine iterative Vorgehensweise zur Entwicklung, Analyse und

451 Vgl. Kühne; Böhmann (Formative Evaluation of Data-Driven Business), 2020, S. 429-431.
452 Vgl. Kühne; Böhmann (Formative Evaluation of Data-Driven Business), 2020, S. 429-431.
453 I. A. a. Kühne; Böhmann (Formative Evaluation of Data-Driven Business), 2020, S. 429.
454 Vgl. Kühne; Böhmann (Formative Evaluation of Data-Driven Business), 2020, S. 429.
455 Vgl. Kühne; Böhmann (Formative Evaluation of Data-Driven Business), 2020, S. 430-432.

Verbesserung von datengetriebenen Geschäftsmodellen dar. Diese Vorgehensweise setzt sich aus sieben übergreifenden Kategorien zusammen, die sowohl die eigentlichen Daten als auch das resultierende datengetriebene Nutzenversprechen für den Kunden umfassen.

3.2.2.8 Datengetriebene Geschäftsmodelle implementieren nach SCHUH ET AL.

Der im Folgenden präsentierte Ansatz nach SCHUH ET AL. verfolgt das Ziel, produzierende Unternehmen anhand von datengetriebenen Innovationen zu einer Steigerung des Kundennutzens zu befähigen. Der Ansatz stützt sich auf fünf Fallstudien aus dem produzierenden Gewerbe und liefert als zentrales Ergebnis das sogenannte Value Capture Modell für produzierende Unternehmen.[456] Dieses ist in Abbildung 41 dargestellt.

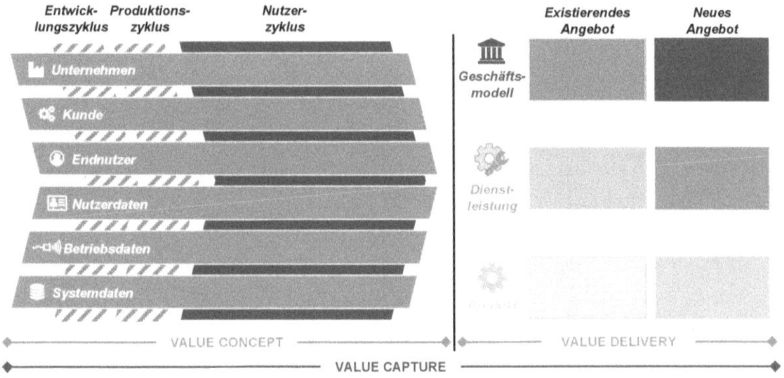

Abbildung 41: Value Capture Modell für produzierende Unternehmen[457]

Das Modell setzt sich insbesondere aus Value Concept, Value Delivery und Value Capture zusammen. Im Rahmen des Value Concept gilt es, das Werteversprechen datengetriebener Innovationen zu definieren und dieses mit den erforderlichen Daten in Verbindung zu setzen. Dies kann grundsätzlich über zwei komplementäre Ansätze erreicht werden. Erstens umfasst der sogenannte Inside-Out Ansatz die Nutzung bereits zur Verfügung stehender Daten zur Steigerung des Kundennutzens. Zweitens beschreibt der Outside-In Ansatz die Definition des Kundennutzens und die anschließende Identifikation notwendiger Datenströme zur datengetriebenen Erzeugung ebendieses Kundennutzens. Der komplementären Vorgehensweise dieser Ansätze folgend werden im Rahmen des Value Concept die vier Teilschritte Identifikation der Stakeholder, Analyse der Bedürfnisse und des Nutzens, Charakterisierung und Strukturierung der Datenströme sowie Bestimmung des Informationsbedarfs durchgeführt. Die ganzheitliche Identifikation der Stakeholder erfordert die Betrachtung der gesamten Wertschöpfungskette, um die Akteure, die kundenbezogene und direkt wertschöpfende Leistungen liefern, zu ermitteln. Folgend werden im zweiten Schritt die latenten Bedürfnisse und Ziele der Stakeholder phasenspezifisch entlang des Produktlebenszyklus analysiert. Als Phasen sind insbesondere der Entwicklungs-, Produktions- und Nutzungszyklus genannt. Zur Charakterisierung und

[456] Vgl. Schuh et al. (Datengetriebene Geschäftsmodelle implementieren), 2020, S. 36-53.
[457] I. A. a. Schuh et al. (Datengetriebene Geschäftsmodelle implementieren), 2020, S. 52.

Strukturierung der Datenströme im dritten Schritt wird die Kategorisierung der Datenströme Nutzerdaten, Systemdaten und technischen Messgrößen vorschlagen. Letztere entstammen im Kontext der datengetriebenen Innovation insbesondere der Sensorik intelligenter Produkte. Schließlich gilt es den Informationsbedarf der datengetriebenen Innovation zu ermitteln sowie mit dem Informationsangebot der zuvor analysierten Datenströme abzugleichen.[458]

Nach der Fragestellung um das Konzept der datengetriebenen Innovation wird im Rahmen der Value Delivery dessen Umsetzung adressiert. Es erfolgt hierzu die Definition eines Implementierungsvehikels sowie die Gestaltung des Entwicklungsvorgehens. Als Implementierungsvehikel der datengetriebenen Innovation gelten intelligente Produkte, Dienstleistungen, welche komplementär zu dem Produkt offeriert werden, oder ein ganzheitliches Geschäftsmodell. Das Entwicklungsvorgehen gliedert sich in drei Phasen. Die erste Phase Ideation umfasst die Entwicklung eines sogenannten Minimum Viable Products (MVPs, deutsch: minimal funktionsfähiges Produkt). Während der zweiten Phase Exploration erfolgt die Pivotierung des Konzepts der datengetriebenen Innovation. Schließlich wird in der dritten Phase die Industrialisierung der Innovation angestrebt.[459]

Zum übergreifenden Modell der Value Capture werden in dem Ansatz nach SCHUH ET AL. vier Erfolgsfaktoren genannt. Es sollte erstens der Kundennutzen als Ausgangspunkt für die Entwicklung einer datengetriebenen Innovation genutzt werden. Die Organisation von datengetriebenen Innovationen sollten zweitens in Ökosystemen stattfinden, um Wettbewerbsvorteile langfristig verteidigen zu können. Des Weiteren erfordern datengetriebene Innovationen drittens Mut und Schnelligkeit von Unternehmen. Schließlich liegt das Potenzial dieser Innovationen viertens oftmals in B2B-Nischen.[460]

Zusammenfassend bleibt festzuhalten, dass SCHUH ET AL. in dem Ansatz einen wertvollen Beitrag liefern, um produzierende Unternehmen zur Umsetzung datengetriebener Geschäftsmodelle zu befähigen. Dies spielgelt sich unter anderem in der Analyse der fünf Fallstudien wider, welche die externe Konsistenz bestehender datengetriebener Geschäftsmodelle verdeutlicht. Im Kontext der vorliegenden Arbeit bildet insbesondere der beschriebene Outside-In Ansatz einen interessanten Impuls zur externen Datenmonetarisierung.

3.2.2.9 Digitale Transformation von Geschäftsmodellen nach SCHALLMO ET AL.

Der Ansatz von SCHALLMO & RUSNJAK liefert als zentrales Ergebnis ein Vorgehensmodell zur digitalen Transformation von Geschäftsmodellen. In diesem Ansatz umfasst die digitale Transformation sowohl Mehrwerte aus der internen als auch der externen Datenmonetarisierung. Das Vorgehensmodell gliedert sich wie in Abbildung 42 dargestellt in die fünf sequentiellen Phasen Digitale Realität, Digitale Ambition, Digitale Potenziale, Digitaler Fit und Digitale Implementierung.

[458] Vgl. Schuh et al. (Datengetriebene Geschäftsmodelle implementieren), 2020, S. 41-47.
[459] Vgl. Schuh et al. (Datengetriebene Geschäftsmodelle implementieren), 2020, S. 49-51.
[460] Vgl. Schuh et al. (Datengetriebene Geschäftsmodelle implementieren), 2020, S. 53-54.

Das Vorgehensmodell zur Digitalen Transformation beginnt mit der Phase der Digitalen Realität. Das Ziel dieser Phase ist es, Verständnis für das bestehende Geschäftsmodell aufzubauen. Dazu wird das bestehende Geschäftsmodell in der Kundendimension, Nutzendimension, Wertschöpfungsdimension, Partnerdimension und Finanzdimension skizziert. Zudem erfolgt eine Analyse der Wertschöpfungskette und der beteiligten Akteure, um Transparenz hinsichtlich der Industrie sowie des Digitalisierungsgrads zu erlangen. Weiterhin werden die Kundenanforderungen mithilfe der Erstellung von Kundenprofilen analysiert.[461] Die Phase der Digitalen Ambition dient der Festlegung von Zielen der geplanten digitalen Transformation. Diese Ziele lassen sich in die Kategorien Zeit, Qualität, Finanzen und Raum gliedern. Da sich die Ziele anhand dieser Kategorien in der Regel nicht eindeutig trennen lassen, erfolgt zudem eine Priorisierung der Ziele in den genannten Geschäftsmodelldimensionen.[462]

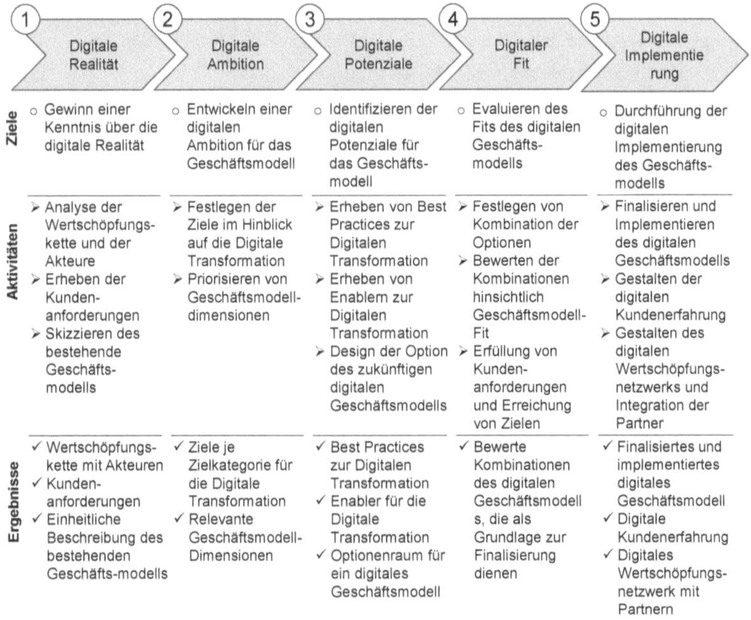

Abbildung 42: Vorgehensmodell zur digitalen Transformation[463]

Die dritte Phase umfasst die Ermittlung des Digitalen Potenzials für das Geschäftsmodell. Zu diesem Zwecke werden einerseits Best Practice Ansätze für die Digitale Transformation betrachtet. Zur Ideengenerierung erfolgt die Betrachtung von Best Practice Ansätzen aus der eigenen sowie uns verwandten Industrien. Andererseits werden die benötigten Befähiger zur Digitalen Transformation des Geschäftsmodells erhoben. Nach SCHALLMO & RUSNJAK lassen sich diese Befähiger den Kategorien digitale Daten, Automatisierung, Vernetzung und digitaler

[461] Vgl. Schallmo; Rusnjak (Digitale Transformation von Geschäftsmodellen), 2021, S. 16-18.
[462] Vgl. Schallmo; Rusnjak (Digitale Transformation von Geschäftsmodellen), 2021, S. 19-21.
[463] I. A. a. Schallmo; Rusnjak (Digitale Transformation von Geschäftsmodellen), 2021, S. 32.

Kundenzugang zuordnen. Anhand der Erhebung der Befähiger sowie potenzieller Best Practice Ansätze und der festlegten Ziele in der Phase der Digitalen Ambition wird der Optionsraum für die Digitale Transformation des Geschäftsmodells abgeleitet.[464] Hieran angeknüpft werden in der Phase Digitaler Fit konkrete geeignete Kombinationen von Optionen ermittelt und folgend die Integration in das bestehende Geschäftsmodell simuliert. Die Evaluierung der potenziell geeigneten Optionen erfolgt unter Berücksichtigung der festgelegten Ziele, des Erfüllungsgrads der ermittelten Kundenbedürfnisse sowie des Geschäftsmodell-Fits. Für die Berücksichtigung dieser Aspekte schlagen SCHALLMO & RUSNJAK Validierungsmaßnahmen vor.[465] In der letzten Phase der Digitalen Implementierung wird die digitale Transformation des Geschäftsmodells umgesetzt. SCHALLMO & RUSNJAK beschreiben hierfür die zentralen Elemente der digitalen Kundenerfahrung sowie des digitalen Wertschöpfungsnetzwerks.[466]

Zusammenfassend beschreibt der Ansatz ein branchenunabhängiges Vorgehensmodell zur digitalen Transformation von Geschäftsmodellen. Dieses Vorgehen liefert konkrete Aktivitäten sowie Fragestellungen, die zur digitalen Transformation des Geschäftsmodells beantwortet werden müssen. Für den Anwendenden besteht zudem die Möglichkeit, je nach Anwendungsfall Phasen zu überspringen und zusammenzufassen.

3.2.2.10 Datenbasierte Dienstleistungen im Werkzeugbau nach BOSHOF

In seinem Ansatz erarbeitet BOSHOF eine Methodik zur Definition und Auslegung von datengetriebenen Dienstleistungen für den Werkzeugbau. Die Methodik umfasst die vier Phasen Analyse, Definition, Auslegung und Bewertung. Die vier Phasen beinhalten insgesamt sieben Schritte. In Abbildung 43 ist die Methodik dargestellt.

Die Analysephase hat die Ermittlung des Kundennutzens zum Ziel. Als erster Schritt erfolgt hierfür die Identifizierung von werkzeugbauspezifischen Kundenbedürfnissen. BOSHOF beschreibt zu diesem Zwecke quantitative und qualitative Methoden zur Ermittlung von Kundennutzen. Anschließend werden die Methoden anhand von ausgewählten Bewertungskriterien für die Nutzung im Werkzeugbau evaluiert. Als zweiter Schritt erfolgt die Ableitung des Kundennutzens in den Dimensionen Flexibilität, Qualität, Zeit und Kosten.[467]

In der zweiten Phase wird das werkzeugbauspezifische datengetriebene Leistungsangebot definiert. Dafür gliedert sich diese Phase in zwei Schritte. Im ersten Schritt erfolgt die Auswahl von kundenbedarfsorientierten Leistungsangeboten. Dienstleistungen entlang des Werkzeuglebenszyklus werden hinsichtlich ihres Einflusses auf den Kundennutzen in den Dimensionen Qualität, Zeit, Kosten und Flexibilität untersucht. Im zweiten Schritt wird eine Vorlage zur Definition von datengetriebenen Dienstleistungen in den vier beschriebenen Komplexitätsstufen entwickelt.[468]

---

[464] Vgl. Schallmo; Rusnjak (Digitale Transformation von Geschäftsmodellen), 2021, S. 21-24.
[465] Vgl. Schallmo; Rusnjak (Digitale Transformation von Geschäftsmodellen), 2021, S. 24-27.
[466] Vgl. Schallmo; Rusnjak (Digitale Transformation von Geschäftsmodellen), 2021, S. 27-31.
[467] Vgl. Boshof (Datenbasierte Dienstleistungen), 2022, S. 134-151.
[468] Vgl. Boshof (Datenbasierte Dienstleistungen), 2022, S. 152-162.

Die darauffolgende Auslegungsphase umfasst die drei Schritte Auslegung der Leistungserbringung, Auslegung des Datenmodells sowie Entwicklung des Ertragsmodells. Im Rahmen dieser Schritte wird das Ziel verfolgt, die in Phase zwei definierten Dienstleistungen entsprechend des in Phase eins ermittelten Kundennutzens auszulegen. Die eigentliche Auslegung der Dienstleistungen unterscheidet teilweise in Abhängigkeit von der jeweiligen vorliegenden Komplexitätsstufe. Zur Auslegung der Leistungserbringung werden zunächst die Dienstleistungsschritte anhand eines Service Blueprint strukturiert. Es wird zwischen Kundenaktivitäten, Onstage-Aktivitäten, Backstage-Aktivitäten und Unterstützungsaktivitäten unterschieden. Zudem werden Interaktionen und Schnittstellen zwischen Werkzeugbaubetrieb und Kunden beschrieben.[469]

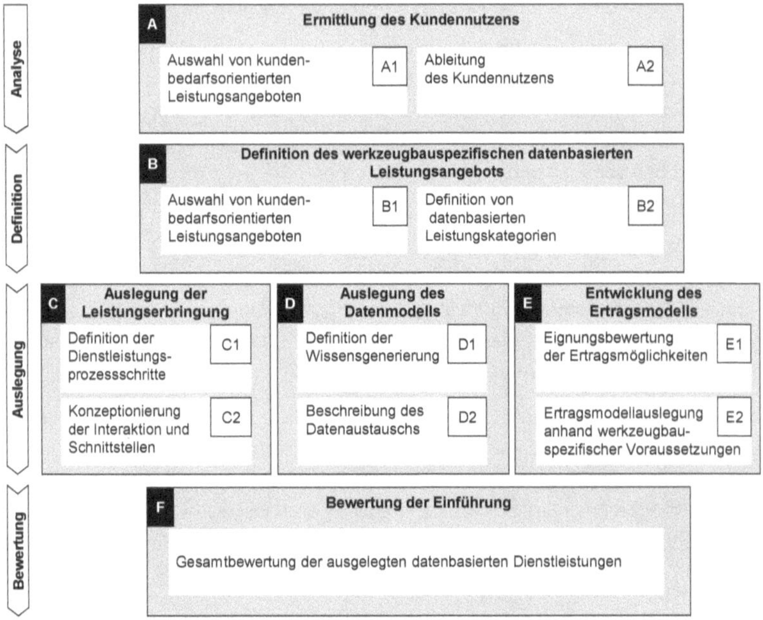

Abbildung 43: Auslegung datenbasierter Dienstleistungen im Werkzeugbau[470]

Die Auslegung des Datenmodells beinhaltet zum einen die Herleitung eines prozessualen und infrastrukturellen Wissensgenerierungsmodells. Zum anderen werden drei potenzielle Optionen hinsichtlich des Datenaustauschs beschrieben und hinsichtlich der Anforderungen Datensicherheit, Transparenz, Skalierbarkeit, Übertragung großer Datenmengen sowie Echtzeitfähigkeit bewertet. Hieran angeknüpft werden Ertragsmodelle. Dazu zählt die Bewertung etablierter Ertragsmodelle für die ausgelegten Dienstleistungen. Der Fokus wird hierbei insbesondere auf wiederkehrende Zahlungen gelegt. Für verschiedene Ertragsmodelle werden werkzeugbauspezifische Voraussetzungen postuliert. Beispielsweise stellt die TCO-Betrachtung eine zentrale Voraussetzung für die Etablierung spezifischer Ertragsmodelle dar. Die Methodik

[469] Vgl. Boshof (Datenbasierte Dienstleistungen), 2022, S. 163-203.
[470] I. A. a.Boshof (Datenbasierte Dienstleistungen), 2022, S. 121.

schließt mit der Bewertungsphase. In dieser Phase wird die Einführung der zuvor ausgelegten Dienstleistungen bewertet. Die zentralen Elemente bei der Bewertung stellen eine Nutzwertanalyse sowie ein paarweiser Vergleich von Nutzenkriterien dar.[471]

Zusammenfassend lässt sich festhalten, dass BOSHOF mit der entwickelten Methodik die Definition von datengetriebenen Dienstleistungen im Werkzeugbau fokussiert. Innerhalb der Methodik werden die verschiedenen Komplexitätsstufen von datengetrieben Dienstleistungen berücksichtigt. Zudem werden in Teilen anknüpfende Geschäftsmodellelemente wie beispielsweise das Ertragsmodell beschrieben. Die interne und externe Konsistenz der potenziell resultierenden Geschäftsmodelle werden nicht adressiert.

3.2.2.11 Digitale Produkte im Maschinenbau nach KREUTZKAMM & WEBER

In einer wissenschaftlichen Publikation beschreiben KREUTZKAMM & WEBER einen Leitfaden zur Einführung digitaler Produkte im Maschinen- und Anlagenbau. Digitale Produkte und Dienstleistungen bieten Unternehmen des Maschinen- und Anlagenbaus neue Geschäftspotenziale. Für Kunden können Funktionserweiterungen und Prozessoptimierungen in deren Wertschöpfung erzielt werden. Einerseits können digitale Produkte zu evolutionären Entwicklungen im Rahmen von inkrementellen Verbesserungen der Primärprodukte führen. Auf diese Weise kann Kunden- und Umsatzsicherung betrieben werden. Andererseits können durch die Einführung neue Geschäftsmodelle geschaffen werden und somit bisher verborgene Marktpotenziale im Sinne der Umsatzgenerierung erschlossen werden.[472]

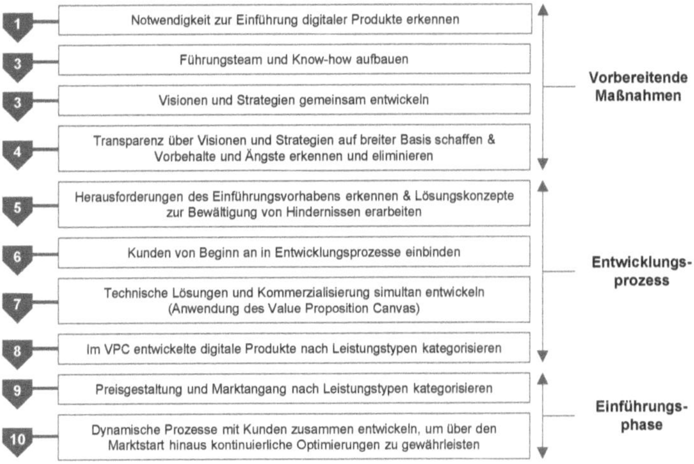

Abbildung 44: Leitfaden zur Einführung digitaler Produkte[473]

[471] Vgl. Boshof (Datenbasierte Dienstleistungen), 2022, S. 210-218.
[472] Vgl. Kreutzkamm; Weber (Einführung digitaler Produkte im Maschinenbau), 2022, S. 600-604.
[473] I. A. a. Kreutzkamm; Weber (Einführung digitaler Produkte im Maschinenbau), 2022, S. 602.

Der Leitfaden ist Abbildung 44 dargestellt und gliedert sich in die drei übergreifenden Bereiche vorbereitende Maßnahmen, Entwicklungsprozess und Einführungsphase. Die ersten vier Schritte des Leitfadens können den vorbereitenden Maßnahmen zugeordnet werden, welche den Veränderungsprozess im Rahmen der Einführung digitaler Produkte adressieren. Zunächst sollte vor dem Hintergrund der aktuellen Geschäftssituation die Notwendigkeit für die Einführung digitaler Produkte erkannt werden. Bei entsprechender Notwendigkeit bedarf es eines Führungsteams, welches erforderliches Wissen aufweist und die Koordination sowie Kommunikation innerhalb des Unternehmens übernehmen. Dieses Führungsteam ist im zweiten Schritt aufzubauen.[474] Dem angeschlossen empfehlen KREUTZKAMM & WEBER den Aufbau einer Vision für die Einführung digitaler Produkte. Da Visionen oftmals extern kommuniziert werden, sollte diese Ziele beinhalten, welche den Kunden einen unmittelbaren Mehrwert verdeutlichen. Aus der Vision wird eine Strategie abgeleitet, welche die Erreichung der Ziele detailliert. Diese Strategie ist in eine Funktionalstrategie, wie beispielsweise die Digitalisierungsstrategie, oder in die Unternehmensstrategie zu integrieren. Das Führungsteam hat die Aufgabe, die abgestimmte Vision und Strategie im Unternehmen zu kommunizieren. Es wird angestrebt, eine hohe Akzeptanz für das Einführungsvorhaben zu erzeugen. Auf diese Weise sollen interne Wiederstände abgebaut werden. KREUTZKAMM & WEBER sehen die allgemeine Akzeptanz als grundlegendes Kriterium für den Erfolg des Einführungsvorhabens.[475]

Der Entwicklungsprozess umfasst die nächsten vier Schritte des Leitfadens. Anhand von zentralen Leitfragen sollen frühzeitig Herausforderungen hinsichtlich der Entwicklung identifiziert sowie potenzielle Lösungskonzepte zur Bewältigung der Herausforderungen entwickelt werden. Im Rahmen der Leitfragen gehen KREUTZKAMM & WEBER beispielsweise auf die Unternehmenskultur oder marktseitige Anforderungen ein. Zudem gilt es, Kunden von Beginn an kontinuierlich in den Entwicklungsprozess miteinzubeziehen. Zur zielgerichteten Entwicklung der Leistung schlagen KREUTZKAMM & WEBER den VPC vor, um digitale Produkte mit dem Fokus auf kundenseitige Tätigkeiten, Wünsche und Hindernisse zu gestalten.[476] Weiterhin soll das angestrebte digitale Produkt einer Kategorie zugeordnet werden, um ein passendes Konzept für die Kommerzialisierung identifizieren zu können. Zum Zwecke der Kategorisierung werden die vier Leistungstypen integrale Produktverbesserung, Komplementärleistung, digitaler Mittler sowie Digital-Innovation vorgeschlagen. Die integrale Produktverbesserung ist in das bestehende Primärprodukt eingebettet und erweitert dieses um zusätzliche Funktionen. Somit wird eine inkrementelle Verbesserung in einer bestehenden Nutzendimension für den Kunden erzielt. Die Komplementärleistung hingegen ist eine eigenständige Lösung im Bezug zum Primärprodukt. Der digitale Mittler ist ebenso eine eigenständige Lösung, welche jedoch eine erhebliche Steigerung des Kundennutzens erzielt. Zuletzt bildet die Digital-Innovation einen Leistungstypen, der nicht in Bezug zum Primärprodukt steht und potenziell Verbesserungen in einer neuen Nutzendimension für den Kunden ermöglicht.[477]

---

[474] Vgl. Kreutzkamm; Weber (Einführung digitaler Produkte im Maschinenbau), 2022, S. 602-603.
[475] Vgl. Kreutzkamm; Weber (Einführung digitaler Produkte im Maschinenbau), 2022, S. 602-603.
[476] Vgl. Kreutzkamm; Weber (Einführung digitaler Produkte im Maschinenbau), 2022, S. 602.
[477] Vgl. Kreutzkamm; Weber (Einführung digitaler Produkte im Maschinenbau), 2022, S. 601-603.

Die Einführungsphase beinhaltet den neuten und zehnten Schritt des Leitfadens. Aufgrund des unterschiedlichen Nutzenbeitrags und Bezugs zum Primärprodukt sollte die Preisgestaltung vor dem Hintergrund des vorliegenden Leistungstyps vorgenommen werden. Für eine integrale Produktverbesserung bietet sich beispielsweise eine kostenlose Vergütung oder eine indirekte Vergütung über das Primärprodukt an.[478] Zusammenfassend liefern KREUTZKAMM & WEBER im Rahmen der wissenschaftlichen Publikation einen fragmentierten Leitfaden zur Einführung digitaler Produkte im Maschinen- und Anlagenbau. Der Leitfaden sowie insbesondere die vier definierten Leistungstypen liefern wertvolle Ansatzpunkte für die Einführung datengetriebener Geschäftsmodelle im Werkzeugbau.

3.2.3 Bewertung relevanter Ansätze

Die folgende Bewertung knüpft an die Festlegung der Bewertungssystematik in Kapitel 3.1 sowie der Vorstellung der relevanten theoretischen Ansätze in Kapitel 3.2 an. Insbesondere werden die für die übergeordnete Forschungsfrage relevanten Ansätze anhand der elf definierten Anforderungen evaluiert. Basierend auf KUHLMANN fokussiert diese Evaluation die inhaltliche und systematische Übertragbarkeit sowie Anwendbarkeit im Sinne des dargelegten Anforderungssystems.[479] Die Aggregation der Bewertung der relevanten Ansätze ist in Abbildung 45 dargestellt.

Die Praktikabilität und die konkrete Vorgehensweise stellen die allgemeinen Anforderungen dar. Die Praktikabilität kennzeichnet sich durch eine einfache Anwendbarkeit sowie durch einen klaren Realitätsbezug. Hierfür sind ein modularer Aufbau und praxistaugliche Zugänglichkeit zu notwendigen Informationen erforderlich. Es zeigt sich, dass insbesondere die generischen und branchenunspezifischen Ansätze eine geringe Praktikabilität aufweisen. Dies spiegelt sich in übergeordneten Beschreibungen sowie dem Mangel an praxisnahen Annahmen wider. Eine hohe Praktikabilität kann hingegen bei den werkzeugbauspezifischen Ansätzen von BEGOVIC und BOSHOF nachgewiesen werden. Diese Ansätze zeichnen sich neben dem Ansatz von SCHALLMO & RUSNJAK ebenso durch eine hohe Erfüllung der Anforderung an die konkrete Vorgehensweise aus. Der praktische Einstieg an verschiedenen Stellen dieser Ansätze ist gegeben. Die übrigen Ansätze weisen insbesondere aufgrund des geringen Detaillierungsgrads der notwendigen Ein- und Ausgangsgrößen eine geringere Erfüllung der Anforderung an die konkrete Vorgehensweise auf.

Die Datenmonetarisierung und die Datenwertschöpfung stellen die datenorientierten Anforderungen dar. Anhand der Datenmonetarisierung können Mehrwerte beschrieben werden, die anhand von Daten erschaffen werden. Diese Anforderung wird durch die Ansätze nur geringfügig erfüllt. Oftmals wird nicht eindeutig zwischen interner und externer Datenmonetarisierung unterschieden. Zudem mangelt es allen Ansätzen an konkreten Strategien zur externen Datenmonatarisierung. Einzig in der Taxonomie nach AZKAN ET AL. werden kundenzentriete Mehrwerte genannt. Diese werden jedoch nicht genauer beschrieben. Neben der Datenmone-

[478] Vgl. Kreutzkamm; Weber (Einführung digitaler Produkte im Maschinenbau), 2022, S. 603.
[479] Vgl. Kuhlmann (Corporate Tooling), 2017, S. 121.

tarisierung stellt die Datenwertschöpfung eine datenorientierte Anforderung dar. Die Datenwertschöpfung ermöglicht die Realisierung der Leistungen in datengetriebenen Geschäftsmodellen. Die Ansätze nach EXNER ET AL., AZKAN ET AL. und KÜHNE & BÖHMANN weisen den vergleichsweise höchsten Erfüllungsgrad dieser Anforderung auf. Im Rahmen dieser Ansätze werden Aktivitäten der Datenwertschöpfung benannt und in Teilen beschrieben. Weiterhin wird kein konkreter Bezug zum Komplexitätsgrad und zum resultierenden kundenseitigen Mehrwert genommen.

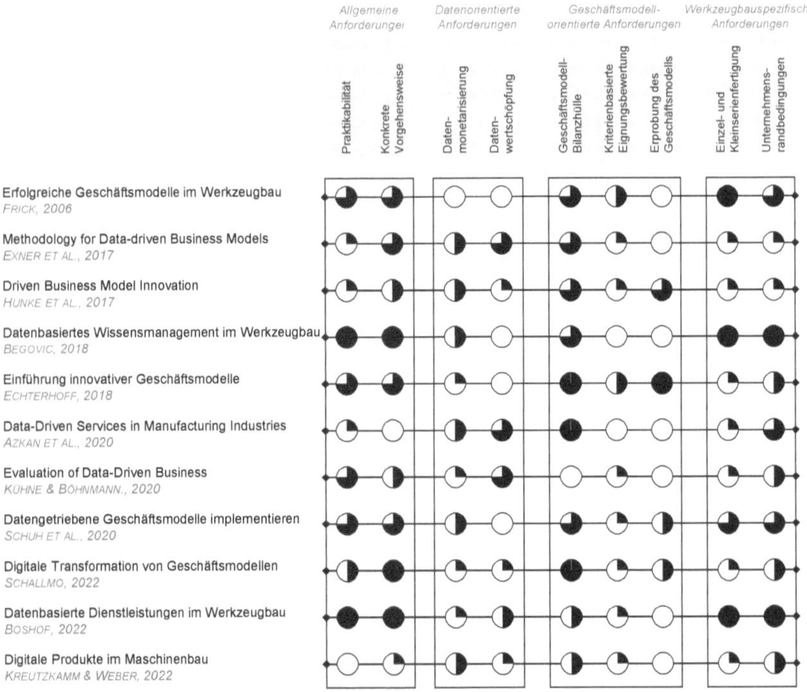

Abbildung 45: Bewertung relevanter Forschungsansätze[480]

Die Geschäftsmodell-Bilanzhülle, die kriterienbasierte Eignungsbewertung und die Erprobung des Geschäftsmodells stellen die geschäftsmodellorientierten Anforderungen dar. Die Anforderung Geschäftsmodell-Bilanzhülle nimmt Bezug auf die vorgestellten und definierten Teilmodelle eines Geschäftsmodells. Die Ansätze nach ECHTERHOFF, SCHALLMO & RUSNJAK und AZKAN ET AL. nehmen eine holistische Perspektive auf Geschäftsmodelle ein und beschreiben Wechselwirkungen zwischen den Teilmodellen. Diese Ansätze erfüllen daher die Anforderungen. Die übrigen Ansätze vernachlässigen oftmals einzelne Teilmodelle eines Geschäftsmodells und weisen daher die interne Konsistenz lediglich rudimentär her. Die Ansätze nach BEGOVIC und BOSHOF fokussieren beispielsweise das Leistungsangebot von Werkzeugbaubetrieben und haben keinen Anspruch, die interne Konsistenz resultierender Geschäftsmodelle

[480] Eigene Darstellung.

nachzuweisen. Neben der Anforderung hinsichtlich der Geschäftsmodell-Bilanzhülle gilt es weiterhin, die externe Konsistenz des Geschäftsmodells sicherzustellen. Hierfür wird an die Ansätze die Anforderung der kriterienbasierten Eignungsbewertung gestellt. Diese Anforderung wird von allen Ansätzen nur gering, sehr gering oder nicht erfüllt. Bisher lassen sich in der relevanten wissenschaftlichen Literatur keine Ansätze finden, die kriterienbasierte potenzielle Kunden-Anbieter Paarungen für datengetriebene Geschäftsmodelle herleiten. Die dritte geschäftsmodellorientierte Anforderung bildet die Erprobung des Geschäftsmodells. Diese stellt eine notwendige Bedingung dar, um erfolgreich neue Geschäftsmodelle einzuführen. Es zeigt sich, dass mit Ausnahme von ECHTERHOFF diese Anforderung von den Ansätzen zu großen Teilen nicht erfüllt wird. Einzig die Ansätze nach HUNKE ET AL., SCHUH ET AL. und SCHALLMO & RUSNJAK erfüllen die Anforderung teilweise. Diese Ansätze nehmen Bezug zur Geschäftsmodellerprobung und beschreiben diese als integrativen Bestandteil.

Die Einzel- und Kleinserienfertigung sowie die Unternehmensrandbedingungen stellen die werkzeugbauspezifischen Anforderungen dar. Der Werkzeugbau ist in der Einzel- und Kleinserienfertigung verortet. Diese ist insbesondere durch die stark unikale Leistungserbringung sowie die vergleichsweise geringen Wiederhol- und Skaleneffekte charakterisiert. Der Großteil der Ansätze adressiert diese spezifischen Herausforderungen der Einzel- und Kleinserienfertigung nicht oder nur geringfügig. Dahingegen sind die Ansätze nach FRICK, BEGOVIC und BOSHOF werkzeugbauspezifisch und erfüllen die Anforderung an die Einzel- und Kleinserienfertigung. Neben der Einzel- und Kleinserienfertigung bilden die Unternehmensrandbedingungen eine werkzeugbauspezifische Anforderung. Diese Anforderung adressiert die hohe Heterogenität der Branche Werkzeugbau. Die meisten Ansätze weisen eine universelle Struktur auf und lassen auf diese Weise Adaptionen für unterschiedliche Unternehmensrandbedingungen zu. Es zeigt sich jedoch, dass lediglich die Ansätze von BEGOVIC und BOSHOF sowohl vollständig modular aufgebaut als auch vollumfänglich auf spezifische Unternehmensrandbedingungen anpassbar sind.

3.3 Handlungsbedarf aus der Theorie

Anhand des in Kapitel 2.4 hergeleiteten Handlungsbedarfs aus der Praxis lässt sich die Forderung nach einer systematischen Vorgehensweise zur Einführung datengetriebener Geschäftsmodelle im Werkzeugbau aufstellen. Anknüpfend an den Handlungsbedarf werden konkrete Anforderungen hergeleitet, die an eine Methodik zur Einführung datengetriebener Geschäftsmodelle im Werkzeugbau zu stellen sind. Das resultierende Anforderungssystem besteht aus allgemeinen, datenorientierten, geschäftsmodellorientierten und werkzeugbauspezifischen Anforderungen.

In der wissenschaftlichen Literatur lässt sich eine Vielzahl von Ansätzen identifizierten, welche die Entwicklung und Einführung datengetriebener Geschäftsmodelle oder zugehöriger Teilmodelle thematisieren. Der Grund hierfür liegt in der Überlegenheit datengetriebener Geschäftsmodelle vor tradierten Modellen hinsichtlich der Vermeidung von Grenzkosten sowie der

Schaffung von verteidigungsfähigen Wettbewerbspositionen. Die Bewertung der für den Betrachtungs- und Gestaltungsbereich der vorliegenden Arbeit relevantesten Ansätze zeigt, dass kein bestehender Ansatz die erforderlichen Anforderungen vollumfänglich erfüllen kann.

Es lassen sich zwar einerseits vereinzelt Ansätze finden, welche die allgemeinen und werkzeugbauspezifischen Anforderungen an eine Methodik zur Einführung datengetriebener Geschäftsmodelle im Werkzeugbau erfüllen. Andererseits werden die daten- und geschäftsmodellorientierten Anforderungen von keinem Ansatz in ausreichendem Maße adressiert. Es kann demnach geschlussfolgert werden, dass ein Theoriedefizit hinsichtlich eines anforderungsgerechten Ansatzes existiert. Dieses Theoriedefizit spiegelt sich insbesondere in folgenden Punkten wider:

- Es existiert keine umfassende Vorgehensweise zur Einführung von datengetriebenen Geschäftsmodellen im Werkzeugbau.
- Es fehlt an einer vollumfänglichen Berücksichtigung der allgemeinen, datenorientierten, geschäftsmodellorientierten und werkzeugbauspezifischen Anforderungen. Zudem werden die Interdependenzen der Anforderungen zur Einführung datengetriebener Geschäftsmodelle unzureichend betrachtet.
- Es findet für die Einführung von datengetriebenen Geschäftsmodellen keine ausreichende Eignungsprüfung von Kunden-Anbieter Paarungen statt.
- Es mangelt an konkreten Beschreibungen zur Erbringung des Funktionsnachweises von datengetriebenen Geschäftsmodellen.

Zusammenfassend kann festgehalten werden, dass kein Ansatz für die Anwendung im festgelegten Bezugsrahmen geeignet ist. Die übergreifende Forschungsfrage wird durch bestehende Ansätze unzureichend adressiert. Daher besteht ein Handlungsbedarf aus der Theorie.

3.4 Detaillierung der Forschungsfrage

Der Forschungsbedarf der vorliegenden Arbeit wird im Rahmen der in Kapitel 1.3 beschriebenen Zielsetzung angenommen. Die Annahme dieses Forschungsbedarfs wird durch den Handlungsbedarf aus der Praxis sowie den Handlungsbedarf aus der Theorie wissenschaftlich hinterlegt. Aus dem Forschungsbedarf geht die handlungsweisende Forschungsfrage der vorliegenden Arbeit hervor. Diese lautet:

Wie kann eine Methodik zur Einführung von datengetriebenen Geschäftsmodellen im Werkzeugbau gestaltet sein?

Dem Ansatz nach KUBICEK folgend werden weitere spezifische Fragen formuliert, welche in ihrer Gesamtheit die Beantwortung der übergeordneten, handlungsweisenden Forschungsfrage unterstützen.[481] Zunächst sei dabei auf den Umstand verwiesen, dass sich datengetriebene Geschäftsmodelle trotz der frühen Vorhersage ihres Potenzials und ihrer Überlegenheit

[481] Vgl. Kubicek (Heuristische Bezugsrahmen), 1976, S. 17-25.

im Werkzeugbau nicht vorherrschend durchsetzen. Dabei mangelt es sowohl an kundenseitiger Akzeptanz als auch unzureichenden internen Ressourcen. Es stellt sich daher die folgende Frage:

Wie lassen sich geeignete werkzeugbauspezifische Anbieter-Kunden Paarungen für datengetriebene Geschäftsmodelle identifizieren?

Die Schlüsselressourcen in datengetriebenen Geschäftsmodellen stellen definitorisch Daten dar. Anhand von Datenwertschöpfung wird ein Nutzen erzielt, der marktseitig zu monetarisieren ist. Oftmals verteilen sich die erforderlichen Daten zur Erzielung eines spezifischen Kundennutzens jedoch über mehrere Stakeholder. Hieraus folgt daher die Frage:

Welche daten- und vernetzungsspezifischen Voraussetzungen sind für die Einführung datengetriebener Geschäftsmodelle im Werkzeugbau erforderlich?

Basierend auf den notwendigen Voraussetzungen können datengetriebene Geschäftsmodelle für den Werkzeugbau konfiguriert werden. Bei der Konfiguration sind wie beschrieben alle Teilelemente eines Geschäftsmodells sowie deren Independenzen zu berücksichtigen. Aufgrund der resultierenden Konfigurationsvielfalt ergeben sich im Rahmen der Voraussetzungen oftmals mehrere mögliche Szenarien an Geschäftsmodellen. Demnach ergibt sich folgende Frage:

Welche Szenarien datengetriebener Geschäftsmodelle lassen sich aus den Voraussetzungen ableiten?

Die möglichen Szenarien spannen einen Lösungsraum zur Einführung von datengetriebenen Geschäftsmodellen im Werkzeugbau auf. Der Eignungsgrad der Szenarien unterscheidet sich jedoch für die einzelnen Anbieter-Kunden Paarungen. Folglich ist im Zuge einer Szenarioauswahl das für eine Paarung geeignetste Szenario zu identifizieren. Es ist demnach folgende Frage zu stellen:

Wie lässt sich die Eignung eines Geschäftsmodellszenarios für eine spezifische Anbieter-Kunden Paarung bewerten?

Die Bewertung führt zu einer konkreten Zuordnung eines Geschäftsmodells für eine Paarung. Die Funktionsweise des Geschäftsmodells für die Paarung basiert zunächst jedoch auf einer Reihe ungetesteter Hypothesen. Diese Hypothesen sind zu formalisieren und in ihrer Relevanz sowie Unsicherheit zu ordnen, um sie anschließend anhand von Experimenten zu falsifizieren oder zu validieren. Hieraus kann die nachfolgende Frage abgeleitet werden:

Wie kann die Funktionsweise des Geschäftsmodells hypothesenbasiert beschrieben und nachgewiesen werden?

Die Konzeption eines Lösungsansatzes zur Einführung datengetriebener Geschäftsmodelle im Werkzeugbau hat sich an diesen Teilforschungsfragen zu orientieren. Die einzelnen Bestandteile des Lösungsansatzes haben die Teilforschungsfragen zu adressieren. Auf diese Weise kann ein konsistenter Lösungsansatz ganzheitlich die übergreifende Forschungsfrage der vorliegenden Arbeit beantworten.

4 Konzeptierung der Methodik

Im vorliegenden Kapitel 4 werden der Handlungsbedarf aus der Praxis und der Handlungsbedarf auf der Theorie durch die Konzeption einer Methodik adressiert. Zunächst werden in Kapitel 4 die Grundlagen zur Konzeption der Methodik beschrieben. Anschließend werden die Merkmale zur Verwertung des Forschungsergebnisses beschrieben und ein Ordnungsrahmen für die Konzeption hergeleitet. Dem Ordnungsrahmen folgend wird das Grobkonzept der Methodik aufgestellt. Abschließend erfolgt eine kritische Reflexion des Grobkonzepts vor dem Hintergrund der Forschungsfragen und der Anforderungen aus Kapitel 3. Strukturell wird sich im vorliegenden Kapitel stellenweise an BOSHOF[482] und GRABERG[483] orientiert.

4.1 Grundlagen zur Konzeption der Methodik

In dem vorliegenden Kapitel wird eine Methodik zur Einführung datengetriebener Geschäftsmodelle im Werkzeugbau konzipiert. Folgend werden entsprechend die wissenschaftlichen Grundlagen zur Konzeption einer Methodik erläutert. Zunächst werden zu diesem Zwecke die Grundlagen der Systemwissenschaft und der Modelltheorie beschrieben. Darauf aufbauend wird der Methodikbegriff definiert und die einzelnen Bestandteile einer Methodik vorgestellt.

4.1.1 Systemwissenschaft

Im Rahmen der Systemwissenschaft werden Ansätze entwickelt, die systematisch zur Lösung komplexer Problemstellungen befähigen.[484] Zu diesem Zweck werden in der Systemwissenschaft die Elemente eines Systems sowie die Beziehungen zwischen Gesamtsystem und Teilsystem formalisiert. Somit kann man durch die Systemwissenschaft spezifische Einzelprobleme adressieren, während gleichzeitig die Integrität und der übergreifende Gesamtzusammenhang gewahrt bleiben.[485] Im wissenschaftlichen Diskurs existieren verschiedene Auffassungen der Systemwissenschaft. Diese resultieren aus dem Anspruch der Systemwissenschaft, eine disziplinübergreifende und wissenschaftsverbindende allgemeine Theorie über Systeme zu liefern.[486]

Die Systemtheorie adressiert die theoretischen Grundlagen der Systemwissenschaft.[487] URLRICH beschreibt die Systemtheorie als wissenschaftliche Sichtweise auf das Verhalten, die Verknüpfungen sowie die Strukturen von Systemen.[488] Nach PATZAK beschreibt die Systemtheorie die „allgemeinsten Eigenschaften von beliebigen Systemen."[489] Aufgrund der unterschiedlichen Auffassungen der Systemwissenschaft werden auch unterschiedliche Arten

---

[482] Vgl. Boshof (Datenbasierte Dienstleistungen), 2022, S. 111-132.
[483] Vgl. Graberg (Digitaler Schatten im Werkzeugbau), 2023, S. 99-115.
[484] Vgl. Patzak (Systemtechnik), 1982, S. 15.
[485] Vgl. Winzer (Generic systems engineering), 2016, S. 1.
[486] Vgl. Willke (Systemtheorie), 2006, S. 1-3.
[487] Vgl. Weller (Das Systemkonzept), 2012, S. 10.
[488] Vgl. Hans Ulrich (Der allgemeine Systembegriff), 1975, S. 33.
[489] Vgl. Patzak (Systemtechnik), 1982, S. 12.

der Systemtheorie unterschieden. Beispielsweise unterscheiden STRUNK & SCHIEPEK vier Arten der Systemtheorie.[490] Eine Einordnung verschiedener Denkweisen hinsichtlich der Systemtheorie wird von KRIEDEL durchgeführt.[491]

Das eigentliche Begriffsverständnis eines Systems kann sich ebenfalls in Abhängigkeit von der wissenschaftlichen Disziplin und dem spezifischen Anwendungsfall unterscheiden.[492] Gemäß BERTALANFFY ist ein System die Summe von einander beeinflussbaren Elementen.[493] Nach HAKEN & SCHIEPEK versteht man unter Systemen „konkrete oder abstrakte Objekte, die (a) nach außen abgegrenzt sind und (b) aus einzelnen Teilen bestehen."[494] Im Rahmen dieses Verständnisses wird zudem insbesondere betont, dass die Teile wechselseitige Beziehungen zueinander aufweisen und aufeinander einwirken. Ähnliche Definitionen für ein System liefern STRUNK & SCHIEPEK[495] und LIENING[496]. Demzufolge bestehen Systeme aus Elementen, die untereinander Interdependenzen aufweisen. Für MEADOWS ist ein System eine Menge an Teilen, die in einem Muster oder einer Struktur organisiert sowie miteinander verbunden sind und eine charakteristische Funktion aufweisen.[497] Die vorliegende Arbeit orientiert sich vorrangig an der Definition eines Systems nach PATZAK. Demnach umfasst ein System eine „Menge von Komponenten, welche Eigenschaften besitzen und welche durch Beziehungen miteinander zur Verfolgung gesetzter Ziele verknüpft sind."[498]

Laut BRUNS weist ein System vier konstituierende Merkmale auf. Als erstes Merkmal kann festgehalten werden, dass ein System aus diversen und unterscheidbaren Elementen besteht. Das zweite Merkmal ist durch den Umstand gekennzeichnet, dass diese Elemente über verschiedene Eigenschaften verfügen, welche formalisiert werden können. Dass sich die Elemente anhand von der Beschreibung von Interdependenzen verknüpfen lassen, bildet das dritte Merkmal eines Systems. Schließlich benennt BRUNS als viertes Merkmal von Systemen, dass die Elemente in ihrer Gesamtheit durch die jeweiligen Eigenschaften und Interdependenzen eine abgrenzte Struktur bilden.[499]

Nach BOSSEL verfügt ein System über einen Zweck, eine Struktur und eine Integrität. Der Systemzweck umfasst die spezifische Funktion, die ein System erfüllen soll. Die Systemstruktur ist durch unterscheidbare Elemente und deren wechselseitige Beziehungen zueinander geprägt. Schließlich ist ein System im Sinne der Integrität nicht ohne Funktionsverlust trennbar.[500] In Abbildung 46 sind die Bestandteile eines Systems nach BOSSEL dargestellt. Demnach ist ein System von einer sogenannten Systemumwelt umgeben. Die Systemgrenzen trennen das System von der Systemumwelt. Die Systemumwelt kann auf das System einwirken und gleichzeitig kann auch das System Auswirkungen auf die Systemumwelt aufweisen. Im Rahmen einer charakteristischen Systemstruktur sind die Systemelemente miteinander verbunden.

[490] Vgl. Strunk; Schiepek (Systemische Psychologie), 2006, S. 15.
[491] Vgl. Kriedel (Systemkompetenz für Entrepreneure), 2017, S. 80-85.
[492] Vgl. Bruns (Interdisziplinäre Systementwicklung), 1991, S. 30.
[493] Vgl. Bertalanffy (General system theory), 1968, S. 55.
[494] Vgl. Haken; Schiepek (Synergetik), 2010, S. 77.
[495] Vgl. Strunk; Schiepek (Systemische Psychologie), 2006, S. 7-9.
[496] Vgl. Strunk; Schiepek (Systemische Psychologie), 2006, S. 7-9.
[497] Vgl. Meadows (Thinking in systems), 2011, S. 188.
[498] Vgl. Patzak (Systemtechnik), 1982, S. 19.
[499] Vgl. Bruns (Interdisziplinäre Systementwicklung), 1991, S. 31.
[500] Vgl. Bossel (Systeme, Dynamik, Simulation), 2004, S. 35.

Diese Verbindungen können auch von Rückkopplungsschleifen geprägt sein.[501] Je nachdem, wie das System mit der Systemumwelt interagiert, wird zwischen geschlossenen und offenen Systemen unterschieden. Wenn keine Interaktion zwischen dem System und der Systemumwelt besteht, liegt ein geschlossenes System vor. Ein offenes System interagiert hingegen mit seiner Umwelt.[502]

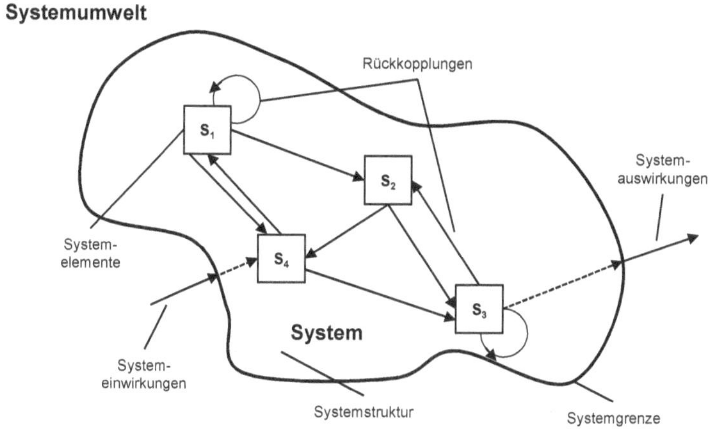

Abbildung 46: Bestandteile von Systemen[503]

Neben der Systemtheorie weist die Systemtechnik eine praktische Sichtweise auf und ist nach PATZAK „ein Methodengebäude zur Behandlung von Problemen mit hoher Komplexität."[504] Dem angeknüpft bildet die Systemtechnik die „Verallgemeinerung und Erweiterung der ingenieurwissenschaftlichen Methodik."[505] Diesem Verständnis folgend wird der englische Begriff „Systems Engineering" als Synonym für Systemtechnik verwendet.[506] HABERFELLNER ET AL. liefern ein Systemtechnik Prozessmodell, welches auf den folgenden vier grundlegenden Prinzipien basiert:[507]

- Vom Allgemeinen zum Detail: Bei der Lösung komplexer Problemstellungen nimmt der Detaillierungsgrad kontinuierlich zu. Demnach werden zunächst die übergreifenden Fragestellungen gelöst, bevor die Lösung im Detail dargestellt wird.[508]
- Variantenerstellung: Es sollte nicht zwingend der zuerst konzipierte Lösungsweg gewählt werden. Stattdessen gilt es eine breite Übersicht über mögliche Lösungsvarianten zu generieren. Vor der detaillierten Ausarbeitung müssen die Varianten im Kontext

[501] Vgl. Bossel (Systeme, Dynamik, Simulation), 2004, S. 36.
[502] Vgl. Ulrich (Die Unternehmung als System), 1968, S. 112.
[503] I. A. a. Bossel (Systeme, Dynamik, Simulation), 2004, S. 36.
[504] Vgl. Patzak (Systemtechnik), 1982, S. 15.
[505] Vgl. Bruns (Interdisziplinäre Systementwicklung), 1991, S. 2.
[506] Vgl. Bruns (Interdisziplinäre Systementwicklung), 1991, S. 2.
[507] Vgl. Haberfellner et al. (Systems Engineering), 2019, S. 27.
[508] Vgl. Haberfellner et al. (Systems Engineering), 2019, S. 28-31.

der Ausgangssituation betrachtet werden, um die Lösung ganzheitlich und systematisch zu konkretisieren.[509]

- Gliederung in Lösungsphasen als Makro-Logik: Die Lösung ist im Rahmen von übergreifenden und logisch getrennten Phasen zu gliedern. Auf diese Weise wird ein schrittweiser Prozess der Entscheidung, Planung und Konkretisierung mit definierten Meilensteinen und Korrekturpunkten ermöglicht.[510]
- Problemlösungszyklus als Mikrologik: Innerhalb der einzelnen Phasen können Aufgaben mit dem Problemlösungszyklus erfüllt werden. Der Zyklus besteht aus den drei aufeinander folgenden Schritten Zielkonkretisierung, Lösungssuche und Lösungsselektion.[511]

Die beschriebenen Prinzipien verdeutlichen, dass die Systemtechnik als eine universelle Disziplin zu verstehen ist.[512] Nach BRUNS ist die Systemtechnik interdisziplinär und ermöglicht auf diese Weise eine Übertragung von ingenieurswissenschaftlichen Lösungsmethoden auf andere Disziplinen. Gleichermaßen können Lösungsmethoden anderer Disziplinen auf die Ingenieurswissenschaft übertragen werden.[513] Im Rahmen der vorliegenden Arbeit stützt sich die Entwicklung der Methodik auf die systemtheoretischen und systemtechnischen Grundlagen sowie Gestaltungsrichtlinien.

4.1.2 Modelltheorie

Im Rahmen der Modelltheorie wird der kritische und zweckorientierte Einsatz von Modellen diskutiert.[514] Die Entwicklung von Modellen dient zur Abbildung eines spezifischen Teilbereichs eines real existierenden Systems.[515] Grundsätzlich werden Modelle eingesetzt, um die Komplexität von relevanten Sachverhalten für einen spezifischen Untersuchungsrahmen zu vereinfachen.[516] Dem angeknüpft versteht DAHM in Anlehnung an STEINHOFF[517], ANGER[518], und HENN[519] unter einem Modell „ein formales, in der Regel mathematisches oder symbolisches System abstrakt-logischer Beziehungen [...], das diejenigen Teilbereiche der Realität möglichst homomorph abbildet, die für das Verständnis und die zielorientierte Bearbeitung einer konkreten Problematik von Bedeutung sind.“[520] Für KAISERAU dient ein Modell als „Abbild [...] in einer bestimmten Darstellungstechnik, oder als Vorbild für einen Zielzustand.“[521] Auch STACHOWIAK weist ein Verständnis auf, wonach ein Modell ein Abbild oder ein Vorbild einer spezifisch festgelegten Bilanzhülle darstellt.[522]

---

[509] Vgl. Haberfellner et al. (Systems Engineering), 2019, S. 31-35.
[510] Vgl. Haberfellner et al. (Systems Engineering), 2019, S. 35-43.
[511] Vgl. Haberfellner et al. (Systems Engineering), 2019, S. 43-54.
[512] Vgl. Weller (Das Systemkonzept), 2012, S. 23.
[513] Vgl. Bruns (Interdisziplinäre Systementwicklung), 1991, S. 1.
[514] Vgl. Lehner et al. (Wirtschaftsinformatik), 2008, S. 30.
[515] Vgl. Patzak (Systemtechnik), 1982, S. 306.
[516] Vgl. Dahm (Modellgestützte Lösung), 1996, S. 4.
[517] Vgl. Steinhoff (Betriebliche Entscheidungsprozesse), 1981, S. 17.
[518] Vgl. Anger (Modelldenken), 1962, S. 5.
[519] Vgl. Henn (Der Modellbegriff), 1987, S. 481-485.
[520] Vgl. Dahm (Modellgestützte Lösung), 1996, S. 4.
[521] Vgl. Kaiserau (Modellgestützte Geschäftsprozesse), 1999, S. 190.
[522] Vgl. Stachowiak (Allgemeine Modelltheorie), 1973, S. 129.

Weiterhin beschreibt STACHOWIAK Modelle anhand von drei prägenden Merkmalen. Modelle bilden eine repräsentative Darstellung eines realen Originals. Dies bezeichnet STACHOWIAK als Abbildungsmerkmal von Modellen.[523] Des Weiteren umfasst ein Modell genau die Elemente und Interdependenzen, welche dem Erstellenden des Modells in Anbetracht des Untersuchungsrahmens zweckdienlich sind. Vor diesem Hintergrund werden Modelle auch als vereinfachte Repräsentation der Realität angesehen. STACHOWIAK bezeichnet dies wiederum als Verkürzungsmerkmal.[524] Attribute des Originals, welche von dem Modellerstellenden nicht berücksichtigt werden, bilden die sogenannten präterierten Attribute. Demgegenüber können Modelle anhand von sogenannten abundanten Attributen jedoch auch über die Originalerfassung hinausgehen.[525] Hinsichtlich der Attributenabbildung unterscheidet STACHOWIAK zudem den Abbildungsvorbereich und den Abbildungsnachbereich wie in Abbildung 47 dargestellt. Der Abbildungsvorbereich bildet die Menge an relevanten Attributen des Originals, welche auf den Abbildungsbereich des Modells eindeutig reversibel abgebildet werden.[526] Schließlich werden dem pragmatischen Merkmal zufolge Modelle stets zum Zwecke eines spezifischen Untersuchungsrahmens entwickelt.[527]

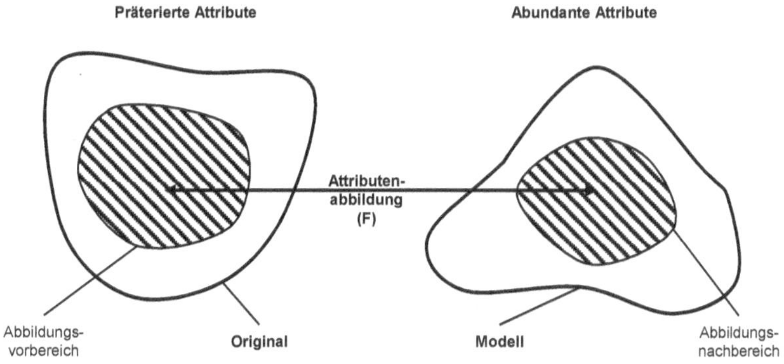

Abbildung 47: Original-Modell-Abbildung[528]

Modelle werden in der wissenschaftlichen Literatur oftmals in Bezug auf ihren Zweck unterschieden. Auf diese Weise unterscheidet BANDTE beispielweise Beschreibungs-, Erklärungs- und Vorhersagemodelle.[529] PATZAK hingegen differenziert zwischen Beschreibungs-, Erklärungs-, Vorhersage- sowie Entscheidungsmodellen.[530] Gemäß STRAHRINGER erfolgt in der Betriebswirtschaftslehre häufig eine Differenzierung in Beschreibungs-, Erklärungs- und Entscheidungsmodelle.[531] Ingenieurswissenschaftliche Publikationen im Themenfeld des Werkzeugbaus berufen sich oftmals auf die Modelldifferenzierung nach LEHNER. Exemplarisch sei

[523] Vgl. Stachowiak (Allgemeine Modelltheorie), 1973, S. 131.
[524] Vgl. Stachowiak (Allgemeine Modelltheorie), 1973, S. 132.
[525] Vgl. Stachowiak (Allgemeine Modelltheorie), 1973, S. 155-157.
[526] Vgl. Stachowiak (Allgemeine Modelltheorie), 1973, S. 142.
[527] Vgl. Stachowiak (Allgemeine Modelltheorie), 1973, S. 132-133.
[528] I. A. a. Stachowiak (Allgemeine Modelltheorie), 1973, S. 157.
[529] Vgl. Bandte (Komplexität in Organisationen), 2006, S. 205.
[530] Vgl. Patzak (Systemtechnik), 1982, S. 313-315.
[531] Vgl. Strahringer (Modelle und Metamodellierung), 2016, S. 14.

auf BOSHOF[532] und HELBIG[533] verwiesen. Folgend werden die Modelltypen nach LEHNER beschrieben:[534]

- Beschreibungs- und Erfassungsmodelle: Derartige Modelle können auch als deskriptive Modelle oder Darstellungsmodelle bezeichnet werden. Das Ziel dieser Modelltypen ist es, Sachverhalte so präzise, übersichtlich und leicht verständlich wie möglich abzubilden. Demzufolge liegt der Modellzweck in der effektiven Abbildung spezifischer Sachverhalte und Phänomene. Die Nutzung derartiger Modelle ist aufgabenunabhängig, weshalb der Verwendungszweck durch diese Modelle nicht determiniert wird. Als ein klassisches Beispiel derartiger Modelle führt LEHNER Landkarten an.[535]

- Erklärungsmodelle: Auch kausale Modelle und Prognosemodelle gehören zu dieser Modellklasse. Modelle aus dieser Klasse bauen auf Beschreibungsmodellen auf und setzen diese daher voraus. Einerseits können Erklärungsmodelle durch die Observation eines Beschreibungsmodells im Zeitverlauf erstellt werden. Andererseits kann die Generierung eines Erklärungsmodells auf der Basis von analysierenden Vergleichen eines spezifischen Phänomens in unterschiedlichen Umgebungen erfolgen. Das Ziel in der Erstellung von Erklärungsmodellen ist der Erkenntnisgewinn hinsichtlich vorliegender Gesetzmäßigkeiten und Muster. Der Zweck für diesen Erkenntnisgewinn kann beispielsweise in der Verbesserung von Beschreibungsmodellen oder Prognose zukünftiger Ereignisse liegen. Es kann daher festgehalten werden, dass Erklärungsmodelle einen expliziten oder impliziten Verwendungszweck aufweisen können.[536]

- Gestaltungsmodelle: Derartige Modelle werden anforderungsgerecht zur Lösung einer spezifischen Aufgabe entwickelt und müssen daher alle aufgabenrelevanten Einflussfaktoren umfassen. Oftmals beinhaltet diese Aufgabe die Erzeugung von Verständnis für bestimmte Entscheidungstragende im Rahmen eines komplexen Problembereichs. Des Weiteren kann die Aufgabe z. B. durch die gezielte und gesteuerte Manipulation eines Systems geprägt sein. Normative und präskriptive Modelle gelten ebenso als Gestaltungsmodelle. Diese Modelle erzeugen einen angestrebten Zielzustand und beschreiben den idealtypischen Umsetzungsweg. Weiterhin bilden Entscheidungs- und Planungsmodelle für LEHNER weitere Unterklassen von Gestaltungsmodellen.[537]

- Meta-Modelle und generische Modelle: Diese Modelle haben gemein, dass sie ein übergeordnetes Ziel aufweisen. Dieses Ziel kann beispielsweise die Strukturierung und der Relationsaufbau zwischen anderen Modellen darstellen. Zudem kann die Unterstützung der Bildung von Modellen ein Ziel von derartigen Modellen sein. Ein Modell dieser Klasse wird daher als Modell eines Modells bezeichnet.[538]

---

532 Vgl. Boshof (Datenbasierte Dienstleistungen), 2022, S. 114-115.
533 Vgl. Helbig (Referenzstrategien für den Werkzeugeinkauf), 2022, S. 115-116.
534 Vgl. Lehner et al. (Wirtschaftsinformatik), 2008, S. 30-32.
535 Vgl. Lehner et al. (Wirtschaftsinformatik), 2008, S. 30-31.
536 Vgl. Lehner et al. (Wirtschaftsinformatik), 2008, S. 31.
537 Vgl. Lehner et al. (Wirtschaftsinformatik), 2008, S. 31-32.
538 Vgl. Lehner et al. (Wirtschaftsinformatik), 2008, S. 32.

- Sonstige Modelle: Zu dieser Klasse zählen alle Modelle, die keiner der oben beschriebenen Klasse zugeordnet werden können. Als Beispiele für derartige Modelle nennt LEHNER u. a. Optimierungs-, Verifikations- oder Gebildemodelle.[539]

4.1.3 Methodikerstellung mittels Systemwissenschaft und Modelltheorie

Das Verständnis des Methodikbegriffs baut auf den zuvor beschriebenen Grundlagen der Systemwissenschaft und Modelltheorie auf. Die vorliegende Arbeit orientiert sich an der Definition von NEUHAUSEN, welche im Rahmen einer ingenieurswissenschaftlichen Publikation entwickelt wird. Demnach bildet eine Methodik ein „System von zusammengehörigen Modellen, Methoden und Hilfsmitteln zur Lösung einer theoretischen und / oder praktischen Aufgabenstellung."[540] Die Aufgabenstellung der vorliegenden Arbeit zugrunde legenden Methodik liegt in der Einführung datengetriebener Geschäftsmodelle im Werkzeugbau. Abbildung 48 stellt den Zusammenhang von Methoden, Modellen und Hilfsmitteln im Rahmen einer Methodik dar.

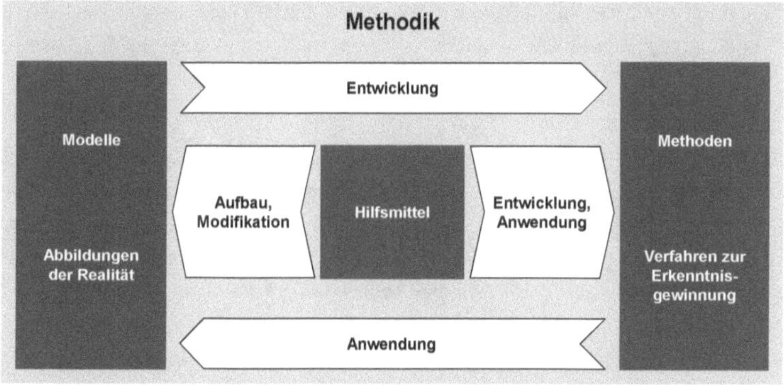

Abbildung 48: Modelle, Methoden und Hilfsmittel im Rahmen der Methodik[541]

Während die Begriffe Modell und System in den vorherigen Kapiteln definiert und erläutert werden, erfolgt zur ganzheitlichen Beschreibung einer Methodik folgend eine Betrachtung der Begriffe Methode und Hilfsmittel. Methoden bilden Verfahren zum Zwecke der Erkenntnisgewinnung und -darstellung und gelten als natürliche Bestandteile in Problemlösungsprozessen.[542,543] [544]Sie lassen sich als geregelte Abfolge von Teilschritten zur Erzielung eines angestrebten Zustands ausgehend von einem festgelegten Initialzustand verstehen.[545] Nach BE-

[539] Vgl. Lehner et al. (Wirtschaftsinformatik), 2008, S. 32.
[540] Vgl. Neuhausen (Gestaltung modularer Produktionssysteme), 2002, S. 6.
[541] I. A. a. Heyn (Entwicklungskooperationen), 1999, S. 6.
[542] Vgl. Bastian (Modelle und Methoden in Problemlösungsprozessen), 2004, S. 287.
[543] Vgl. Neuhausen (Gestaltung modularer Produktionssysteme), 2002, S. 7.
[544] Vgl. Neuhausen (Gestaltung modularer Produktionssysteme), 2002, S. 7; Bastian (Modelle und Methoden in Problemlösungsprozessen), 2004, S. 287.
[545] Vgl. Berens; Delfmann (Quantitative Planung), 1994, S. 104.

CKER ET AL. werden im Rahmen einer Methodik oftmals mehrere aufeinander aufbauende Methoden angewendet.[546] Hilfsmittel werden zur Unterstützung von Modellen und Methoden eingesetzt.[547] Nach LAUFENBERG stellen sie sowohl die Anwendbarkeit einer Methode als auch die Nutzung eines Modells im Rahmen einer Methodik sicher.[548]

4.2 Merkmale zur Verwertung des Forschungsergebnisses

Das Forschungsergebnis der vorliegenden Arbeit soll ein Ansatz zur Einführung datengetriebener Geschäftsmodelle im Werkzeugbau darstellen. Dem in Kapitel 1.4 beschriebenen Forschungsverständnis folgend ist die Verwertung des Forschungsergebnisses sicherzustellen. Anschließend werden zu diesem Zweck die Merkmale beschrieben, welche die Verwertung ermöglichen und die Grenzen der Verwertung aufzeigen. Hierfür wird sich an KOMOREK orientiert, der für den Zweck die Elemente reales System, Zielgruppe, Zeitraum und Zielsetzung der Nutzung nennt.[549] Die Herleitung dieser Elemente stützt sich jeweils auf den Fragen, welche ein Modell nach STACHOWIAK im Rahmen des pragmatischen Merkmals beantworten muss. Diese Fragen lauten: „wovon etwas Modell ist, für wen, wann und wozu es Modell ist“[550].

4.2.1.1 Reales System

Das reale System lässt sich aus dem Betrachtungsbereich der vorliegenden Arbeit ableiten. Dieser wird durch die Branche Werkzeugbau dargestellt. Betriebe dieser Branche bilden das reale System, auf welches das Forschungsergebnis Bezug nimmt. Der Fokus liegt somit auf den branchenspezifischen Unternehmen und Entitäten, welche exploratives Management von Geschäftsmodellen verfolgen. Der Lösungsansatz nimmt auf die strategischen und operativen Herausforderungen bei der Exploration von Geschäftsmodellen Bezug. Hierzu zählt auch die Neukonzeption bestehender Leistungen oder die Erweiterung eines bestehenden Geschäftsmodells. Im Sinne von Geschäftsmodellen umfasst das reale System daher das Leistungsangebots- sowie Marktadressierungsmodell, das Ertragsmodell und das Leistungserbringungsmodell von Betrieben der Branche Werkzeugbau sowie die Interdependenzen zwischen diesen Modellen. Zudem inkludiert das reale System die Prozesse, Kompetenzen, Ressourcen und Organisation der Unternehmen für die parallele Einführung dieser Modelle. Das reale System weiterhin kann nicht als geschlossenes System charakterisiert werden. Die Branche Werkzeugbau und die an den Geschäftsmodellen beteiligten Partner sind Umweltbedingungen ausgesetzt, die sich stetig wandeln. Zudem kann das beschriebene System Interaktionen mit der Systemumwelt aufweisen. Es liegt mithin ein offenes System vor.

[546] Vgl. Becker et al. (Konstruktion von Methodiken), 2008, S. 10.
[547] Vgl. Ritz (Bewertung technischer Änderungen), 1999, S. 32.
[548] Vgl. Laufenberg (Integrierte Projektgestaltung), 1996, S. 6.
[549] Vgl. Komorek (Kollaborative Wertschöpfung im Werkzeugbau), 2014, S. 96.
[550] Vgl. Stachowiak (Allgemeine Modelltheorie), 1973, S. 133.

4.2.1.2 Zielsetzung

Es ist die Zielsetzung des Forschungsergebnisses, für anwendende Betriebe der Branche Werkzeugbau einen Lösungsansatz zur Einführung datengetriebener Geschäftsmodelle zu liefern. Die in Kapitel 2.4 beschriebenen Chancen der Einführung datengetriebener Geschäftsmodelle sollen zur Lösung der aktuellen Herausforderungen in der Branche Werkzeugbau genutzt werden. Der Lösungsansatz soll zur Identifikation geeigneter Anbieter-Kunden Paarungen und Voraussetzungen für die Einführung von datengetriebenen Geschäftsmodellen dienen. Zudem sollen mit dem Lösungsansatz werkzeugbauspezifische, datengetriebene Geschäftsmodelle konfiguriert werden können. Übergreifend soll der Lösungsansatz zur Beantwortung von im Rahmen der Einführung aufkommenden, konzeptionellen Fragen beitragen. Im Sinne der Zielsetzung soll der Lösungsansatz eine möglichst große Zielgruppe ansprechen. Auch Teilbereiche des Lösungsansatzes sollen isoliert anwendbar sein, um individuelle Unternehmensrandbedingungen der Betriebe der Branche Werkzeugbau in hohem Maße berücksichtigen zu können. Es ist festzuhalten, dass die Zielsetzung im Zusammenhang der Verwertbarkeit des Forschungsergebnisses explizit nicht zu verwechseln ist mit der in Kapitel 1.3 formulierten Zielsetzung des Forschungsergebnisses.

4.2.1.3 Zielgruppe

Der Lösungsansatz soll für die unternehmerische Praxis ausgelegt sein. Als Zielgruppe sind jegliche Personen und Entitäten angesprochen, welche die Einführung datengetriebener Geschäftsmodelle im Werkzeugbau als relevant erachten. Hinsichtlich der Zielgruppe kann zudem zwischen Anwendenden und Verwendenden unterschieden werden. Personen, welche aktiv an der Einführung datengetriebener Geschäftsmodelle im Werkzeugbau beteiligt sind, sollen den Lösungsansatz anwenden. Diese Personen können beispielsweise Funktionen innehaben, die zur Unternehmensentwicklung oder zum Produkt- und Innovationsmanagement beitragen. Zudem sind leitende Mitarbeitende und Manager im Werkzeugbau oftmals mit der Entwicklung neuer Geschäftsmodelle verantwortet. Es ist jedoch zu erwähnen, dass auch Unternehmen, welche selbst physisch keine Werkzeuge herstellen, den Lösungsansatz anwenden können. Hierzu zählen beispielsweise Anbieter von industriellen Plattformen.

Dahingegen können Personen, die nicht aktiv an der Einführung datengetriebener Geschäftsmodelle im Werkzeugbau beteiligt sind, den Lösungsansatz verwenden. Hierzu können einerseits Personen zählen, welche sich in dem beschriebenen realen System verorten lassen. Andererseits können auch Personen außerhalb des beschriebenen realen Systems den Lösungsansatz verwenden. Ein Beispiel hierfür bilden Personen aus der Wissenschaft.

4.2.1.4 Zeitraum

Der Zeitraum der Nutzung des Lösungsansatzes ist nicht limitiert. Anhand des Lösungsansatzes soll der Handlungsbedarf aus der Praxis in Kapitel 2.4 und der Handlungsbedarf aus der Theorie in Kapitel 3.3 adressiert werden. Die Nutzung des Lösungsansatzes ist mit dem Zeitpunkt der Veröffentlichung der vorliegenden Arbeit möglich. Es sei jedoch angemerkt, dass sich der praktische und theoretische Handlungsbedarf im Zuge der Generierung neuer Erkenntnisse und verändernden Umweltbedingungen im Wandel befinden. Der Nutzungszeitraum des Lösungsansatzes endet mithin, wenn zukünftige Entwicklungen im Werkzeugbau oder der Datenökonomie eine Einführung von datengetriebenen Geschäftsmodellen nicht mehr erlaubt. Dieser Eintrittszeitpunkt ist zum Zeitpunkt der Veröffentlichung der vorliegenden Arbeit nicht abzusehen. Vor diesem Hintergrund wird jedoch eine kontinuierliche Reflektion und Überprüfung der Voraussetzungen und Schlüsse des Lösungsansatzes gefordert.

4.3 Ordnungsrahmen

Zur Festlegung der einzelnen Phasen sowie der übergreifenden Bilanzhülle der zu entwickelnden Methodik wird im Folgenden ein Ordnungsrahmen hergeleitet, der sich am aktuellen Stand der wissenschaftlichen Forschung orientiert. Nach MEISE lassen sich mit einem Ordnungsrahmen als relevant erfasste Elemente und deren wechselseitige Beziehungen auf einem hohen Abstraktionsniveau einordnen und strukturieren.[551] Zur Herleitung des Ordnungsrahmens werden daher die Elemente und aufgezeigten Beziehungen der Ansätze aus Kapitel 3.2.2 untersucht. Im Zuge dessen lässt sich zunächst feststellen, dass nicht alle Ansätze ihre Elemente in eine sequentielle Abfolge bringen. Als Beispiel für diesen Umstand sei das Gestaltungsmodell nach BEGOVIC genannt.[552] Zum Zwecke der Herleitung eines Ordnungsrahmens werden in derartigen Fällen die Elemente eines Ansatzes nach der Reihenfolge der Nennung gegliedert.

Abbildung 49 stellt eine Übersicht der einzelnen Elemente der Ansätze in ihrer sequentiellen Abfolge dar. Die einzelnen Elemente können in übergreifende Phasen gegliedert werden. In der ersten Phase wird das Potenzial der Einführung eines datengetriebenen Geschäftsmodells analysiert, in der nach KREUTZKAMM & WEBER die Notwendigkeit für die Einführung eruiert wird.[553] EXNER ET AL. analysieren das Potenzial anhand des angestrebten Kunden und der Leistung des Geschäftsmodells.[554] DEMONT & PAULUS-ROHMER sowie SCHUH ET AL. nennen konkret die Systematisierung der Potenzialbereiche und Nutzenfelder für die beteiligten Stakeholder im Rahmen des Geschäftsmodells und inkludieren weiterhin die Untersuchung von datenspezifischen und digitalisierungsspezifischen Befähigern in der Potenzialanalyse.[555] BEGOVIC nennt als Befähiger und Voraussetzungen die digitale Infrastruktur und den digitalen Footprint.[556] Analog müssen in dieser Phase nach HUNKE ET AL. sowohl verfügbare Datenquellen als auch wesentliche Kundenbedürfnisse identifiziert werden.[557] BOSHOF UND SCHALLMO & RUSNJAK adressieren initial ebenso Kundenbedürfnisse.[558] SCHALLMO & RUSNJAK benennen

[551] Vgl. Meise (Ordnungsrahmen zur Organisationsgestaltung), 2001, S. 62.
[552] Vgl. Begovic (Datenbasiertes Wissensmanagement), 2018, S. 137.
[553] Vgl. Kreutzkamm; Weber (Einführung digitaler Produkte im Maschinenbau), 2022, S. 602.
[554] Vgl. Exner et al. (Methodology for Data-driven Business Model), 2017, S. 150.
[555] Vgl. Demont; Paulus-Rohmer (Industrie 4.0-Geschäftsmodelle systematisch entwickeln), 2017, S. 110-120; Schuh et al. (Datengetriebene Geschäftsmodelle implementieren), 2020, S. 41-47.
[556] Vgl. Begovic (Datenbasiertes Wissensmanagement), 2018, S. 125.
[557] Vgl. Hunke et al. (Process Model for Data-Driven Business Model Innovation), 2017, S. 155.
[558] Vgl. Boshof (Datenbasierte Dienstleistungen), 2022, S. 134-140.

zudem die Notwendigkeit der Festlegung von Zielen hinsichtlich der Einführung eines datengetriebenen Geschäftsmodells.[559]

Alle Ansätze adressieren in der Entwicklungsphase die Entwicklung des zukünftigen Geschäftsmodells. SCHALLMO & RUSNJAK sprechen auch von einem sogenannten Optionsraum für zukünftige Geschäftsmodelle, wohingegen SCHUH ET AL. die Definition eines Implementierungsvehikels fordern.[560] DEMONT & PAULUS-ROHMER erwähnen das Konzept von Geschäftsmodellszenarien.[561] Ausnahmen bilden die Ansätze nach BOSHOF und AZKAN ET AL., die sich in dieser Phase auf die Entwicklung von datengetriebenen Dienstleistungen beschränken. Aufbauend auf der Analysephase müssen nach EXNER ET AL. in der Entwicklungsphase der Prozess, die benötigten Ressourcen, die Fähigkeiten und die Partner sowie die Kosten und Erlöse des Geschäftsmodells festgelegt werden.[562] Zur Entwicklung der Geschäftsmodellszenarien werden im Rahmen der Ansätze nach ECHTERHOFF und KREUTZKAMM & WEBER verschiedene Hilfsmittel vorgeschlagen.[563] Hierzu zählt beispielsweise der VPC nach OSTERWALDER ET AL (vgl. Kapitel 5.1.1.1).[564] KÜHNE & BÖHNAMNN konzeptionieren mit dem DIG ein neues Hilfsmittel zur Entwicklung datengetriebener Geschäftsmodelle.[565] FRICK und BEGOVIC definieren in der Entwicklungsphase werkzeugbauspezifische Typen von Geschäftsmodellen.[566]

In der Erprobungsphase werden die entwickelten Szenarien von datengetriebenen Geschäftsmodellen getestet und validiert. DEMONT & PAULUS-ROHMER ordnen die Szenarien dafür hinsichtlich des Kompetenzschwerpunkts und des strategischen Fits ein.[567] Ebenso beschreibt SCHALLMO & RUSNJAK die Bewertung eines Geschäftsmodell-Fits.[568] BOSHOF nimmt eine Bewertung im Rahmen einer Nutzwertanalyse vor.[569] HUNKE ET AL., ECHTERHOFF und SCHUH ET AL. beschreiben darüber hinaus die Erprobung von Geschäftsmodellen anhand von Experimenten und Prototypen.[570] Beispielsweise diskutieren alle diese Ansätze die Nutzung eines MVPs zur Möglichkeit der Validierung eines Geschäftsmodells. Weiterhin sei an dieser Stelle erwähnt, dass SCHALLMO & RUSNJAK und HUNKE ET AL. in ihren Ansätzen ebenso die Betriebsphase eines Geschäftsmodells adressieren, die im Rahmen der Bilanzhülle der Geschäftsmodelleinführung nicht tiefergehend betrachtet wird.[571] Es kann schließlich zusammenfassend

---

[559] Vgl. Hunke et al. (Process Model for Data-Driven Business Model Innovation), 2017, S. 16-18; Schallmo; Rusnjak (Digitale Transformation von Geschäftsmodellen), 2021, S. 16-18.

[560] Vgl. Schuh et al. (Datengetriebene Geschäftsmodelle implementieren), 2020, S. 48-49; Vgl. Schallmo; Rusnjak (Digitale Transformation von Geschäftsmodellen), 2021, S. 21-23.

[561] Vgl. Demont; Paulus-Rohmer (Industrie 4.0-Geschäftsmodelle systematisch entwickeln), 2017, S. 113-114.

[562] Vgl. Exner et al. (Methodology for Data-driven Business Model), 2017, S. 150-151.

[563] Kreutzkamm; Weber (Einführung digitaler Produkte im Maschinenbau), 2022, S. 602; Vgl. Echterhoff (Einführung innovativer Geschäftsmodelle), 2018, S. 89-91.

[564] Vgl. Schulz; Sachs (Geschäftsmodellinnovation eines mittelständischen Behälterherstellers), 2019, S. 611-613.

[565] Vgl. Kühne; Böhmann (Formative Evaluation of Data-Driven Business), 2020, S. 429-431.

[566] Vgl. Frick (Geschäftsmodelle im Werkzeugbau), 2006, S. 143; Begovic (Datenbasiertes Wissensmanagement), 2018, S. 196-200.

[567] Vgl. Demont; Paulus-Rohmer (Industrie 4.0-Geschäftsmodelle systematisch entwickeln), 2017, S. 114-116.

[568] Vgl. Schallmo; Rusnjak (Digitale Transformation von Geschäftsmodellen), 2021, S. 24-27.

[569] Vgl. Boshof (Datenbasierte Dienstleistungen), 2022, S. 210-215.

[570] Vgl. Hunke et al. (Process Model for Data-Driven Business Model Innovation), 2017, S. 156; Echterhoff (Einführung innovativer Geschäftsmodelle), 2018, S. 102-112; Schuh et al. (Datengetriebene Geschäftsmodelle implementieren), 2020, S. 50-51.

[571] Vgl. Hunke et al. (Process Model for Data-Driven Business Model Innovation), 2017, S. 156; Schallmo; Rusnjak (Digitale Transformation von Geschäftsmodellen), 2021, S. 27-29.

festgehalten werden, dass für die Konzeption der Methodik zwischen Potenzialanalysephase, Entwicklungsphase und Erprobungsphase unterschieden werden kann.

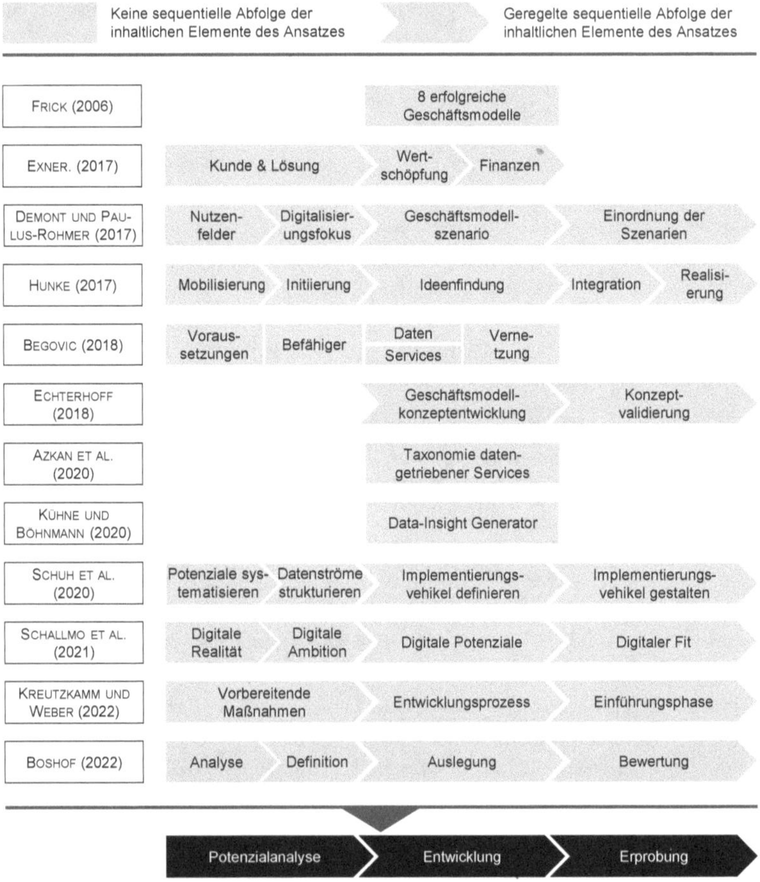

Abbildung 49: Herleitung des Ordnungsrahmen der Methodik[572]

4.4 Grobkonzept der Methodik

In Anlehnung an den im vorherigen Kapitel abgeleiteten Ordnungsrahmen wird folgend das Grobkonzept der Methodik zur Einführung datengetriebenen Geschäftsmodelle im Werkzeugbau wie in Abbildung 50 dargestellt beschrieben. In der initialen Phase der Potenzialanalyse gilt es zu berücksichtigen, dass sich datengetriebene Geschäftsmodelle im Werkzeugbau bisher kaum durchgesetzt haben. Zunächst werden daher im ersten Schritt der Methodik geeignete Anbieter-Kunden Paarungen für datengetriebene Geschäftsmodelle identifiziert. Hierfür

[572] Eigene Darstellung.

werden anbietenden Unternehmen potenzielle datengetriebene Leistungstypen zuordnet. Hierauf aufbauend werden unter Berücksichtigung der datengetriebenen Leistungstypen Zielkunden für die anbietenden Unternehmen hergeleitet. Im zweiten Schritt der Methodik werden für die identifizierten Paarungen die datenspezifischen Befähiger zur Einführung datengetriebener Geschäftsmodelle im Werkzeugbau analysiert. Die Schlüsselressourcen in datengetriebenen Geschäftsmodellen bilden definitorisch Daten.[573] Daher werden die erforderlichen Daten für die Umsetzung datengetriebener Geschäftsmodelle im Werkzeugbau hergeleitet. Vor dem Hintergrund, dass ein Werkzeugbaubetrieb zur Einführung datengetriebener Geschäftsmodelle oftmals auf Kundendaten angewiesen ist, erfolgt zudem eine Ermittlung datenspezifischer Vernetzungsmöglichkeiten zwischen Kunde und Werkzeugbaubetrieb. Das Ergebnis der Phase der Potenzialanalyse bilden somit identifizierte Kunden-Anbieter Paarungen sowie analysierte datenspezifische Befähiger für datengetriebene Geschäftsmodelle im Werkzeugbau.

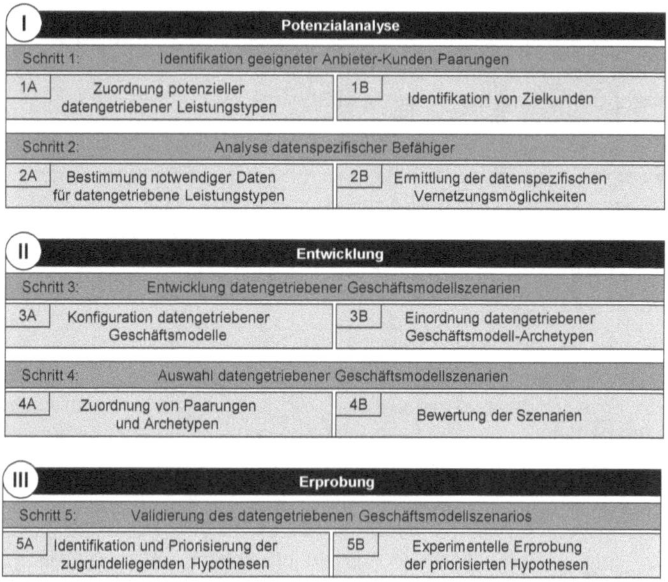

Abbildung 50: Einführung datengetriebener Geschäftsmodelle im Werkzeugbau[574]

Hieran knüpft die Phase der Entwicklung mit dem dritten und vierten Schritt der Methodik an. Im dritten Schritt der Methodik werden Szenarien datengetriebener Geschäftsmodelle im Werkzeugbau hergeleitet. Hierfür wird zunächst der Lösungsraum der Konfiguration datengetriebener Geschäftsmodelle im Werkzeugbau bilanziert und spezifiziert. In Betrachtung dieses Lösungsraums werden Szenarien, die dem gleichen Geschäftsmodellmuster folgen, zu Archetypen datengetriebener Geschäftsmodelle im Werkzeugbau zusammengefasst. Auf dieser Ba-

[573] Vgl. Zolnowski et al. (Data-Driven Innovations), 2016, S. 2.
[574] Eigene Darstellung.

sis wird im vierten Schritt das geeignetste Szenario für eine spezifische Anbieter-Kunden Paarungen ausgewählt. Zu diesem Zwecke erfolgt die Zuordnung der identifizierten Paarungen zu den definierten Archetypen. Für den Fall, dass einer Paarung mehrere Archetypen zugeordnet werden können, wird zudem eine Bewertungssystematik zur Auswahl des geeignetsten Szenarios entwickelt. Somit zählen zu den Ergebnissen der zweiten Phase entwickelte Szenarien für datengetriebene Geschäftsmodelle im Werkzeugbau sowie anknüpfend ein ausgewähltes Szenario mit der höchsten Eignung für eine spezifische Anbieter-Kunden Paarung.

Die Methodik schließt mit der Phase der Erprobung. Diese umfasst den fünften Schritt der Methodik, in der eine Validierung des ausgewählten, datengetriebenen Geschäftsmodellszenarios aus der zweiten Phase erfolgt. Für die Validierung werden Hypothesen in Bezug auf die Funktionsfähigkeit des Geschäftsmodells identifiziert und priorisiert. Schließlich werden zur experimentellen Erprobung der priorisierten Hypothesen Geschäftsmodellexperimente vorgeschlagen und beschrieben. Folgend werden die einzelnen Phasen, Schritte und Detailschritte der Methodik tiefergehend erläutert.

4.4.1 Konzeptionierung der Potenzialanalysephase

In der ersten Phase der Methodik wird das Potenzial der Einführung datengetriebener Geschäftsmodelle im Werkzeugbau analysiert. Die Phase umfasst die ersten beiden Schritte der Methodik. Im ersten Schritt werden geeignete, werkzeugbauspezifische Anbieter-Kunden Paarungen für datengetriebene Geschäftsmodelle identifiziert. Dem angeschlossen werden im zweiten Schritt die datenspezifischen Befähiger für die Einführung von datengetriebenen Geschäftsmodellen mit Bezug auf die einzelnen Paarungen analysiert.

Datengetriebene Geschäftsmodelle haben sich im Werkzeugbau bisher kaum durchgesetzt. Bevor spezifische datengetriebene Geschäftsmodelle im Werkzeugbau entwickelt werden können, müssen daher zunächst geeignete Anbieter-Kunden Paarungen identifiziert werden. Diese Identifikation erfolgt wie in Abbildung 51 dargestellt im Rahmen der Potenzialanalyse im ersten Schritt der Methodik. Der erste Schritt der Methodik teilt sich wiederum in zwei Detailschritte auf, welche sich jeweils auf anbieterseitige bzw. kundenseitige Eignung fokussieren. Datengetriebene Leistungstypen können als Mittler zwischen anbieterseitiger und kundenseitiger Eignung genutzt werden. Im ersten Detailschritt werden dieser Logik folgend Leistungstypen für datengetriebene Geschäftsmodelle geeigneten Werkzeugbaubetrieben zugeordnet. Die Zuordnung von datengetriebenen Leistungstypen kann in drei sequentiellen Aktivitäten erfolgen. Zunächst müssen werkzeugbauspezifische Leistungstypen für datengetriebene Geschäftsmodelle definiert und konkretisiert werden. Konzeptionell haben BOOS ET AL. beispielsweise ohne tiefergehende Konkretisierung bereits einen Vorschlag für datengetriebene Leistungstypen im Werkzeugbau vorgenommen.[575] Dem angeschlossen müssen Werkzeugbaubetriebe hinsichtlich konkreter Eigenschaften zur Einführung datengetriebener Geschäftsmodelle in verschiedene Gruppen strukturiert werden. In diese Eigenschaften sind vor allem die unternehmerischen Ziele des Werkzeugbaubetriebs einzubeziehen, weil sich diese hinsichtlich der Einführung eines datengetriebenen Geschäftsmodells wesentlich unterscheiden kön-

[575] Vgl. Boos et al. (Datengetriebene Geschäftsmodelle), 2023, S. 27-28.

nen. Schließlich müssen den strukturierten Gruppen von Werkzeugbaubetrieben die definierten, datengetriebenen Leistungstypen zugeordnet werden. Das Ergebnis des ersten Detailschritts bilden somit definierte Leistungstypen für Werkzeugbaubetriebe zur Einführung datengetriebener Geschäftsmodelle.

Nach der Zuordnung von potenziellen datengetriebenen Leistungstypen erfolgt im Detailschritt 1B die Identifikation von Zielkunden. Diese Identifikation kann ebenso in drei aufeinander folgenden Aktivitäten durchgeführt werden. Zunächst müssen anhand von definierten Faktoren potenzielle Gruppen von Zielkunden hergeleitet werden. Hierbei sind insbesondere die Kollaborationsbereitschaft sowie die Kundenbedürfnisse zu beachten. Darauffolgend müssen diese Faktoren in Bezug auf die in Detailschritt 1A beschriebenen Leistungstypen gesetzt werden. Hieraus können resultierend schließlich werkzeugbauspezifische Kunden-Anbieter Paarungen für datengetriebene Geschäftsmodelle abgeleitet werden. Zu den Ergebnissen des zweiten Detailschritts zählen mithin geeignete werkzeugbauspezifische Anbieter-Kunden Paarungen für datengetriebene Geschäftsmodelle. Strukturell kann sich die beschriebene Identifikation von geeigneten Anbieter-Kunden Paarungen für datengetriebene Geschäftsmodelle im Werkzeugbau an diversen wissenschaftlichen Ansätzen anlehnen, welche im Zuge der Leistungsgestaltung Kunden und anbietende Unternehmen in Relation setzen. Exemplarisch seien Exner et al.[576], Belz et al.[577], Turnbull & Valla[578], Heinisch[579] und Osterwalder et al.[580] genannt.

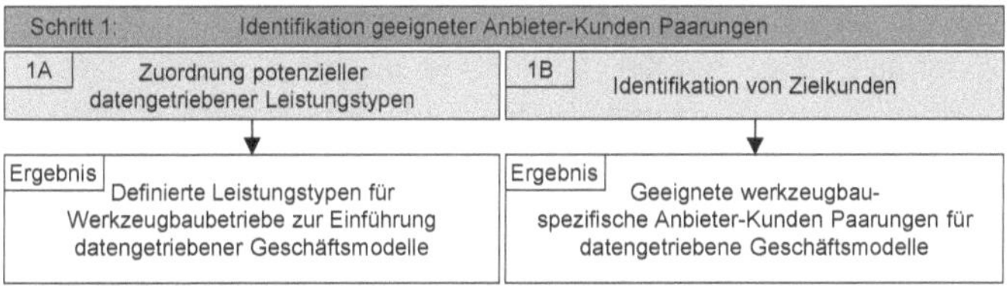

Abbildung 51: Schritt 1 – Identifikation geeigneter Anbieter-Kunden Paarungen[581]

Im zweiten Schritt der Methodik erfolgt die Analyse und Bestimmung der datenspezifischen Befähiger zur Einführung datengetriebener Geschäftsmodelle im Werkzeugbau. Diese werden beschrieben und in Bezug zu den hergeleiteten Paarungen und Leistungstypen aus dem ersten Schritt der Methodik gesetzt. Die Schlüsselressourcen in datengetriebenen Geschäftsmodellen bilden definitorisch Daten.[582] In einem ersten Detailschritt werden daher Datenklassen für die Einführung von datengetriebenen Geschäftsmodellen im Werkzeugbau hergeleitet und hinsichtlich Ihrer Bedeutung für die Paarungen und Leistungstypen bewertet. Das Ergebnis dieses Detailschritts bildet somit die ermittelte Notwendigkeit der verschiedenen Datenkategorien in Bezug auf die jeweiligen Leistungstypen und die Anbieter-Kunden Paarungen.

[576] Vgl. Exner et al. (Methodology for Data-driven Business Model), 2017, S. 151.
[577] Vgl. Belz et al. (Industrie als Dienstleister), 1997, S. 75.
[578] Vgl. Turnbull; Valla (Strategic Planning in Industrial Marketing), 1986, S. 5.
[579] Vgl. Heinisch (Serviceerfolgsmessung – Ein Modell zur Analyse von Service Value), 2014, S. 119-120.
[580] Vgl. Osterwalder et al. (Value proposition design), 2015, S. 8-9.
[581] Eigene Darstellung.
[582] Vgl. Zolnowski et al. (Data-Driven Innovations), 2016, S. 2.

Aufgrund der Verteilung der Datenentstehungspunkte in verschiedenen Systemen entlang des Werkzeuglebenszyklus sowie der wechselnden Hoheit der Daten bildet zudem die Vernetzung einen datenspezifischen Befähiger für datengetriebene Geschäftsmodelle.[583] In diesem Zusammenhang sei auf Kapitel 2.1.1.3 verwiesen, in dem die Grundlagen der digitalen Vernetzung beschrieben werden. Auf dieser Basis werden die Vernetzungsmöglichkeiten zwischen Werkzeugbaubetrieb und Kunde aufgezeigt und wiederum hinsichtlich der Relevanz für die jeweiligen Paarungen und Leistungstypen evaluiert. Das Ergebnis ergibt sich aus identifizierten Möglichkeiten zur horizontalen und vertikalen Vernetzung zur Erbringung datengetriebener Leistungen im Werkzeugbau. Der zweite Schritt der Methodik sowie die erzielten Teilergebnisse sind zusammenfassend in Abbildung 52 dargestellt.

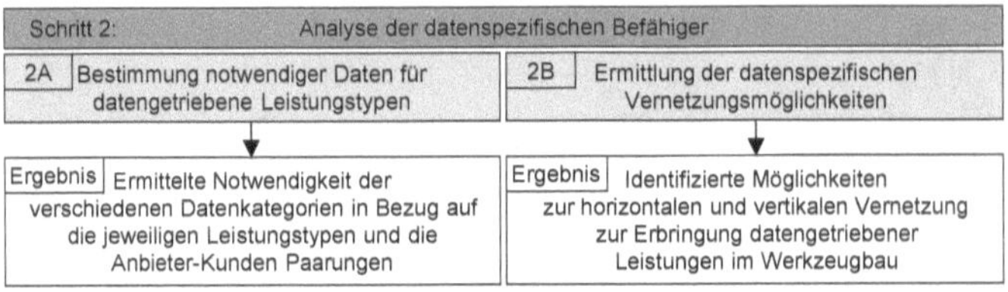

Abbildung 52: Schritt 2 – Analyse der datenspezifischen Befähiger[584]

4.4.2 Konzeptionierung der Entwicklungsphase

Aufbauend auf der Potenzialanalyse umfasst die Entwicklungsphase der Methodik den dritten und vierten Schritt. Im dritten Schritt werden Szenarien datengetriebener Geschäftsmodelle entwickelt. Hieran angeschlossen wird im vierten Schritt eine Auswahl hinsichtlich der entwickelten Szenarien vorgenommen.

Die Entwicklung von Szenarien datengetriebener Geschäftsmodelle im Rahmen des dritten Schritts gliedert sich in zwei Detailschritte. Im Detailschritt 3A wird die Konfiguration datengetriebener Geschäftsmodelle im Werkzeugbau aufgezeigt. Ein geeignetes Hilfsmittel zur Konfiguration von Geschäftsmodellen bildet die Morphologie, in welcher die Aktivitäten der Datenwertschöpfung und deren Komplexitätsgrad systemisch verankert werden. Wie in Kapitel 2.2.1.1 dargelegt muss eine Morphologie dafür das Leistungsangebots- und Marktadressierungsmodell, das Leistungserstellungsmodell und das Ertragsmodell beinhalten.[585] Zudem sind in der Morphologie Daten als Schlüsselressource des Geschäftsmodells zu verankern. Das Ergebnis dieses Detailschritts bilden somit identifizierte Charakteristika zur Konfiguration datengetriebener Geschäftsmodelle im Werkzeugbau im Rahmen der Morphologie. Diese versetzt den Methodikanwendenden in die Lage, individuelle datengetriebene Geschäftsmodelle im Werkzeugbau zu gestalten.

Mit Blick auf dieses Ergebnis lässt sich allgemein festhalten, dass die Menge möglicher datengetriebener Geschäftsmodelle im Rahmen einer derartigen Morphologie deterministisch ist. Insbesondere aufgrund der komplexen Teilmodelle eines Geschäftsmodells ist diese Menge

583 Vgl. Roh (Datengetriebene Verbesserung von Produktionsabläufen), 2019, S. 85-86; Vgl. Jud et al. (Einfluss von Plattformen auf digitale Geschäftsmodelle), 2019, S. 119-121.
584 Eigene Darstellung.
585 Vgl. Schuh et al. (Management industrieller Dienstleistungen), 2016, S. 68.

jedoch in der Praxis für einen Methodikanwendenden oftmals schwierig zu handhaben. Daher ist es sinnvoll, übergreifende Archetypen zu definieren, die datengetriebene Geschäftsmodelle mit identischem Muster zusammenzufassen. In Anlehnung an Schroeder können die Archetypen Datenlieferanten, Datennutzer und Datenbefähiger umfassen.[586] Auf dieser Basis bilden die Archetypen praxistaugliche Szenarien von datengeschriebenen Geschäftsmodellen im Werkzeugbau. Ähnliche Vorgehensweisen lassen sich in zahlreichen wissenschaftlichen Publikationen beobachten. Exemplarisch sei dabei auf Gassmann et al.[587] und Roth-Dietrich & Gröschel[588] verwiesen. In diesem Sinne erfolgt im Detailschritt 3B der Methodik die Definition datengetriebener Geschäftsmodell-Archetypen im Werkzeugbau. Die Definition und Einordnung datengetriebener Geschäftsmodell-Archetypen kann in zwei sequenziellen Aktivitäten durchgeführt werden. Zunächst müssen die antagonistischen Archetypen anhand von Mustern von datengetriebenen Geschäftsmodellen abgegrenzt werden. Daraufhin müssen die Archetypen detailliert werden. Durch die Detaillierung kann eine Zuordnung von spezifischen datengetriebenen Geschäftsmodellen zu einem Archetyp ermöglicht werden. Auf diese Weise sind hergeleitete Szenarien für datengetriebene Geschäftsmodelle im Werkzeugbau anhand der Archetypen wie in Abbildung 53 dargestellt das Ergebnis des vierten Schrittes der Methodik.

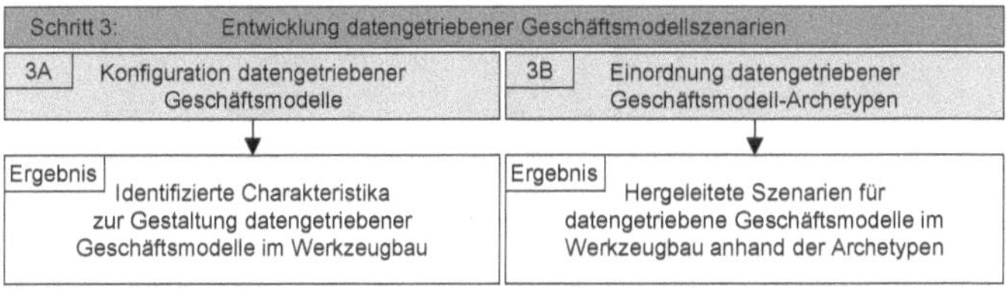

Abbildung 53: Schritt 3 – Entwicklung datengetriebener Geschäftsmodellszenarien[589]

Im vierten Schritt wird hinsichtlich der entwickelten Szenarien eine Auswahl vorgenommen. Dabei soll das Szenario ausgewählt werden, welches die höchste Eignung in Bezug auf eine werkzeugbauspezifische Marktkonstellation aufweist. Zu diesem Zwecke gliedert sich der vierte Schritt wie in Abbildung 54 dargestellt in zwei sequentielle Detailschritte. Aufbauend auf dem dritten Schritt werden im Detailschritt 4A die hergeleiteten Archetypen mit den im ersten Schritt der Methodik dargelegten Paarungen zusammengeführt. Die Paarungen umfassen spezifische Marktkonstellationen sowie Leistungstypen, im Rahmen derer ein Werkzeugbaubetrieb und sein Kunde im Sinne datengetriebener Geschäftsmodelle miteinander interagieren können. Es gilt daher zu ermitteln, welche Szenarien von datengetriebenen Geschäftsmodellen für die jeweiligen Paarungen geeignet sind. Das Ergebnis des Detailschritts 4A bilden somit zugeordnete werkzeugbauspezifische Anbieter-Kunden Paarungen zu den Archetypen datengetriebener Geschäftsmodelle.

[586] Vgl. Schroeder (Big data business models), 2016, S. 9.
[587] Vgl. Gassmann et al. (Geschäftsmodelle entwickeln), 2013, S. 73-75.
[588] Vgl. Roth-Dietrich; Gröschel (Matching zwischen Geschäftsmodellmustern), 2018, S. 90-92.
[589] Eigene Darstellung.

Im Zuge von Detailschritt 4A kann sich zeigen, dass sich in Abhängigkeit von der Marktkonstellation verschiedene datengetriebene Geschäftsmodelle für einen Werkzeugbaubetrieb eignen können. In dem Detailschritt 4B wird mithin eine Bewertungssystematik entwickelt, anhand derer Werkzeugbetriebe unter der Berücksichtigung vier übergeordneter Einflussbereiche datengetriebene Geschäftsmodelle hinsichtlich ihrer Eignung bewerten können. In Anlehnung an BERNDT & GEISMAR können zur Bewertung der Eignung datengetriebener Geschäftsmodelle leistungstyporientierte, kundenbezogene, wettbewerbsbezogene und werkzeugbaubezogene Kriterien genutzt werden.[590] Die prozessualen Hilfsmittel zur spezifischen Anwendung der Bewertungssystematik können durch den paarweisen Vergleich sowie eine Nutzwertanalyse gebildet werden. Somit stellt das Ergebnis des Detailschritts 4B ein ausgewähltes datengetriebenes Geschäftsmodell dar, welches die höchste Eignung hinsichtlich einer spezifischen Marktkonstellation aufweist.

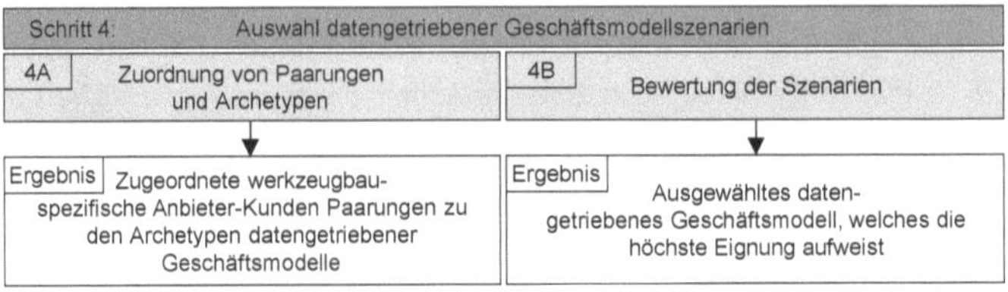

Abbildung 54: Schritt 4 – Auswahl datengetriebener Geschäftsmodellszenarien[591]

4.4.3 Konzeptionierung der Erprobungsphase

Die Methodik schließt mit der Erprobungsphase, welche den fünften Schritt beinhaltet. In dessen Rahmen erfolgt eine Validierung des datengetriebenen Geschäftsmodellszenarios. Dies knüpft an die Auswahl eines Geschäftsmodellszenarios im Detailschritt 4B der Methodik an.

Der fünfte Schritt der Methodik ist wie in Abbildung 55 dargestellt wiederum ebenso in zwei Detailschritte strukturiert. Im Detailschritt 5A werden Hypothesen identifiziert und priorisiert. Die Hypothesen beschreiben die Funktionsfähigkeit des im vierten Schritt der Methodik ausgewählten, datengetriebenen Geschäftsmodells. Über die Validierung der Hypothesen kann demzufolge der Nachweis hinsichtlich der Funktionsfähigkeit des Geschäftsmodells erbracht werden. Die Hypothesenidentifikation wird anhand von Fragen über die Funktionsfähigkeit eines datengetriebenen Geschäftsmodells beschrieben. Hierbei ist auf die Adressierung aller Teilmodelle eines Geschäftsmodells anhand der Fragen zu achten. Das Ergebnis von Detailschritt 5A sind die identifizierten und priorisierten Hypothesen hinsichtlich der Funktionsfähigkeit des datengetriebenen Geschäftsmodells.

Schließlich wird im folgenden Detailschritt 5B die experimentelle Erprobung der priorisierten Hypothesen aufgezeigt. In diesem Detailschritt gilt es mithin Geschäftsmodellexperimente zur Überprüfung der hergeleiteten Hypothesen zu identifizieren. Es werden werkzeugbaugeeignete Entdeckungs- und Validierungsexperimente beschrieben. Diese Experimente werden zudem hinsichtlich ihrer Eignung zur Überprüfung der Hypothesen bewertet. Bei der Identifikation

[590] Vgl. Berndt; Geismar (Erfolgsgrößen datengetriebener Geschäftsmodelle), 2021, S. 290.
[591] Eigene Darstellung.

von Geschäftsmodellexperimenten, die eine hohe werkzeugbauspezifische Eignung aufweisen, werden insbesondere Geschäftsmodellexperimente nach MAYURA[592], OSTERWALDER ET AL.[593], BUCHHOLZ & BÜRGER[594] sowie BLAND & OSTERWALDER[595] betrachtet. Das Ergebnis von Detailschritte 5B stellen somit geeignete Experimente zur Erprobung von datengetriebenen Geschäftsmodellen im Werkzeugbau dar.

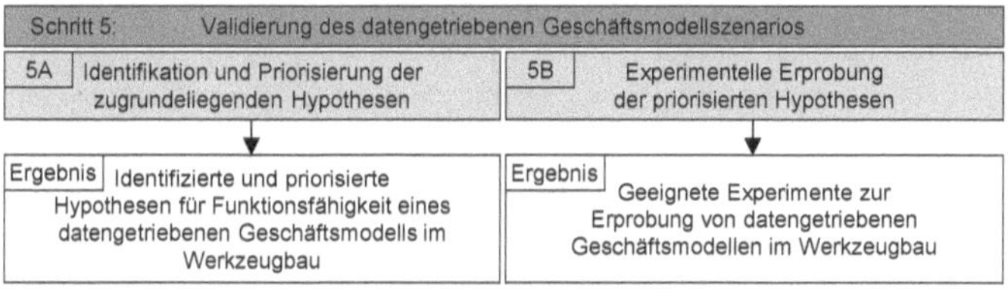

Abbildung 55: Schritt 5 – Validierung des datengetriebenen Geschäftsmodellszenarios[596]

4.5 Kritische Reflexion

In Kapitel 1.3 wird der Forschungsbedarf der vorliegenden Arbeit angenommen. Diese Annahme wird durch den Forschungsbedarf aus der Praxis und den Forschungsbedarf aus der Theorie validiert. Aus dem Forschungsbedarf resultiert die handlungsweisende Forschungsfrage, die wie folgt lautet:

Wie kann eine Methodik zur Einführung von datengetriebenen Geschäftsmodellen im Werkzeugbau gestaltet sein?

Die konzipierte Methodik zur Einführung datengetriebener Geschäftsmodelle im Werkzeugbau beantwortet die handlungsweisende Forschungsfrage. Die Konzeption basiert auf den Grundlagen der Systemwissenschaften und der Modelltheorie. Aus dem hergeleiteten Ordnungsrahmen ergeben sich für die Methodik die übergreifenden Phasen der Potenzialanalyse, der Entwicklung und der Erprobung. Die Methodik besteht mithin aus drei Phasen, welche insgesamt fünf Schritte umfassen. Die Phase der Potenzialanalyse beinhaltet die ersten beiden Schritte. Im ersten Schritt erfolgt die Identifikation von geeigneten, werkzeugbauspezifischen Anbieter-Kunden Paarungen für datengetriebene Geschäftsmodelle. Hieran anknüpfend werden für die identifizierten Paarungen im zweiten Schritt die datenspezifischen Befähiger für die Einführung von datengetriebenen Geschäftsmodellen analysiert. Aufbauend auf der Potenzialanalyse folgen in der Entwicklungsphase der dritte und vierte Schritt. Im dritten Schritt werden Szenarien datengetriebener Geschäftsmodelle entwickelt. Darauf aufbauend wird im vierten Schritt systematisch ein konkretes Szenario ausgewählt. In der letzten Phase der Erprobung erfolgt schließlich die Validierung des ausgewählten Szenarios.

592 Vgl. Maurya (Running Lean), 2023, S. 177-306.
593 Vgl. Osterwalder et al. (Value proposition design), 2015, S. 216-218.
594 Vgl. Buchholz; Bürger (Der Geschäftsmodell Toolguide), 2020, S. 32-148.
595 Vgl. Bland; Osterwalder (Testing Business Ideas), 2020, S. 94-97.
596 Eigene Darstellung.

In Kapitel 3.1.3 werden Anforderungen hergeleitet, die ein Ansatz zur Einführung datengetriebener Geschäftsmodelle im Werkzeugbau erfüllen muss. Es handelt sich um allgemeine, datenorientiere, geschäftsmodellorientiere und werkzeugbauspezifische Anforderungen. Die allgemeinen Anforderungen umfassen die Praktikabilität und die konkrete Vorgehensweise. Die konzipierte Methodik weist eine klare Struktur und verständliche Handhabbarkeit auf. Mithin besteht die Methodik aus abgegrenzten und aufeinander aufbauenden Schritten sowie Phasen. Durch den Aufbau und die Definition der Ein- und Ausgangsgrößen der jeweiligen Schritte ist es für den Anwendenden möglich, an verschiedenen Stellen der Methodik einzusteigen. Die konzipierte Methodik erfüllt die allgemeinen Anforderungen, wobei eine Bestätigung der Praxistauglichkeit durch Fallbeispiele in Kapitel 6 erfolgen soll.

Die Datenmonetarisierung und die Datenwertschöpfung bilden die datenorientierten Anforderungen. Die Methodik fokussiert die im Rahmen der externen Datenmonetarisierung geschaffenen Mehrwerte. Anhand der Strategien externer Datenmonetarisierung werden die Archetypen datengetriebener Geschäftsmodelle abgegrenzt. Dabei werden Datenlieferanten, Datennutzer und Datenbefähiger unterschieden. Die erforderlichen Aktivitäten der Datenwertschöpfung und deren Komplexitätsgrad werden systemisch in der Konfiguration datengetriebener Geschäftsmodelle adressiert. Somit erfüllt die Methodik die datenorientierten Anforderungen vollständig.

Trotz der Prognose des hohen Potenzials datengetriebener Geschäftsmodelle im Werkzeugbau haben sich diese bisher wenig in der Branche etabliert. In der konzipierten Methodik werden daher im ersten Schritt werkzeugbauspezifische Kunden-Anbieter Paarungen identifiziert, welche eine hohe Eignung hinsichtlich der Interaktion im Rahmen datengetriebener Geschäftsmodelle aufweisen. Für diese Paarungen werden im dritten Schritt potenzielle datengetriebene Geschäftsmodelle in allen Teilmodellen und Elementen detailliert. Dem angeknüpft wird die Erprobung des detaillierten datengetriebenen Geschäftsmodells adressiert. Im Rahmen der Erprobung werden Hypothesen ermittelt und priorisiert, die für die Funktionsfähigkeit des Geschäftsmodells relevant sind. Für diese Hypothesen werden anknüpfend Experimente zur Validierung bzw. Falsifizierung selektiert. Die geschäftsmodellorientierten Anforderungen werden mithin von der konzipierten Methodik vollständig erfüllt.

Es ist zudem ersichtlich, dass die Methodik speziell für die Branche Werkzeugbau konzipiert ist. Entlang der gesamten Methodik werden die spezifischen Eigenschaften der Einzel- und Kleinserienfertigung berücksichtigt, welche den Werkzeugbau kennzeichnen. Hierzu zählen z. B. vergleichsweise geringe wertschöpfungs- und marktseitige Multiplikatoreneffekte, welche die Entwicklung geeigneter datengetriebener Geschäftsmodelle beeinflussen. In der Branche Werkzeugbau weist die modulare Methodik jedoch einen universellen Charakter auf. Dies lässt die Anwendung der Methodik bei Unternehmen mit unterschiedlichen Randbedingungen zu. Die Anwendbarkeit bei unterschiedlichen Unternehmensrandbedingungen soll zudem in Kapitel 6 im Rahmen verschiedener Fallbeispiele bekräftigt werden. Es lässt sich festhalten, dass die konzipierte Methodik die werkzeugbauspezifischen Anforderungen vollumfänglich adressiert. Insgesamt erfüllt die konzipierte Methodik mithin die Anforderungen an einen Ansatz zur Einführung datengetriebener Geschäftsmodelle im Werkzeugbau vollständig. Des

Weiteren beantwortet die Methodik die in Kapitel 3.4 definierten Teilforschungsfragen in folgendem Maße.

Wie lassen sich geeignete werkzeugbauspezifische Anbieter-Kunden Paarungen für datengetriebene Geschäftsmodelle identifizieren?

Der erste Schritt der Methodik dient der Beantwortung dieser Teilforschungsfrage. In diesem Schritt werden Leistungstypen für datengetriebene Geschäftsmodelle definiert. Anhand dieser Leistungstypen werden geeignete anbietende Unternehmen sowie Zielkunden kriterienbasiert miteinander verknüpft. Auf diese Weise lassen sich geeignete Anbieter-Kunden Paarungen für datengetriebene Geschäftsmodelle im Werkzeugbau identifizieren.

Welche daten- und vernetzungsspezifischen Voraussetzungen sind für die Einführung datengetriebener Geschäftsmodelle im Werkzeugbau erforderlich?

Die Methodik adressiert diese Teilforschungsfrage durch die Bestimmung notwendiger Daten und Vernetzungsplattformen für datengetriebene Geschäftsmodelle im Werkzeugbau. Die notwendigen Daten und Vernetzungsplattformen werden in Abhängigkeit der jeweiligen Anbieter-Kunden Paarungen analysiert. Bei der Bestimmung notwendiger Daten liegt der Fokus insbesondere auf der Werkzeuglebenszyklusphase des Serienproduktionsprozesses. Hinsichtlich der Plattformen wird zwischen physisch vernetzten, softwaredefinierten und Serviceplattformen unterschieden.

Welche Szenarien datengetriebener Geschäftsmodelle lassen sich aus den Voraussetzungen ableiten?

In Abhängigkeit der Anbieter-Kunden Paarungen sowie der Voraussetzungen werden im Rahmen der Methodik verschiedene Szenarien datengetriebener Geschäftsmodelle im Werkzeugbau hergeleitet. Ausgangspunkt hierfür bilden der Datenlieferant, der Datenbefähiger sowie der Datennutzer. Diese stellen die drei übergreifenden Typen datengetriebener Geschäftsmodelle dar.

Wie lässt sich die Eignung eines Geschäftsmodellszenarios für eine spezifische Anbieter-Kunden Paarung bewerten?

Die Eignungsbewertung eines Geschäftsmodellszenarios für eine spezifische Anbieter-Kunden Paarung wird im vierten Schritt der Methodik adressiert. Einerseits werden leistungstyporientierte, kundenbezogene, wettbewerbsbezogene und werkzeugbaubezogene Kriterien zur Bewertung aufgezeigt. Andererseits wird eine Systematik zur Bewertung anhand dieser Kriterien entwickelt. Auf diese Weise wird die Befähigung zur Bewertung der Eignung sichergestellt.

Wie kann die Funktionsweise des Geschäftsmodells hypothesenbasiert beschrieben und nachgewiesen werden?

Es werden Hypothesen hergeleitet, welche die Funktionsweise eines Geschäftsmodells annahmebasiert umfassen. Diese Hypothesen werden hinsichtlich der Validierungspriorität gegliedert. Dem angeschlossen werden geeignete Validierungs- und Entdeckungsexperimente dargelegt, welche zur Überprüfung der Hypothesen dienen. Anhand der Validierung der Hypothesen wird der Nachweis der Funktionsweise eines Geschäftsmodells erbracht.

Zusammenfassend lässt sich festhalten, dass das Grobkonzept der Methodik die Anforderungen an einen Lösungsansatz zur Einführung datengetriebener Geschäftsmodelle erfüllt. Des Weiteren können die Teilforschungsfragen anhand der Bestandteile des Grobkonzepts beantwortet werden. Im folgenden fünften Kapitel der vorliegenden Arbeit werden die Bestandteile ausdetailliert.

5 Detaillierung der Methodik

Die Methodik zur Einführung datengetriebener Geschäftsmodelle im Werkzeugbau bildet das zentrale Ergebnis der vorliegenden Arbeit. Basierend auf dem in Kapitel 4.3 hergeleiteten Ordnungsrahmen besteht die Methodik aus drei Phasen mit insgesamt fünf Schritten. Die erste Phase bildet die Potenzialanalyse, in welcher zunächst geeignete Werkzeug-Kunden Paarungen für datengetriebene Geschäftsmodelle identifiziert werden. Für diese Paarungen werden folgend notwendige Daten und Vernetzungsmöglichkeiten festgelegt. Im Rahmen der anknüpfenden Entwicklungsphase werden Szenarien datengetriebener Geschäftsmodelle im Werkzeugbau hergeleitet. Diese Szenarien werden mit den identifizierten Paarungen verknüpft und es erfolgt vor diesem Hintergrund die Auswahl des geeignetsten Szenarios für eine spezifische Marktkonstellation im Werkzeugbau. Schließlich werden in der dritten Phase der Erprobung Hypothesen für die erfolgreiche Einführung datengetriebener Geschäftsmodelle aufgezeigt und Experimente für deren Verifizierung identifiziert.

In Kapitel 5 der vorliegenden Arbeit wird die Methodik aufbauend auf der Grobkonzeption in Kapitel 4 detailliert. Die Strukturierung des vorliegenden Kapitels basiert auf den drei aufeinanderfolgenden Phasen der Methodik. Abschließend erfolgt eine Integration der einzelnen Phasen und Schritte zu einer ganzheitlichen Methodik.

5.1 Detaillierung der Potenzialanalysephase

Die Phase der Potenzialanalyse umfasst die ersten beiden Schritte der Methodik, die wiederum jeweils aus zwei Detailschritten bestehen. In der Phase der Potenzialanalyse gilt es zu berücksichtigen, dass sich datengetriebene Geschäftsmodelle im Werkzeugbau bisher kaum durchgesetzt haben. Zunächst werden daher im ersten Schritt der Methodik geeignete Anbieter-Kunden Paarungen für datengetriebene Geschäftsmodelle identifiziert. Hierfür werden anbietenden Unternehmen potenzielle datengetriebene Leistungstypen zuordnet. Darauf aufbauend werden unter Berücksichtigung der datengetriebenen Leistungstypen Zielkunden für die anbietenden Unternehmen hergeleitet. Im zweiten Schritt der Methodik werden die datenspezifischen Befähiger zur Einführung datengetriebener Geschäftsmodelle im Werkzeugbau analysiert. Die Schlüsselressourcen in datengetriebenen Geschäftsmodellen bilden definitorisch Daten. Daher werden die erforderlichen Daten für die Umsetzung datengetriebener Geschäftsmodelle im Werkzeugbau hergeleitet. Vor dem Hintergrund, dass ein Werkzeugbaubetrieb zur Einführung datengetriebener Geschäftsmodelle oftmals auf Kundendaten angewiesen ist, erfolgt weiterhin eine Ermittlung datenspezifischer Vernetzungsmöglichkeiten zwischen Kunde und Werkzeugbaubetrieb.

5.1.1 Schritt 1: Identifikation geeigneter Anbieter-Kunden Paarungen

Datengetriebene Geschäftsmodelle haben sich im Werkzeugbau bisher kaum umgesetzt. Bevor spezifische datengetriebene Geschäftsmodelle im Werkzeugbau entwickelt werden, müssen daher zunächst geeignete Anbieter-Kunden Paarungen identifiziert werden. Diese Identifikation erfolgt im ersten Schritt der Methodik.

Zunächst werden die methodischen und inhaltlichen Grundlagen für die Verknüpfung von Anbieter und Kunde im Rahmen spezifischer Geschäftsmodelle beschrieben. Im ersten Detailschritt werden darauf aufbauend Leistungstypen für datengetriebene Geschäftsmodelle im Werkzeugbau definiert und geeigneten Werkzeugbaubetrieben zugeordnet. Im zweiten Detailschritt werden für die Leistungstypen Zielkunden ermittelt. Aus den beiden Detailschritten resultieren schließlich konkrete werkzeugbauspezifische Kunden-Anbieter Paarungen für datengetriebene Geschäftsmodelle.

5.1.1.1 Grundlagen

Folgend werden sowohl prozessuale als auch inhaltliche Grundlagen für den ersten Schritt der Methodik beschrieben. Zunächst erfolgt eine Beschreibung der prozessualen Grundlagen. In der Geschäftsmodellforschung wird die Eignung von Anbietern und Kunden für spezifische Geschäftsmodelle vielfach diskutiert. Die Struktur der nachfolgenden Identifikation von geeigneten Anbieter-Kunden Paarungen für datengetriebene Geschäftsmodelle im Werkzeugbau lehnt sich an diversen wissenschaftlichen Ansätzen an, welche im Zuge der Leistungsgestaltung Kunden und anbietende Unternehmen in Relation setzen. Wie in Abbildung 56 dargestellt handelt es sich dabei um die Ansätze von TURNBULL & VALLA[597], BELZ ET AL.[598], HEINISCH[599], OSTERWALDER ET AL[600] und EXNER ET AL.[601].

Der Ansatz nach EXNER ET AL. liefert eine Systematik zur Entwicklung von datengetriebenen Geschäftsmodellen. Diese Systematik gliedert sich in vier Dimensionen, die insgesamt zwölf Schritte umfassen. Im Zuge der zweiten Dimension erfolgt die integrative Analyse des Kunden und der anzubietenden Lösung. Im Rahmen der Analyse werden u. a. Kundenanforderungen untersucht sowie das Werteversprechen im Leistungsangebot definiert.[602]

Nach BELZ ET AL. gilt es die „richtigen Kunden [...] mit den richtigen Unternehmensleistungen" zusammenzubringen.[603] Hierfür werden insbesondere die Kundennutzen-Analyse sowie die Nutzensegmentierung, deren Basis unterschiedliche Nutzenprofile bzw. Bedürfnisprofile von Kunden umfasst, vorgeschlagen. Auf diese Weise können homogene Kundencluster identifiziert werden, denen wiederum spezifische clusterindividuelle Leistungspakete zur Befriedigung der Bedürfnisse angeboten werden.[604]

Das Interaktionsmodell nach TURNBULL & VALLA umfasst ein Netzwerkkonzept, welches sich auf dauerhafte Beziehungen zwischen Anbieter und Nachfrager bezieht. Zentral in diesem Modell steht der Interaktionsprozess, der u. a. den Austausch von Produkten und Informationen im Zuge von einzelnen Episoden fokussiert. Der Interaktionsprozess bildet die Schnitt-

[597] Vgl. Turnbull; Valla (Strategic Planning in Industrial Marketing), 1986, S. 5.
[598] Vgl. Belz et al. (Industrie als Dienstleister), 1997, S. 75.
[599] Vgl. Heinisch (Serviceerfolgsmessung – Ein Modell zur Analyse von Service Value), 2014, S. 119-120.
[600] Vgl. Osterwalder et al. (Value proposition design), 2015, S. 8-9.
[601] Vgl. Exner et al. (Methodology for Data-driven Business Model), 2017, S. 151.
[602] Vgl. Exner et al. (Methodology for Data-driven Business Model), 2017, S. 151-153.
[603] Vgl. Belz et al. (Industrie als Dienstleister), 1997, S. 75.
[604] Vgl. Belz et al. (Industrie als Dienstleister), 1997, S. 75.

stelle zwischen Anbieter und Nachfrager. Das Verhältnis dieser sogenannten Interaktionsparteien ist durch vielfältige Interdependenzen geprägt und kann sowohl kooperativ als auch konfliktär sein.[605]

Nach HEINISCH lässt sich feststellen, dass das Angebot von sogenannten Serviceleistungen zur Erreichung der ökonomischen Ziele eines Unternehmens beitragen muss. Dieser Beitrag wird auch als unternehmerischer Service Value bezeichnet. Der Beitrag lässt sich allerdings nur generieren, wenn der Kunde aus der Aufnahme oder Fortsetzung der Kundenbeziehung mit dem Anbieter einen Mehrwert wahrnimmt. Dieser Mehrwert kann wiederum als kundenseitig empfundener Service Value beschrieben werden. Kunde und Anbieter sind folglich zwangsweise über die Serviceleistung miteinander verbunden, für die sie individuelle Voraussetzungen erfüllen müssen.[606]

Des Weiteren setzen OSTERWALDER ET AL. Kunde und Anbieter anhand des sogenannten Value Proposition Canvas (VPC) in Relation. Die angebotenen Leistungen sollen eine Unterstützung der Kundenaufgaben darstellen. Hierzu stellen die Leistungen Problemlöser und Gewinnerzeuger für den Kunden her. Als Gewinn werden konkrete Vorteile bezeichnet, nach denen Kunden suchen. Probleme wiederum beschreiben Hindernisse, welche im Zusammenhang mit den Kundenaufgaben stehen. Folglich werden anhand der umfassenden Wirkung des durch die Leistungen definierten Werteangebots Kunde und Anbieter miteinander verknüpft.[607] In diesem Zusammenhang sei zudem exemplarisch auf SCHULZ & LACHS verwiesen, welche anhand des VPC Kunden- und Anbietersicht zum Zwecke der Geschäftsmodellinnnovation miteinander verknüpfen.[608]

Angelehnt an die beschriebenen wissenschaftlichen Ansätze erfolgt im Schritt 1 der Methodik die Verknüpfung von Anbieter und Kunde im Rahmen datengetriebener Geschäftsmodelle im Werkzeugbau. Zur Verknüpfung werden Leistungstypen definiert, die verschiedene Leistungskomponenten hinsichtlich eines homogenen Werteangebots sowie Nutzenfokus zusammenfassen. Diesen Leistungstypen werden einerseits u. a. in Bezug auf die ökonomischen Ziele eines Unternehmens passende Anbieter zugeordnet. Andererseits werden für die Leistungstypen geeignete Kunde unter Berücksichtigung der Bedürfnisse und der Interaktionsbereitschaft identifiziert. Aus diesen Schritten resultieren schließlich für die jeweiligen Leistungstypen spezifische Anbieter-Kunden Paarungen.

---

[605] Vgl. Turnbull; Valla (Strategic Planning in Industrial Marketing), 1986, S. 5-6; Vgl. Backhaus (Entwicklungspfade im Investitionsgütermarketing), 1997, S. 44.

[606] Vgl. Heinisch (Serviceerfolgsmessung – Ein Modell zur Analyse von Service Value), 2014, S. 119-120.

[607] Vgl. Osterwalder et al. (Value proposition design), 2015, S. 8-9.

[608] Vgl. Schulz; Sachs (Geschäftsmodellinnovation eines mittelständischen Behälterherstellers), 2019, S. 611-613.

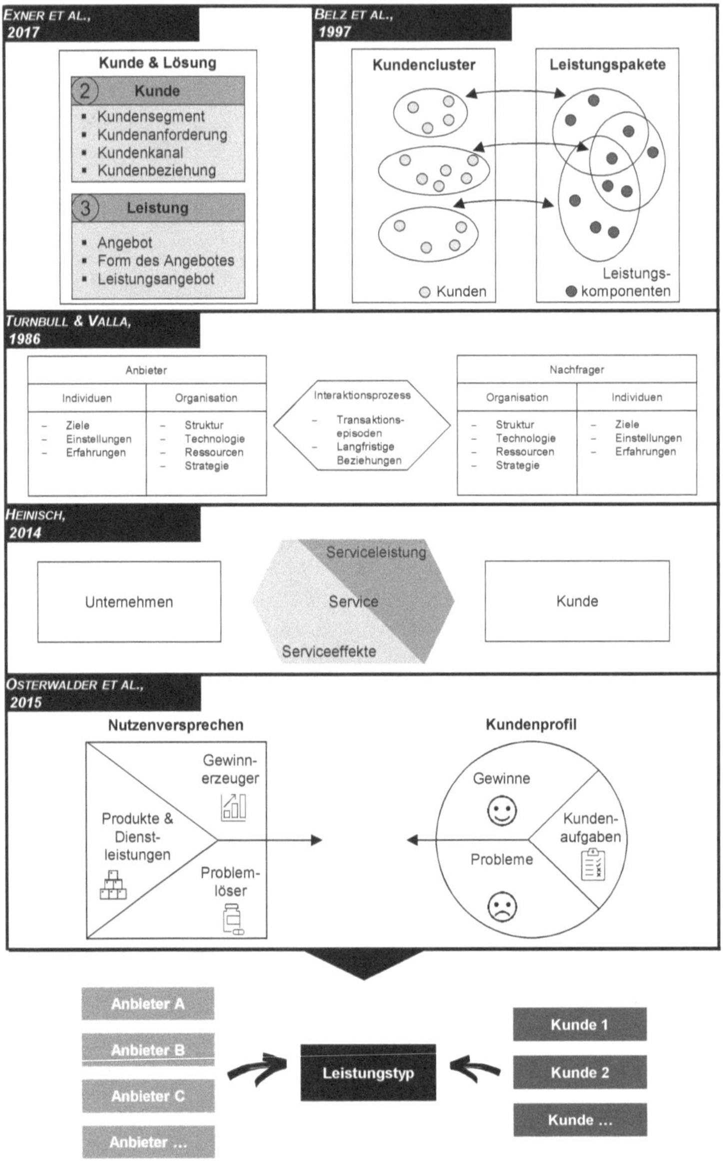

Abbildung 56: Referenzansätze für die Verknüpfung von Anbieter und Kunde[609]

[609] Eigene Darstellung i. A. a. Exner et al. (Methodology for Data-driven Business Model), 2017, S. 151.; Belz et al. (Industrie als Dienstleister), 1997, S. 75.; Turnbull; Valla (Strategic Planning in Industrial Marketing), 1986, S. 5.; Heinisch (Serviceerfolgsmessung – Ein Modell zur Analyse von Service Value), 2014, S. 119 f.; Osterwalder et al. (Value proposition design), 2015, S. 8 f.

Nach der Beschreibung der prozessualen Grundlagen werden folgend die inhaltlichen Grundlagen erläutert. Die kontinuierliche Entwicklung neuer Geschäftsfelder durch produzierende Unternehmen führt auch zu einem stetig wachsenden Spektrum datengetriebener Leistungen. Daher ergibt es Sinn, vorhandene Leistungsangebote zu typisieren, um zwischen den verschiedenen Arten datengetriebener Leistungen unterscheiden zu können. BOOS ET AL. schlagen eine konkrete Typisierung von datengetriebenen Leistungen im Werkzeugbau im Rahmen eines Schalenmodells vor. Dieses ist in Abbildung 57 dargestellt.

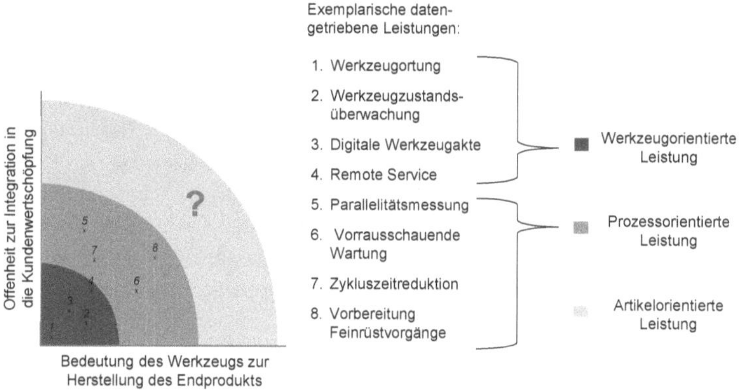

Abbildung 57: Einordnung datengetriebener Leistungen im Werkzeugbau[610]

Zur Typisierung wird einerseits der Grad der Kundenoffenheit zur Integration in die Wertschöpfungsprozesse genutzt. Umso stärker dieser Grad ausgeprägt ist, desto eher werden Daten aus dem Serienproduktionsprozess als externer Faktor bei der Leistungserstellung verwendet. Andererseits wird zur Typisierung die Bedeutung des Werkzeugs zur Herstellung des Endprodukts bewertet.

Den ersten Typ bilden werkzeugorientierte, datengetriebene Leistungen. Diese basieren auf Daten, die direkt am Werkzeug anfallen. Zu derartigen Leistungen können zum Beispiel die Werkzeugzustandsüberwachung oder die Werkzeugortung zugezählt werden. Nach BOOS ET AL können durch derartige Leistungen oftmals bereits starke Mehrwerte erzielt werden, ohne dass der Werkzeugbaubetrieb Daten vom Kunden braucht. Anhand des durch derartige Leistungen erzielten Mehrwerts können Werkzeugbaubetriebe neue Differenzierungsmerkmale schaffen, welche die Verteidigung von Wettbewerbspositionen stärkt.[611]

Des Weiteren existieren über die werkzeugorientierten Leistungen hinaus auch die prozessorientierten und artikelbasierten Leistungen. Prozessorientierte Leistungen beruhen neben Werkzeugerstellungs- und -nutzungsdaten vor allem auf Maschinen- und Maschinenperipheriedaten. Ein weit verbreitetes Beispiel für eine prozessorientierte Leistung stellt die

[610] I. A. a. Boos et al. (Datengetriebe Geschäftsmodelle), 2023, S. 28.
[611] Vgl. Boos et al. (Datengetriebene Geschäftsmodelle), 2023, S. 27.

vorrausschauende Wartung dar. Die artikelbasierten Leistungen nutzen zudem auch die Informationen hinsichtlich des Artikelzustands. Der Nutzenfokus der artikelbasierten Leistungen liegt auf den Endprodukten.[612]

5.1.1.2 Zuordnung potenzieller datengetriebener Leistungstypen

Die Herleitung der Zuordnung datengetriebener Leistungstypen erfolgt in drei aufeinanderfolgenden Aktivitäten. Zunächst werden werkzeugbauspezifische Leistungstypen für datengetriebene Geschäftsmodelle identifiziert. Dem angeschlossen werden Werkzeugbaubetriebe hinsichtlich konkreter Eigenschaften zur Einführung datengetriebener Geschäftsmodelle in verschiedene Gruppen strukturiert. Schließlich werden im letzten Schritt den strukturierten Gruppen potenzielle datengetriebene Leistungstypen zugeordnet.

In der wissenschaftlichen Literatur lassen sich verschiedene Merkmale finden, um datengetriebene Leistungstypen zu identifizieren und zu klassifizieren. KREUTZKAMM & WEBER unterscheiden datengetriebene Leistungstypen anhand der Eigenständigkeit der Leistung, des Herstellerbezugs und des Kundennutzens. Auf diese Weise lassen sich für den Maschinen- und Anlagenbau die vier Leistungstypen Integrale Produktverbesserung, Komplementärleistung, Digitaler Mittler sowie Digitale Innovation herleiten und abgrenzen.[613] HARTMANN ET AL. nutzen als Unterscheidungsmerkmale hingehen die Herkunft der Schlüsseldaten und die Hauptaktivitäten der Datenwertschöpfung.[614]

Es ist sinnvoll, den Nutzenfokus werkzeugbauspezifischer Leistungen zu betrachten, um im Werkzeugbau konkret datengetriebene Leistungstypen herzuleiten und voneinander abzugrenzen. BOSHOF schlägt das Werkzeug, den Serienproduktionsprozess und das Endprodukt als Perspektiven für den Nutzen vor. Innerhalb der jeweiligen Perspektiven können zeitliche, kostenseitige, flexibilitätsseitige und qualitative Verbesserungen erzielt werden. Qualitative Verbesserungen auf Werkzeugebene stellen beispielsweise die Erhöhung der Standzeit oder die Einhaltung der Anforderungsgerechtheit dar. Auf der Ebene des Serienproduktionsprozesses können die Reduktion von Reparatur- und Instandhaltungskosten als exemplarische kostenseitige Verbesserungen genannt werden. Auf der Ebene des Endprodukts kann die Reduktion der Artikelkosten pro Stück als Beispiel für eine kostenseitige Verbesserung aufgeführt werden.[615] Des Weiteren schlagen BOOS ET AL. eine Unterteilung in werkzeugorientierte, prozessorientierte und artikelorientierte Leistungen vor.[616]

BOOS ET AL. und BOSHOF folgend werden drei Perspektiven hinsichtlich des Nutzenfokus zur Definition datengetriebener Leistungstypen festgelegt. Erstens kann der Fokus des Nutzens einer Leistung auf dem Werkzeug selbst und dessen integraler Funktionalität liegen. Zweitens kann der Fokus darüber hinaus auf den Serienproduktionsprozess und dessen werkzeugbedingte Produktivität ausgerichtet sein. Schließlich kann sich der Nutzenfokus von Leistungen

612 Vgl. Boos et al. (Datengetriebene Geschäftsmodelle), 2023, S. 27-28.
613 Vgl. Kreutzkamm; Weber (Einführung digitaler Produkte im Maschinenbau), 2022, S. 603.
614 Vgl. Hartmann et al. (Capturing value from big data), 2016, S. 1397.
615 Vgl. Boshof (Datenbasierte Dienstleistungen), 2022, S. 158.
616 Vgl. Boos et al. (Datengetriebene Geschäftsmodelle), 2023, S. 28.

auf den herzustellenden Artikel konzentrieren, dessen Erstellung das eigentliche Ziel des Kunden ist.[617]

Wie in Abbildung 58 dargestellt lassen sich infolgedessen drei verschiedene datengetriebene Leistungstypen im Werkzeug identifizieren und abgrenzen. Für eine Beschreibung von einzelnen datengetriebenen Leistungen sowie deren potenzielle Einflüsse auf die Leistungstypen sei auf BEGOVIC[618], KÜHN[619] und BOSHOF[620] verwiesen. Die integrale Werkzeugverbesserung als Leistungstyp richtet den Nutzenfokus auf das eigentliche Werkzeug. Demnach sind integrale Verbesserungen des Werkzeugs sowie dessen Funktionalität zu erzielen. Die komplementäre Prozessleistung bildet den zweiten datengetriebenen Leistungstyp im Werkzeugbau. Der Nutzenfokus dieses Leistungstyps ist auf eine Verbesserung des Serienproduktionsprozesses ausgerichtet. Im Gegensatz zur integralen Werkzeugverbesserung handelt es sich hierbei um eigenständige Leistungen, die potenziell auch für fremdgefertigte Werkzeuge erbracht werden können. Der digitale Mittler stellt den dritten datengetriebenen Leistungstyp dar mit einem Nutzenfokus auf dem Endprodukt.

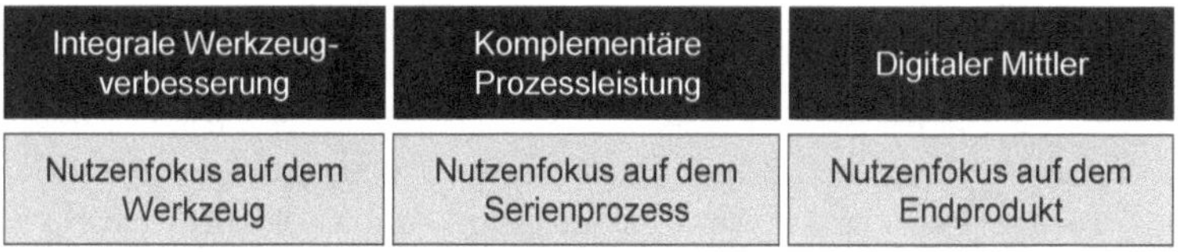

Abbildung 58: Datengetriebene Leistungstypen[621]

Im Rahmen der zweiten Aktivität erfolgt die strukturierte Gruppierung von Werkzeugbaubetrieben zur Einführung datengetriebener Geschäftsmodelle. Grundlage für diese Gruppierung bilden diverse wissenschaftliche Ansätze zur Typologisierung leistungserbringender Unternehmen. ENGELHARDT beispielsweise nutzt für die Typologisierung zwei Kriterien. Dabei handelt es sich um die beiden Kriterien Komplexität des Leistungsangebots sowie Art und Umfang der Dienstleistungsintegration. Aus der Kombination dieser beiden Kriterien werden das Produktgeschäft, das klassische Anlagengeschäft und das Systemgeschäft identifiziert.[622] Dieser dienstleistungs- und komplexitätsbasierte Ansatz wird von ENGELHARDT ET AL. weiterentwickelt.[623] Der weiterentwickelte Ansatz umfasst die Integrativitäts- sowie die Immaterialitätsachse. Die Integrativitätsachse beschreibt die Integration kundenseitiger bzw. externer Faktoren zur Erstellung einer Leistung. Dabei wird zwischen den beiden abhängigen Größen Eingriffstiefe und Eingriffsintensität unterschieden. Die Eingriffstiefe beschreibt, bei welchem Wertschöpfungsschritt kundenseitige Faktoren zur Leistungserstellung einbezogen werden. Die Eingriffsintensität wiederum bezieht sich auf das Ausmaß der Integration. Des Weiteren ist die Immaterialitätsachse durch den Anteil materieller und immaterieller Komponenten im

617 Vgl. Boos et al. (Datengetriebene Geschäftsmodelle), 2023, S. 28.
618 Vgl. Kühn (Lebenszyklusorientierte Leistungssysteme), 2016, S. 143-146.
619 Vgl. Begovic (Datenbasiertes Wissensmanagement), 2018, S. 204-213.
620 Vgl. Boshof (Datenbasierte Dienstleistungen), 2022, S. 154-158.
621 Eigene Darstellung.
622 Vgl. Schmalenbach-Gesellschaft (Systems Selling), 1975, S. 758.
623 Vgl. Backhaus (Entwicklungspfade im Investitionsgütermarketing), 1997, S. 47.

Leistungsangebot gekennzeichnet.[624] MEFFERT & BRUHN teilen die Integrativitätsachse in die Interaktions- und Individualisierungsachse auf und erschaffen auf diese Weise eine dreidimensionale Typologie.[625]

KREUTZKAMM & WEBER[626] und HEINISCH[627] unterscheiden weiterhin hinsichtlich der unternehmerischen Ziele für die Einführung neuer Leistungen. Einerseits kann ein Unternehmen dabei das Ziel der Umsatzabsicherung verfolgen. Hierbei besteht die Aufgabe darin, den bestehenden Umsatz zu schützen, zu erhalten und zu stabilisieren. Einen entscheidenden Faktor hierfür bildet die Kundenbindung. Andererseits kann die Umsatzgenerierung ein unternehmerisches Ziel darstellen. In diesem Sinne gilt es neue Einnahmequellen zu erschließen und den Gesamtumsatz zu steigern. Einen entscheidenden Faktor hierfür können Produkt- und Dienstleistungsinnovationen darstellen. Neben der Umsatzsicherung und der Umsatzgenerierung nennen KREUTZKAMM & WEBER zudem die Diversifikation als potenzielles unternehmerisches Ziel bei der Einführung neuer Leistungen.[628]

Anknüpfend an die beschriebenen Unterscheidungsdimensionen werden zur strukturierten Gruppierung von Werkzeugbaubetrieben zur Einführung datengetriebener Geschäftsmodelle folgend die unternehmerischen Ziele sowie die Integrativität betrachtet. In der deutschen Branche Werkzeugbau lassen sich seit einiger Zeit rückläufige Auftragsvolumina und sinkende Preise beobachten.[629] Ein wesentlicher Grund für diese Entwicklung ist die steigende Konkurrenz aus Niedriglohnländern, die oftmals nahezu gleichwertige Qualität für geringere Kosten liefern können.[630] In diesem Zusammenhang können datengetriebene Leistungen zum Zwecke der Umsatzsicherung eingesetzt werden. Darüber hinaus können wie in der wissenschaftlichen Literatur vielfach postuliert - beispielsweise von SCHUH ET AL. - datengetriebene Leistungen eingesetzt werden, um neue Umsatzquellen zu erschließen und auf diese Weise Umsatzsteigerungen zu erzielen.[631] Die Möglichkeit zur Diversifizierung wird nicht tiefergehend berücksichtigt, weil der Betrachtungsbereich der vorliegenden Arbeit auf dem Werkzeugbau liegt. Die Gruppierung der Werkzeugbaubetriebe kann vor dem Hintergrund der unternehmerischen Ziele demnach hinsichtlich der Umsatzsicherung und der Umsatzgenerierung erfolgen.

Die Integrativität bildet für die Einführung datengetriebener Geschäftsmodelle im Werkzeugbau einen entscheidenden Faktor. Die Eingriffstiefe ist dabei vorrangig im Serienproduktionsprozess relevant. Zur Erbringung datengetriebener Leistungen ist der Werkzeugbau oftmals auf Kundendaten bezüglich des Serienproduktionsprozesses angewiesen. Im Rahmen der Eingriffsintensität ist zu bewerten, in welchem Ausmaß der Werkzeugbaubetrieb an der Operationalisierung des Serienproduktionsprozesses beteiligt ist. Die Gruppierung der Werkzeugbaubetriebe erfolgt angelehnt an ENGELHARDT in zwei Stufen.[632] Ist die Eingriffsintensität im Serienproduktionsprozess hoch, so liegt ein integrativer Leistungserstellungsprozess vor und

[624] Vgl. Engelhardt (Leistungsbündel als Absatzobjekte), 1993, S. 416-417.
[625] Vgl. Meffert; Bruhn (Dienstleistungsmarketing), 2003, S. 36.
[626] Vgl. Kreutzkamm; Weber (Einführung digitaler Produkte im Maschinenbau), 2022, S. 603.
[627] Vgl. Heinisch (Serviceerfolgsmessung – Ein Modell zur Analyse von Service Value), 2014, S. 118.
[628] Vgl. Kreutzkamm; Weber (Einführung digitaler Produkte im Maschinenbau), 2022, S. 603.
[629] Vgl. Lüdtke (Zukünftige Entwicklung im Werkzeugbau), 2021, S. 4-6.
[630] Vgl. Graberg (Digitaler Schatten im Werkzeugbau), 2023, S. 1.
[631] Vgl. Schuh et al. (Datengetriebene Geschäftsmodelle implementieren), 2020, S. 38.
[632] Vgl. Engelhardt (Leistungsbündel als Absatzobjekte), 1993, S. 416.

somit eine hohe Integrativität. Wenn die Eingriffstiefe vorrangig auf andere Wertschöpfungsschritte abzielt oder eine niedrige Eingriffsintensität besteht, so kann von einem autonomen Leistungserstellungsprozess und geringer Integrativität gesprochen werden.

Den Beschreibungen folgend können vier Gruppen von Werkzeugbaubetrieben identifizieren werden. Dabei handelt es sich wie in Abbildung 59 dargestellt um den eigenständigen Werkzeugumsatzsicherer, den eigenständigen Werkzeugumsatzopportunisten, den fordernden Werkzeugumsatzsicherer und den fordernden Werkzeugumsatzopportunisten- Der eigenständige Werkzeugumsatzsicherer verfolgt mit der Einführung datengetriebener Geschäftsmodelle das Ziel, den bestehenden Umsatz im Rahmen geringer Integrativität zu stabilisieren. Dementsprechend sollen mit geringem Einbezug von externen Faktoren Leistungen angeboten werden, die das Kerngeschäft des Werkzeugbaubetriebs sichern. Der fordernde Werkzeugumsatzsicherer hingegen strebt an, unter starkem Einbezug externer bzw. kundenseitiger Faktoren den Umsatz zu verteidigen. Dem entgegengesetzt versucht der fordernde Werkzeugumsatzopportunist den Gesamtumsatz zu steigern. Hierfür sollen unter starkem Einbezug externer Daten Leistungen angeboten werden, die das bestehende Kerngeschäft gänzlich erweitern. Schließlich hat der fordernde Werkzeugumsatzsicherer das Ziel der Umsatzsicherung bei geringer Abhängigkeit von Kundenprozessen und -daten.

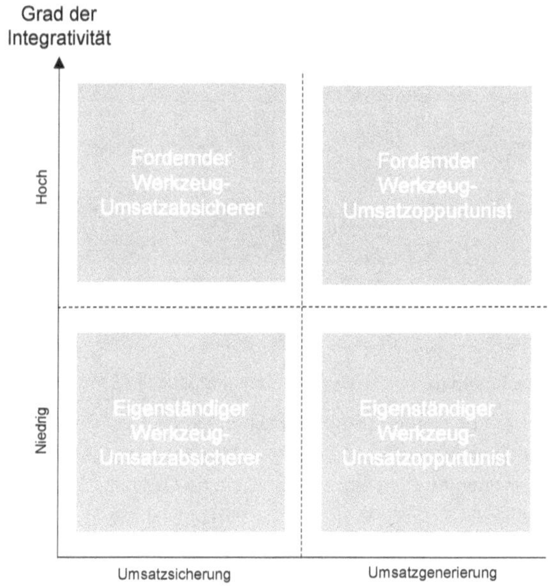

Abbildung 59: Gruppierung von Werkzeugbaubetrieben[633]

Darauf aufbauend können den vier identifizierten Anbietergruppen die Leistungstypen zugeordnet werden. Hierfür ist eine Einordnung der Leistungstypen hinsichtlich der angestrebten

[633] Eigene Darstellung.

Unternehmensziele sowie der erforderlichen Integrativität erforderlich (vgl. Abbildung 60.) Die integrale Werkzeugverbesserung als Leistungstyp wird vorrangig zur Umsatzsicherung eingesetzt. Die integrale Werkzeugverbesserung hat also das Ziel, einen entscheidenden Kaufgrund eines Kunden für ein Werkzeug abzubilden. Leistungen dieses Typs führen zu kostenseitigen, qualitativen, zeitlichen und flexibilitätsseitigen Verbesserungen des eigentlichen Werkzeugs. Somit kann die Zufriedenheit der Kunden gesteigert werden, was wiederum zur verbesserten Kundenbindung führen kann. Die Leistungen dieses Typs führen jedoch aus Kundensicht nur zur inkrementellen Verbesserung bekannter KPIs und eignen sich daher nicht zur Umsatzgenerierung. Des Weiteren ist im Vergleich zu den beiden anderen Leistungstypen eine niedrige Integrativität notwendig, weil prozess- und artikelbezogene Informationen von sekundärer Bedeutung sind. Wird angelehnt an ENGELHARDT ET AL. ebenso die Immaterialität der Leistung betrachtet, so lässt sich feststellen, dass zur Erbringung von integralen Werkzeugverbesserungen wesentlich materielle Komponenten benötigt werden.[634] Zudem können die Leistungen nur in Verbindung mit einem eigengefertigten Werkzeug erbracht werden. Der Leistungstyp integrale Werkzeugverbesserung kann daher zusammenfassend vorrangig als Einstieg für Werkzeugbaubetriebe in datengetriebenes Geschäft verstanden werden.

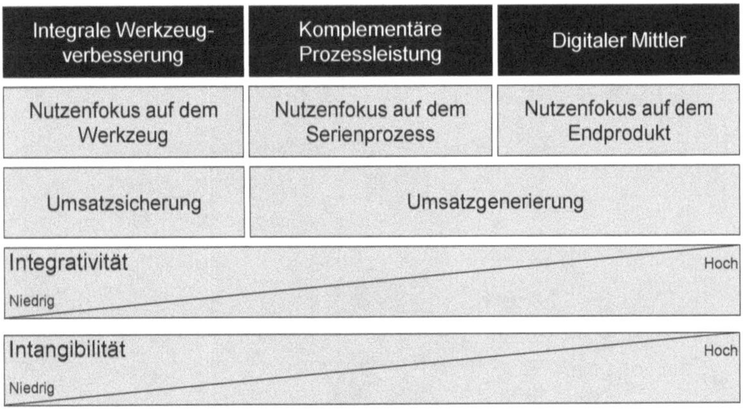

Abbildung 60: Anbieterseitige Einordnung der datengetriebenen Leistungstypen[635]

Der Nutzenfokus der komplementären Prozessleistung liegt auf dem Serienproduktionsprozess. Das Werkzeug ist für den Kunden oftmals lediglich eine notwendige Komponente zur Ausführung des Serienproduktionsprozesses. Während die integrale Werkzeugverbesserung einen produktorientierten Nutzen verspricht, ist die komplementäre Prozessleistung systemorientiert ausgerichtet. Auf diese Weise lassen sich signifikante Verbesserungen bekannter KPIs oder das Angebot neuer Nutzenversprechen umsetzen. Weil derartige Leistungen zudem auch bei fremdgefertigten Werkzeugen erbracht werden können, wird mit der komplementären Prozessleistung vorrangig eine Umsatzgenerierung angestrebt. Zudem weist dieser Leistungstyp aufgrund der Unabhängigkeiten zum Werkzeughersteller eine höhere Immaterialität

[634] Vgl. Backhaus (Entwicklungspfade im Investitionsgütermarketing), 1997, S. 47.
[635] Eigene Darstellung.

auf als die integrale Werkzeugverbesserung. Die Integrativität ist vergleichsweise ebenso höher, weil insbesondere prozessbezogene Informationen als externer Faktor vom Kunden benötigt werden.

Während die integrale Werkzeugverbesserung produktorientiert und die komplementäre Prozessleistung systemorientiert ist, ist der digitale Mittler durch die Ergebnisorientierung gekennzeichnet. Mit Leistungen dieses Typs sollen die Endprodukte hinsichtlich zeitlicher, qualitativer, kostenseitiger sowie flexibilitätsorientierter Aspekte verbessert werden. Durch diese Ausrichtung eignet sich dieser Leistungstyp ebenso wie die komplementäre Prozessleistung für das Ziel der Umsatzgenerierung. In Bezug zum Werkzeug besteht die höchste Immaterialität, weil der digitale Mittler den Nutzenfokus auf eine werkzeugbedingte Verbesserung des Endprodukts legt. Zudem besteht die höchste Integrativität, weil sowohl prozessbezogene als auch artikelbezogene Informationen als externe Faktoren erforderlich sind.

Der beschriebenen Logik folgend lassen sich den vier beschriebenen Gruppen von Werkzeugbaubetrieben wie in Abbildung 61 dargestellt die Leistungstypen zuordnen. Der fordernde sowie eigenständige Werkzeugumsatzsicherer eignen sich für das Angebot von integralen Werkzeugverbesserungen. Der fordernde sowie eigenständige Werkezugumsatzopportunist sollte wiederum komplementäre Prozessleistungen offerieren. Aufgrund der erforderlichen Integrativität eignet sich der fordernde Werkzeugopportunist ebenso für den digitalen Mittler.

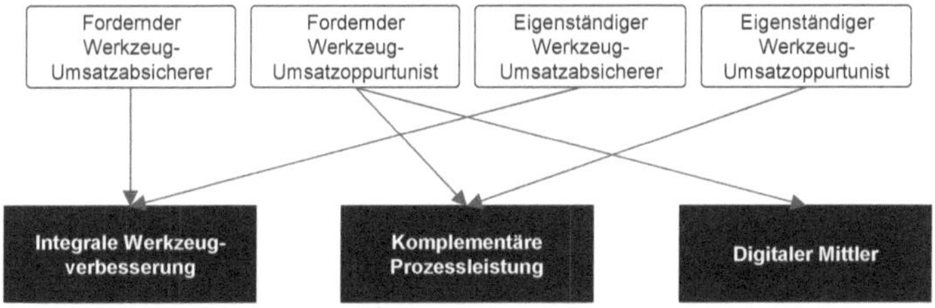

Abbildung 61: Zuordnung von potenziellen datengetriebenen Leistungstypen[636]

Nach Abschluss von Schritt 1A ergeben sich für den Anwendenden zusammenfassend nachfolgende Ergebnisse:

- Vorgehensweise zur Zuordnung definierter Leistungstypen für Werkzeugbaubetriebe im Rahmen der Einführung datengetriebener Geschäftsmodelle
- Generierte Erkenntnisse hinsichtlich des geeigneten Leistungstyps basierend auf den unternehmerischen Zielen sowie der Immaterialität und Integrativität

5.1.1.3 Identifikation von Zielkunden

Nach der Zuordnung von potenziellen datengetriebenen Leistungstypen erfolgt im Detailschritt 1B die Identifikation von Zielkunden. Diese Identifikation wird in drei aufeinander folgende Schritte gegliedert. Zunächst werden anhand von definierten Faktoren potenzielle Gruppen

[636] Eigene Darstellung.

von Zielkunden hergeleitet. Anschließend werden diese Faktoren in Bezug auf die in Detailschritt 1A beschriebenen Leistungstypen gesetzt. Daraus resultierend können schließlich werkzeugbauspezifische Kunden-Anbieter Paarungen für datengetriebene Geschäftsmodelle abgeleitet werden.

Im Allgemeinen handelt es sich bei Kunden um Entitäten, die Leistungen von Anbietern nachfragen.[637] Folgend werden mit den Zielkunden produzierende Unternehmen gemeint, die nach den im Detailschritt 1A definierten Leistungstypen nachfragen. Es handelt sich bei den Zielkunden also um Unternehmen, denen Werkzeugbaubetriebe im Rahmen datengetriebener Geschäftsmodelle Leistungen anbieten sollten. Angelehnt an SEIDLER-DE ALWIS können die Zielkunden dabei sowohl aktuell bestehende als auch potenzielle Kunden von Werkzeugbaubetrieben darstellen.[638]

Die Beschreibung von Zielkunden kann auf unterschiedlichen Faktoren beruhen. Auf der Basis von neobehavioristischen Erklärungsmodellen werden Zielkunden beispielsweise anhand von soziodemografischen, sozioökonomischen, psychografischen, verhaltensorientierten oder geografischen Faktoren beschrieben.[639] Für die Wahl relevanter Faktoren zur Beschreibung von Zielkunden sind der Anwendungskontext sowie die zu beantwortende Fragestellung relevant. [640] Dieser Denkweise folgend werden zur Beschreibung von Zielkunden im Werkzeugbau die Kundenbedürfnisse sowie die Kollaborationsbereitschaft gewählt.

Dem Werkzeugbau wird seit längerer Zeit ein Potenzial für datengetriebene Geschäftsmodelle prognostiziert. BOOS ET AL. beschreiben dieses Potenzial bereits im Jahr 2018.[641] Das Potenzial ergibt sich u. a. aus dem hohen Verständnis von Werkzeugbaubetrieben hinsichtlich der Kundenwertschöpfungsprozesse sowie dem hohen Individualisierungsgrad der Leistungen. Bisher haben sich datengetriebene Geschäftsmodelle im Werkzeugbau jedoch kaum durchgesetzt. Zum Zeitpunkt der Veröffentlichung der vorliegenden Arbeit lassen sich einige Ausnahmen vor allem im Kunststoffbereich beobachten. Der niedrige Umsetzungsstand lässt sich wesentlich durch geringe Akzeptanz und Nachfrage der Kunden erklären. Vor diesem Hintergrund werden zur Beschreibung der Zielkunden die Kundenbedürfnisse betrachtet.

Neben den Kundenbedürfnissen wird des Weiteren die Kollaborationsbereitschaft von Kunden als Faktor zur Beschreibung von Zielkunden in Betrachtung gezogen. Zur Umsetzung der in Detailschritt 1A beschriebenen Leistungstypen werden u. a. Daten benötigt, die sich in Kundenbesitz befinden. Zum Angebot diverser datengetriebener Leistungen ist ein Werkzeugbaubetrieb daher auf die Kollaborationsbereitschaft des Kunden angewiesen, um die notwendigen Ressourcen zur Leistungserstellung zur Verfügung zu haben. Zudem erfordern datengetriebene Geschäftsmodelle im Werkzeugbau eine hohe Integration in die Kundenwertschöpfungsprozesse. Beispielsweise erfordert die Verbesserung des Serienproduktionsprozesses eine kontinuierliche Überwachung der Prozessparameter oder sogar einen Eingriff in den laufenden

[637] Vgl. Schade (Age of the Customer), 2018, S. 75.
[638] Vgl. Alwis (Markt- und Wettbewerbsanalyse), 2012, S. 146.
[639] Vgl. Meffert et al. (Marketing), 2015, S. 191-202.
[640] Vgl. Schade (Age of the Customer), 2018, S. 76.
[641] Vgl. Boos et al. (Intelligente Werkzeuge und datenbasierte Geschäftsmodelle), 2018, S. 4-6.

Prozess. Die Kollaborationsnotwendigkeit zwischen Kunde und Werkzeugbaubetrieb ist in diesen Fällen folglich hoch.

Die Faktoren Kollaborationsbereitschaft und die Kundenbedürfnisse ermöglichen eine Strukturierung von Zielkunden im Rahmen von datengetriebenen Geschäftsmodellen im Werkzeugbau in vier Gruppen. Im Rahmen der Kollaborationsbereitschaft wird zwischen einer niedrigen und hohen Kollaborationsbereitschaft unterschieden. In diesem Zuge wird sich prozessual an BELZ EL AL. angelehnt, die beispielsweise eine niedrige oder hohe Kundenintegration unterscheiden, um Unternehmensgruppen zu bilden.[642] Eine geringe Kollaborationsbereitschaft kennzeichnet sich durch kurzfristige Ziele und Beziehungen sowie transaktionale Interaktionen. Kunden mit einer hohen Kollaborationsbereitschaft sehen einen Mehrwert in einer engen und langfristigen Zusammenarbeit mit dem Lieferanten. Diese Zusammenarbeit ist durch einen offenen Informationsaustausch sowie die Fokussierung gemeinsamer Wertschöpfung geprägt. Vorgehensweisen zur Bewertung der Kollaborationsbereitschaft werden beispielsweise durch DURUGBO & RIEDEL[643] sowie ROMERO ET AL.[644] geliefert

Hinsichtlich der Kundenbedürfnisse können nach BELZ ET AL. im B2B-Geschäft verschiedene Arten von Bedürfnissen unterschieden werden. Dazu gehören funktionale Bedürfnisse, die das physische Kernprodukt betreffen, Problemlösungsbedürfnisse, die vor allem Dienstleistungen betreffen, und Erfolgsbedürfnisse, die sich auf Kundenkennzahlen beziehen. Darüber hinaus gibt es emotionale Bedürfnisse, die weiche Faktoren betreffen.[645] Hieran angelehnt werden zur Gruppierung der Zielkunden funktionale Bedürfnisse und Problemlösungsbedürfnisse betrachtet. Funktionale Bedürfnisse beziehen sich einerseits insbesondere auf das eigentliche Werkzeug sowie auf dessen anforderungsgerechte Funktionalität. Andererseits fokussieren Problemlösungsbedürfnisse einen möglichst effizienten Serienproduktionsprozess, für den das Werkzeug eine notwendige Systemkomponente darstellt, sowie die geforderte Qualität entsprechender Endprodukte. Wie in Abbildung 62 dargestellt werden auf diese Weise vier Gruppen von Zielkunden identifiziert. Dabei handelt es sich um den kollaborativen Werkzeugbenutzer, den kollaborativen Produktivitätsnachfrager, den autonomen Werkzeugbenutzer und den autonomen Produktivitätsnachfrager.

Der kollaborative Werkzeugnutzer als Kunde weist eine hohe Kollaborationsbereitschaft mit dem Werkzeugbaubetrieb auf. Seine funktionalen Bedürfnisse liegen vor allem auf dem Werkzeug und dessen anforderungsgerechter Funktionalität. Über die gleichen Bedürfnisse verfügt ebenso der autonome Werkzeugnutzer. Dieser zeigt jedoch eine geringe Kollaborationsbereitschaft zur Befriedigung der Bedürfnisse. Die geringe Kollaborationsbereitschaft kennzeichnet zudem den autonomen Produktivitätsnachfrager. Seine Bedürfnisse liegen aber nur sekundär auf dem eigentlichen Werkzeug. Primär umfassen seine Bedürfnisse einen möglichst performanten Serienproduktionsprozess sowie den Erwartungen entsprechende Endprodukte.

[642] Vgl. Belz et al. (Industrie als Dienstleister), 1997, S. 9.
[643] Vgl. Durugbo; Riedel (Collaborative networked organisations), 2013, S. 607.
[644] Vgl. Romero et al. (Assessing organisations' readiness for collaboration), 2009, S. 4696.
[645] Vgl. Belz et al. (Industrie als Dienstleister), 1997, S. 73-74.

Diese Bedürfnisse weist wiederum ebenso der kollaborative Produktivitätsnachfrager auf. Dieser ist jedoch durch eine ausgeprägte Bereitschaft für Kollaboration zur Befriedigung seiner Bedürfnisse ausgezeichnet.

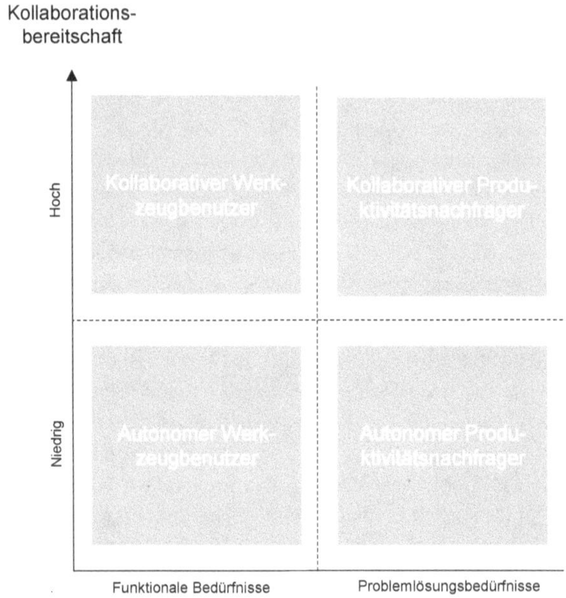

Abbildung 62: Gruppierung von Zielkunden[646]

Nach der Gruppierung der Zielkunden gilt es nachfolgend die Faktoren Kollaborationsbereitschaft und Kundenbedürfnisse im Rahmen der Leistungstypen einzuordnen. Die integrale Werkzeugverbesserung als Leistungstyp adressiert funktionale Kundenbedürfnisse. Diese Bedürfnisse können über Verbesserungen des Werkzeugs bzw. der Werkzeugfunktionalität wie beispielsweise der Erhöhung des Maschineneinsatzspektrums oder der Reduktion der Lebenszykluskosten befriedigt werden. Die notwendige Kollaboration zwischen Werkzeugbaubetrieb und Kunde für den Leistungstyp funktionale Werkzeugverbesserung ist im Vergleich zu den anderen Leistungstypen gering, weil die gemeinsame Nutzenperspektive lediglich auf dem Werkzeug ausgerichtet ist. Die notwendige Kollaboration befindet sich somit auf branchenetabliertem Niveau.

Die komplementäre Prozessleistung als Leistungstyp weist einen Nutzenfokus auf den Serienproduktionsprozess auf. Leistungen dieses Typs zielen vorrangig auf Problemlösungsbedürfnisse des Kunden ab. Der Kunde wünscht sich primär einen funktionierenden Serienproduktionsprozess und sieht das Werkzeug lediglich als Mittel für diesen Zweck. Das Interesse des Kunden an dem Werkzeug ist daher nur sekundär. Folglich wünscht sich der Kunde vom

646 Eigene Darstellung.

Werkzeugbaubetrieb Problemlösungskompetenzen zur Verbesserung des Serienproduktionsprozesses. Die notwendige Kollaboration hierfür ist höher als bei der integralen Werkzeugverbesserung, weil der Werkzeugbaubetrieb Informationen zum Serienproduktionsprozess wie beispielsweise der Schusszahl oder dem Vorrat gelagerter Ersatzeile benötigt. Diese Informationen braucht der Werkzeugbaubetrieb zusätzlich zu werkzeugorientierten Informationen, die zur Leistungserstellung im Rahmen von integralen Werkzeugverbesserungen notwendig wären. Des Weiteren ist die Kollaboration auch hinsichtlich der Übernahme von Tätigkeiten im Serienproduktionsprozess gekennzeichnet.

Der digitale Mittler als Leistungstyp verfügt über einen Nutzenfokus auf dem Endprodukt. Die Leistungen dieses Typs adressieren ebenso die Problemlösungsbedürfnisse der Kunden. Dabei wird angenommen, dass der Kunde primär anforderungsgerechte Endprodukte benötigt und der eigentlich Serienproduktionsprozess wiederum lediglich als notwendiges Mittel hierfür gesehen wird. Der eigentliche Serienproduktionsprozess ist für den Kunden daher nur von sekundärer Bedeutung. Der Kunde verlangt vom Werkzeugbaubetrieb daher Problemlösungskompetenzen hinsichtlich des Endproduktes wie beispielsweise zur Sicherstellung der gleichbleibenden Qualität der Endprodukte, zum Imitationsschutz der Endprodukte oder zur Verkürzung der Time-to-Market der Endprodukte. Für diese Zwecke benötigt der Werkzeugbaubetrieb umfassende Informationen sowohl zum Werkzeug und zum Serienproduktionsprozess als auch zum Endprodukt. Für diesen Leistungstypen ist die Kollaborationsbereitschaft am höchsten ist, damit die beschriebene Informationstransparenz geschaffen werden kann. Zudem muss auch im Rahmen dieses Leistungstyps die Übernahme von üblichen Kundenaktivitäten durch den Werkzeugbaubetrieb in Betracht gezogen werden. Die Einordnung der Faktoren Kollaborationsbereitschaft und Kundenbedürfnisse im Rahmen der Leistungstypen ist zusammenfassend in Abbildung 63 dargestellt, die ebenfalls nochmals die bereits in Detailschritt 1A erläuterte anbieterseitige Einordnung visualisiert.

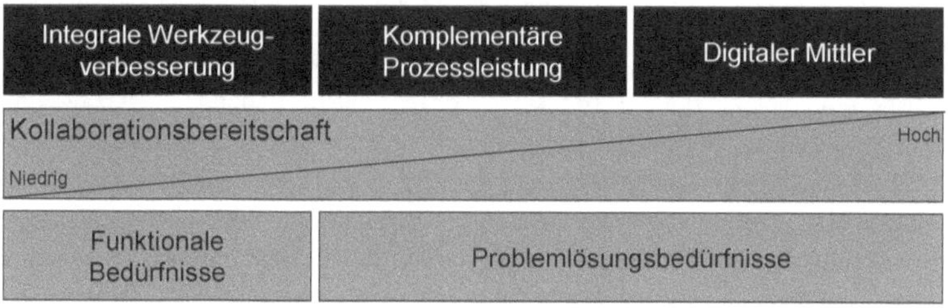

Abbildung 63: Nachfrageseitige Einordnung der datengetriebenen Leistungstypen[647]

Anhand der Einordnung lassen sich die beschriebenen Gruppen an Zielkunden den Leistungstypen zuordnen. Die kollaborativen und autonomen Werkzeugbenutzer weisen funktionale Bedürfnisse auf und wünschen sich daher Leistungen des Typs integrale Werkzeugverbesserung von einem Werkzeugbaubetrieb. Beide Gruppen an Zielkunden verfügen über die notwendige

[647] Eigene Darstellung.

Kollaborationsbereitschaft, um Leistungen des Typs integrale Werkzeugverbesserung zu befähigen. Der kollaborative Werkzeugbenutzer könnte anhand seiner Kollaborationsbereitschaft potenziell zu weiteren Leistungstypen befähigen. Dem kollaborativen Produktivitätsnachfrager können zwei mögliche Leistungstypen zugeordnet werden. Falls die Bedürfnisse des kollaborativen Produktivitätsnachfragers einerseits dem Serienproduktionsprozess adressieren, eignen sich Leistungen des Typs komplementäre Prozessleistung. Wenn andererseits die Bedürfnisse vermehrt auf dem Endprodukt liegen, sind Leistungen des Typs digitaler Mittler erforderlich. Die Kollaborationsbereitschaft des kollaborativen Produktivitätsnachfragers ermöglicht sowohl komplementäre Prozessleistungen als auch digitale Mittler. Für den autonomen Produktivitätsnachfrager existiert kein geeigneter Leistungstyp. Der Grund dafür liegt darin, dass die Kollaborationsbereitschaft des autonomen Produktivitätsnachfragers keine Leistungen zulassen, die zur Befriedigung seiner Problemlösungsbedürfnisse führen.

Es lässt sich feststellen, dass die Leistungstypen Gruppen von Zielkunden mit Gruppen von Werkzeugbaubetrieben verbinden. Über die Verbindungen aus Abbildung 61 lassen sich weiterführend sieben werkzeugbauspezifische Anbieter-Kunden Paarungen für datengetriebene Geschäftsmodelle ableiten. Im Rahmen der integralen Werkzeugverbesserung sind vier Paarungen möglich. Dazu sei erwähnt, dass eine hohe Integrativität und eine hohe Kollaborationsbereitschaft die notwendigen Anforderungen der integralen Werkzeugverbesserung übertreffen. Die Realisierung des Leistungstyps ist jedoch auch bei einer Übererfüllung der Anforderungen an die Kollaborationsbereitschaft und die Integrativität möglich. Die erste Paarung bildet in diesem Sinne der fordernde Werkzeugumsatzsicherer mit dem kollaborativen Werkzeugbenutzer. Der fordernde Werkzeugumsatzsicherer und der autonome Werkzeugbenutzer, dessen hohe Autonomie die Umsetzung von integralen Werkzeugverbesserungen nicht verhindert, ergeben die zweite Paarung. Die dritte und vierte Paarung werden respektiv durch den eigenständigen Werkzeugumsatzsicherer und den kollaborativen Werkzeugbenutzer sowie durch den eigenständigen Werkzeugumsatzsicherer und den autonomen Werkzeugbenutzer gebildet.

Im Rahmen der komplementären Prozessleistung lassen sich die fünfte und sechste Paarung ableiten. Die fünfte Paarung besteht aus dem fordernden Werkzeugumsatz-Opportunist und dem kollaborativen Produktivitätsnachfrager, während sich die sechste Paarung aus dem eigenständigen Werkzeugumsatz-Opportunist und kollaborativen Produktivitätsnachfrager zusammensetzt. Für den digitalen Mittler existiert schließlich die siebte Paarung, welche aus dem fordernden Werkzeug-Umsatzopportunist und dem kollaborativen Produktivitätsnachfrager besteht. In diesem Falle eignet sich die hohe Kollaborationsbereitschaft für die hohe erforderliche Integrativität zur Leistungserstellung. Einzig die Gruppe der autonomen Produktivitätsnachfrager finden sich aufgrund der erwähnten Inkonsistenz zwischen Kollaborationsbereitschaft und Kundenbedürfnissen in keiner Paarung wider.

Leistungstyp	*Paarung*	*Zusammensetzung*
Integrale Werkzeug-verbesserung	Paarung 1	Fordernder Werkzeug-Umsatzabsicherer – Kollaborativer Werkzeugbenutzer
	Paarung 2	Fordernder Werkzeug-Umsatzabsicherer – Autonomer Werkzeugbenutzer
	Paarung 3	Eigenständiger Werkzeug-Umsatzabsicherer – Kollaborativer Werkzeugbenutzer
	Paarung 4	Eigenständiger Werkzeug-Umsatzabsicherer – Autonomer Werkzeugbenutzer
Komplementäre Prozessleistung	Paarung 5	Fordernder Werkzeug-Umsatzoppurtunist – Kollaborativer Produktivitätsnachfrager
	Paarung 6	Eigenständiger Werkzeug-Umsatzoppurtunist – Kollaborativer Produktivitätsnachfrager
Digitaler Mittler	Paarung 7	Fordernder Werkzeug-Umsatzoppurtunist – Kollaborativer Produktivitätsnachfrager

Abbildung 64: Werkzeugbauspezifische Anbieter-Kunden Paarungen[648]

Nach Abschluss von Schritt 1B ergeben sich für den Anwendenden zusammenfassend nachfolgende Ergebnisse:

- Definierte Zielkunden für datengetriebene Geschäftsmodelle im Werkzeugbau auf Basis von Kundenbedürfnissen und der Kollaborationsbereitschaft
- Geeignete werkzeugbauspezifische Anbieter-Kunden Paarungen für datengetriebene Geschäftsmodelle

5.1.2 Schritt 2: Analyse der datenspezifischen Befähiger

Im zweiten Schritt der vorliegenden Methodik erfolgt die Bestimmung der datenspezifischen Befähiger zur Einführung datengetriebener Geschäftsmodelle im Werkzeugbau. Diese werden beschrieben und in Bezug zu den hergeleiteten Paarungen und Leistungstypen aus dem ersten Schritt der Methodik gesetzt. Zunächst werden hierfür die Grundlagen hinsichtlich werkzeugbauspezifischen Daten sowie der Vernetzung von Kunde und Werkzeugbaubetrieb beschrieben.

Darauf aufbauend werden Datenklassen für die Einführung von datengetriebenen Geschäftsmodellen im Werkzeugbau hergeleitet und hinsichtlich ihrer Bedeutung für die Paarungen und Leistungstypen bewertet. Schließlich werden auf dieser Basis die Vernetzungsmöglichkeiten zwischen Werkzeugbaubetrieb und Kunde aufgezeigt und wiederum hinsichtlich der Relevanz für die jeweiligen Paarungen und Leistungstypen evaluiert. Auf diese Weise werden die erforderlichen Daten sowie die notwendige Vernetzung für die einzelnen Paarungen hergeleitet.

5.1.2.1 Grundlagen

Die Schlüsselressourcen in datengetriebenen Geschäftsmodellen bilden definitorisch Daten. Diese werden im Folgenden hinsichtlich der spezifischen Umsetzung der datengetriebenen

[648] Eigene Darstellung.

Leistungstypen bestimmt. In der wissenschaftlichen Literatur lassen sich bereits diverse Vorschläge für Datenklassen im Werkzeugbau finden. Diese Datenklassen können teilweise nicht trennscharf voneinander unterschieden werden und stehen in keinem ganzheitlichen Zusammenhang mit den im vorherigen Schritt der Methodik definierten Leistungstypen. Im Zuge der variierenden Integrativität der Leistungstypen wird zudem eine übergeordnete Differenzierung von Kundendaten und Daten des Werkzeugbaubetriebs erfordert. BOSHOF beispielsweise unterscheidet Werkzeugdaten, Maschinendaten, Produktdaten, Prozessdaten, Einkaufsdaten und Maschinenperipheriedaten.[649] BOOS ET AL. unterscheiden wiederum Umgebungsdaten, Maschinendaten, Materialdaten, Werkzeugdaten und Schnittteildaten.[650]

Aufgrund der Verteilung der Datenentstehungspunkte in verschiedenen Systemen entlang des Werkzeuglebenszyklus sowie der wechselnden Hoheit der Daten bildet zudem die Vernetzung einen datenspezifischen Befähiger für datengetriebene Geschäftsmodelle.[651] Digitale, industrielle Plattformen befähigen des Weiteren die Vernetzung und den Datenaustausch im B2B-Bereich.[652] Im Allgemeinen versteht man unter Plattformen eine einheitliche und gemeinschaftliche Struktur zur Entwicklung und Nutzung von Produkten sowie Geschäftsprozessen.[653] Plattformen werden durch Nutzer und deren Leistungsaustausch gekennzeichnet und verfolgen das Ziel, allen Plattformteilnehmenden die Möglichkeit zur Wertschöpfung zu schaffen.[654]

5.1.2.2 Bestimmung notwendiger Daten für datengetriebene Leistungstypen

Im Sinne der externen Datenmonetarisierung sind anhand der Daten Mehrwerte für den Kunden zu erzielen. Diese Mehrwerte sind dem Kunden in Form von datengetriebenen Leistungen zu offerieren. In dem Detailschritt 2A werden die für die Umsetzung von datengetriebenen Leistungen relevanten Daten identifiziert. Die Relevanz bestimmter Daten unterscheiden sich hinsichtlich der im ersten Schritt der Methodik definierten Leistungstypen und Anbieter-Kunden Paarungen. Entsprechend werden zunächst relevante Datenkategorien aufgezeigt. Der Fokus dabei liegt auf Daten der Werkzeugnutzungsphase. Dem angeschlossen wird die Relevanz der Datenkategorien hinsichtlich der jeweiligen Leistungstypen und Anbieter-Kunden Paarungen beschrieben.

Der Lebenslauf eines Werkzeugs kann in die vier Phasen Werkzeugentwicklung, Werkzeugherstellung, Werkzeugnutzung und Werkausmusterung gegliedert werden.[655] Grundsätzlich fallen über den gesamten Werkzeuglebenslauf eine Vielzahl von Daten an. In der Werkzeugentwicklung werden beispielsweise diverse Daten hinsichtlich der Werkzeuganforderungen und -spezifikationen gesammelt. Diese Daten enthalten u. a. Informationen hinsichtlich der Maße, Toleranzen, Materialien oder Simulation von Fertigungsprozessen. In der Werkzeugerstellungsphase entstehen Daten zum Beispiel im Rahmen der automatisierten mechanischen

649 Vgl. Boshof (Datenbasierte Dienstleistungen), 2022, S. 182.
650 Vgl. Boos et al. (Der Werkzeugbau als Gesamtlösungsanbieter), 2022, S. 19.
651 Vgl. Jud et al. (Einfluss von Plattformen auf digitale Geschäftsmodelle), 2019, S. 119-121; Roh (Datengetriebene Verbesserung von Produktionsabläufen), 2019, S. 85-86.
652 Vgl. Martens et al. (Business-to-business data sharing), 2020, S. 14-15.
653 Vgl. Knoll; Rinderle-Ma (Plattformen), 2015, S. 323.
654 Vgl. Parker et al. (Platform revolution), 2016, S. 26.
655 Vgl. Boos et al. (Datenbasierte Dienstleistungen für den Werkzeugbau), 2022, S. 7.

Bearbeitung von Werkzeugkomponenten oder bei der Programmierung von Fertigungsmaschinen. In den Phasen der Werkzeugentwicklung und der Werkzeugnutzung weist ein Werkzeugbaubetrieb in der Regel Datenhoheit auf.

Eine Vielzahl an Daten entstehen auch während der Werkzeugnutzungs- bzw. Werkzeugausmusterungsphase. Diese Daten umfassen z. B. Informationen zu Werkzeuginstandhaltungen, der Überwachung von Serienprozessparametern oder der Qualität der Endprodukte. Während dieser Phasen verfügt ein Werkzeugbaubetrieb in der Regel über geringe Datenhoheit. Demzufolge liegen einem Werkzeugbaubetrieb Daten der Werkzeugnutzungs- bzw. Werkausmusterungsphase oftmals nicht vor. Eine Ausnahme in diesem Zusammenhang bilden Daten zu Werkzeuginstandhaltungsarbeiten, weil diese in der Regel im Werkzeugbau durchgeführt werden.

Datengetriebene Leistungen für die Werkzeugnutzungsphase bieten ein besonderes Potenzial. Sie eignen sich sowohl zur Steigerung des Umsatzes als auch zur Schaffung verteidigungsfähiger Differenzierungsmerkmale. Für die Erstellung von datengetriebenen Leistungen für die Werkzeugnutzungsphase sind die Daten ebendieser Lebenszyklusphase häufig notwendig. Aufgrund der geringen Datenhoheit des Werkzeugbaus während dieser Phase, sind die für die Leistungserstellung notwendigen Daten oftmals in Kundenbesitz und liegen dem Werkzeugbau nicht vor. Für die Leistungserstellung ist folglich sowohl eine hohe Integrativität als auch eine hohe Kollaborationsbereitschaft des Kunden erforderlich. Der Fokus der Beschreibung der Datenkategorien liegt dieser Logik folgend auf der Phase der Werkzeugnutzung.

Für die Erbringung von datengetriebenen Leistungen im Werkzeugbau werden sechs unterschiedliche Datenkategorien unterschieden. Es handelt sich dabei um Werkzeugerstellungsdaten, Prozessdaten, Maschinenperipheriedaten, Maschinendaten, Werkzeugnutzungsdaten und Produktdaten. Diese Datenkategorien sind in Abbildung 65 beispielhaft für einen Blechumformungsprozess dargestellt.

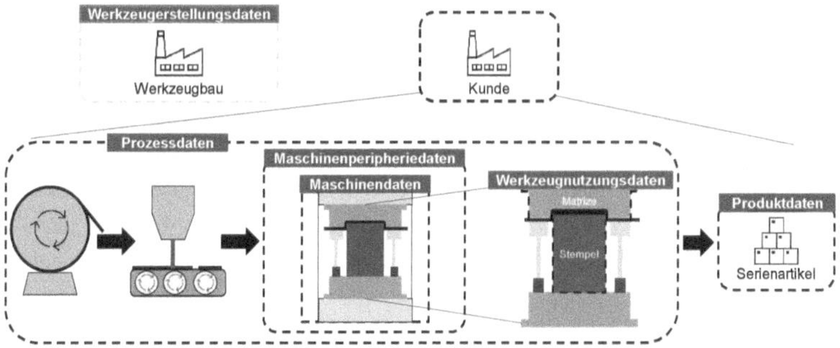

Abbildung 65: Relevante Datenkategorien am Beispiel des Blechumformungsprozesses[656]

[656] Eigene Darstellung.

Die Werkzeugerstellungsdaten beziehen sich als Datenkategorie auf die Phase der Werkzeugentwicklung und der Werkzeugherstellung. Hierzu zählen maßgeblich Daten, die das eigentliche Werkzeug zum Beispiel in Form von Maßen, Gewicht, Toleranzen, Material, Stückzahlauslegung oder verbauten Normalien beschreiben. Ebenso gehören Daten, die bei der mechanischen Fertigung der Werkzeugkomponenten oder beim Zukauf dieser entstehen, zu den Werkzeugerstellungsdaten. Des Weiteren werden Daten, die bei Instandhaltungsarbeiten im Werkzeugbau gesammelt werden, den Werkzeugerstellungsdaten zugewiesen. Es handelt sich bei dieser Datenkategorie folglich vorrangig um Daten, über die der Werkzeugbau die Hoheit verfügt und welche somit für den Werkzeugbau zugänglich sind. Die Daten befinden sich oftmals innerhalb des ERP-, MES-, CAD-, CAQ-, CAM- und / oder PLM-Systems eines Werkzeugbaubetriebs.

Die weiteren Datenkategorien lassen sich in der Phase der Werkzeugnutzung verorten. Die Werkzeugnutzungsdaten als Datenkategorie umfassen Daten, welche unmittelbar am Werkzeug während dessen Nutzung oder Lagerung anfallen. Diese Daten stammen zumeist von der Sensorik, die im oder am Werkzeug verbaut ist. Häufig werden u. a. in Druck-, Weg-, Geschwindigkeit-, Temperatur- oder Ultraschallsensoren in Werkzeugen verbaut. Anhand der entstehenden Daten lässt sich der Zustand des Werkzeugs in der Nutzungsphase überwachen. Erkenntnisse über den Werkzeugzustand können zur Realisierung verschiedener Mehrwerte führen. Informationen hinsichtlich der kritischen Bereiche in einem Werkzeug können zum Beispiel zur Verbesserung zukünftiger Werkzeugentwicklungen genutzt werden. Außerdem ermöglicht die Überwachung des Werkzeugzustands erhöhte Transparenz über die Vorgänge im Werkzeug. Infolgedessen befähigt die Überwachung des Werkzeugzustands zu datengetriebenen Leistungen wie beispielsweise einer vorrauschauenden Wartung sowie der Sicherstellung der Prozessstabilität und der kontinuierlichen Ausbringungsqualität. Für eine detaillierte Beschreibung zur Auslegung intelligenter Werkzeuge, die mit geeigneter Sensorik verbaut sind, sei auf Boos et al. verwiesen.[657]

Neben den Werkzeugnutzungsdaten müssen zur Erstellung von datengetriebenen Leistungen noch weitere Datenkategorien betrachtet werden. Das Werkzeug fungiert zwar als eine zentrale formgebende Systemkomponente im Serienprozess. Neben dem Werkzeug existieren jedoch noch weitere Systemkomponenten im Serienprozess, die einen erheblichen Einfluss auf die Produktivität sowie die Qualität der Endprodukte aufweisen können. Wie in Abbildung 65 dargestellt können zum Beispiel die Coil- und Richtanlage, die Beölungsanlage oder die Presse in einem Blechumformprozess weitere Systemkomponenten darstellen. Zwischen diesen Systemkomponenten existieren in der Regel komplexe Interdependenzen. Zudem variiert der Einfluss der einzelnen Systemkomponenten auf die Produktivität des Serienprozesses und die Qualität der Endprodukte je nach Prozessgegebenheiten und Artikelauslegung. Demzufolge ist eine Lösung, die isoliert aus der Perspektive einer Systemkomponente erarbeitet wird, nicht zwangsläufig eine optimale für den Serienprozess. Es lässt sich hieraus ableiten, dass aufgrund der komplexen Interdependenzen zwischen den Systemkomponenten eine schein-

[657] Vgl. Boos et al. (Intelligente Werkzeuge und datenbasierte Geschäftsmodelle), 2018, S. 13-19.

bar weniger effiziente Lösung für eine einzelne Systemkomponente zu einer insgesamt produktiveren Lösung für den Gesamtablauf des Serienprozesses führen könnte.[658] In diesem Zusammenhang sind insbesondere die Datenkategorien Prozessdaten, Maschinenperipheriedaten, Maschinendaten und Produktdaten zu verstehen.

Eine Systemkomponente, die stets im Serienproduktionsprozess das Werkzeug einsetzt, stellt die Anlage dar. Die Maschinendaten umfassen alle Daten, die unmittelbar an der Anlage im Zuge dessen Steuerung oder Aktivitäten entstehen. Dabei handelt es sich um Anlagen, welche mithilfe des Werkzeugs die Endprodukte herstellen. Beispielhafte Anlagen wären eine Spritzgießanlage oder eine Presse. Zu den Maschinendaten zählen folglich u. a. die Zuhaltekraft, die Zykluszeit oder die Einspritzgeschwindigkeit. Die Daten, die im Zusammenhang mit den übrigen Systemkomponenten anfallen, gehören zu den Maschinenperipheriedaten. Im Spritzgießprozess könnten weitere Systemkomponenten die Automatisierungslösung oder das Temperiergerät bilden. Daten dieser Kategorie liefern beispielsweise Informationen zu dem Status, der Position oder dem Materialeinsatz einer entsprechenden Systemkomponente.

Abbildung 66: Exemplarische Datenpunkte der Datenkategorien[659]

Die Prozessdaten umfassen den Systemkomponenten übergreifende Daten. Dazu zählen Auftragsdaten, die Informationen hinsichtlich der verbleibenden zu fertigenden Stückzahl, der bereits gefertigten Stückzahl, des Folgeauftrags oder der Menge produzierten Ausschusses enthalten. Des Weiteren gehören auch Daten, die den Gesamtprozess beschreiben, wie die Gesamtauslastung, die Prozessstillstandzeit, die Rüstzeit oder der Gesamtmaterialeinsatz zu den

[658] Vgl. Boos et al. (Der Werkzeugbau als Gesamtlösungsanbieter), 2022, S. 19.
[659] Eigene Darstellung.

Prozessdaten. Schließlich liefern die Produktdaten Informationen hinsichtlich des hergestellten Endprodukts. Diese Daten können Informationen zur Qualität des hergestellten Endprodukts wie die Maß- oder Gewichtsabweichung, das verwendete Prüfmittel oder die Oberflächenqualität enthalten. Darüber hinaus sind dieser Datenkategorie auch Daten zuzuordnen, die einen Informationsgehalt in Bezug auf die Absatzzahlen enthalten. An BOSHOF orientiert sind in Abbildung 66 exemplarische Datenpunkte der Datenkategorien dargestellt.[660]

Angelehnt an das Verständnis von BOOS ET AL. unterscheidet sich in Bezug auf die Notwendigkeit für die Leistungserstellung die Relevanz der Datenkategorien hinsichtlich der verschiedenen Leistungstypen und Anbieter-Kunden Paarungen.[661] Die integrale Werkzeugverbesserung als Leistungstyp hat eine Verbesserung des Werkzeugs bzw. der Werkzeugfunktionalität als Ziel. Demzufolge gilt es für diesen Leistungstyp, das Werkzeug und dessen Einsatz unabhängig von anderen Systemkomponenten zu verbessern. Für diesen Leistungstyp sind daher insbesondere die Datenpunkte der Werkzeugerstellungs- und Werkzeugnutzungsdaten relevant.[662] Anhand dieser Daten kann Transparenz hinsichtlich der Vorgänge im Werkzeug während der Nutzung sowie der entscheidenden Einflüsse auf die Werkzeugfunktionalitäten während der Erstellung geschaffen werden. Abhängig vom Grad der Kollaborationsbereitschaft des Kunden und der erforderlichen Integrativität können auch die anderen Datenkategorien in die Leistungserstellung miteinbezogen werden. Mithin lassen Paarung 1 und Paarung 3 im Rahmen der hohen kundenseitigen Kollaborationsbereitschaft auch Prozess- und Produktdaten in die Leistungserstellung einfließen. Informationen dieser Datenklassen können genutzt werden, um werkzeugzentrierte Schwachstellen zu identifizieren und entsprechende Optimierungsmaßnahmen abzuleiten. Hierfür bedarf es Strukturen, die Überwachen und Vorhersagen der werkzeugrelevanten Parameter im Serienbetrieb gewährleisten.[663] Aufgrund der geringen Kollaborationsbereitschaft und der geringen strategischen Bedeutung der Anbieter-Kunden-Beziehung innerhalb von Paarung 2 und Paarung 4 wird keine weitreichende Weitergabe von Prozess- und Produktdaten vereinbart

Die komplementäre Prozessleistung als Leistungstyp weist einen Nutzenfokus auf den Serienproduktionsprozess auf. Wie beschrieben weisen verschiedene Systemkomponenten einen Einfluss auf die Produktivität des Serienproduktionsprozesses auf. Infolgedessen sind für die Paarungen, die dem Leistungstyp komplementäre Prozessleistung zugeordnet sind, alle aufgezeigten Datenkategorien relevant. Ein besonderer Fokus liegt auf den Prozessdaten, die Informationen zur Produktivität des Serienproduktionsprozesses beinhalten. Der Grad der Notwendigkeit der anderen Datenkategorien ist abhängig von der Integrativität der Leistung und mithin vom Maße des Einbezugs externer Daten. Paarung 5 weist eine höhere Integrativität bei der Leistungserstellung auf als Paarung 6. Daher ist die Notwendigkeit des Einbezugs für den Werkzeugbau externer Daten wie beispielsweise Maschinenperipheriedaten höher. Der digitale Mittler als Leistungstyp verfügt über einen Nutzenfokus auf dem Endprodukt. Um datengetrieben einen derartigen Nutzen zu erzielen, sind alle Datenkategorien, die dem Kunden

660 Vgl. Boshof (Datenbasierte Dienstleistungen), 2022, S. 182.
661 Vgl. Boos et al. (Der Werkzeugbau als Gesamtlösungsanbieter), 2022, S. 20-21.
662 Vgl. Boos et al. (Datengetriebene Geschäftsmodelle), 2023, S. 26-27.
663 Vgl. Ochel (Prognostik zur Resilienzsteigerung), 2023, S. 168.

zugeordnet sind, von hoher Relevanz. BEGOVIC beschreibt beispielsweise, dass Nutzungsdaten von dem Werkzeug sowie von dem Produkt eine entscheidende Rolle bei der Entwicklung nachfolgender Produktgenerationen einnehmen können.[664] Keine oder nur geringe Relevanz liegt auf den Werkzeugerstellungsdaten, weil im eigentlichen Serienproduktionsprozess anhand dieser kein unmittelbarer und manipulierbarer Einfluss auf die Endprodukte genommen werden kann. Abbildung 67 gibt einen Überblick über die Notwendig der Datenkategorien für den Leistungserstellungsprozess der Kunden-Anbieter Paarungen. Der Überblick dient als Orientierung zu Ermittlung der relevanten Datenkategorien für einen konkreten Leistungstyp im Rahmen einer spezifischen Geschäftssituation.

		Werkzeug-erstellungsdaten	Werkzeugs-nutzungsdaten	Maschinendaten	Maschinenperi-pheriedaten	Prozessdaten	Produktdaten
Integrale Werkzeug-verbesserung	Paarung 1	2	2	1	1	1	1
	Paarung 2	2	1	1	0	0	0
	Paarung 3	2	2	1	0	1	1
	Paarung 4	2	1	0	0	0	0
Komplementäre Prozessleistung	Paarung 5	1	2	2	2	2	1
	Paarung 6	1	2	1	1	2	1
Digitaler Mittler	Paarung 7	0	2	2	2	2	2

Legende

2: Hohe Notwendigkeit für die Leistungserstellung

1: Geringe bis mittlere Notwendigkeit für die Leistungserstellung

0: Keine bis geringe Notwendigkeit für die Leistungserstellung

Abbildung 67: Notwendigkeit der Datenkategorie zur Leistungserstellung[665]

Nach Abschluss von Schritt 2A ergeben sich für den Anwendenden zusammenfassend nachfolgende Ergebnisse:

- Definierte Datenkategorien für die Umsetzung datengetriebener Leistungen im Werkzeugbau
- Ermittelte Notwendigkeit der verschiedenen Datenkategorien in Bezug auf die jeweiligen Leistungstypen und die Anbieter-Kunden Paarungen

[664] Vgl. Begovic (Datenbasiertes Wissensmanagement), 2018, S. 202.
[665] Eigene Darstellung.

5.1.2.3 Ermittlung der datenspezifischen Vernetzungsmöglichkeiten

Im vorangegangen Schritt werden die notwendigen Daten zur Erbringung der datengetriebenen Leistungen beschrieben und bestimmt. In Betrachtung dieser Daten kann festgehalten werden, dass diese zu unterschiedlichen Zeitpunkten des Werkzeuglebenszyklus entstehen. Dementsprechend unterscheidet sich die Hoheit der beschriebenen Datenklassen. Während Werkzeugerstellungsdaten in der Regel dem Werkzeugbaubetrieb gehören, entstehen die Maschinendaten, Maschinenperipheriedaten, Prozessdaten und Produktdaten beim Kunden. Zur Akquise und Verwertung der Daten im Sinne der Datenwertschöpfung sind daher unterschiedlichen Arten von Vernetzung notwendig.

In Kapitel 2.1.1.3 wird bereits die vertikale und horizontale Vernetzung beschrieben. Vertikale Vernetzung bezieht sich auf die Verknüpfung von proprietären Systemen innerhalb einer Organisationseinheit. Horizontale Vernetzung erfolgt über Organisationsgrenzen hinweg. Dieser Logik folgend können in Anlehnung an FREICHEL die Begriffe intraorganisatorische sowie interorganisatorische Vernetzung eingeführt werden.[666] Intraorganisatorische Vernetzung wird zur Integration der Daten benötigt, die innerhalb eines Werkzeugbaubetriebs für die Erbringung der datengetriebenen Leistung entstehen. Da sich diese Daten in verschiedenen Systemen befinden können, wie beispielsweise dem MES- oder PLM-System, gilt es die verschiedenen Systeme innerhalb eines Werkzeugbaubetriebs im Sinne der datengetriebenen Leistung über geeignete Schnittstellen zu verknüpfen. Die interorganisatorische Vernetzung verläuft hingegen über Organisationsgrenzen hinweg und im Sinne der übergeordneten Forschungsfrage insbesondere zwischen Werkzeugbaubetrieb und Serienproduktion. Da sich die Anforderungen an Datensicherheit je nach Marktzugang stark unterscheiden können, ist es sinnvoll, die interorganisatorische Vernetzung differenziert zu betrachten. Hieran anknüpfend wird zwischen interorganisatorischer Intra-company-Vernetzung und interorganisatorischer Inter-company-Vernetzung unterschieden. Die interorganisatorische Intra-company-Vernetzung erfolgt bei internem Marktzugang und bezieht sich auf die Vernetzung zwischen internem Werkzeugbaubetrieb mit der eigenen Serienproduktion. Weil die Vernetzung innerhalb einer Unternehmensgruppe erfolgt, stehen die Daten der Serienproduktion für den Werkzeugbaubetrieb aufgrund der geringen Anforderungen an Datensicherheit vergleichsweise mit geringem Aufwand zur Verfügung. Die interorganisatorische Inter-company-Vernetzung hingegen beschreibt die Vernetzung über Unternehmensgrenzen hinweg. Diese Art der Vernetzung adressiert insbesondere den externen Marktzugang und somit die Vernetzung eines externen Werkzeugbaubetriebs mit der Serienproduktion. Weil die Vernetzung unternehmensübergreifend ist, sind die Anforderungen an die Datensicherheit im Vergleich zu interorganisatorische Inter-company-Vernetzung hoch.[667] Abbildung 68 zeigt die beschriebenen Arten der Vernetzung, die je nach Datenklasse und Marktzugang für datengetriebene Geschäftsmodelle notwendig sind.

[666] Vgl. Freichel (Interorganisatorische Vernetzung in der Produktion), 2021, S. 14.
[667] Vgl. Freichel (Interorganisatorische Vernetzung in der Produktion), 2021, S. 14-17.

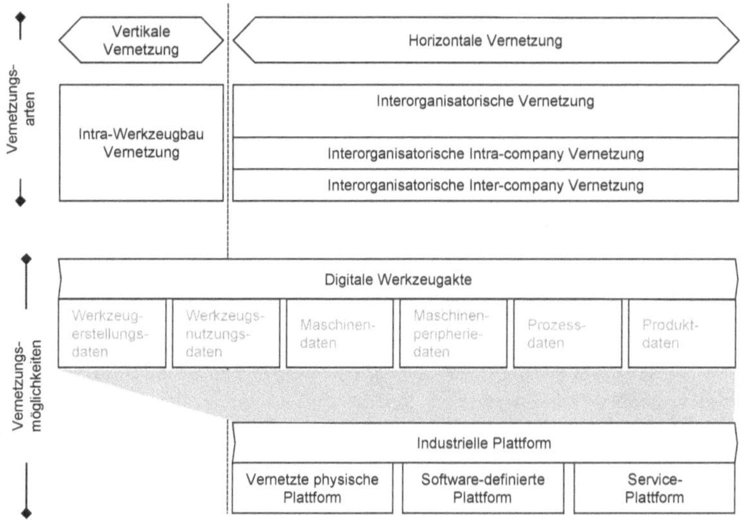

Abbildung 68: Arten der Vernetzung[668]

Die Möglichkeiten zur Vernetzung unterscheiden sich je nach Vernetzungsart. Potenzielle Möglichkeiten bilden beispielsweise die Datenintegration über Systemschnittstellen, Kunden-Projektteams, intelligente Werkzeuge oder die datengetriebene Überwachung des Serienproduktionsprozesses. Eine werkzeuglebenszyklusübergreifende Vernetzungsmöglichkeit, die somit sowohl die intraorganisatorische als auch die interorganisatorische Vernetzung adressiert, bildet die digitale Werkzeugakte. Wie bereits erwähnt entstehen über den Werkzeuglebenslauf eine Vielzahl von Daten, die in unterschiedlichen Softwaresystemen genutzt werden. Dabei handelt sich beispielsweise um CAD-, ERP-, MES- oder PPS-Systeme. Diese Systeme sind jedoch an der Prozesskette bzw. Automatisierungspyramide eines Unternehmens ausgerichtet und eignen sich daher geringfügig als Datenbasis zur Umsetzung datengetriebener Geschäftsmodelle im Werkzeugbau. Die digitale Werkzeugakte hingegen orientiert sich am Lebenslauf eines Werkzeuges und aggregiert anforderungsgerecht die Daten aus verschiedenen Datenquellen. Definitorisch bildet die digitale Werkzeugakte ein Vernetzungsvehikel, welches Daten entlang des Werkzeuglebenszyklus aus verschiedenen Quellen zusammenführt, um anwendungsspezifische Nutzenpotenziale zu ermöglichen. Dafür schafft die digitale Werkzeugakte datengetrieben Transparenz über den Werkzeuglebenslauf. Des Weiteren kann die digitale Werkzeugakte als Datenbasis für anschließende Aktivitäten der Datenwertschöpfung genutzt werden.[669] Beispielsweise kann über präskriptive Datenanalysen die erwartete Reststandzeit von Werkzeugkomponenten bestimmt werden. Im Sinne datengetriebener Geschäftsmodelle kann zudem der Beitrag zu Erstellung einer digitalen Werkzeugakte in Form eines Datenlieferants erfolgen. Es sei zudem festgehalten, dass die digitale Werkzeugakte

[668] Eigene Darstellung.
[669] Vgl. Boos et al. (Der Werkzeugbau als Produktivitätsbefähiger), 2024, S. 18-19.

aufgrund der Fokussierung des Werkzeuglebenslaufs die Werkzeugentstehung und die Werkzeugnutzung und somit sowohl die intraorganisatorische als auch die interorganisatorische Vernetzung adressiert. Je nach Paarung und Leistungstyp können unterschiedliche Datenklassen in der digitalen Werkzeugakte berücksichtigt werden. Hierfür sei auf Abbildung 67 verwiesen.

Während die digitale Werkzeugakte vorwiegend ein Vernetzungsvehikel darstellt, das zur Leistungserstellung dient, können industrielle Plattformen auch als Vernetzungsvehikel zur Leistungserbringung eingesetzt werden. Somit dienen industrielle Plattformen insbesondere der interorganisatorischen Vernetzung. Industrielle Plattformen können in vernetzte physische Plattformen, software-definierte Plattformen und Serviceplattformen unterteilt werden.[670] Physisch vernetzte Plattformen stellen die Daten, die entlang des Lebenslaufs des Werkzeugs entstehen, ohne weitere Analysen dar. Derartige Plattformen können z. B. vom Werkzeugbaubetrieb zur weiteren Datenwertschöpfung genutzt oder wie bereits oben erwähnt in Form eines Datenlieferants dem Kunden als Leistung zur Verfügung gestellt werden. Darauf aufbauend umfassen software-definierte Plattformen auch Daten, die mittels Datenanalyse generiert werden. Dazu zählt beispielsweise die oben beschriebene erwartete Reststandzeit einer Werkzeugkomponente, die mittels einer prädiktiven Datenanalyse bestimmt wird. Des Weiteren sind jedoch alle nutzenstiftenden Daten, die aus z. B. deskriptiven, diagnostischen, prädiktiven oder präskriptiven Analysen generiert werden, auf software-definierten Plattformen verfügbar. Diese Plattformen können beispielsweise genutzt werden, um den Kunden im Sinne der definierten Leistungstypen datengetriebene Erkenntnisse zu liefern. Wird auf software-definierten Plattformen gezielt die systematische Entwicklung neuer Dienstleistungsangebote integriert, spricht man schließlich von sogenannten Service-Plattformen. Derartige Plattformen werden also genutzt, um auf Basis von datengetriebenen Erkenntnissen gezielt physische Dienstleistungen anzubieten oder einzuleiten. Dementsprechend können Kunden auf derartigen Plattformen ebenso Dienstleistungen in Auftrag geben.

Während die digitale Werkzeugakte für alle definierten Leistungstypen eine hohe Relevanz aufweist, unterscheidet sich die Relevanz der einzelnen Plattformen hinsichtlich der Paarungen. Bei den Paarungen der integralen Werkzeugverbesserung liegt der Fokus des Nutzens der Leistung auf einem Werkzeug selbst und dessen integraler Funktionalität. Werkzeugbaubetriebe, die diesen Leistungstyp anstreben, verfolgen wie im Methodikschritt 1A beschrieben insbesondere die Umsatzsicherung. Hieraus folgt, dass Paarungen dieses Leistungstyps vor allem die Vernetzung mittels physisch vernetzter Plattformen anvisieren sollten, da diese vergleichsweise aufwandsarm erstellt werden kann. Zudem erfordert dieser Leistungstyp aufgrund der geringeren Datendichte oftmals keine komplexen Datenanalysen. Beispielsweise können Informationen hinsichtlich der gefertigten Stückzahl auf einer Werkzeugkomponente und der durchgeführten Werkzeugänderungen bereits zu einer integralen Werkzeugverbesserung führen. Zur Identifikation komplexer Sachzusammenhänge kann zudem potenziell eine software-definierte Plattform notwendig sein, wohingegen Serviceplattformen für Paarungen dieses Leistungstyps keine Relevanz aufweisen.

---

[670] Vgl. Kagermann et al. (Smart Service Welt), 2015, S. 16-17.

		Physisch vernetzte Plattform	Software-definierte Plattform	Service-Plattform
Integrale Werkzeug-verbesserung	Paarung 1	1	2	0
	Paarung 2	2	0	0
	Paarung 3	2	1	0
	Paarung 4	2	0	0
Komplementäre Prozessleistung	Paarung 5	0	1	2
	Paarung 6	0	2	1
Digitaler Mittler	Paarung 7	0	1	2

Legende

2: Hohe Relevanz für die Leistungserbringung

1: Geringe bis mittlere Relevanz für die Leistungserbringung

0: Keine bis geringe Relevanz für die Leistungserbringung

Abbildung 69: Relevanz der Vernetzungsmöglichkeiten zur Leistungserstellung[671]

Die komplementäre Prozessleistung bildet wie in Methodikschritt 1A beschrieben den zweiten datengetriebenen Leistungstyp im Werkzeugbau. Der Nutzenfokus dieses Leistungstyps ist auf eine Verbesserung des Serienproduktionsprozesses ausgerichtet. Im Gegensatz zur integralen Werkzeugverbesserung handelt es sich hierbei um eigenständige Leistungen, die potenziell auch für fremdgefertigte Werkzeuge erbracht werden können. Zur datengetriebenen Erbringung derartiger Leistungen eignen sich software-definierte Plattformen, wenn dem Kunden Erkenntnisse zur Verbesserung des Serienproduktionsprozesses offeriert werden. Wenn der Werkzeugbaubetrieb ebenso die physische Dienstleistung zur operativen Prozessverbesserung anbietet, sind Serviceplattformen geeigneter. Dieser Logik folgend sind ebenso software-definierte Plattformen oder Serviceplattformen für die Paarung des digitalen Mittlers relevant, dessen Nutzenfokus primär auf dem Endprodukt liegt. Zusammenfassend liefert Abbildung 69 einen Überblick über die Relevanz verschiedener Vernetzungsmöglichkeiten zur Leistungserstellung der Kunden-Anbieter Paarungen.

Nach Abschluss von Schritt 2B ergeben sich für den Anwendenden zusammenfassend nachfolgende Ergebnisse:

- Ermittelte Relevanz verschiedener Vernetzungsmöglichkeiten zur Leistungserbringung
- Identifizierte Möglichkeiten zur horizontalen und vertikalen Vernetzung zur Erbringung datengetriebener Leistungen im Werkzeugbau

[671] Eigene Darstellung.

5.2 Detaillierung der Entwicklungsphase

Die Phase der Entwicklung umfasst den dritten und vierten Schritt der Methodik. Im dritten Schritt der Methodik werden Szenarien datengetriebener Geschäftsmodelle im Werkzeugbau hergeleitet. Hierfür wird zunächst der Lösungsraum der Konfiguration datengetriebener Geschäftsmodelle im Werkzeugbau bilanziert und spezifiziert. In Betrachtung dieses Lösungsraums werden Szenarien, die dem gleichen Geschäftsmodellmuster folgen, zu Archetypen datengetriebener Geschäftsmodelle im Werkzeugbau zusammengefasst. Auf dieser Basis wird im vierten Schritt das geeignetste Szenario für eine spezifische Anbieter-Kunden Paarungen ausgewählt. Zu diesem Zwecke erfolgt die Zuordnung der identifizierten Paarungen aus dem ersten Schritt der Methodik zu den definierten Archetypen. Für den Fall, dass einer Paarung mehrere Archetypen zugeordnet werden können, wird zudem eine Bewertungssystematik zur Auswahl des geeignetsten Szenarios entwickelt.

5.2.1 Schritt 3: Entwicklung datengetriebener Geschäftsmodellszenarien

Nachdem in den ersten beiden Schritten der Methodik eine Analyse der anbietenden Unternehmen, der Zielkunden sowie der datenspezifischen Voraussetzungen erfolgt ist, wird folgend die Entwicklung von Szenarien datengetriebener Geschäftsmodelle im Werkzeugbau beschrieben.

Zunächst werden hierfür die wissenschaftlichen Grundlagen für die Entwicklung dargelegt. Dem angeschlossen wird in Detailschritt 3A die Konfiguration von datengetriebenen Geschäftsmodellen im Werkzeugbau aufgezeigt. Diese Konfiguration basiert auf einer hergeleiteten Morphologie. Darauffolgend werden in Detailschritt 3B Archetypen von werkzeugbauspezifischen Mustern datengetriebener Geschäftsmodelle hergeleitet und definiert. Diese Archetypen bilden schließlich die Szenarien von datengetriebenen Geschäftsmodellen im Werkzeugbau.

5.2.1.1 Grundlagen

Die inhaltlichen Grundlagen zum dritten Schritt der Methodik der vorliegenden Arbeit bilden die Teilmodelle eines Geschäftsmodells nach SCHUH ET AL.[672] sowie die Einteilung von datengetriebenen Geschäftsmodellen nach SCHROEDER[673]. SCHUH ET AL. nennen das Leistungsangebots- und Marktadressierungsmodell, das Leistungserstellungsmodell und das Ertragsmodell als die Teilmodelle eines Geschäftsmodells. Das Leistungsangebot- und Marktadressierungsmodell umfasst vor allem die Kunden- und Marktperspektive des Geschäftsmodells. Dieses Modell umfasst die vier Elemente Leistungsangebot, Kundensegment, Kanäle und Kundenbeziehung. Das Leistungserstellungsmodell wiederum adressiert die Entwicklung und die Organisation von zentralen Prozessen der Wertschöpfung. Zu diesem Zwecke umfasst das Leistungserstellungsmodell die Elemente Schlüsselressourcen, Schlüsselpartnerschaften und Schlüsselaktivitäten. Die beiden genannten Teilmodelle legen folglich dar, welchen Mehrwert das jeweilige Geschäftsmodell für den Kunden bietet und wie dieser Mehrwert erschaffen wird.

[672] Vgl. Schuh et al. (Management industrieller Dienstleistungen), 2016, S. 68.
[673] Vgl. Schroeder (Big data business models), 2016, S. 9.

Dem angeschlossen bildet das dritte Teilmodell das Ertragsmodell, in dessen Rahmen die Profitabilität eines Geschäftsmodells berücksichtigt wird. Die Elemente des Ertragsmodells bilden die Abrechnungs- und Erlöswege, die Preismechanismen sowie die wesentlichen Kostenstrukturen. Es gilt zu beachten, dass die genannten drei Teilmodelle nicht voneinander unabhängig betrachtet werden sollten. Ein funktionierendes Geschäftsmodell erfordert die ganzheitliche und passende Zusammensetzung der Teilmodelle mit ihren jeweiligen Elementen.[674] Für die Konfiguration eines Geschäftsmodells ist folglich die integrale Berücksichtigung aller Elemente der Teilmodelle erforderlich. Für weiterführende Beschreibungen hinsichtlich der Teilmodelle sowie der jeweiligen Elemente sei auf Kapitel 2.2.1.1 verwiesen.

Für die eigentliche Bildung einer Geschäftsmodellkonfiguration sei als eine prozessuale Grundlage die Morphologie bzw. der morphologische Kasten genannt. Eine Morphologie bildet eine Systematik zur „Zerlegung [...] [eines] Problems in abgegrenzte Teilaspekte und die systematische Variierung von Merkmalsausprägungen [dar], [um] möglichst nahe an das denkbare Lösungsoptimum heranzukommen."[675] Auf diese Weise stellt die Morphologie eine Kreativtechnik dar, welche zur systematischen Lösungsfindung und Herleitung von Szenarien genutzt wird.[676] Ursprünglich geht die Morphologie auf den Schweizer ZWICKY zurück.[677] In der Geschäftsmodellforschung werden Morphologien häufig aufgestellt und angewendet. Exemplarisch sei im Themengebiet des Werkzeugbaus auf FRICK hingewiesen, der mithilfe von einer Morphologie die in Kapitel 3.2.2.1 beschriebenen erfolgreichen Geschäftsmodelle im Werkzeugbau herleitet.[678]

Weiterhin sei an dieser Stelle die Einteilung von datengetriebenen Geschäftsmodellen nach SCHROEDER genannt. Angelehnt an SCHROEDER[679] schlagen auch STRAHRINGER & WIENER[680] eine Einteilung von datengetriebenen Geschäftsmodellen hinsichtlich des Datennutzers, des Datenlieferanten und des Datenbefähigers vor. Datenlieferanten generieren entweder Daten, welche einen Eigenwert aufweisen und vermarktet werden können, oder bieten Zugang zu aggregierten Erst- und Drittdaten. Datenbefähiger bieten unterstützende datengetriebene Dienstleistungen und Dateninfrastrukturlösungen an. Datennutzer verbessern im Sinne der externen Datemonetarisierung die Prozesse ihrer Kunden.[681] Es sei allgemein angemerkt, dass Datennutzer die Kunden von Datenbefähigern und Datenlieferanten darstellen. Für weiterführende Beschreibungen hinsichtlich der Typen datengetriebener Geschäftsmodelle sei auch auf Kapitel 2.2.2.1 verwiesen. Schließlich sei anlehnend an STRAHRINGER & WIENER angemerkt, dass Typen datengetriebener Geschäftsmodelle in der Praxis nicht zwangsläufig in ihrer idealtypischen Reinform auftreten müssen. Jedoch dominieren in einem spezifischen datengetriebenen Geschäftsmodell die Muster eines Archetyps. Die Einordnung von in der Praxis

[674] Vgl. Schuh et al. (Management industrieller Dienstleistungen), 2016, S. 68-74.
[675] Vgl. Mittelmann et al. (Werkzeugkasten Wissensmanagement), 2011, S. 171.
[676] Vgl. Hensen (Strategische Auslegung industrieller Werkzeugbaubetriebe), 2017, S. 120.
[677] Vgl. Zwicky (Morphologisches Weltbild), 1971.
[678] I. A. a. Frick (Geschäftsmodelle im Werkzeugbau), 2006, S. 243.
[679] Vgl. Schroeder (Big data business models), 2016, S. 8-9.
[680] Vgl. Strahringer; Wiener (Datengetriebene Geschäftsmodelle - Konzeptuelles Rahmenwerk), 2021, S. 462-463.
[681] Vgl. Strahringer; Wiener (Datengetriebene Geschäftsmodelle - Konzeptuelles Rahmenwerk), 2021, S. 463.

auftretenden datengetriebenen Geschäftsmodellen ist in dieser Weise möglich.[682] Auf den genannten grundlegenden Zusammenhängen sowie Erkenntnissen aus der Forschung wird im Detailschritt 3A sowie im Detailschritt 3B der Methodik aufgebaut.

5.2.1.2 Konfiguration datengetriebener Geschäftsmodelle

Wie in Kapitel 2.2.1.1 bereits beschrieben besteht ein Geschäftsmodell aus verschiedenen Teilmodellen mit einzelnen Dimensionen. Die Besonderheit von datengetriebenen Geschäftsmodellen ist, dass Daten die Geschäftsmodelldimension der Schlüsselressourcen bestimmen. Um ein datengetriebenes Geschäftsmodell mit den einzelnen Teilmodellen konfigurieren zu können, wird im Folgenden ein morphologischer Kasten entwickelt. Anhand dieser Morphologie ist ein Methodikanwendender in der Lage, datengetriebene Geschäftsmodelle im Werkzeugbau zu konfigurieren und entsprechende Szenarien abzuleiten.

Wie in Kapitel 3.2.2.6 aufgezeigt existieren in der wissenschaftlichen Literatur bereits verschiedene Taxonomien und Morphologien datengetriebener Geschäftsmodelle. Exemplarisch seien die Ansätze nach AZKAN ET AL[683]., AAS ET AL.[684], DEHNERT ET AL.[685], HARTMANN ET AL.[686], PASSLICK ET AL.[687], SCHWEIHOFF ET AL.[688],WEKING ET AL.[689] und WILLIAMS ET AL.[690] benannt. Wie in Kapitel 3.2.3 hergeleitet sind diese Ansätze jedoch nicht anforderungsgerecht für die Einführung datengetriebener Geschäftsmodelle im Werkzeugbau. In der folgenden Herleitung der Morphologie wird sich jedoch wie in Kapitel 3 angekündigt an verschiedenen Teilaspekten dieser Ansätze orientiert.

Der morphologische Kasten umfasst die drei Teilmodelle von Geschäftsmodellen nach SCHUH ET AL.[691] Diese umfassen wie in Kapitel 2.2.1.1 dargestellt das Leistungsangebots- und Marktadressierungsmodell, das Leistungserstellungsmodell und das Ertragsmodell. Im Folgenden werden jeweils die Teilmodelle mit ihren jeweiligen Dimensionen in der Morphologie verortet. Angelehnt an AZKAN ET AL. wird in der ganz rechten Spalte der Morphologie angegeben, ob eine Dimension exklusiv oder nicht exklusiv ist.[692] Falls eine Dimension exklusiv ist, kann ein datengetriebenes Geschäftsmodell genau ein Charakteristikum im Rahmen dieser Dimension erfüllen. Im nicht exklusiven Falle kann ein datengetriebenes Geschäftsmodell durch mehrere Charakteristika einer Dimension beschrieben werden.

Im Rahmen des Leistungsangebots- und Marktadressierungsmodells wird die Kunden- und Marktperspektive eines Geschäftsmodells betrachtet. Zu den Dimensionen des Leistungsangebots- und Marktadressierungsmodells zählen das Leistungsangebot, das Kundesegment, die Kanäle sowie die Kundenbeziehung (vgl. Abbildung 70). Das Leistungsangebot umfasst

---

[682] Vgl. Strahringer; Wiener (Datengetriebene Geschäftsmodelle - Konzeptuelles Rahmenwerk), 2021, S. 463.
[683] Vgl. Azkan et al. (Taxonomy for Data-Driven Services in Manufacturing), 2020, S. 8-9.
[684] Vgl. Aas et al. (Business Models in Manufacturing in the Digital Era: Towards a New Taxonomy), 2020, S. 11.
[685] Vgl. Dehnert et al. (What makes a data-driven business model? A consolidated taxonomy), 2021, S. 11.
[686] Vgl. Hartmann et al. (Capturing value from big data), 2016, S. 1388.
[687] Vgl. Passlick et al. (Internet of things enabled business model: A taxonomy), 2021, S. 6.
[688] Vgl. Schweihoff et al. (A Taxonomy of Data Sharing Business Models), 2023, S. 8.
[689] Vgl. Weking et al. (A hierarchical taxonomy of business model patterns), 2020, S. 453.
[690] Vgl. Williams et al. (Design of Emerging Digital Services: A Taxonomy), 2010, S. 513.
[691] Vgl. Schuh et al. (Management industrieller Dienstleistungen), 2016, S. 68.
[692] Vgl. Azkan et al. (Taxonomy for Data-Driven Services in Manufacturing), 2020, S. 8.

die offerierten Produkte und Dienstleistungen eines Unternehmens. Grundsätzlich kann hinsichtlich des Umfangs und der Art des Leistungsangebots unterschieden werden. Die Ziele der Auslegung des Leistungsangebots sind sowohl die Bedürfniserfüllung als auch die langfristige Kundenbindung.[693] Bestehende Werkzeugbaubetriebe verfügen mit der Entwicklung, Fertigung und Betreuung von Werkzeugen bereits über ein Leistungsangebot. Wird dieses Leistungsangebot im Sinne datengetriebener Geschäftsmodelle erweitert, so ergeben sich hybride Leistungsbündel aus einer integrativen Kombination von datengetriebenen Dienstleistungen und physischen Produkten wie z. B. dem Werkzeug. Wie bereits in Kapitel 2.2.2.3 erläutert definieren BOOS ET AL. hybride Leistungsbündel vergleichbar als „flexible und am Kundennutzen ausgerichtete Kombinationen von Sach- und begleitenden (datenbasierten) Dienstleistungen."[694] Neben hybriden Leistungsbündeln kann das Leistungsangebot auch durch alleinstehende datengetriebene Dienstleistungen geprägt sein, welche zusätzlich zu einer Sachleistung des Werkzeugbaubetriebs erbracht wird. Wie in Kapitel 2.2.1.3 erläutert bildet dies nach AZKAN ET AL. auch eine Variante von datengetriebenen Geschäftsmodellen.[695] Es sei in diesem Zusammenhang erwähnt, dass der Aufbau datengetriebener Dienstleistungen für Werkzeugbaubetriebe oftmals aufwendig und langwierig sein kann, weil die erforderlichen IT-Kompetenzen limitiert sind und der Nutzen derartiger Leistungen unklar ist.[696] Eine weitere Möglichkeit besteht daher in der Ausgründung eines Dienstleistungsunternehmens in Kooperation mit Start-ups. In verschiedenen produktionsnahen Branchen wird bereits aktiv auf die Synergie zwischen etablierten Unternehmen und Start-ups gesetzt, und diese bietet auch im Bereich des Werkzeugbaus vielversprechende Möglichkeiten.[697] Dabei wird die werkzeugbauspezifische Expertise mit der datenspezifischen Kompetenz von Start-ups kombiniert. Der Umfang des Leistungsangebots kann zusammenfassend durch die exklusiven Charakteristika Leistungsbündel und datengetriebene Dienstleistung beschrieben werden.

---

[693] Vgl. Schuh et al. (Management industrieller Dienstleistungen), 2016, S. 69-70.
[694] Vgl. Boos et al. (Intelligente Werkzeuge und datenbasierte Geschäftsmodelle), 2018, S. 6.
[695] Vgl. Azkan et al. (Forschungsbereiche der Datenökonomie), 2020, S. 124-125.
[696] Vgl. Fritsch; Krotova (Wie datengetrieben sind Geschäftsmodelle in Deutschland), 2020, S. 14.
[697] Vgl. Sandikçi (Kooperationen mit Start-ups), 2021, S. 895.

Leistungsangebot	Umfang	Leistungsbündel		Datengetriebene Dienstleistung		E
Leistungsangebot	Art	Unterstützung der Werkzeugerstellung	Unterstützung der Werkzeuginbetriebnahme	Unterstützung der Werkzeugnutzung	Unterstützung der Werkzeugausmusterung	N
Marktadressierungsmodell	Kundensegment	Werkzeugbaubetrieb		Serienartikelhersteller		N
Marktadressierungsmodell	Kundenbeziehung – Marktzugang	Interner Marktzugang		Externer Marktzugang		N
Marktadressierungsmodell	Kundenbeziehung – Interaktion	Direkter Kontakt		Digitaler Kontakt		N
Marktadressierungsmodell	Kanäle	Externe Plattform und ungefilterter Datenaustausch	Kundeninterne Plattform mit einem gefilterten Datenaustausch	Kundeninterne Plattform mit einem ungefilterten Datenaustausch	Direkter und ungefilterter Datenaustausch	E

Abbildung 70: Konfiguration des Leistungsangebots- und Marktadressierungsmodells[698]

Neben dem Umfang ist ebenso eine Betrachtung der Art des Leistungsangebots entscheidend. Hierfür sei auf BOSHOF verwiesen, welcher Dienstleistungen hinsichtlich des Werkzeuglebenszyklus differenziert.[699] Der Lebenszyklus kann wie erläutert durch die Phasen Werkzeugherstellung, Werkzeuginbetriebnahme, Werkzeugnutzung und Werkzeugausmusterung beschrieben werden.[700] Dabei sei erwähnt, dass für die Phase der Werkzeugherstellung ein vergleichsweise geringes Potenzial besteht, weil die Wertschöpfung im Werkzeugbaubetrieb selbst stattfindet und die zukünftige Erbringung datengetriebener Leistungen durch die Integration von Sensorik und Aktorik erst möglich gemacht wird.[701] Die Art des Leistungsangebots kann zusammenfassend durch die nicht exklusiven Charakteristika Unterstützung der Werkzeugherstellung, Unterstützung der Werkzeuginbetriebnahme, Unterstützung der Werkzeugnutzung sowie Unterstützung der Werkzeugausmusterung geprägt sein.

Im Rahmen der Dimension Kundensegment werden verschiedene Gruppen oder Unternehmen, welche mit dem Leistungsangebot adressiert werden, beschrieben. Wie im Detailschritt 1B erläutert können sich Kunden mit ähnlichen Eigenschaften und Bedürfnissen in Gruppen bzw. Segmenten bündeln. Aufgrund der Schnittstelle zu Serienprodukten stellen Serienartikelhersteller ein Kundensegment für das Leistungsangebot dar. Darüber hinaus wird ein weiteres Kundensegment durch andere Werkzeugbaubetriebe gebildet, welche aufgrund des geringen Wissens im Bereich datengetriebener Geschäftsmodelle mit anderen Werkzeugbaubetrieben Kooperationen bilden.[702] Es ist dabei festzuhalten, dass die Dimension Kundensegment nicht

[698] Eigene Darstellung.
[699] Vgl. Boshof (Datenbasierte Dienstleistungen), 2022, S. 158.
[700] Vgl. Boos et al. (Datenbasierte Dienstleistungen für den Werkzeugbau), 2022, S. 7.
[701] Vgl. Schuh et al. (Vom Werkzeughersteller zum globalen Dienstleister), 2010, S. 417-420.
[702] Vgl. Schuh et al. (Digitale Wertschöpfungsnetzwerke im Werkzeugbau), 2013, S. 29-31.

exklusiv ist, weil durch ein datengetriebenes Geschäftsmodelle verschiedene Kundensegmente angesprochen werden können.

Die Dimension der Kundenbeziehung adressiert das Verhältnis zwischen Werkzeugbaubetrieb und Kunde. Des Weiteren werden im Rahmen dieser Dimension die Möglichkeiten des Informationenflusses thematisiert.[703] Mithin werden in dieser Dimension der Marktzugang sowie die Interaktion unterschieden. Das Kundenverhältnis im Werkzeugbau ist im wesentlichen Maße durch den Marktzugang gekennzeichnet, welcher wie in Kapitel 2.3.1.2 beschrieben extern und / oder intern sein kann. Zudem kann die Interaktion zwischen Werkzeugbaubetrieb und Kunde entweder durch direkten oder digitalen Kontakt charakterisiert werden. Beim direkten Kontakt sind Mitarbeitende des Werkzeugbaubetriebs vor Ort beim Kunden und beraten oder unterstützen ihn bei seinen Tätigkeiten. Beim rein digitalen Kontakt beruht die Interaktion auf dem Austausch von Daten und Informationen. Den Beschreibungen folgend sind sowohl die Art der Interaktion als auch der Marktzugang nicht exklusiv.

Die letzte Dimension des Leistungsangebots- und Marktadressierungsmodells bilden die Kundenkanäle. Beispielsweise wird über Kommunikations-, Distributions- und Verkaufskanäle mit einem Kunden in Kontakt getreten.[704] Für datengetriebene Geschäftsmodelle ist insbesondere der Transfer von Daten bzw. datenbasierten Erkenntnissen sowie die Gestaltung entsprechender Kanäle von besonderer Bedeutung. Für diese Dimension sei daher auf die in Detailschritt 2B beschriebene externe Plattform mit ungefiltertem Datenaustausch, kundeninterne Plattform mit gefiltertem Datenaustausch, kundeninterne Plattform mit ungefiltertem Datenaustausch sowie dem direkten ungefilterten Datenaustausch verwiesen. Diese stellen die exklusiven Charakteristika der Dimension Kundenkanäle dar.

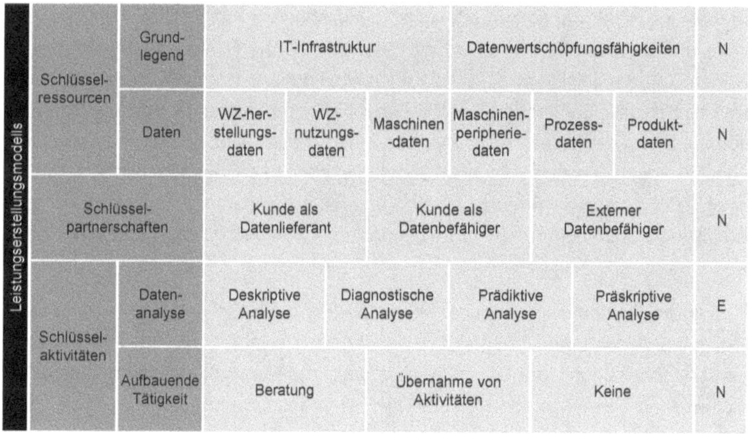

Abbildung 71: Konfiguration des Leistungserstellungsmodells[705]

[703] Vgl. Schuh et al. (Management industrieller Dienstleistungen), 2016, S. 79.
[704] Vgl. Schuh et al. (Management industrieller Dienstleistungen), 2016, S. 78.
[705] Eigene Darstellung.

Das Leistungserstellungsmodell bildet ein weiteres Teilmodell eines Geschäftsmodells. Zu den Dimensionen dieses Teilmodells zählen wie in Abbildung 71 dargestellt die Schlüsselressourcen, Schlüsselpartner und Schlüsselaktivitäten zur Erstellung einer Leistung. Die Schlüsselressourcen können im Allgemeinen sowohl physischen Ressourcen wie Maschinen, Systeme und Sachanlagen als auch immaterielle Ressourcen wie Marken und Patente umfassen.[706] Einerseits sind zur Befähigung der Datenwertschöpfung im Sinne datengetriebener Geschäftsmodelle grundlegende Ressourcen notwendig. Die grundlegenden Ressourcen bilden eine geeignete IT-Infrastruktur sowie die Fähigkeiten zur Datenwertschöpfung. Nach HÄCKEL & ÜBELHÖR besteht zudem eine Abhängigkeit zwischen der physischen Komponente des Produkts und der datengetriebenen Komponente der Wertschöpfung.[707] In diesem Sinne wird das intelligente Werkzeug, das Werkzeugnutzungsdaten während der Serienproduktion erfasst, ebenso bei den grundlegenden Ressourcen verortet. Darüber hinaus stellen Daten definitorisch eine Schlüsselressource datengetriebener Geschäftsmodelle dar.[708] Wie in Detailschritt 2A im. Kapitel 5.1.2.2 beschrieben können Daten als Schlüsselressourcen in Werkzeugerstellungs-, Werkzeugnutzungs-, Maschinen-, Maschinenperipherie-, Prozess- und Produktdaten differenziert werden. Die Dimension Schlüsselressource weist des Weiteren nicht exklusive Charakteristika auf, weil eine datengetriebene Leistung oftmals auf diversen Datenkategorien aufbaut.[709]

Unternehmen gehen im Allgemeinen Partnerschaften ein, um das eigene Geschäftsmodell zu stärken, beispielsweise indem erforderliche Ressourcen gesichert oder die Risiken verringert werden.[710] Als Schlüsselpartner im Rahmen datengetriebener Geschäftsmodelle nennen STRAHRINGER & WIENER den Datenlieferanten und den Datenbefähiger.[711] Datenlieferanten generieren entweder Daten, welche einen Eigenwert aufweisen und vermarktet werden können, oder bieten Zugang zu aggregierten Erst- und Drittdaten. Für die Umsetzung datengetriebener Geschäftsmodelle im Werkzeugbau muss oftmals auf Daten aus der Wertschöpfung des Kunden zurückgegriffen werden. Der Kunde kann daher potenziell in der Rolle des Datenlieferants als Schlüsselpartner agieren. Der Datenbefähiger unterstützt die Nutzung von Daten anhand bereitgestellter Infrastruktur oder offerierten Dienstleistungen. Sollte eine kundeninterne Plattform genutzt werden, so bildet der Kunde ebenso als Datenbefähiger einen Schlüsselpartner. Zudem kann der Werkzeugbau potenziell mit weiteren Datenbefähigern zur Leistungserstellung zusammenarbeiten. Die Dimension Schlüsselpartnerschaften ist mithin nicht exklusiv.

Schlüsselaktivitäten umfassen jegliche Aktivitäten, die zur Erstellung der Leistung eine kritische Bedeutung einnehmen. Es kann sich dabei beispielsweise auch um Aktivitäten zum Erhalt der Kundenbeziehung, zur Umsatzrealisierung oder zur Markterreichung handeln.[712] Bei datengetriebenen Geschäftsmodellen sind die Schlüsselaktivitäten datenorientiert.[713] Wie in

706 Vgl. Schuh et al. (Management industrieller Dienstleistungen), 2016, S. 80.
707 Vgl. Häckel; Übelhör (Digitale Geschäftsmodelle in der Industrie), 2019, S. 174.
708 Vgl. Kühne; Bohmann (Representing Data-Driven Business), 2018, S. 4.
709 Vgl. Schroeder (Big data business models), 2016, S. 8-9.
710 Vgl. Osterwalder; Pigneur (Business Model Generation), 2011, S. 38.
711 Vgl. Strahringer; Wiener (Datengetriebene Geschäftsmodelle - Konzeptuelles Rahmenwerk), 2021, S. 465.
712 Vgl. Osterwalder; Pigneur (Business Model Generation), 2011, S. 36.
713 Vgl. Azkan et al. (Research Streams in the Data Economy), 2019, S. 62-64.

Kapitel 2.2.2.2 erläutert sind datengetriebene Geschäftsmodelle insbesondere durch Aktivitäten zur Datenwertschöpfung charakterisiert. In der Anlehnung an das „Data Analytics Maturity Model" nach LINDEN ET AL. kann eine Differenzierung in deskriptive, diagnostische, prädiktive und präskriptive Datenwertschöpfungstätigkeiten erfolgen.[714] Da diese Aktivitäten wie in Kapitel 2.3.2.3 erläutert mit steigender Komplexität aufeinander aufbauen und eine höhere Form alle niedrigeren Formen beinhaltet, sind diese Charakteristika exklusiv. Des Weiteren können wie in Detailschritt 2B erläutert im Kontext hybrider Leistungsbündel aufbauende Tätigkeiten für die Leistungserbringung kritisch sein. Dazu zählen die Übernahme von expliziten Tätigkeiten des Kunden durch den Werkzeugbaubetrieb oder die Beratungsleistung auf Basis von datengetriebenen Erkenntnissen in Kombination mit der Fachexpertise des Werkzeugbaubetriebs. Darüber hinaus ist es auch möglich, dass der Werkzeugbaubetrieb für ein datengetriebenes Geschäftsmodell keine aufbauenden Tätigkeiten benötigt. Die Charakteristika der aufbauenden Tätigkeiten sind jedoch nicht exklusiv, weil die Beratung und Übernahme von Tätigkeiten komplementär durchführt werden können.

Schließlich bildet das Ertragsmodell ein weiteres Teilmodell eines Geschäftsmodells. Die Dimensionen des Ertragsmodells umfassen wie in Abbildung 72 dargestellt die Abrechnungs- und Erlöswege, den Preismechanismus sowie die Kostenstruktur, welche wiederum wesentlich durch die Infrastruktur und den Werkzeugbesitz geprägt ist. Die Abrechnungs- und Erlöswege spiegeln den Geldfluss wider, welchen das anbietende Unternehmen von ausgewählten Kundensegmenten generiert.[715]

Die Abrechnungs- und Erlöswege der Branche Werkzeugbau sind oftmals von Einzelzahlungen geprägt. Im Rahmen datengetriebener Geschäftsmodelle ist jedoch auch die Einführung von kontinuierlichen Erlösen möglich. Diese bewirken neben der Kontinuität eine Reduktion des finanziellen Risikos für den Kunden. Wie in Kapitel 3.2.2.6 beschrieben können nach AZKAN ET AL. im Rahmen datengetriebener Geschäftsmodelle Abrechnungs- und Erlöswege subskriptionsbasiert, transaktionsbasiert oder indirekt gestaltet sein.[716]

[714] Vgl. Linden et al. (Portfolio of Analytics Capabilities), 2013.
[715] Vgl. Schuh et al. (Management industrieller Dienstleistungen), 2016, S. 81.
[716] Vgl. Azkan et al. (Taxonomy for Data-Driven Services in Manufacturing), 2020, S. 7.

Ertragsmodell	Abrechnungs- & Erlöswege		Einmaliger Verkauf	Abonnement	Nutzungsgebühr	Erfolgsbeteiligung	N
	Preismechanismus		Feste Listenpreise	Preisstaffelung nach Menge	Preisstaffelung nach Qualität	Dynamische Preise durch Verhandlung	E
	Kostenstruktur	Infrastruktur	Kontinuierliche Zahlung		Einmalzahlung + Instandhaltung		E
		Werkzeugbesitz	Eigenbesitz		Kundenbesitz		E

Abbildung 72: Konfiguration des Ertragsmodells[717]

Dem angeschlossen können die Abrechnungs- und Erlöswege datengetriebener Leistungen im Werkzeugbau transaktionsbasiert durch einen einmaligen Verkauf gekennzeichnet sein. In diesem Fall trägt der Kunde das gesamte finanzielle Risiko. Subskriptionsbasierte Ansätze für die Abrechnung von datengetriebenen Leistungen im Werkzeugbau bilden das Abonnement und die Nutzungsgebühr. Im Rahmen eines Abonnements erfolgt die Bezahlung für die bereitgestellte Leistung fortlaufend und wiederkehrend in zeitlich festgelegten Intervallen. Dadurch können hohe anfängliche Investitionskosten für den Kunden vermieden werden, was zur Reduzierung seines finanziellen Risikos beiträgt. Bei einer Nutzungsgebühr basiert die Abrechnung auf dem tatsächlich gestifteten Nutzen durch das anbietende Unternehmen, wodurch das finanzielle Risiko für den Kunden zusätzlich reduziert wird. Dieser Nutzen kann im Werkzeugbau zum Beispiel die verlässliche Produktion von Artikeln durch ein Werkzeug, die Werkzeugverfügbarkeit für die Serienproduktion oder die Erhöhung der Produktivität des Serienproduktionsprozesses darstellen. Den indirekten Abrechnungsansatz stellt schließlich die Erfolgsbeteiligung dar. Für diese ist charakteristisch, dass das anbietende Unternehmen an kundenseitigen Kosteneinsparungen, welche durch eine erbrachte Leistung entstanden sind, anteilig vergütet wird. Es ist zudem festzuhalten, dass es sich bei dem Abrechnungs- und Erlösweg um eine nicht exklusive Dimension handelt, weil auch Kombinationen möglich sind. Beispielsweise könnte im Rahmen eines hybriden Leistungsbündels ein Werkzeug einmalig verkauft und gleichzeitig eine Dienstleistung angeboten werden, für die im Abonnement bezahlt wird.

Die Festlegung von Preisen für offerierte Leistungen basiert auf sogenannten Preismechanismen. Die Auswahl eines Preismechanismus ist in starkem Maße von den Abrechnungs- und Erlöswegen abhängig. In Anlehnung an SCHUH ET AL.[718] und OSTERWALDER & PIGNEUR[719] können Preismechanismen statisch oder dynamisch sein. Zu den statischen Preismechanismen für datengetriebene Leistungen im Werkzeugbau zählen feste Listenpreise sowie die Preisstaffelung nach Qualität oder Menge. Beim festen Listenpreis wird die Leistung mit einem im Voraus determinierten Preis vertrieben. Im Rahmen der Preisstaffelung nach Menge werden für zusätzliche Leistungen Rabatte angeboten, um dadurch die Attraktivität der Beauftragung

[717] Eigene Darstellung.
[718] Vgl. Osterwalder; Pigneur (Business Model Generation), 2011, S. 33.
[719] Vgl. Schuh et al. (Management industrieller Dienstleistungen), 2016, S. 84.

multipler Leistungen zu steigern. Daneben kann der Preis auch hinsichtlich der Qualität der Leistung gestaffelt werden. Beispielsweise kann die tatsächliche Auswirkung einer durchgeführten Leistung preislich gestaffelt festgelegt werden. Der dynamische Preismechanismus basiert vor allem auf individuellen Verhandlungen zwischen Anbieter und Kunde, wobei im Vorfeld keine Preise für die Leistungen festgelegt sind. Die Charakteristika des Preismechanismus sind insbesondere aufgrund ihrer starken Abhängigkeit von den festgelegten Abrechnungswegen exklusiv.

Die Kostenstruktur gibt einen Überblick über die wesentlichen Kosten, welche bei der Umsetzung eines spezifischen Geschäftsmodells anfallen. Kosten entstehen in der Regel durch die Erbringung von Leistungen, die Pflege von Kundenbeziehungen und die Generierung von Erträgen.[720] Bei datengetriebenen Leistungen wird die Kostenstruktur maßgeblich durch den Werkzeugbesitz sowie die IT-Infrastruktur beeinflusst.[721] Für die IT-Infrastruktur können einerseits kontinuierliche Kosten entstehen, wenn diese durch einen externen Partner zur Verfügung gestellt wird. Sollte der Anbieter die IT-Infrastruktur andererseits selbst aufbauen, fallen Einmalzahlungen für notwendige Investitionen sowie fortlaufende Kosten für Instandhaltungsarbeiten an der IT-Infrastruktur an. Dieser Logik folgend sind diese Charakteristika exklusiv. Darüber hinaus können abhängig von der zu erbringenden Leistung die Besitzverhältnisse des Werkzeugs variieren. In der Praxis liegt der Besitz eines Werkzeugs einerseits häufig beim Kunden. In diesem Fall sind alle Kosten in Bezug auf die Lieferung des Werkzeugs durch den Kunden selbst zu decken. Das finanzielle Risiko der Werkzeugbeschaffung liegt somit beim Kunden. Andererseits ist es im Rahmen datengetriebener Geschäftsmodelle möglich, dass der Werkzeugbesitz beim Werkzeugbaubetrieb bzw. anbietenden Unternehmen des datengetriebenen Geschäftsmodells bleibt. Durch die Übernahme des finanziellen Risikos durch den Werkzeugbaubetrieb wird eine Schonung der Liquidität des Kunden erreicht. Aufgrund seiner Beschaffenheit ist der Werkzeugbesitz eine exklusive Dimension, denn ein Werkzeug kann in der Praxis nur von einer Partei gleichzeitig besessen werden. Aufbauend auf den obigen Beschreibungen ist der morphologische Kasten zur Konfiguration datengetriebener Geschäftsmodelle aggregiert in Abbildung 73 dargestellt. Die Nutzung dieser Morphologie führt zu spezifischen datengetriebenen Geschäftsmodellen im Werkzeugbau.

[720] Vgl. Osterwalder; Pigneur (Business Model Generation), 2011, S. 40.
[721] Vgl. Boos et al. (Intelligente Werkzeuge und datenbasierte Geschäftsmodelle), 2018, S. 42.

Leistungsangebot	Umfang		Leistungsbündel	Datengetriebene Dienstleistung					E
Leistungsangebot	Art		Unterstützung der Werkzeugerstellung	Unterstützung der Werkzeuginbetriebnahme	Unterstützung der Werkzeugnutzung	Unterstützung der Werkzeugausmusterung			N
Marktadressierungsmodell	Kundensegment		Werkzeugbaubetrieb	Serienartikelhersteller					N
Marktadressierungsmodell	Kundenbeziehung	Marktzugang	Interner Marktzugang	Externer Marktzugang					N
Marktadressierungsmodell	Kundenbeziehung	Interaktion	Direkter Kontakt	Digitaler Kontakt					N
Marktadressierungsmodell	Kanäle		Externe Plattform und ungefilterter Datenaustausch	Kundeninterne Plattform mit einem gefilterten Datenaustausch	Kundeninterne Plattform mit einem ungefilterten Datenaustausch	Direkter und ungefilterter Datenaustausch			E
Leistungserstellungsmodells	Schlüsselressourcen	Grundlegend	IT-Infrastruktur	Datenwertschöpfungsfähigkeiten					N
Leistungserstellungsmodells	Schlüsselressourcen	Daten	WZ-herstellungsdaten	WZ-nutzungsdaten	Maschinendaten	Maschinenperipheriedaten	Prozessdaten	Produktdaten	N
Leistungserstellungsmodells	Schlüsselpartnerschaften		Kunde als Datenlieferant	Kunde als Datenbefähiger	Externer Datenbefähiger				N
Leistungserstellungsmodells	Schlüsselaktivitäten	Datenanalyse	Deskriptive Analyse	Diagnostische Analyse	Prädiktive Analyse	Präskriptive Analyse			E
Leistungserstellungsmodells	Schlüsselaktivitäten	Aufbauende Tätigkeit	Beratung	Übernahme von Aktivitäten	Keine				N
Ertragsmodell	Abrechnungs- & Erlöswege		Einmaliger Verkauf	Abonnement	Nutzungsgebühr	Erfolgsbeteiligung			N
Ertragsmodell	Preismechanismus		Feste Listenpreise	Preisstaffelung nach Menge	Preisstaffelung nach Qualität	Dynamische Preise durch Verhandlung			E
Ertragsmodell	Kostenstruktur	Infrastruktur	Kontinuierliche Zahlung	Einmalzahlung + Instandhaltung					E
Ertragsmodell	Kostenstruktur	Werkzeugbesitz	Eigenbesitz	Kundenbesitz					E

Abbildung 73: Konfiguration datengetriebener Geschäftsmodelle[722]

[722] Eigene Darstellung.

Nach Abschluss von Schritt 3A ergeben sich für den Anwendenden zusammenfassend nachfolgende Ergebnisse:

- Aufgestellte Morphologie zur Gestaltung datengetriebener Geschäftsmodelle im Werkzeugbau
- Systematisch konfigurierte datengetriebene Geschäftsmodelle anhand der hergeleiteten Morphologie
- Identifizierte Charakteristika datengetriebener Geschäftsmodelle im Werkzeugbau anhand des Leistungsangebots-, Leistungserbringungs-, der Marktadressierungs- und Ertragsmodells

5.2.1.3 Einordnung datengetriebener Geschäftsmodell-Archetypen

Im vorangehenden Detailschritt der Methodik wird eine Morphologie zur systematischen Konfiguration datengetriebener Geschäftsmodelle im Werkzeugbau hergeleitet. Es lässt sich allgemein festhalten, dass die Menge möglicher datengetriebener Geschäftsmodelle im Rahmen einer derartigen Morphologie deterministisch ist. Insbesondere aufgrund der Aufteilung in exklusive und nicht exklusive Charakteristika in der Morphologie sowie der komplexen Teilmodelle eines Geschäftsmodells ist diese Menge jedoch in der Praxis für einen Methodikanwendenden oftmals schwierig zu handhaben. Daher ist es sinnvoll, übergreifende Archetypen zu definieren, die datengetriebene Geschäftsmodelle mit identischem Muster zusammenzufassen. Auf dieser Basis bilden die Archetypen praxistaugliche Szenarien von datengeschriebenen Geschäftsmodellen im Werkzeugbau. Ähnliche Vorgehensweisen lassen sich in zahlreichen wissenschaftlichen Publikationen beobachten. Exemplarisch sei dabei auf GASSMANN ET AL.[723] und ROTH-DIETRICH & GRÖSCHEL[724] verwiesen.

Die Definition datengetriebener Geschäftsmodell-Archetypen erfolgt in zwei Schritten. Zunächst werden die antagonistischen Archetypen anhand von Mustern von datengetriebenen Geschäftsmodellen abgegrenzt. Daraufhin werden die Archetypen anhand einer von Detailschritt 3A abgeleiteten Morphologie detailliert. Durch die Detaillierung wird eine Zuordnung von spezifischen datengetriebenen Geschäftsmodellen zu einem Archetyp ermöglicht.

Zur Abgrenzung der Archetypen wird sich an den datengetriebenen Geschäftsmodellen nach SCHROEDER angelehnt. Dieser beschreibt den Datenlieferant, den Datenbefähiger und den Datennutzer.[725] Datenlieferanten generieren entweder Daten, welche einen Eigenwert aufweisen und vermarktet werden können, oder bieten Zugang zu aggregierten Erst- und Drittdaten. Hieraus lässt sich wie in Abbildung 74 dargestellt der Geschäftsmodell-Archetyp des stillen Beobachters ableiten. Im Rahmen derartiger Geschäftsmodelle werden dem Kunden Entstehungs- und / oder Nutzungsdaten von eigenfertigten Werkzeugen übermittelt. Diese Daten verfügen über eine ausreichende Datendichte für einen Erkenntnisgewinn. Die Kunden sind

[723] Vgl. Gassmann et al. (Geschäftsmodelle entwickeln), 2013, S. 73-75.
[724] Vgl. Roth-Dietrich; Gröschel (Matching zwischen Geschäftsmodellmustern), 2018, S. 90-101.
[725] Vgl. Schroeder (Big data business models), 2016, S. 9.

jedoch selbst verantwortlich, Erkenntnisse bzw. Nutzen aus den Daten zu ziehen. Das Leistungsangebot konzentriert sich darauf, visuell aufbereitete Daten bereitzustellen, ohne jedoch eine umfassende Dateninterpretation vorzunehmen. Kunden profitieren von dieser visualisierten Darstellung der Daten, da sie dadurch Einblicke hinsichtlich werkzeugspezifischer Eigenschaften erhalten und auf dieser Grundlage bessere Entscheidungen treffen können. Kunden können die Daten zudem zum Zwecke der Analyse mit weiteren Daten anreichen. Zur Leistungserstellung müssen vom anbietenden Unternehmen folglich insbesondere deskriptive Datenanalysen durchgeführt werden. Des Weiteren kann festgehalten werden, dass sich das Werkzeug bei derartigen Geschäftsmodellen im Besitz des Kunden befindet.

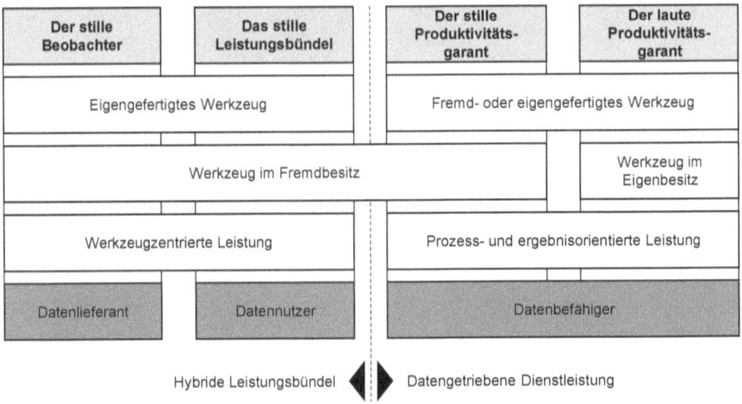

Abbildung 74: Abgrenzung der Geschäftsmodell-Archetypen[726]

Datennutzer verbessern wie in Kapitel 2.2.2.1 erläutert im Sinne der externen Datemonetarisierung die Prozesse ihrer Kunden. Hieraus lässt sich der Geschäftsmodell-Archetyp des stillen Leistungsbündels ableiten. Im Sinne hybrider Leistungsbündel werden Analysen für eigengefertigte Werkzeuge durchgeführt. Die Analysen verfolgen den Zweck den Serienproduktionsprozess der Kunden zu verbessern. Die Werkzeuge befinden sich im Besitz des Kunden. Somit fokussieren sowohl das stille Leistungsbündel als auch der stille Beobachter werkzeugzentrierte Angebote, die von hybriden Leistungsbündel dargestellt werden. Es sei allgemein angemerkt, dass Datennutzer die Kunden von Datenbefähigern und Datenlieferanten darstellen.

Datenbefähiger bieten unterstützende datengetriebene Dienstleistungen und Dateninfrastrukturlösungen an. Im Rahmen derartiger Geschäftsmodelle werden zur Verfügung gestellte und eigenerfasste Daten genutzt, um datengetriebene Beratungsleistungen für die Werkzeugnutzung für den Kunden zu erbringen. Hierfür werden je nach Anwendungsfall und zugrundeliegender Fragestellung diagnostische, prädiktive oder präskriptive Datenanalysen durchgeführt. Diese bilden gleichzeitig die Schlüsselaktivität in derartigen Geschäftsmodellen. In Bezug zum Datenbefähiger lassen sich zwei Geschäftsmodell-Archetypen ableiten. Dazu zählt einerseits

[726] Eigene Darstellung.

der Geschäftsmodell-Archetyp des stillen Produktivitätsgarants. Anders als beim stillen Beobachter und beim stillen Leistungsbündel wird eine serienproduktionsprozessorientierte, datengetriebene Dienstleistung angeboten, wobei das Werkzeug entweder selbst- oder fremdgefertigt sein kann. Das Werkzeug ist jedoch vom Kunden gekauft und dadurch in seinem Besitz. Der Fokus des Nutzenversprechens liegt dementsprechend auf dem Prozess und dem resultierenden Ergebnis des Kunden. Der stille Produktivitätsgarant unterstützt in diesem Sinne den Kunden bei der Optimierung des Werkzeugeinsatzes hinsichtlich Prozessleistung und Prozessstabilität. Auf diese Weise sind beispielsweise Störminuten im Serienproduktionsprozess zu minimieren sowie die zuverlässige Herstellung von Artikeln in Serienqualität zu erreichen. Der Kundennutzen wird durch die Steigerung der Verfügbarkeit und der Leistung des Werkzeug-Maschine-Systems erzielt.

Den zweiten Geschäftsmodell-Archetypen im Bezug zum Datenbefähiger bildet der laute Produktivitätsgarant. Die beiden Geschäftsmodell-Archetypen, die dem Datenbefähiger entstammen, haben gemein, dass datengetriebene Dienstleistungen im Rahmen eigen- oder fremdgefertigter Werkzeuge angeboten werden. Beim lauten Produktivitätsgaranten liegt der Fokus auf outputzentrierten Leistungen. Dementsprechend bildet die flexible und zuverlässige Teileproduktion mit einem Werkzeug in einem definierten Zeitintervall das Nutzenversprechen für den Kunden. Das Werkzeug bleibt dabei im Besitz des Werkzeugbaubetriebs, was zu einer Reduktion des Investitionsrisikos beim Kunden führt. Dies erfordert neben der Finanzierung des Werkzeugs durch den Werkzeugbaubetrieb eine kooperative Wertschöpfung mit den Kunden, die durch eine hohe Integrativität sowie eine starke Integration in Kundenprozesse geprägt ist.[727] Nach der Abgrenzung der Archetypen in Anlehnung an SCHROEDER werden die Geschäftsmodellmuster der Archetypen folgend anhand ausgewählter Charakteristika der beschriebenen Morphologie aus Detailschritt 3A detailliert.[728] Auf diese Weise sollen spezifische datengetriebene Geschäftsmodelle den Archetypen zugewiesen werden können.

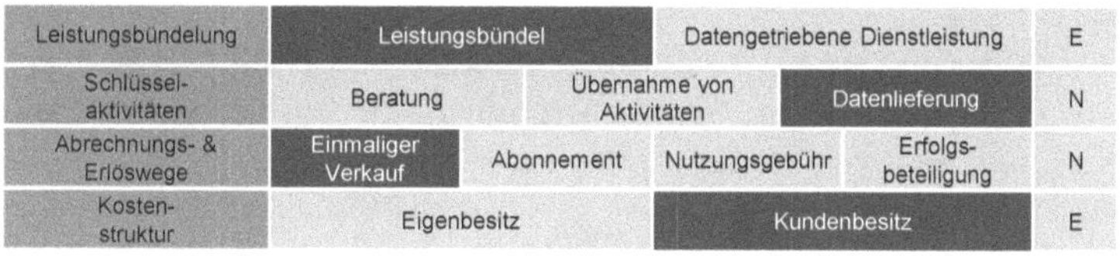

Abbildung 75: Geschäftsmodellmuster des stillen Beobachters[729]

Abbildung 75 stellt die Eigenschaften des Geschäftsmodellmusters des stillen Beobachters dar. Das Leistungsangebot des stillen Beobachters ist durch einen hohen immateriellen Anteil gekennzeichnet. Es werden Daten sowie deskriptive Analysen zur Visualisierung ebendieser Daten angeboten. Dabei kann es sich einerseits um Daten aus der Werkzeugerstellung handeln. Hierdurch kann beispielsweise die Werkzeugerstellung unterstützt werden oder dem Ar-

---

[727] Vgl. Boos et al. (Der Werkzeugbau als Gesamtlösungsanbieter), 2022, S. 25.
[728] Vgl. Schroeder (Big data business models), 2016, S. 9.
[729] Eigene Darstellung.

tikelhersteller Informationen hinsichtlich des Auftragsfortschritt angeboten werden. Andererseits kann es sich um Daten aus der Werkzeugnutzung handeln wie beispielsweise dem Werkzeugstandort oder dem Betriebszustand. Dies kann Artikelhersteller bei der Produktionsplanung sowie Prozesssteuerung unterstützen. Der stille Beobachter erbringt jedoch keine eigenen Beratungsleistungen, sondern liefert ausschließlich Informationen im Sinne deskriptiver Analysen. Ebenso erfolgt keine Übernahme von Aktivitäten beim Kunden. Da es sich um standardisierte Leistungen handelt, erfolgt die Abrechnung über einmalige Verkäufe mit festen Preisen. Das Leistungsbündel mit seinen einzelnen Komponenten wird auf diese Weise vertrieben. Somit wird insbesondere das Kerngeschäft der Werkzeugherstellung durch die Ergänzung von datengetrieben Dienstleistungen gesichert. Im Rahmen dieses Geschäftsmodell-Archetyps fertigt das anbietende Unternehmen die Werkzeuge selbst. Die Leistungen beziehen sich somit auf Werkzeuge, die eigengefertigt sind und sich im Besitz des Kunden befinden.

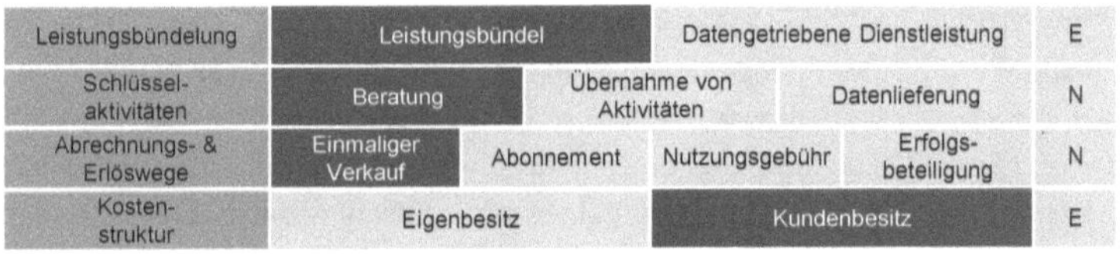

Abbildung 76: Geschäftsmodellmuster des stillen Leistungsbündels[730]

In Abbildung 76 sind die Eigenschaften des Geschäftsmodellmusters des stillen Leistungsbündels gekennzeichnet. Das stille Leistungsbündel offeriert der Namensgebung folgend hybride Leistungsbündel mit Anteilen, die durch vollständige Immaterialität charakterisiert sind. Im Gegensatz zum stillen Beobachter liefert das stille Leistungsbündel dem Kunden neben dem Werkzeug datengetriebene Erkenntnisse, die zu Effizienzsteigerungen befähigen. Dafür führt das stille Leistungsbündel diagnostische, prädiktive oder präskriptive Analysen durch. Die Komplexität der Datenanalyse ist somit höher als beim stillen Beobachter. Die Analysen können sich dabei auf die Werkzeugentstehung und bzw. oder die Werkzeugnutzung beziehen. In der Werkzeugentstehungsphase können die Ergebnisse der Datenanalyse zum Zwecke der Durchlaufzeitreduzierung oder Kostenminimierung dienen. In der Werkzeugnutzung stellt beispielsweise die vorrausschauende Wartung eine datengetriebene Dienstleistung dar, die das stille Leistungsbündel anbietet. Die Schlüsselaktivitäten des stillen Leistungsbündels liegen somit in der Beratung des Kunden hinsichtlich der kontinuierlichen Prozessführung. Die aus der Beratung resultierenden Maßnahmen für den Serienproduktionsprozess werden vom Kunden selbst durchgeführt. Neben dem Abrechnungsweg von einmaligen Verkäufen sind im Rahmen des stillen Leistungsbündels ebenso Abonnements und nutzungszentrierte Preisemechanismen möglich. Das Werkzeug wird einmalig verkauft, wohingegen die datengetriebenen Erkenntnisse in Abonnements oder bei Inanspruchnahme des Kunden abgerechnet werden. Der Abrechnungsmechanismus des stillen Leistungsbündels basiert folglich auf dem Einmalerlös aus dem Verkauf des Werkzeugs kombiniert mit wiederkehrenden Einnahmen, die durch die

[730] Eigene Darstellung.

Nachfrage der begleitenden Dienstleistungen entstehen. Der Besitz des Werkzeugs befindet sich folglich beim Kunden.

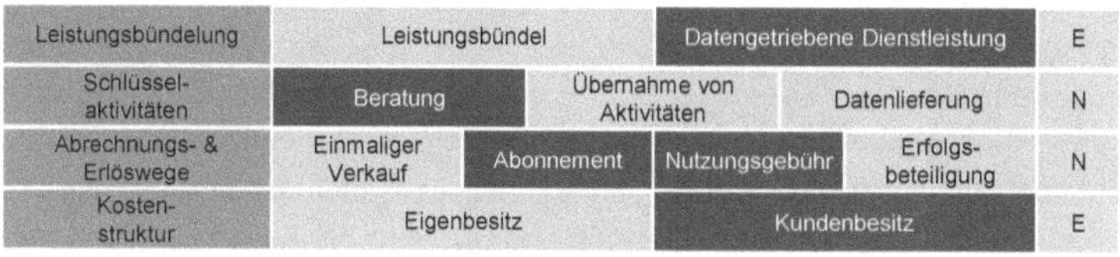

Abbildung 77: Geschäftsmodellmuster des stillen Produktivitätsgarants[731]

Abbildung 77 zeigt die Eigenschaften des Geschäftsmodellmusters des stillen Produktivitätsgarants. Im Gegensatz zum stillen Beobachter und stillen Leistungsbündel werden bei diesem Archetyp isolierte datengetriebene Dienstleistungen angeboten. Der Leistungsfokus liegt auf dem Serienproduktionsprozess, in dem entweder ein eigenfertiges oder fremdgefertigtes Werkzeug genutzt wird. Die Dienstleistungen umfassen insbesondere die Beratung des Kunden hinsichtlich des Werkzeugeinsatzes. So können beispielsweise datengetriebene Beratungen für Feinrüstvorgänge, das Ersatzteilmanagement oder zur Einstellung von Maschinenparametern erbracht werden. Dem Werkzeugbaubetrieb müssen bei diesem Geschäftsmodell-Archetyp folglich Zugang zu Daten des Serienproduktionsprozesses zur Verfügung stehen. Hierzu zählen Werkzeugnutzungsdaten, Maschinendaten, Maschinenperipheriedaten, Prozessdaten oder Produktdaten. Die Daten werden jedoch nur zum Zwecke der Beratung genutzt. Es werden keine Kundenaktivitäten durch das anbietende Unternehmen übernommen. Der Abrechnungsmechanismus basiert auf wiederkehrenden Einnahmen, die durch die Nachfrage der begleitenden Dienstleistungen entstehen. Diese wiederkehrenden Einnahmen können entweder durch regelmäßige Abonnementszahlungen oder durch variable Gebühren, die auf der tatsächlichen Nutzung basieren, erzielt werden. Das Werkzeug gehört dem Kunden und wird durch diesen selbst betrieben.

Die Eigenschaften des Geschäftsmodellmusters des lauten Produktivitätsgarants werden in Abbildung 78 dargestellt. Ebenso wie beim zuvor beschriebenen Archetyp bietet der laute Produktivitätsgarant im Fokus datengetriebene Dienstleistungen für eigen- oder fremdgefertigte Werkzeuge an. Die Leistungen umfassen einen materiellen sowie immateriellen Anteil. Der immaterielle Anteil bezieht sich einerseits auf die datengetriebene Lokalisierung von Verbesserungspotenzialen des Serienproduktionsprozesses. Der materielle Anteil umfasst andererseits die physischen Maßnahmen zur Umsetzung des Verbesserungspotenzials. Maßnahmen könnten dabei beispielsweise die Einstellung von Maschinenparametern oder die proaktive Einleitung von Werkzeuginstandhaltungsarbeiten darstellen. Diese Maßnahmen werden je nach festgelegter Integrativität vom Werkzeugbaubetrieb selbst durchgeführt. Folglich bildet die Übernahme von Kundenaufgaben eine Schlüsselaktivität des lauten Produktivitätsgarants.

Dem angeschlossen werden die Leistungen des lauten Produktivitätsgarants nutzungsorientiert abgerechnet. Dieser Logik folgend wird der effiziente und effektive Werkzeugeinsatz zur

731 Eigene Darstellung.

Herstellung von Artikeln offeriert. Dementsprechend wird entweder die Produktivzeit des Werkzeugs oder stückzahlbasiert die Menge der mit dem Werkzeug in Serienqualität hergestellten Artikel abgerechnet. Diese Abrechnungsweise birgt diverse Vorteile für den Kunden. Durch die nutzungsbasierte Abrechnung der Leistung wird für den Kunden das Investitionsrisiko des Werkzeugs reduziert. Zudem erleichtert die nutzungsbasierte Abrechnung des Werkzeugs die Artikelkalkulation für den Kunden und schafft auf diese Weise eine höhere Planungssicherheit. Des Weiteren wird durch diese Art der Abrechnung eine Interessenangleichung zwischen Werkzeugbaubetrieb und Kunden erzielt. Im Grunde benötigt der Kunde das Werkzeug lediglich, um liefer- und der produktionsfähig zu sein. Zu diesem Zwecke wird das Werkzeug gekauft und eingesetzt. Der eigentliche Kundenfokus liegt allerdings oftmals vielmehr auf einem produktiven Serienproduktionsprozess und funktionalen sowie anforderungsgerechten Endprodukten. Durch eine nutzungsbasierte Abrechnung wird der Fokus des Leistungsversprechens des Werkzeugbaubetriebs ebenso auf diese Aspekte ausgerichtet. Durch diese Ausrichtung erhält der Werkzeugbaubetrieb zudem oftmals ein besseres Kundenverständnis, indem Erkenntnisse hinsichtlich des individuellen Kundennutzens generiert werden.[732] Es entstehen für den Werkzeugbaubetrieb außerdem kontinuierliche Erlöse, welche die Planungssicherheit steigern sowie die Anfälligkeit gegenüber Nachfrageschwankungen abschwächen.

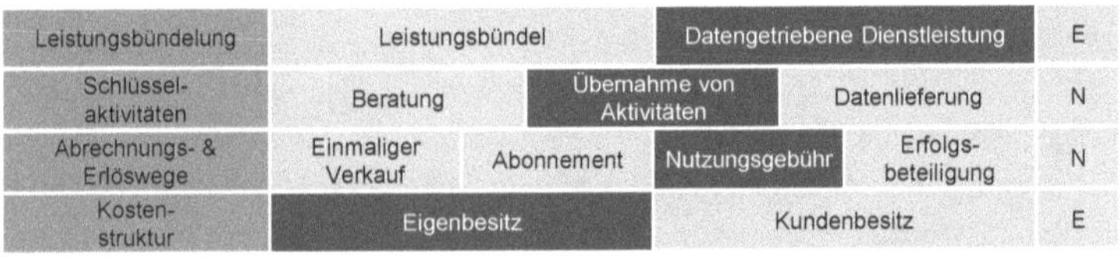

Abbildung 78: Geschäftsmodellmuster des lauten Produktivitätsgarants[733]

Jedoch entstehen durch die nutzungsbasierte Abrechnung ebenso Nachteile für den Kunden und den Werkzeugbaubetrieb. Für den Werkzeugbaubetrieb entsteht durch die Vorfinanzierung des Werkzeugs ein hohes finanzielles Risiko. Wenn dies durch eine Eigenfinanzierung ohne Fremdkapitel erfolgt, benötigt der Werkzeugbaubetrieb hohe finanzielle Ressourcen. Vereinzelt existieren Pilotprojekte der nutzungsbasierten Abrechnung von Werkzeugen im Rahmen der Innenfinanzierung. In der Praxis sind Werkzeugbaubetriebe jedoch oftmals mittelständisch und durch begrenzte finanzielle Ressourcen geprägt. In der wissenschaftlichen Literatur werden darüber hinaus Möglichkeiten der Working Capital-Finanzierung wie beispielsweise Factoring in Betracht gezogen.[734] In der Praxis sind derartige Finanzierungsmöglichkeiten für die nutzungsbasierte Abrechnung von Werkzeugen jedoch wenig erprobt. Zudem sei erwähnt, dass die nutzungsbasierte Abrechnung von Werkzeugen im Rahmen der Kreditfinanzierung durch sogenannte Pay-per-Use-Kredite erfolgen kann. Es handelt sich dabei um einen Investitionskredit mit variabler Tilgungsrate bei variierendem Nutzungsgrad, welche auf Basis von Maschinen- bzw. Werkzeugdaten automatisiert abgerechnet wird.[735] Nach KAMPE &

---

[732] Vgl. Boos et al. (Der Werkzeugbau als Produktivitätsbefähiger), 2024, S. 11-12.
[733] Eigene Darstellung.
[734] Vgl. Boos et al. (Erfolgreich Finanzieren), 2016, S. 23-25; Boos et al. (Der Werkzeugbau als Produktivitätsbefähiger), 2024, S. 22-24.
[735] Vgl. Kampe; Uphaus (Wachstumsfinanzierung), 2021, S. 295.

UPHAUS bietet diese Finanzierungsform eine hohe Flexibilität und Risikoreduzierung für unternehmerische Wachstumsüberlegungen.[736] In der deutschen Branche Werkzeugbau lassen sich zum Zeitpunkt der Veröffentlichung der vorliegenden Arbeit zudem Betriebe finden, welche die nutzungsbasierte Abrechnung von Werkzeugen mittels Pay-per-Use-Kredit finanzieren.

Ein weiterer Nachteil, der durch den Verbleib des Werkzeugbesitzes beim Werkzeugbaubetrieb entsteht, ist die verminderte Marktmacht des Kunden. Wenn sich das Werkzeug nicht im Besitz des Kunden befindet, verfügt der Kunde nicht über die entscheidende Hoheit hinschlicht seiner Liefer- und Produktionsfähigkeit. Aus diesem Grund wird oftmals die nutzungsbasierte Abrechnung von Werkzeugen in der Automotivbranche kritisch angesehen. Im Rahmen des lauten Produktivitätsgarants gilt es daher vertragliche Rahmenbedingungen festzulegen, die sowohl die potenziell verminderte Marktmacht des Kunden als auch die nutzungsbasierte Abrechnung von Werkzeugen berücksichtigt. Exemplarisch seien hierfür vertraglich festgelegte Mindestabnahmemengen genannt. Zudem sei schließlich angemerkt, dass die Archetypen in der Praxis nicht zwangsläufig in ihrer idealtypischen Reinform auftreten müssen. Jedoch dominieren in einem spezifischen datengetriebenen Geschäftsmodell die Muster eines Archetyps. Die Einordnung von in der Praxis auftretenden datengetriebenen Geschäftsmodellen ist in dieser Weise möglich.[737]

Nach Abschluss von Schritt 3B ergeben sich für den Anwendenden zusammenfassend nachfolgende Ergebnisse:

- Identifizierte Archetypen von werkzeugbauspezifischen Mustern datengetriebener Geschäftsmodelle
- Hergeleitete Szenarien für datengetriebene Geschäftsmodelle im Werkzeugbau anhand der Archetypen

5.2.2 Schritt 4: Auswahl datengetriebener Geschäftsmodellszenarien

Aufbauend auf den hergeleiteten Archetypen datengetriebener Geschäftsmodelle im Werkzeugbau wird im vorliegenden Schritt der Methodik das datengetriebene Geschäftsmodell ausgewählt, dass die höchste Eignung hinsichtlich einer werkzeugbauspezifischen Marktkonstellation aufweist. Die im Folgenden dargelegten, prozessualen Grundlagen hierzu bilden insbesondere die Nutzwertanalyse und der paarweise Vergleich.

Aufbauend auf diesen prozessualen Grundlagen werden den Werkzeugbau-Kunden Paarungen, welche im ersten Schritt der Methodik hergeleitet werden, potenzielle Alternativen datengetriebener Geschäftsmodelle zugewiesen. Dem angeschlossen werden zur Bewertung der Alternativen Kriterien aus vier übergeordneten Einflussbereichen identifiziert und beschrieben. Dies befähigt die Bildung einer Rangliste der möglichen datengetriebenen Geschäftsmodelle in Bezug auf eine werkzeugbauspezifische Marktkonstellation. Anhand der Rangliste kann das

---

[736] Vgl. Kampe; Uphaus (Wachstumsfinanzierung), 2021, S. 297.
[737] Vgl. Strahringer; Wiener (Datengetriebene Geschäftsmodelle - Konzeptuelles Rahmenwerk), 2021, S. 463.

datengetriebene Geschäftsmodelle ausgewählt werden, welches die höchste Eignung in Bezug auf eine werkzeugbauspezifische Marktkonstellation aufweist.

5.2.2.1 Grundlagen

Als Grundlagen für das Vorgehen zur Auswahl eines datengetriebenen Geschäftsmodells sei an dieser Stelle insbesondere die Nutzwertanalyse sowie der paarweise Vergleich genannt. Im Kontext der Geschäftsmodellforschung lassen sich eine Vielzahl an wissenschaftlichen Publikationen finden, die Methoden zur Bewertung von Geschäftsmodellszenarien thematisieren.[738] Die Bewertung resultiert in der Auswahl eines Geschäftsmodellszenarios. Diese Auswahl gilt im Allgemein als rational, falls das präferierte Szenario das größtmögliche Maß an Bedürfniserfüllung für den Entscheidungstragenden bietet.[739] Die Bewertung von Geschäftsmodellen kann zahlreiche monetäre und nicht-monetäre Kriterien umfassen.[740] Eine Bewertungsmethode, die sich daher als geeignet erweist, bildet die Nutzwertanalyse. Die Eignung der Nutzwertanalyse basiert insbesondere auf dem transparenten Entscheidungs- und Bewertungsprozess für komplexe Szenarien.[741] Des Weiteren kann das Zielsystem hinsichtlich der Anzahl an Bewertungskriterien im Rahmen der Nutzwertanalyse flexibel gestaltet werden. Dies ermöglicht eine unmittelbare Vergleichbarkeit der Stärken und Schwächen der einzelnen Szenarien.[742]

Die Ausgangssituation bei der Nutzwertanalyse bildet die Existenz mehrerer zur Auswahl stehender Alternativen, welche sich inhaltlich vergleichen lassen. Die Aufgabe der Auswahl umfasst die systematische Bewertung, die die Bildung einer Rangfolge der Alternativen ermöglicht. Die genutzten Bewertungskriterien können von messbarer, nicht messbarer, objektiver und subjektiver Natur sein. Die resultierende Festlegung einer optimalen Alternative stellt das übergeordnete Ziel der Nutzwertanalyse dar (vgl. Abbildung 79).[743]

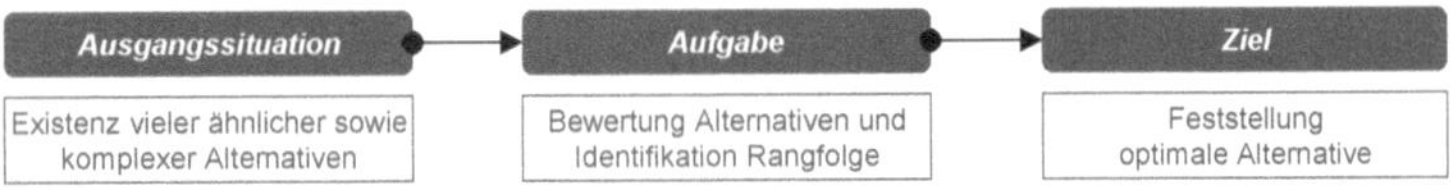

Abbildung 79: Aufgabe der Nutzwertanalyse[744]

Die Anwendung der Nutzwertanalyse basiert auf einem systematischen und mehrstufigen Prozess. Zu Beginn gilt es die zur Auswahl stehenden Alternativen festzulegen. Dem angeschlossen werden für die Auswahl Bewertungskriterien definiert. Die betrachteten Alternativen werden im Rahmen definierter Maßstäbe bewertet. Darauffolgend werden die Bewertungskriterien hinsichtlich ihrer Relevanz für die Auswahl priorisiert und entsprechend gewichtet. Schließlich

[738] Vgl. Binner (Prozessmanagement), 2016, S. 25; Ziegenfuss (Bewertung innovativer Geschäftsmodelle), 2020, S. 86-90.
[739] Vgl. Laux et al. (Entscheidungstheorie), 2014, S. 36.
[740] Vgl. Ziegenfuss (Bewertung innovativer Geschäftsmodelle), 2020, S. 65-67.
[741] Vgl. Drews (Projektmanagement-Methoden), 2010, S. 119-120.
[742] Vgl. Binner (Prozessmanagement), 2016, S. 45.
[743] Vgl. Drews (Projektmanagement-Methoden), 2010, S. 120.
[744] I. A. a. Drews, Hillebrand (Projektmanagement-Methoden), 2010, S. 120.

wird auf Basis der gewichteten Bewertungskriterien eine Rangfolge der Alternativen gebildet, die eine Auswahl der für den Entscheidungstragenden geeignetsten Alternative ermöglicht.[745]

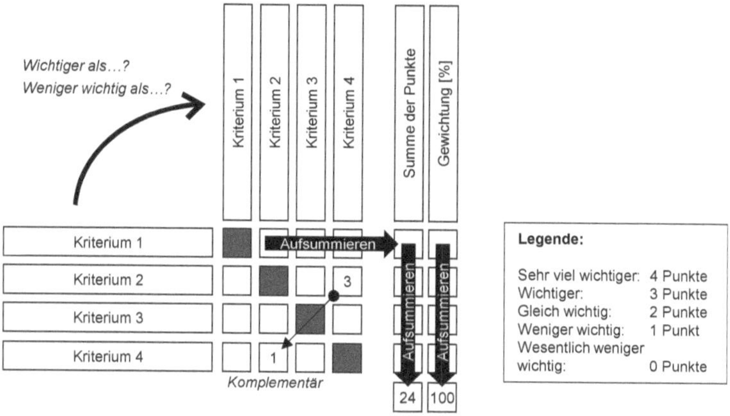

Abbildung 80: Paarweiser Vergleich von Bewertungskriterien[746]

Die Gewichtung der Bewertungskriterien kann mittels der Methode des paarweisen Vergleiches ermittelt werden. Der paarweise Vergleich ist sowohl durch die Einfachheit der Anwendung als auch durch die feingranulare Gewichtung von Kriterien gekennzeichnet. In Abbildung 80 ist das Vorgehen des paarweisen Vergleichs im Rahmen von vier Bewertungskriterien exemplarisch darstellt. Auf Basis der dargestellten Matrix wird jedes Kriterium evaluiert, ob es „sehr viel wichtiger", „wichtiger", „gleich wichtig", „weniger wichtig" oder „wesentlich weniger wichtig" als ein anderes Kriterium ist. Der Evaluierung folgend werden entsprechend null, ein, zwei, drei oder vier Punkt bzw. Punkte zugewiesen. Auf diese Weise werden alle Kriterien miteinander verglichen. Der umgekehrte Vergleich bzw. komplementäre Vergleich ist entsprechend der einheitlichen Gewichtungslogik durch den Komplementärwert gekennzeichnet.[747] Nach dem entsprechenden Vergleich werden alle Zahlenwerte einer Zeile addiert. Im Rahmen von vier Kriterien werden sechs Paarvergleiche durchgeführt, die zusammen mit dem Komplementärwert jeweils einen Wert von vier aufweisen. Es resultiert in dem dargestellten Beispiel daher eine Gesamtsumme von 24. Für die einzelnen Bewertungskriterien werden relativ zu dieser Gesamtsumme spezifische Gewichtungsfaktoren gebildet, welche die Relevanz der einzelnen Bewertungskriterien hinsichtlich der Auswahl einer optimalen Alternative widerspiegeln. Die Summe der Gewichtungsfaktoren ergibt demzufolge hundert Prozent.

5.2.2.2 Detailschritt 4A: Zuordnung von Paarungen und Archetypen

Im dritten Schritt der Methodik werden anhand der vorgestellten Archetypen Szenarien für datengetriebene Geschäftsmodelle im Werkzeugbau hergeleitet. Aufbauend auf diesem Schritt

[745] Vgl. Drews (Projektmanagement-Methoden), 2010, S. 122-124.
[746] I. A. a. Binner (Ganzheitliches Prozessmanagement), 2016, S. 43f.
[747] Vgl. Drews (Projektmanagement-Methoden), 2010, S. 131.

werden folgend die hergeleiteten Archetypen mit den im ersten Schritt der Methodik dargelegten Paarungen zusammengeführt. Die Paarungen umfassen spezifische Marktkonstellationen sowie Leistungstypen, im Rahmen derer ein Werkzeugbaubetrieb und sein Kunde im Sinne datengetriebener Geschäftsmodelle miteinander interagieren können. Es gilt daher zu ermitteln, welche Szenarien von datengetriebenen Geschäftsmodellen für die jeweiligen Paarungen geeignet sind.

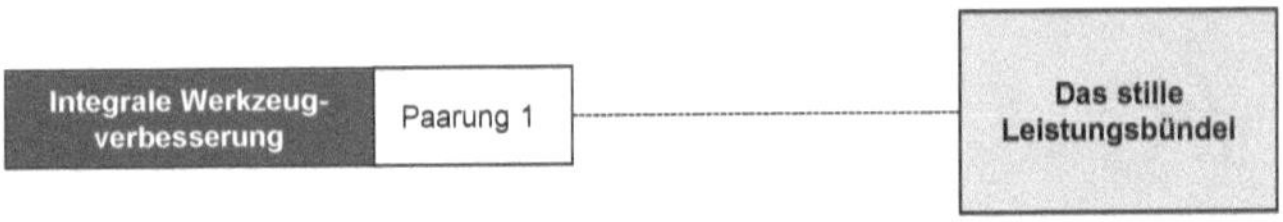

Abbildung 81: Zuordnung von Paarung 1 zu Geschäftsmodell-Archetypen[748]

Die erste Paarung ergibt sich im Rahmen der integralen Werkzeugverbesserung zwischen dem fordernden Werkzeug-Umsatzabsicherer und dem kollaborativen Werkzeugbenutzer. Die Kollaborationsbereitschaft in dieser Paarung ist hoch, jedoch ist die Integrativität für die Leistungserbringung im Vergleich zum digitalen Mittler sowie der komplementären Prozessleistung gering. Zudem verfolgt in dieser Marktkonstellation der Werkzeugbaubetrieb das Ziel der Umsatzsicherung, während der Kunde vorrangig funktionale Bedürfnisse hinsichtlich des Werkzeugs aufweist. Den Eigenschaften dieser Marktkonstellation anknüpfend ist das stille Leistungsbündel in Betracht zu ziehen (vgl. Abbildung 81). Im Rahmen des stillen Leistungsbündels können Daten des Serienproduktionsprozesses ausgewertet werden, um datengetriebene Erkenntnisse für eine integrale Werkzeugverbesserung aufzuzeigen. Beispielsweise können Werkzeugzustandsdaten genutzt werden, um Instandhaltungsprozesse optimiert vorbereiten zu können oder Ersatzteile anforderungsgerecht anfertigen zu lassen. Im Rahmen des stillen Leistungsbündels führt der Werkzeugbaubetrieb diese Maßnahmen selbst durch, um damit das Kerngeschäft zu stärken und einen entscheidenden Kaufgrund für das eigengefertigte Werkzeug abzubilden. In diesem Fall liefert der Werkzeugbaubetrieb beispielsweise die Ersatzteile basierend auf den Lagerbeständen sowie dem Werkzeug- bzw. komponentenzustand. Im Rahmen des stillen Leistungsbündels greift der Werkzeugbaubetrieb jedoch nicht aktiv in den Serienproduktionsprozess ein. Der stille Beobachter ist für diese Paarung aufgrund des geringen notwendigen Kollaborationsgrads sowie der geringen Integrativität nicht geeignet. Der stille Produktivitätsgarant und der laute Produktivitätsgarant sind zudem für Paarungen der integralen Werkzeugverbessrung nicht geeignet. Dementsprechend eignen sich der stille Produktivitätsgarant und der laute Produktivitätsgarant ebenso nicht für die zweite, dritte und vierte Paarung.

[748] Eigene Darstellung.

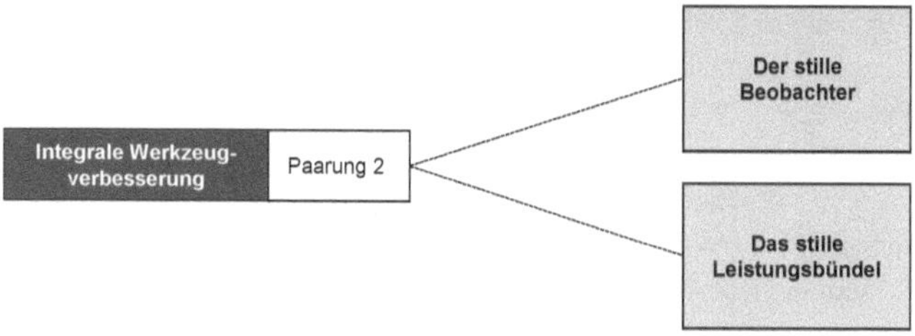

Abbildung 82: Zuordnung von Paarung 2 zu Geschäftsmodell-Archetypen[749]

Die zweite Paarung bildet der fordernde Werkzeug-Umsatzabsicherer und der autonome Werkzeugbenutzer. Der Leistungstyp der integralen Werkzeugverbesserung wird angestrebt. Ebenso wie bei der ersten Paarung verfolgt der Werkzeugbaubetrieb das Ziel der Umsatzsicherung und fordert für die Leistungserbringung verstärkt externe kundenseitige Input-Faktoren. Der Kunde verfügt über funktionale Bedürfnisse und ist nur im begrenzten Maße für eine hohe Integrativität bereit. Im Rahmen dieses Zielkonflikts der Integrativität eigenen sich entweder der stille Beobachter oder das stille Leistungsbündel (vgl. Abbildung 82). Wenn die Integrativitätsbereitschaft des Kunden sehr gering ist, ist der stille Beobachter geeignet. In diesem Fall liefert der Werkzeugbaubetrieb eigenständig erfasste Daten und offeriert diese dem Kunden zusätzlich zum gefertigten Werkzeug. Diese Daten können beispielsweise Informationen hinsichtlich des Auftragsfortschritts oder der Werkzeughistorie in der Entstehungsphase beinhalten. Der Kunde nutzt diese Daten im Sinne der integralen Werkzeugverbesserung. Die zusätzlich gelieferten Daten bilden einen Kaufgrund für das Werkzeug. Sollte die Integrativitätsbereitschaft des Kunden für die Bereitstellung von Daten ausreichen, so kann diese Paarung ebenso im Sinne des stillen Leistungsbündels interagieren. Hierbei reichert der Werkzeugbaubetrieb Kundendaten mit selbst erfassten Daten an, um so datengetriebene Dienstleistungen höherer Komplexität in Kombination mit dem Werkzeug anbieten zu können. Aufgrund des angestrebten Umsatzmodells und des hohen Autonomiegrads des Kunden ist der stille Produktivitätsgarant für die zweite Paarung nicht geeignet.

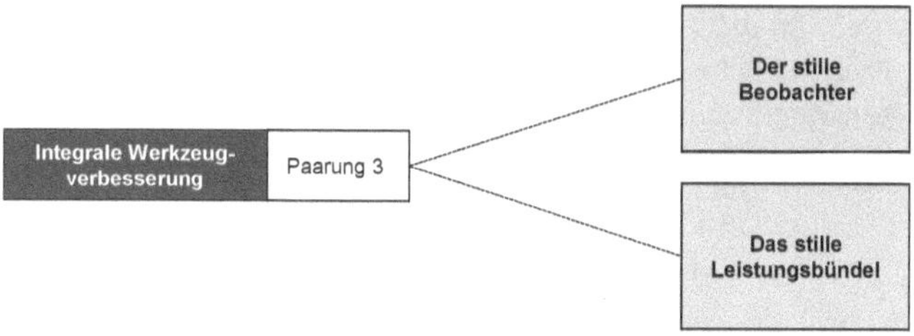

Abbildung 83: Zuordnung von Paarung 3 zu Geschäftsmodell-Archetypen[750]

Die dritte Paarung entsteht zwischen dem eigenständigen Werkzeug-Umsatzabsicherer und dem kollaborativen Werkzeugbenutzer mit dem Zweck der integralen Werkzeugverbesserung.

[749] Eigene Darstellung.
[750] Eigene Darstellung.

Der Werkzeugbaubetrieb fordert eine geringe Integrativität und zielt auf eine Umsatzsicherung ab. Der Kunde dahingegen verfügt über eine hohe Kollaborationsbereitschaft sowie funktionale Bedürfnisse hinsichtlich des Werkzeugs. Identisch wie bei der zweiten Paarung eignen sich für die dritte Paarung der stille Beobachter und das stille Leistungsbündel (vgl. Abbildung 83). Auch bei dieser Paarung existiert ein Zielkonflikt hinsichtlich der Integrativität. Der Werkzeugbaubetrieb verfolgt verstärkt die autonome Leistungserbringung, wohingegen der Kunde eine hohe Kollaborationsbereit aufweist. Wie im ersten Schritt der Methodik erläutert sei jedoch nochmals erwähnt, dass eine hohe Integrativität und eine hohe Kollaborationsbereitschaft die notwendigen Anforderungen der integralen Werkzeugverbesserung übertreffen. Die Realisierung dieses Leistungstyps ist jedoch auch bei einer Übererfüllung der Anforderungen an die Kollaborationsbereitschaft und die Integrativität möglich. Dieser Logik folgend ist vergleichbar zur zweiten Paarung der stille Beobachter geeignet, wenn die angestrebte Integrativität für die Leistungserbringung sehr gering ist. Falls der Werkzeugbaubetrieb jedoch verstärkt externe Faktoren des Kunden bei der Leistungserbringung einbezieht, ist das stille Leistungsbündel der geeignete Geschäftsmodell-Archetyp für die dritte Paarung. Der stille Produktivitätsgarant ist aufgrund des Zielkonflikts der Integrativität ebenso bei der dritten Paarung nicht geeignet.

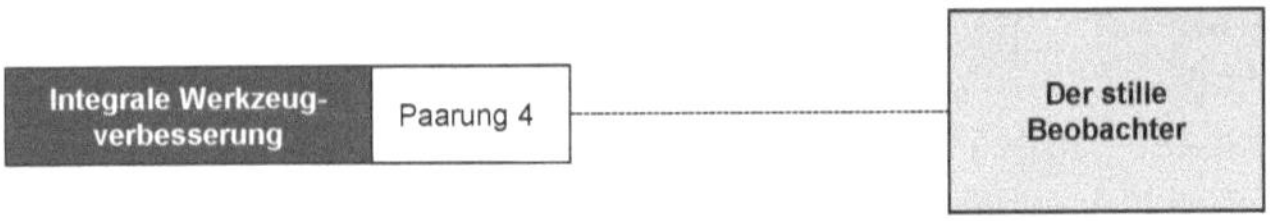

Abbildung 84: Zuordnung von Paarung 4 zu Geschäftsmodell-Archetypen[751]

Die vierte Paarung umfasst im Rahmen der integralen Werkzeugverbesserung den eigenständigen Werkzeug-Umsatzabsicherer und den autonomen Werkzeugbenutzer. Wie bei allen Paarungen der integralen Werkzeugverbesserung liegt der Fokus des Werkzeugbautriebs auf der Umsatzsicherung. Sowohl die angestrebte Integrativität als auch die Kollaborationsbereitschaft des Kunden sind gering. Aufgrund dieser Eigenschaften der Marktkonstellationen bietet sich für diese Paarung lediglich der stille Beobachter an (vgl. Abbildung 84). Der Werkzeugbaubetrieb liefert wie bereits erläutert zusätzlich zum Werkzeug für den Kunden relevante Werkzeugentstehungs- oder Werkzeugnutzungsdaten. Das stille Leistungsbündel eignet sich ebenso wie der stille Produktivitätsgarant aufgrund des geringen Kollaborations- und Integrativitätsgrad bei dieser Paarung nicht.

Die fünfte Paarung wird von dem fordernden Werkzeug-Umsatzopportunisten und dem kollaborativen Produktivitätsnachfrager gebildet. Bei dieser Paarung wird die komplementäre Prozessleistung angestrebt, die sowohl für eigen- als auch für fremdgefertigte Werkzeuge erbracht werden kann. Der Werkzeugbaubetrieb verfolgt hierbei das Ziel der Umsatzsteigerung. Die Leistungserbringung des Werkzeugbaubetriebs erfordert zudem eine hohe Integrativität. Der Kunde verfügt über Problemlösungsbedürfnisse und weist hierfür eine hohe Kollaborationsbereitschaft auf. Aufgrund der Gegebenheiten dieser Marktkonstellation sind daher der stille Produktivitätsgarant sowie der laute Produktivitätsgarant als Geschäftsmodell-Archetypen möglich (vgl. Abbildung 85).

[751] Eigene Darstellung.

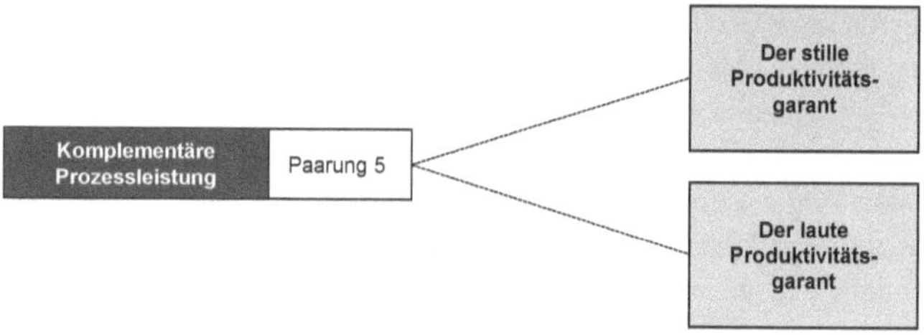

Abbildung 85: Zuordnung von Paarung 5 zu Geschäftsmodell-Archetypen[752]

Im Rahmen dieser Archetypen kann der Werkzeugbaubetrieb über datengetriebene Dienstleistungen, die über das Kerngeschäft im Werkzeugbau hinausgehen, eine Umsatzsteigerung erzielen. Der stille Produktivitätsgarant liefert unter starkem Einbezug von Kundendaten des Serienproduktionsprozesses die datengetriebene Lokalisierung von Prozessverbesserungen. Zudem ist es möglich, dass der Werkzeugbaubetrieb im Serienproduktionsprozess notwendige Daten selbst erfasst. Die hohe Kollaborationsbereitschaft des Kunden befähigt den Werkzeugbaubetrieb hierzu. Für die Umsetzung der Prozessverbesserungen ist der Kunde selbst verantwortlich. Die Vergütung erfolgt für die Lokalisierung der Prozessverbesserungen. Im Rahmen des lauten Produktivitätsgarants setzt der Werkzeugbaubetrieb hingegen die lokalisierten Prozessverbesserungen selbst um. Die Vergütung erfolgt dementsprechend nicht für die Lokalisierung, sondern für das operative Betreiben des Serienproduktionsprozesses im Rahmen festgelegter Leistungskennzahlen. Kostensenkungen des Serienproduktionsprozesses, welche anhand der datengetriebenen Lokalisierung von Prozessverbesserungen erzielt werden, steigern bei diesem Archetyp den Gewinn des Werkzeugbaubetriebs. Der laute Produktivitätsgarant als Geschäftsmodell-Archetyp ist in dieser Paarung aufgrund der sehr hohen Kollaborationsbereitschaft des Kunden sowie der hohen Integrativität für die Leistungserbringung möglich. Der stille Beobachter und das stille Leistungsbündel sind für diese Paarung aufgrund des Umsatzziels des Werkzeugbaubetriebs nicht geeignet.

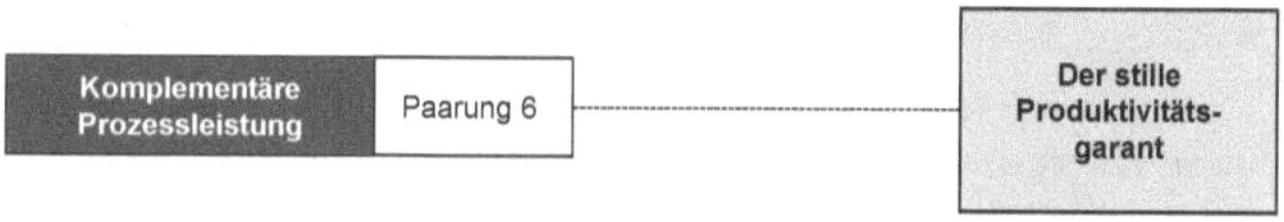

Abbildung 86: Zuordnung von Paarung 6 zu Geschäftsmodell-Archetypen[753]

Die sechste Paarung setzt sich aus dem eigenständigen Werkzeug-Umsatzoppurtunist und dem kollaborativen Produktivitätsnachfrager zusammen. Bei dieser Paarung wird ebenso die komplementäre Prozessleistung anvisiert. Der Werkzeugbaubetrieb verfolgt das Ziel der Umsatzsteigerung. Obwohl der Kunde eine hohe Kollaborationsbereitschaft und Problemlösungsbedürfnisse aufweist, verfolgt der Werkzeugbaubetrieb dieses Ziel mit möglichst geringer Eingriffstiefe und -intensität. Daher ist für diese Paarung der stille Produktivitätsgarant als Ge-

[752] Eigene Darstellung.
[753] Eigene Darstellung.

schäftsmodell-Archetyp geeignet (vgl. Abbildung 86). Der Werkzeugbaubetrieb erfasst eigenständig Daten im Serienproduktionsprozess anhand von intelligenten Werkzeugen und zusätzlicher Sensoren. Dies ermöglicht die Prozessdatenüberwachung entscheidender Maschinen- und Werkzeugparameter und mithin die datengetriebene Lokalisierung von Prozessverbesserungen, die dem Kunden als Dienstleistung verkauft wird. Der laute Produktivitätsgarant ist aufgrund der geringen Integrativität nicht umzusetzen. Der stille Beobachter und das stille Leistungsbündel sind u. a. vor dem Hintergrund des angestrebten Umsatzmodells nicht geeignet.

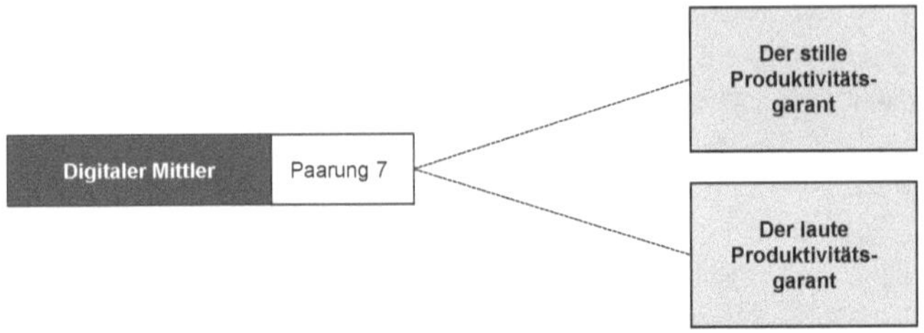

Abbildung 87: Zuordnung von Paarung 7 zu Geschäftsmodell-Archetypen[754]

Die siebte Paarung bilden schließlich wiederum der fordernde Werkzeug-Umsatzoppurtunist und der kollaborative Produktivitätsnachfrager. Bei dieser Paarung wird als Leistungstyp der digitaler Mittler angestrebt. Dieser Leistungstyp ist durch die Ergebnisorientierung gekennzeichnet und kann sowohl bei eigengefertigtem als auch fremdgefertigtem Werkzeugen offeriert werden. Die Eigenschaften der Entitäten dieser Paarung sind identisch zu der fünften Paarung. Der gleichen Logik folgend eignen sich für die siebte Paarung ebenso potenziell der stille Produktivätsgarant sowie der laute Produktivätsgarant (vgl. Abbildung 87). Beim stillen Produktivitätsgarant erbringt der Werkzeugbaubetrieb unter hoher Integrativität und hoher Kollaborationsbereitschaft des Kunden die datengetriebene Lokalisierung von Verbesserungspotenzialen im Bezug zum Endprodukt als Dienstleistung. Dahingegen übernimmt der Werkzeugbaubetrieb im Rahmen des lauten Produktivitätsgarants die Umsetzung von Verbesserungspotenzialen selbst. Die hohe Integrativität und Kollaboration ermöglichen die Übernahme von Kundentätigkeiten durch den Werkzeugbaubetrieb als Schlüsselaktivität bei diesem Geschäftsmodell-Archetyp. Abbildung 88 zeigt schließlich zusammenfassend einen Überblick der Zuordnung von den sieben Paarungen zu den Geschäftsmodell-Archetypen.

[754] Eigene Darstellung.

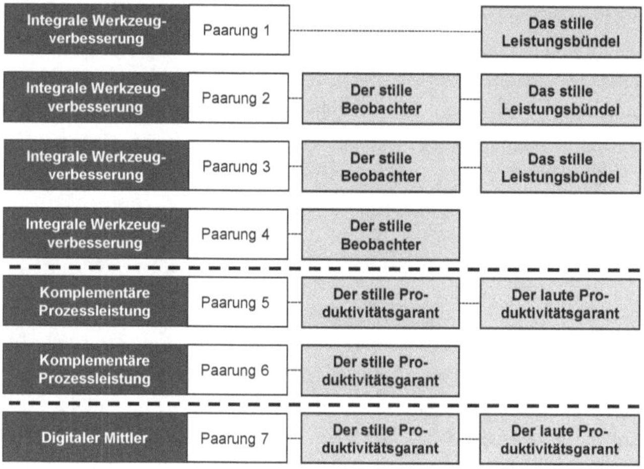

Abbildung 88: Übersicht der Zuordnung von Paarungen zu Geschäftsmodell-Archetypen[755]

Nach Abschluss von Schritt 4A ergeben sich für den Anwendenden zusammenfassend nachfolgende Ergebnisse:

- Zugeordnete Werkzeugbau-Kunden Paarungen zu den Archetypen datengetriebener Geschäftsmodelle
- Erkenntnis hinsichtlich des geeigneten Geschäftsmodell-Archetyps für eine werkzeugbauspezifische Marktkonstellation

5.2.2.3 Detailschritt 4B: Bewertung der Szenarien

Im vorherigen Detailschritt 4A der Methodik werden die im ersten Schritt identifizierten Paarungen systematisch den im dritten Schritt hergeleiteten Geschäftsmodell-Archetypen zugeordnet. Im Zuge dessen zeigt sich, dass sich in Abhängigkeit von der Marktkonstellation verschiedene datengetriebene Geschäftsmodelle für einen Werkzeugbaubetrieb eignen können. In dem vorliegenden Detailschritt 4B wird daher eine Bewertungssystematik entwickelt, anhand derer Werkzeugbetriebe unter der Berücksichtigung vier übergeordneter Einflussbereiche datengetriebene Geschäftsmodelle hinsichtlich ihrer Eignung bewerten können.

In Anlehnung an BERNDT & GEISMAR werden zur Bewertung der Eignung datengetriebener Geschäftsmodelle leistungstyporientierte, kundenbezogene, wettbewerbsbezogene und werkzeugbaubezogene Kriterien genutzt.[756] Die Kriterien werden folgend zunächst beschrieben. Dem angeschlossen wird anhand der gewichteten Aggregation der Kriterien eine Bewertungssystematik aufgezeigt.

[755] Eigene Darstellung.
[756] Vgl. Berndt; Geismar (Erfolgsgrößen datengetriebener Geschäftsmodelle), 2021, S. 290.

Abbildung 89 zeigt exemplarisch die leistungstyporientierte Bewertung zweier Geschäftsmodellszenarien. Zu den leistungstyporientierten Bewertungskriterien zählen Release-Fähigkeit, Verbundeffekte, Lock-In Effekte, Netzeffekte, Entwicklungsrisiko, Skalierbarkeit sowie Umsatzpotenzial. Unter Release-Fähigkeit versteht man das datengetriebene Leistungssystem hochfrequent und mit möglichst geringem Aufwand aktualisieren zu können (vgl. 2.2.2.3).[757] Auf diese Weise können nach dem Markteintritt kontinuierlich Anpassungen und Verbesserungen der Leistung vorgenommen werden. Dies ermöglicht eine flexible und kontinuierliche Adressierung der Kundenbedürfnisse. Die Leistung kann zudem auf veränderte Kundenbedürfnisse während der Nutzung mit geringem Aufwand angepasst werden.

Verbundeffekte entstehen durch die Realisierung von Kosteneinsparungen durch die gleichzeitige Erbringung verschiedener Leistungen. Der Werkzeugbautrieb kann diese Effekte durch das Angebot datengetriebener Leistungen ebenso erzielen.[758] Im Sinne der integralen Werkzeugverbesserung ist beispielsweise das Ziel, durch das Angebot von ergänzenden, datengetriebenen Dienstleistungen das Kerngeschäft der Werkzeugerstellung zu sichern (vgl. Kapitel 5.1.2.2). Zu dieser Sicherung kann ebenso zählen, dass ein Werkzeugbaubetrieb anhand von Erkenntnissen, die durch das Angebot datengetriebener Leistungen generiert werden, die Werkzeugerstellung hinsichtlich der Leistungskriterien Zeit, Kosten und Qualität optimieren kann. Darüber hinaus können über Erkenntnisse von Mustern des Werkzeugnutzungsverhaltens des Kunden zukünftige Werkzeuge anforderungsgerechter ausgelegt werden.

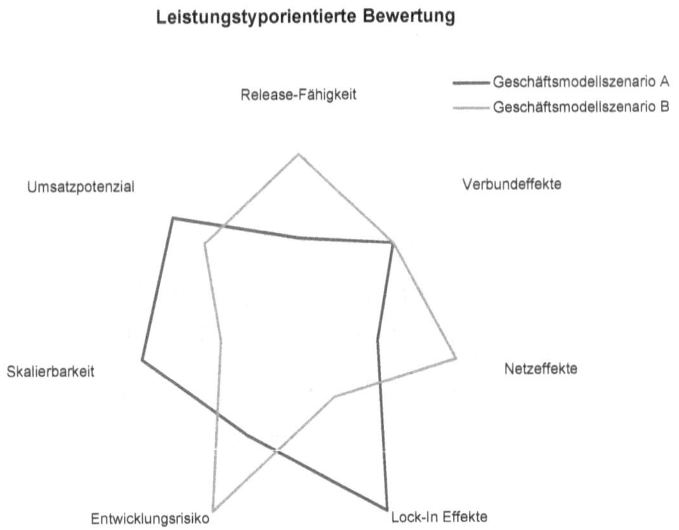

Abbildung 89: Leistungsorientierte Bewertung von Geschäftsmodellszenarien[759]

[757] Vgl. Stich et al. (Digitale Geschäftsmodelle in der produzierenden Industrie), 2019, S. 9.
[758] Vgl. Shy (The economics of network industries), 2001, S. 216-217.
[759] Eigene Darstellung.

Netzeffekte beschreiben die Modifizierung des Kundennutzens durch die Veränderung der Menge an Kunden, welche eine Leistung beanspruchen.[760] So kann für eine ausreichende Nutzengenerierung einer datengetriebenen Leistung im Werkzeugbau eine kritische Masse an Kunden dieser Leistung erforderlich sein. Die Erreichung dieser kritischen Masse ist insbesondere aufgrund der vergleichsweise geringen Anzahl aktiver Kunden sowie des unikalen Leistungscharakters im Werkzeugbau aufwendig umzusetzen. Letzteres verursacht für Werkzeugbaubetriebe in der Praxis oftmals prozessuale und ressourcenbedingte Herausforderungen. Ein frühzeitiges Erreichen der kritischen Menge an Kunden kann jedoch zum Aufbau verteidigungsfähiger Wettbewerbsbarrieren führen und somit langfristige Wettbewerbsvorteile für den Werkzeugbaubetrieb versprechen.

Lock-In Effekte entstehen, wenn dem Kunden der Wechsel zu einem anderen anbietenden Unternehmen durch hohe Umstellungs- und Wechselkosten erschwert wird.[761] Das Angebot sowie die Inanspruchnahme von datengetriebenen Leistungen, die durch starke Lock-In Effekte gekennzeichnet sind, erzeugen für den anbietenden Werkzeugbaubetrieb eine starke Kundenbindung. Vor dem Hintergrund der leistungstyporientierten Bewertung sind vorrangig datengetriebene Geschäftsmodelle zu bevorzugen, die möglichst starke Lock-In Effekte bewirken.

Ein weiteres Kriterium, das im Rahmen der leistungstyporientierten Bewertung in Betracht gezogen wird, bildet das Entwicklungsrisiko einer datengetriebenen Leistung. Dieses ist insbesondere abhängig von der Leistungsfähigkeit zur Datenwertschöpfung sowie den erforderlichen, finanziellen Aufwänden für die Entwicklung (vgl. Kapitel 2.2.2.2). In der Praxis verfügen Werkzeugbaubetriebe oftmals über limitierte Kompetenzen zur Datenwertschöpfung und vergleichsweise geringe finanzielle Ressourcen. Zur Einführung datengetriebener Geschäftsmodelle im Werkzeugbau sind daher zum Ausgleich der fehlenden Ressourcen und Kompetenzen oftmals strategische Partnerschaften erforderlich. Das Entwicklungsrisiko ist in diesem Fall ebenso von dem Verhältnis zu den strategischen Partnern sowie deren Unternehmensausrichtungen geprägt.

Wie in Kapitel 2.2.2.1 beschrieben bilden grenzkostenfreie Skaleneffekte einen wesentlichen Vorteil von datengetriebenen Geschäftsmodellen. Wie in Abbildung 15 dargestellt werden diese grenzkostenfreien Skaleneffekte ab einem gewissen Punkt der Skalierung von datengetriebenen Geschäftsmodellen erreicht. Vor diesem Hintergrund wird bewertet, ab welchem Punkt der Skalierung eines datengetriebenen Geschäftsmodells grenzkostenfreie Skaleneffekte erzielt werden. Umso geringer der notwendige Skalierungspunkt ist, desto schneller können mit dem datengetriebenen Geschäftsmodell nichtlineare und grenzkostenfreie Skaleneffekte erzielt werden. Dieser Logik folgend ist ebenso der Einführungsaufwand zur Erreichung derartiger Skaleneffekte geringer. Somit sind derartige Geschäftsmodelle zu bevorzugen.

Das siebte Kriterium zur leistungstyporientierten Bewertung von Szenarien von datengetriebenen Geschäftsmodellen bildet das Umsatzpotenzial. Wie in Kapitel 5.1.1.2 beschrieben kann

[760] Vgl. Katz; Shapiro (Network externalities, competition, and compatibility), 1985, S. 424.
[761] Vgl. Gassmann et al. (Geschäftsmodelle entwickeln), 2013, S. 163.

das unternehmerische Ziel für die Einführung von datengetriebenen Geschäftsmodellen im Werkzeugbau die Umsatzsicherung oder die Umsatzgenerierung darstellen. Es ist daher zu bewerten, inwiefern ein datengetriebenes Geschäftsmodell zur Erreichung der unternehmerischen Ziele hinsichtlich des Umsatzmodells beiträgt.

Abbildung 90: Kundenbezogene Bewertung von Geschäftsmodellszenarien[762]

Abbildung 90 zeigt eine beispielhafte kundenbezogene Bewertung von zwei Szenarien datengetriebener Geschäftsmodelle. Die kundenbezogene Bewertung der Eignung von datengetriebenen Geschäftsmodellen gliedert sich in die sieben Kriterien der Kenntnis der Kundenanforderungen, des Anteils der Werkzeugkosten, der Bedeutung des Werkzeugs für das Endprodukt, Kundenwertschöpfungsbeitrag, der erwarteten Kundenbindungsrate, der Integrierbarkeit in Kundensysteme und des Kundenlebenszykluswerts. Im Rahmen des ersten Kriteriums wird insbesondere bewertet, mit welcher Unsicherheit die Kenntnis der Kundenanforderungen behaftet ist. Bei einem internen Marktzugang ist die Kenntnis der Anforderungen der Serienproduktion in der Regel groß, weil die beteiligten Entitäten zu der gleichen Organisation zählen. Bei externem Marktzugang kann die Kenntnis der realen Kundenanforderungen jedoch stark variieren (vgl. Kapitel 2.3.1.2). Allgemein kann jedoch festgehalten werden, dass eine hohe Kenntnis der realen Kundenanforderungen den Erfolg der Einführung datengetriebener Geschäftsmodelle erhöht.

Das zweite Kriterium zur kundenbezogenen Bewertung bildet der Anteil der Werkzeugkosten an den Gesamtproduktionskosten der Serienproduktion. Dabei handelt es sich insbesondere um die Werkzeuganschaffungs- sowie Werkzeugnutzungskosten. Es wird in diesem Rahmen

[762] Eigene Darstellung.

angenommen, dass der Kunde eine größere Offenheit für Lösungen zur Werkzeugkostenreduktion zeigt, wenn die Werkzeugkosten einen wesentlichen Anteil der Produktionskosten ausmachen. Wenn hingegen das Werkzeug nur einen geringen Kostenanteil in der Produktion darstellt, ist Potenzial zur Senkung der Produktionskosten anhand des Werkzeugs gering. Für den Kunden bildet in diesem Fall die Inanspruchnahme von datengetriebenen Leistungen für werkzeugspezifische Effizienzsteigerungen ein geringes Potenzial.

Der dargelegten Argumentationskette anknüpfend bildet in Anlehnung an BOOS ET AL. die Bedeutung des Werkzeugs für die Herstellung des Endprodukts das dritte kundenbezogene Kriterium.[763] Die Bedeutung ist dabei wesentlich von den weiteren Produktionsschritten nach dem Werkzeugeinsatz abhängig. Wird mit einem Werkzeug einerseits direkt das Endprodukt ohne eine Vielzahl weiterer Produktionsschritte hergestellt, so ist die Bedeutung des Werkzeugs für das Endprodukt entsprechend groß. Dieser Zusammenhang gilt beispielsweise bei dem Einsatz von Thermoumformwerkzeugen für die Herstellung von Trinkbechern. Wenn andererseits nach dem Werkzeugeinsatz eine Vielzahl weiterer komplexer Operationen zur Herstellung des Endprodukts notwendig sind, so ist die Bedeutung des Werkzeugs für das Endprodukt entsprechend gering. Dieser Zusammenhang gilt wiederum beispielsweise für Blechumformwerkzeuge zur Herstellung geringkomplexer Strukturteile eines PWKs.

Der Kundenwertschöpfungsbeitrag bildet das vierte kundenbezogene Kriterium zur Eignungsbewertung von datengetriebenen Geschäftsmodellen im Werkzeugbau. Wie bereits in Detailschritt 2A erwähnt bildet das Werkzeug eine zentrale und formgegebene Systemkomponente des Serienproduktionsprozesses. Neben dem Werkzeug existieren oftmals weitere Systemkomponenten im Serienprozess, die einen starken Einfluss auf die Produktivität sowie die Qualität der Artikel aufweisen können. In Abbildung 65 ist dargestellt, dass in einem Blechumformprozess beispielsweise die Coil- und Richtanlage, die Beölungsanlage oder die Presse weitere Systemkomponenten darstellen können. Die Systemkomponenten weisen oftmals komplexe Interdependenzen auf. Des Weiteren kann der Einfluss der einzelnen Systemkomponenten auf die Produktivität des Serienprozesses und die Qualität der Artikel je nach Prozessgegebenheiten und Artikelauslegung stark variieren.[764] Demzufolge können in gewissen Fällen andere Systemkomponenten über einen deutlich höheren Einfluss als das Werkzeug auf die Produktivität des Serienproduktionsprozesses verfügen. In diesem Fall ist der Kunde für die Einführung datengetriebener Leistungen von einem Werkzeugbaubetrieb verschlossener, weil der werkzeugbezogene Beitrag und somit das Potenzial hinsichtlich der Wertschöpfung im Serienproduktionsprozess gering sind.

Das fünfte Kriterium zur kundenbezogenen Bewertung der Eignung eines datengetriebenen Geschäftsmodells bildet in Anlehnung an BERNDT & GEISMAR die erwartete Kundenbindungsrate.[765] Eine hohe Kundenbindungsrate lässt auf zufriedene Kunden schließen, welche wiederum mit einer höheren Wahrscheinlichkeit die datengetriebenen Leistungen des Werkzeugbaubetriebs weiterempfehlen. Zudem ist die Akquirierung neuer Kunden oftmals mit höheren

---

[763] Vgl. Boos et al. (Datengetriebene Geschäftsmodelle), 2023, S. 28.
[764] Vgl. Boos et al. (Der Werkzeugbau als Gesamtlösungsanbieter), 2022, S. 19.
[765] Vgl. Berndt; Geismar (Erfolgsgrößen datengetriebener Geschäftsmodelle), 2021, S. 292.

Kosten verbunden als das Halten bestehender Kunden. Auf diese Weise führt eine hohe Kundenbindungsrate zu Kosteneffizienz. Des Weiteren steigt die Planbarkeit der Geschäftstätigkeiten des Werkzeugbaus im Rahmen einer hohen Kundenbindungsrate aufgrund der stärkeren Kundenloyalität.

Ein weiteres Kriterium zur kundenbezogenen Bewertung ist durch die Integrierbarkeit in Kundensysteme gegeben. Datengetriebene Geschäftsmodelle im Werkzeugbau erfordern oftmals den Zugang zu Daten des Serienproduktionsprozesses (vgl. Kapitel 5.1.2.2). Die einfache Integration bzw. Schnittstellenauslegung zu Datenquellen des Kunden im Serienproduktionsprozess erleichtert den Zugang und die Verfügbarkeit erforderlicher Daten für das datengetriebene Geschäftsmodell. Weiterhin können vor dem Hintergrund der beschriebenen Geschäftsmodell-Archetypen über die einfache Integrierbarkeit in Kundensysteme datengetriebene Leistungen mit geringem Aufwand an den Kunden überbracht werden.

Schließlich stellt der angestrebte Kundenlebenszykluswert das siebte Kriterium zur kundenbezogenen Bewertung dar. Dieser wird als der Wert verstanden, den der Kunde über die vollständige Dauer der Geschäftsbeziehung für die Erreichung seiner monetären und nicht-monetären Ziele wahrnimmt.[766] Der Wert dient als Indiz für den Grad der Nutzenstiftung des datengetriebenen Geschäftsmodells. Dabei wird angenommen, dass die kundenbezogene Eignung für ein datengetriebenes Geschäftsmodell besteht, wenn der resultierende Nutzen entscheidende Kundenbedürfnisse über die Dauer der Geschäftsbeziehung adressiert.

Abbildung 91: Wettbewerbsbezogene Bewertung von Geschäftsmodellszenarien[767]

[766] Vgl. Woratschek; Roth (Bestimmung des Kundenwerts), 2006, S. 371-372.
[767] Eigene Darstellung.

In Abbildung 91 ist die exemplarische wettbewerbsbezogene Bewertung von zwei Szenarien datengetriebener Geschäftsmodelle dargestellt. Die Kriterien zur wettbewerbsbezogenen Bewertung umfassen das Differenzierungspotenzial, den Imitationsschutz, die Wettbewerbsintensität, den erwarteten Wettbewerbsvorteil, den erwarteten Marktanteil, die Erfüllung von Stakeholderanforderungen sowie den Zugang zu Vertriebskanälen. Das Differenzierungspotenzial beschreibt, inwiefern ein datengetriebenes Geschäftsmodell die vorteilhafte Abgrenzung vom Wettbewerb ermöglicht. In der deutschen Branche Werkzeugbau hat in der Vergangenheit oftmals die Qualität der gelieferten Werkzeuge das entscheidende Differenzierungsmerkmal dargestellt. Zum Zeitpunkt der Veröffentlichung der vorliegenden Arbeit ist eine fortschreitende Erosion dieses Differenzierungsmerkmals zu beobachten. Internationale Wettbewerber aus beispielsweise Südostasien oder Südamerika können oftmals qualitativ gleichwertige Werkzeuge innerhalb gleicher Lieferzeiten zu geringeren Preisen offerieren. Wie in Kapitel 5.1.1.2 beschrieben kann ein datengetriebenes Geschäftsmodell neben der Umsatzgenerierung jedoch auch dazu dienen, das Kerngeschäft der Werkzeugerstellung zu sichern.

Der Imitationsschutz stellt das zweite Kriterium zur wettbewerbsbezogenen Bewertung dar. Anhand eines hohen Imitationsschutzes kann dazu beigetragen werden, die mittels eines datengetriebenen Geschäftsmodells aufgebauten Differenzierungsmerkmale langfristig verteidigen zu können. Dem anknüpfend wird durch einen hohen Imitationsschutz verhindert, dass Wettbewerber gleichwertige Leistungen auf den Markt bringen können, die eine Konkurrenz zur offerierten Leistung darstellen könnten. Somit stärkt ein hoher Imitationsschutz die langfristige Konservierung von Differenzierungsmerkmalen.

Dem angeschlossen bildet die Wettbewerbsintensität ein weiteres Kriterium zur wettbewerbsbezogenen Bewertung. Dieses Kriterium adressiert insbesondere das Maß an Konkurrenzdruck und Rivalität hinsichtlich eines datengetriebenen Geschäftsmodells. Zudem ist die Wettbewerbsintensität durch die Anzahl und Leistungsfähigkeit der Wettbewerber um das datengetriebene Geschäftsmodell geprägt. Eine niedrige Wettbewerbsintensität führt oftmals zu höheren Gewinnmargen sowie stabileren Marktverhältnissen. Da sich datengetriebene Geschäftsmodelle im Werkzeugbau zum Zeitpunkt der Veröffentlichung der vorliegenden Arbeit lediglich vereinzelt beobachten lassen, kann davon ausgegangen werden, dass die Wettbewerbsintensität in vielen Fällen gering ist und sich im Zuge der Verbreitung von datengetriebenen Geschäftsmodelle stark erhöhen wird.

Zwei weitere Kriterien der wettbewerbsbezogenen Bewertung bilden der erwartete Marktanteil sowie der erwartete Wettbewerbsvorteil. Durch einen höheren Marktanteil wird das Ertragspotenzial des Geschäftsmodells bestärkt sowie die Marktmacht des anbietenden Unternehmens verbessert. Der obigen Beschreibungen hinsichtlich der Verbreitung von datengetrieben Geschäftsmodellen folgend kann in vielen Fällen davon ausgegangen werden, dass die erfolgreiche Einführung von datengetriebenen Geschäftsmodellen zu hohen Marktanteilen führen wird. Das Kriterium des erwarteten Wettbewerbsvorteils ist eng mit dem Kriterium des Differenzierungspotenzials verknüpft. Während das Differenzierungspotenzial insbesondere die Fähigkeit eines datengetriebenen Geschäftsmodells, sich von Wettbewerbern zum Vorteil der Kunden zu unterscheiden, adressiert, umfasst der Wettbewerbsvorteil die profitable Verwertung einer möglichen Unterscheidung. So kann es zum Beispiel auch ein Wettbewerbsvorteil sein, wenn Leistungen, die sich kundenseitig nicht von Konkurrenzleistungen differenzieren, kosteneffizienter erbracht werden können.[768] Vor diesem Hintergrund sind ebendiese datengetriebenen Geschäftsmodelle zu priorisieren, welche stärkere und verteidigungsfähigere Wettbewerbspositionen versprechen.

Die Erfüllung der Stakeholderanforderungen bildet ein weiteres Kriterium zur wettbewerbsbezogenen Bewertung. Dieses Kriterium berücksichtigt das Umfeld des anbietenden Unternehmens und die Komptabilität des datengetriebenen Geschäftsmodells hinsichtlich der Interessen und Anforderungen der entscheidenden Stakeholder. Diese könnten beispielsweise neben den potenziellen Kunden des neuen datengetriebenen Geschäftsmodells Kundensegmente sein, die nicht mit dem Geschäftsmodell adressiert werden. Weiterhin könnte der Mutterkonzern eines internen Werkzeugbaubetriebs ein relevanter Stakeholder sein, dessen Befürwortung für die Einführung eines datengetriebenen Geschäftsmodells relevant ist. Weitere wichtige Stakeholder könnten beispielsweise Kapitelgeber, externe Partner oder die Mitarbeitenden darstellen.

Schließlich bildet der Zugang zu relevanten Vertriebskanälen das siebte Kriterium der wettbewerbsbezogenen Bewertung hinsichtlich der Einführung eines neuen datengetriebenen Geschäftsmodells. Wie erwähnt ist die Anzahl an aktiven Kunden im Werkzeugbau aufgrund des Unikatcharakters sowie der Komplexität der Leistungen vergleichsweise gering. Eine Vielzahl von Werkzeugbaubetrieben verfügen daher über eine geringe Marktreichweite und -durchdringung. Um die Mehrwerte datengetriebener Geschäftsmodelle zu entfalten, ist jedoch wie in Kapitel 2.2.2.1 beschrieben ein gewisses Skalierungsmaß erforderlich. Dieser Logik folgend kann der Zugang zu relevanten Vertriebskanälen ein wesentlicher Erfolgsfaktor bei der Einführung eines neuen datengetriebenen Geschäftsmodells im Werkzeugbau darstellen. Zudem können über die effiziente Nutzung von geeigneten Vertriebskanälen die Schnelligkeit und somit die Dauer der Markteinführung optimiert werden.

Abbildung 92 stellt exemplarisch die werkzeugbauorientierte Bewertung von zwei Szenarien datengetriebener Geschäftsmodelle dar. Zu den Kriterien der werkzeugbauorientierten Bewertung zählen die Fähigkeiten zur Datenwertschöpfung, die Verfügbarkeit notwendiger Ressourcen, die Entwicklungseffizienz, die Innovationsfähigkeit, der strategische Fit, das Synergiepotenzial sowie die Zeit bis zur Marktreife. Wie in Kapitel 2.2.2.2 beschrieben werden nach DORFER anhand von Datenwertschöpfung die Leistungen datengetriebener Geschäftsmodelle realisiert.[769] Potenzielle Aktivitäten der Datenwertschöpfung können dabei die Datengenerierung, Datenaggregation, Datenbeschaffung oder Datenanalyse darstellen.[770] Die notwendigen Aktivitäten der Datenwertschöpfung können sich in Abhängigkeit von dem datengetriebenen Geschäftsmodell unterscheiden. Datenwertschöpfung bildet damit eine entscheidende Schlüsselaktivität in datengetriebenen Geschäftsmodellen. Anhand des Kriteriums wird bewertet, inwiefern der Werkzeugbaubetrieb über die notwendigen Fähigkeiten der Datenwertschöpfung

[768] Vgl. Porter (Competitive strategy), 1998, S. 35-37.
[769] Vgl. Dorfer (Datenzentrische Geschäftsmodelle als neuer Geschäftsmodelltypus), 2016, S. 330.
[770] Vgl. Strahringer; Wiener (Datengetriebene Geschäftsmodelle - Konzeptuelles Rahmenwerk), 2021, S. 465.

für das entsprechende Geschäftsmodell verfügt. Dies kann ebenso externe Schlüsselpartner für das datengetriebene Geschäftsmodell einschließen.

Abbildung 92: Werkzeugbauorientierte Bewertung von Geschäftsmodellszenarien[771]

Die Einführung eines datengetriebenen Geschäftsmodells kann ein risikobehaftetes und ressourcenintensives Vorhaben darstellen. Dieser Umstand wird durch das Kriterium der Verfügbarkeit notwendiger Ressourcen für die Einführung adressiert. Hierzu zählen insbesondere finanzielle Ressourcen zur Entwicklung, Planung und Operationalisierung des Geschäftsmodells. Vor diesem Hintergrund ist auch zu bewerten, ab welchem Zeitpunkt anhand des datengetriebenen Geschäftsmodells Gewinne erwirtschaftet werden und inwiefern die getätigten Investitionen zur Einführung des Geschäftsmodells rentabel sind. Weiterhin können auch andere materielle und immaterielle Schlüsselressourcen betrachtet werden. Exemplarisch seien Patente oder eine anforderungsgerechte IT-Infrastruktur genannt.

Neben der Bereitstellung der Schlüsselressourcen und Gestaltung der Schlüsselaktivitäten sind zur Einführung eines neuen datengetriebenen Geschäftsmodells zahlreiche weitere Entwicklungsarbeiten notwendig. Hierzu zählt die übergeordnete Entwicklung eines intern und extern konsistenten Geschäftsmodells sowie die tiefergehende Entwicklung der einzelnen Geschäftsmodellelemente wie beispielsweise der Abrechnungswege oder aufbauender Tätigkeiten (vgl. Kapitel 2.2.1.1).[772] Inwiefern das anbietende Unternehmen diese Entwicklungskomplexität im Rahmen eines datengetriebenen Geschäftsmodells handhaben und bewerkstelli-

[771] Eigene Darstellung.
[772] Vgl. Gassmann et al. (Geschäftsmodelle entwickeln), 2013, S. 45-49.

gen kann, wird mit dem Kriterium der Entwicklungseffizienz bewertet. Desto mehr Entwicklungseffizienz das anbietende Unternehmen für das datengetriebene Geschäftsmodell aufweist, umso besser wird dieses Kriterium bewertet.

Hieran anknüpfend bildet die Innovationsfähigkeit des anbietenden Unternehmens für die Einführung des datengetriebenen Geschäftsmodells ein weiteres Kriterium für die werkzeugbauorientierte Bewertung. Die Einführung datengetriebener Geschäftsmodelle im Werkzeugbau kann zu inkrementellen oder radikalen Innovationen führen.[773] Inkrementelle Innovationen, die sich durch die geringfügige Verbesserung des Leistungssystems ergeben, können beispielsweise anhand des Leistungstyps der integralen Werkzeugverbesserung hervorgehen (vgl. Kapitel 5.1.1.2). Radikale Innovationen können wiederum durch die Umsetzung des Leistungstyps des digitalen Mittlers entstehen. Anhand des Kriteriums wird bewertet, in welchem Ausmaß der Werkzeugbaubetrieb über die notwendige Innovationsfähigkeit zur Einführung des datengetriebenen Geschäftsmodells verfügt.

Ein weiteres Kriterium zur werkzeugbauorientierten Bewertung stellt der strategische Fit des angestrebten Geschäftsmodells dar. In der wissenschaftlichen Literatur lassen sich diverse Ansätze finden, die Geschäftsmodelle bzw. das Geschäftsmodell und die Unternehmensstrategie miteinander verknüpfen. Im Rahmen dieses Kriteriums sei auf AL-DEBEI & AVISON verwiesen, die Geschäftsmodelle als Verknüpfung zwischen Geschäftsprozessen und der Strategie darstellen. Demnach fungieren Geschäftsmodelle als taktische Schnittstelle zwischen der stark aggregierten Unternehmensstrategie und der operationalen Ausrichtung von Geschäftsprozessen.[774] Dieser Logik folgend ist innerhalb dieses Kriteriums die Komptabilität des datengetriebenen Geschäftsmodells mit der übergeordneten Unternehmensstrategie zu bewerten.

Schließlich bilden die letzten beiden Kriterien der werkzeugbauorientierten Bewertung das Synergiepotenzial sowie die Zeit bis zur Marktreife. Im Rahmen des Kriteriums des Synergiepotenzials ist einerseits zu evaluieren, inwiefern andere Geschäftsbereiche außerhalb des Werkzeugbaus von der Einführung eines datengetriebenen Geschäftsmodells profitieren können. Andererseits wird durch dieses Kriterium adressiert, inwiefern der Werkzeugbau durch andere Unternehmensbereiche bei der Einführung des datengetriebenen Geschäftsmodells unterstützt werden kann. Die Zeit bis zur Marktreife beschreibt die Dauer von der Entwicklung bis zur Operationalisierung des Geschäftsmodells. Es gilt zu beachten, dass dieses Kriterium umso besser bewertet wird, desto kürzer die Zeit bis zur Marktreife ist.

Die leistungstyporientierten, kundenbezogenen, wettbewerbsorientierten und werkzeubaugorientierten Bewertungskriterien können zusammenfassend wie im Kapitel 5.2.2.1 beschrieben im Zuge der Nutzwertanalyse genutzt werden, um die möglichen datengetriebenen Geschäftsmodelle anhand einer Rangfolge zu priorisieren. Die hierfür notwendige Gewichtung der Bewertungskriterien erfolgt wie in Abbildung 93:dargestellt mithilfe des paarweisen Vergleichs.

[773] Vgl. Wentz (Die Innovationsmaschine), 2008, S. 111.
[774] Vgl. Al-Debei; Avison (Unified framework of the business model), 2010, S. 371.

Auf diese Weise ergibt sich schlussfolgernd eine Rangliste in Bezug auf die Eignung der möglichen datengetriebenen Geschäftsmodelle. Diese Rangliste ermöglicht die Auswahl des am besten geeigneten datengetriebenen Geschäftsmodells.

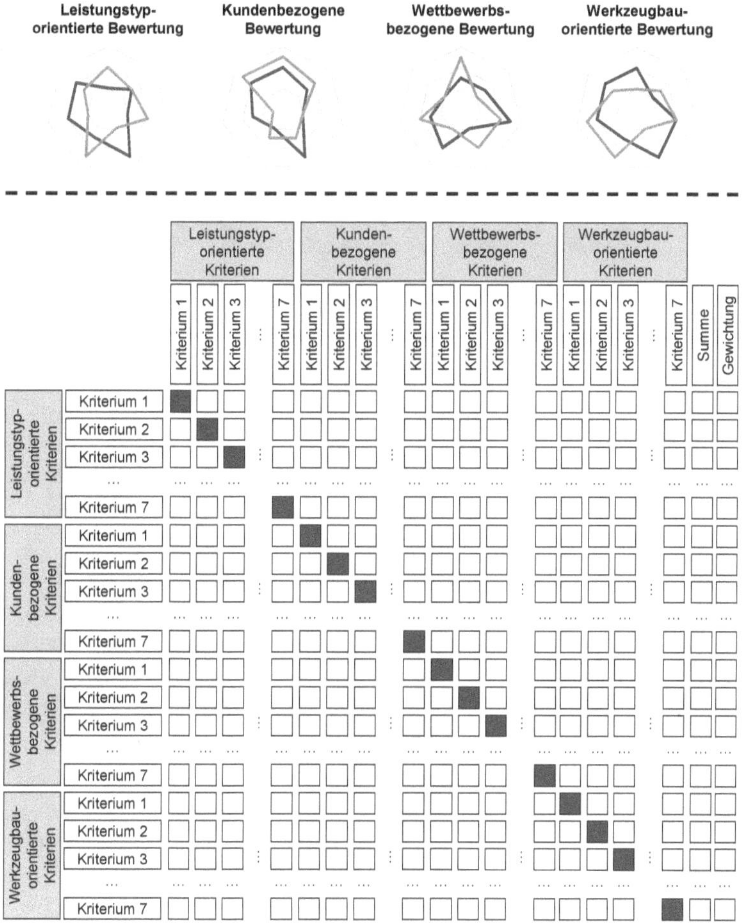

Abbildung 93: Bewertung der Eignung möglicher datengetriebener Geschäftsmodelle[775]

Nach Abschluss von Schritt 4B ergeben sich für den Anwendenden zusammenfassend nachfolgende Ergebnisse:

- Katalog an leistungstyporientierten, kundenbezogenen, wettbewerbsbezogenen und werkzeugbauorientierten Bewertungskriterien für datengetriebene Geschäftsmodelle

[775] Eigene Darstellung.

- Rangliste der möglichen datengetriebenen Geschäftsmodelle in Bezug auf eine spezifische Marktkonstellation
- Ausgewähltes datengetriebenes Geschäftsmodell, welches die höchste Eignung in Bezug auf eine werkzeugbauspezifische Marktkonstellation aufweist

5.3 Detaillierung der Eprobungsphase

Die Methodik schließt mit der Phase der Erprobung. Diese umfasst den fünften Schritt der Methodik, in dem eine Validierung des ausgewählten, datengetriebenen Geschäftsmodellszenarios aus der zweiten Phase erfolgt. Für die Validierung werden Hypothesen in Bezug auf die Funktionsfähigkeit des Geschäftsmodells identifiziert und priorisiert. Schließlich werden zur experimentellen Erprobung der priorisierten Hypothesen Geschäftsmodellexperimente dargelegt und erläutert.

5.3.1 Schritt 5: Validierung des datengetriebenen Geschäftsmodellszenarios

Im fünften Schritt der vorliegenden Methodik erfolgt die Validierung des datengetriebenen Geschäftsmodellszenarios. Dies knüpft an die Auswahl eines Geschäftsmodellszenarios im Detailschritt 4B der Methodik an. Zunächst werden die Grundladen der Geschäftsmodellvalidierung dargelegt. Hierzu erfolgt eine Beschreibung der Begriffe Annahme, Hypothese und Experiment im Geschäftsmodellkontext.

Darauf aufbauend werden im Detailschritt 5A die zugrundeliegenden Hypothesen in Bezug auf die Funktionsfähigkeit des geplanten Geschäftsmodells identifiziert und priorisiert. Hierfür wird das Hypothesen-Prioritäts-Portfolio (HPP) hergeleitet. Schließlich wird im folgenden Detailschritt 5B die experimentelle Erprobung der priorisierten Hypothesen aufgezeigt. Es werden werkzeugbaugeeignete Entdeckungs- und Validierungsexperiment beschrieben. Diese Experimente werden zudem hinsichtlich ihrer Eignung zur Überprüfung der Hypothesen bewertet.

5.3.1.1 Grundlagen

Die inhaltlichen Grundlagen für die Erprobung von Geschäftsmodellen bilden im Kontext der vorliegenden Phase der Methodik die Begriffe Annahme, Hypothese und Experiment.[776] Gemäß OSTERWALDER ET AL. umfassen die Annahmen eines Geschäftsmodellszenarios die relevantesten Voraussetzungen für eine wirtschaftlich erfolgreiche Einführung.[777] Dem angeschlossen bemerkt WEINRICH, dass es sich dabei in den meisten Fällen um mehrere Annahmen handelt.[778] Diese Annahmen lassen sich MULLINS & KOMISAR folgend in sogenannte Analogs und Antilogs unterteilen. Analogs bezeichnen Annahmen, die eine hohe Eintrittswahrscheinlichkeit aufweisen und bereits im eigenen Unternehmen oder einem vergleichbaren Unternehmen eingetreten sind. Dahingegen werden Annahmen, deren Eintrittswahrscheinlichkeit mit einer hohen Unsicherheit verbunden sind, als Antilogs bezeichnet. Derartige Annahmen sind bisher nicht eingetreten und werden aus Unternehmens-, Wettbewerbs- und Kundensicht

[776] Vgl. Echterhoff (Einführung innovativer Geschäftsmodelle), 2018, S. 16-18.
[777] Vgl. Osterwalder et al. (Value proposition design), 2015, S. 194.
[778] Vgl. Weinreich (Lean Digitization), 2016, S. 44.

als potenziell radikale Veränderung wahrgenommen.[779] Da datengetriebene Geschäftsmodelle im Werkzeugbau bisher wenig verbreitet sind, gilt es in der vorliegenden Phase der Methodik eine Vorgehensweise aufzuzeigen, welche die Identifikation derartiger Annahmen ermöglicht.

Die Formulierung von Annahmen kann in Form von Thesen erfolgen.[780] Eine These bildet nach JELE eine Aussage mit sehr formalem Charakter.[781] SANDBERG beschreibt Thesen als Aussagen, welche die Basis einer Argumentationskette darstellen und gleichzeitig streitbar sind. Eine Form der These bildet im Rahmen der Wissenschaftstheorie die Hypothese, welche zwei oder mehr Sachverhalte anhand einer begründeten Vermutung der Wirkzusammenhänge beschreibt. Eine gerichtete Hypothese adressiert das Wesen des vermuteten Wirkzusammenhangs. Eine ungerichtete Hypothese beschreibt hingegen die Vermutung des Wirkzusammenhangs.[782] Im Kontext der Geschäftsmodellforschung bildet eine Hypothese nach BLANK & DORF eine begründete Vermutung eines Gründenden hinsichtlich des geplanten Geschäftsmodells.[783] Nachfolgend wird sich an dem Begriffsverständnis von ECHTERHOFF[784] und SCHRAGE[785] orientiert. Diese verstehen eine Hypothese als begründete Vermutung hinsichtlich der Wirkzusammenhänge von Sachverhalten. Diese Vermutung ist bisher unbestätigt und muss für die Funktionsfähigkeit des Geschäftsmodells erfüllt sein.

Zur Validierung von Hypothesen können Experimente eingesetzt werden. Im Allgemeinem definiert ZIMMERMANN Experimente als „wiederholbare Beobachtung unter kontrollierten Bedingungen, wobei eine (oder mehrere) unabhängige Variable(n) derartig manipuliert wird (werden), dass eine Überprüfungsmöglichkeit der zugrundeliegenden Hypothese (Behauptung eines Kausalzusammenhangs) in unterschiedlichen Situationen gegeben ist.“[786] Im Kontext der Geschäftsmodellforschung verstehen OSTERWALDER ET AL. ein Experiment als ein Vehikel, um Hypothesen in Bezug auf die Funktionsfähigkeit eines Geschäftsmodells zu entkräften oder zu bestätigen.[787] An diesem Verständnis wird sich im Folgenden angelehnt.

5.3.1.2 Identifikation und Priorisierung der zugrundeliegenden Hypothesen

Im vorliegenden Detailschritt 5A der Methodik werden die Hypothesen identifiziert und priorisiert. Die Hypothesen beschreiben die Funktionsfähigkeit des im vierten Schritt der Methodik ausgewählten, datengetriebenen Geschäftsmodells. Über die Validierung der Hypothesen kann demzufolge der Nachweis hinsichtlich der Funktionsfähigkeit des Geschäftsmodells erbracht werden. Folgend wird die Hypothesenidentifikation anhand von neun Fragen über die Funktionsfähigkeit eines datengetriebenen Geschäftsmodells beschrieben. Dem angeschlossen werden die Hypothesen hinsichtlich der Relevanz ihrer Validierung priorisiert.

[779] Vgl. Mullins; Komisar (Breaking through to a better business model), 2010, S. 6-7.
[780] Vgl. Echterhoff (Einführung innovativer Geschäftsmodelle), 2018, S. 16.
[781] Vgl. Jele (Wissenschaftliches Arbeiten), 2003, S. 27-28.
[782] Vgl. Sandberg (Wissenschaftlich Arbeiten), 2013, S. 24-25.
[783] Vgl. Blank; Dorf (The startup owner's manual), 2012, S. 109.
[784] Vgl. Echterhoff (Einführung innovativer Geschäftsmodelle), 2018, S. 17.
[785] Vgl. Schrage (The innovator's hypothesis), 2014, S. 9.
[786] Vgl. Zimmermann (Das Experiment), 1972, S. 37.
[787] Vgl. Osterwalder et al. (Value proposition design), 2015, S. 216.

Zur Hypothesenidentifikation wird sich an SAHLMAN orientiert.[788] Dieser formuliert neun Fragen, deren validierte Antworten einen Nachweis für die Funktionsfähigkeit eines Geschäftsmodells darstellen. Aufbauend auf diesen Fragen wird die Hypothesenidentifikation für datengetriebene Geschäftsmodelle im Werkzeugbau beschrieben. Dem angeschlossen muss die erste Hypothese die Frage beantworten, wie die datengetriebene Leistung zur Schaffung des Kundennutzens erstellt wird. Diese Hypothese adressiert somit insbesondere das Leistungserbringungsmodell des datengetriebenen Geschäftsmodells. Die Hypothese umfasst in dieser Hinsicht zwei Aspekte. Zu einem beschreibt die Hypothese die Leistungserbringung hinsichtlich der Schlüsselressourcen, Schlüsselaktivitäten und Schlüsselpartnerschaften. Zum anderen detailliert die Hypothese den für den Kunden entstehenden Nutzen durch die datengetriebene Leistung.

Die zweite Hypothese beinhaltet die Antwort auf die Frage nach dem Kunden des datengetriebenen Geschäftsmodells. Diese Hypothese lässt sich basierend auf den beschriebenen Eigenschaften sowie der festgestellten Position des Kunden im ersten und dritten Schritt der Methodik aufstellen. An dieser Stelle sei zudem erwähnt, dass der Inhalt der These trivial erscheinen kann. Wichtiger als die Komplexität der Hypothese ist jedoch die Relevanz für die Funktionsfähigkeit des datengetriebenen Geschäftsmodells. Dieser Logik folgend ist die Validierung bzw. die Sicherheit dieser Hypothese für das Leistungsangebots- und Marktadressierungsmodells des datengetriebenen Geschäftsmodells essenziell.

Daran angeschlossen thematisiert die dritte Hypothese, wie der Kunde Entscheidungen hinsichtlich des Kaufs der datengetriebenen Leistung trifft. Diese Hypothese beschreibt somit die Entscheidungsverantwortlichkeiten sowie den Entscheidungsprozess des Kunden beim Kauf der datengetriebenen Leistung. Die Hypothese liefert somit Erkenntnisse hinsichtlich der wesentlichen Entscheidungstragenden beim Kunden und den prozessualen Rahmenbedingungen für den Kauf. Zu den wesentlichen Entscheidungstragenden beim Kunden eines Werkzeugbaubetriebs zählen oftmals die Serienproduktion sowie der Einkauf. Während der Einkauf vor allem durch die Reduzierung der Werkzeuganschaffungskosten geprägt ist, fokussiert die Serienproduktion oftmals die Werkzeuglebenszykluskosten, um gesamtheitlich Produktionskosten sowie Werkzeugkosten pro produzierten Artikel zu reduzieren. In Anhängigkeit von der Entscheidungsstruktur beim Kunden können sich daher deren Kaufgründe für eine datengetriebene Leistung stark unterscheiden. Es sei zudem festgehalten, dass sich diese Hypothese somit ebenso insbesondere auf das Leistungsangebots- und Marktadressierungsmodells bezieht.

[788] Vgl. Sahlman (Business Plan), 1997, S. 102.

Fragen zur Hypothesenidentifikation		Teilmodelle von Geschäftsmodellen: Leistungsangebot- & Marktadressierungsmodell	Leistungserstellungsmodell	Ertragsmodell
H_1	Wie wird die datengetriebene Leistung zur Schaffung des Kundennutzens erstellt?		✓	
H_2	Wer ist der Kunde des datengetriebenen Geschäftsmodells?	✓		
H_3	Wie trifft der Kunde Entscheidungen darüber, die datengetriebene Leistung zu kaufen?	✓		
H_4	Inwieweit ist die datengetriebene Leistung für den Kunden ein überzeugender Kauf?	✓		
H_5	Wie erreicht der Werkzeugbaubetrieb alle Zielkunden?	✓		
H_6	Welche monetären und zeitlichen Aufwände entstehen durch die Gewinnung eines Kunden?			✓
H_7	Wie viel kostet es, die datengetriebene Leistung herzustellen und zu überbringen?			✓
H_8	Wie viel kostet der Betrieb der datengetriebenen Leistung?			✓
H_9	Welche Kundenbindung entsteht durch die Nutzung der datengetriebenen Leistung?		✓	

H - Hypothese

Abbildung 94: Einordnung der Fragen zur Hypothesenidentifikation[789]

Dies wird ebenso durch die vierte Hypothese adressiert, welche beschreibt, inwieweit die datengetriebene Leistung für den Kunden einen überzeugenden Kauf bildet. Wie erwähnt können die Bedürfnisse des Kunden in Abhängigkeit von den Entscheidungstragenden für den Kauf stark variieren. Vor diesem Zusammenhang umfasst die Hypothese die Kundenbedürfnisse der wesentlichen Entscheidungstragenden sowie die systematische Adressierung dieser Bedürfnisse durch den Kauf der datengetriebenen Leistung. Auf diese Weise lassen sich Erkenntnisse hinsichtlich der Kundenakzeptanz sowie -nachfrage für die datengetriebene Leistung generieren. Die fünfte Hypothese beantwortet die Frage, in welchem Ausmaß der Werkzeugbaubetrieb die identifizierten Zielkunden des datengetriebenen Geschäftsmodells erreichen kann. Die Hypothese zielt daher vorrangig auf die Vertriebskanäle und die anhand derer möglichen Marktdurchdringung ab. Zudem liefert die Hypothese somit Erkenntnisse hinsichtlich möglichen Marktwachstums. Die fünfte These bezieht sich ebenso vorrangig auf das Leistungsangebots- und Marktadressierungsmodell.

[789] Eigene Darstellung i. A. a. Sahlman (Business Plan), 1997, S. 102.

Die folgenden drei Hypothesen adressieren hingegen das Ertragsmodell des datengetriebenen Geschäftsmodells. Die sechste Hypothese beschreibt in diesem Sinne, welche monetären sowie zeitlichen Aufwände für die Gewinnung eines Kunden anfallen. Somit beinhaltet die sechste Hypothese eine Übersicht der Kosten, deren Entstehungspunkte sowie der zeitlichen Aufwände für die Gewinnung eines Kunden. Dem angeschlossen wird im Rahmen der siebten Hypothese dargelegt, welche Kosten durch die Erbringung der datengetriebenen Leistung entstehen. Dies umfasst die Kosten für die Herstellung und die Lieferung der datengetriebenen Leistung. Die achte Hypothese liefert dem angeknüpft die Kosten für den kontinuierlichen Betrieb der offerierten datengetriebenen Leistung beim Kunden. Hierzu zählen beispielsweise die Kosten für den Kunden-Support oder potenziell erforderliche IT-Infrastruktur zum Erhalt des Kundenzugangs zur datengetriebenen Leistung.

Die neunte Hypothese beantwortet die Fragen nach dem Aufwand zur Kundenbindung. Dies gibt Aufschluss über die Erreichbarkeit der angestrebten Kundenbindungsrate sowie die Entwicklung der Kosten für die Akquise von Neukunden. Wie in Kapitel 5.2.2.3 beschrieben führt eine hohe Kundenbindungsrate in vielen Fällen zu Kosteneffizienz, weil die Akquirierung neuer Kunden oftmals mit höheren Kosten verbunden ist als das Halten bestehender Kunden. Mehr noch als auf die monetären Aspekte zielt diese Hypothese jedoch vorrangig auf die Gestaltung der datengetriebenen Leistung zur Bindung von Kunden ab. Dementsprechend ist zu bewerten, inwiefern die Gestaltung der offerierten Leistung zur langfristigen Kundenbindung führt. Die Kundenzufriedenheit soll durch die Beschaffung und Nutzung der datengetriebenen Leistung gesteigert werden, wodurch eine hohe Kundenbindung entsteht. Dies wiederum führt zu einer hohen Wiederbeschaffungsquote bzw. kontinuierlichem Nutzung der datengetriebenen Leistung. Auf diese Weise adressiert die neunte Hypothese vorrangig das Leistungserbringungsmodell. Abbildung 94 zeigt zusammenfassend einen Überblick der Hypothesen sowie der adressierten Teilmodelle von Geschäftsmodellen durch die Hypothesen.

Nach der Hypothesenidentifikation anhand der dargestellten, zugrundeliegenden Fragen ist es erforderlich, die Hypothesen in eine Reihenfolge zu bringen, in der sie priorisiert werden. Die Priorisierung ermöglicht einerseits eine zielgerichtete Vorgehensweise bei der Validierung der Hypothesen. Andererseits befähigt die Priorisierung zu einer sinnvollen Aufteilung der zur Verfügung stehenden Ressourcen für die Hypothesenvalidierung.

In Anlehnung an ECHTERHOFF ET AL. wird die Hypothesenpriorisierung anhand der beiden Faktoren der Ungewissheit und der Bedeutung durchgeführt.[790] Durch diese beiden Faktoren lässt sich das sogenannte Hypothesen-Prioritäts-Portfolio (HPP) erstellen. Im Rahmen des Faktors der Ungewissheit wird das Maß der Unsicherheit hinsichtlich der betroffenen Hypothese evaluiert. Die Ungewissheit umfasst daher die Frage, welche Eintrittswahrscheinlichkeit die aufgestellte Hypothese aufweist. Eine hohe Ungewissheit hinsichtlich der sechsten Hypothese entsteht beispielsweise, wenn das datengetriebene Geschäftsmodell werkzeugbauuntypische Erlöswege wie beispielsweise die Nutzungsgebühr vorsieht. In derartigen Fällen wird die Ungewissheit einer Hypothese daher mit drei bewertet.

[790] Vgl. Echterhoff et al. (Functionally validated business concepts), 2017, S. 11.

An dieser Stelle sei zudem angemerkt, dass sich Hypothesen neben dem Grad der Ungewissheit auch hinsichtlich ihres Einflusses auf die Funktionsfähigkeit des datengetriebenen Geschäftsmodells unterscheiden können. Als zweiter Faktor bezieht sich die Bedeutung daher auf den Einfluss der Hypothese auf das datengetriebene Geschäftsmodell. Die Hypothesen werden mit abnehmender Bedeutung für das datengetriebene Geschäftsmodell bewertet. Wie in Abbildung 95 exemplarisch dargestellt lässt sich auf diese Weise das HPP darstellen.

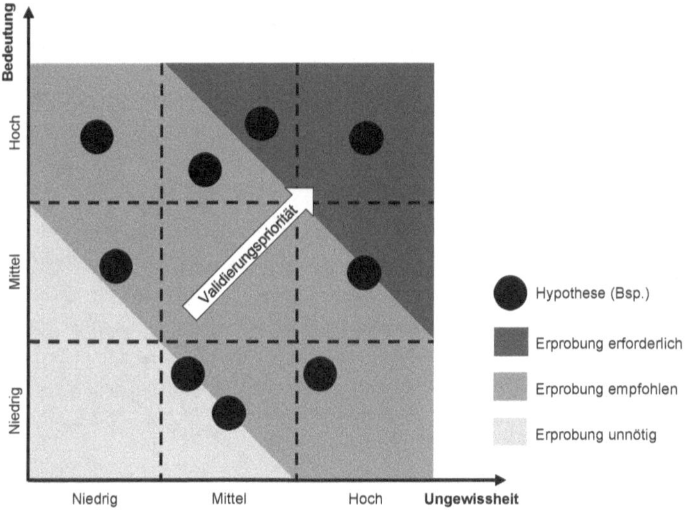

Abbildung 95: Hypothesen-Prioritäts-Portfolio[791]

Das HPP weist wie dargestellt drei Bereiche auf. Der erste Bereich zeichnet sich durch eine niedrige Ungewissheit und eine niedrige Bedeutung aus. Die Hypothesen, die sich in diesem Bereich befinden, haben somit sowohl eine hohe Eintrittswahrscheinlichkeit als auch eine untergeordnete Bedeutung für das datengetriebene Geschäftsmodell. Eine Validierung dieser Hypothesen durch die Erprobung in Experimenten ist daher nicht notwendig. Der zweite Bereich umfasst einerseits Hypothesen mit mittlerer Ungewissheit und mittlerer Bedeutung. Andererseits werden in diesem Bereich Hypothesen verortet, die entweder über eine hohe Ungewissheit und geringe Bedeutung oder umgekehrt über eine niedrige Ungewissheit und eine hohe Bedeutung verfügen. Die Hypothesen aus diesem Bereich weisen ein höheres Risikopotenzial auf als die Hypothesen aus dem ersten Bereich. Daher wird die Validierung der Hypothesen des zweiten Bereichs in Form der Erprobung in Experimenten empfohlen. Die Validierung der Hypothesen aus dem dritten Bereich ist hingegen zwingend erforderlich. In diesem Bereich befinden sich Hypothesen, die sowohl eine hohe Ungewissheit als auch eine übergeordnete Bedeutung für das datengetriebene Geschäftsmodell aufweisen. Diese Hypothesen

[791] Eigene Darstellung i. A. a. Echterhoff et al. (Functionally validated business concepts), 2017, S. 11.

verfügen daher über das höchste Risikopotenzial. Angelehnt an FEIGE ET AL. kann zur konkreten Reihenfolgebildung die euklidische Distanz zwischen der Position der verorteten Hypothese und des oberen, linken Eckpunkts des Portfolios als Maß dienen.[792] Desto geringer die euklidische Distanz ist, umso stärker wird die Hypothese priorisiert.

Nach Abschluss von Schritt 5A ergeben sich für den Anwendenden zusammenfassend nachfolgende Ergebnisse:

- Identifizierte Hypothesen für die Funktionsfähigkeit eines datengetriebenen Geschäftsmodells im Werkzeugbau
- Systematisches Vorgehen zur Bestimmung der Validierungspriorität der identifizierten Hypothesen durch das HPP

5.3.1.3 Experimentelle Erprobung der priorisierten Hypothesen

Im vorherigen Detailschritt werden Hypothesen hinsichtlich der Funktionsfähigkeit eines datengetriebenen Geschäftsmodells im Werkzeugbau hergeleitet. Zudem werden die hergeleiteten Hypothesen hinsichtlich ihrer Validierungspriorität im HPP bewertet. Im vorliegenden Detailschritt gilt es darauf aufbauend Geschäftsmodellexperimente zur Überprüfung der hergeleiteten Hypothesen zu identifizieren. Bei der Identifikation von Geschäftsmodellexperimenten, die eine hohe werkzeugbauspezifische Eignung aufweisen, werden insbesondere Geschäftsmodellexperimenten nach MAYURA[793], OSTERWALDER ET AL.[794], BUCHHOLZ & BÜRGER[795] sowie BLAND & OSTERWALDER[796] betrachtet.

BLAND & OSTERWALDER unterscheiden in diesem Kontext Entdeckungs- und Validierungsexperimente. Entdeckungsexperimente weisen eine schwächere Beweisstärke und einen geringeren Durchführungsaufwand auf. Sie dienen als erster Indikator hinsichtlich der Eignung der Ausrichtung des Geschäftsmodells und liefern auf diese Weise erste wichtige Erkenntnisse in Bezug auf die Hypothesen. Validierungsexperimente verfügen demgegenüber über eine höhere Beweisstärke und dienen zudem zur Bestätigung gewonnener Erkenntnisse hinsichtlich der aufgestellten Hypothesen. Sie werden des Weiteren genutzt, um die ausgewählte Ausrichtung des Geschäftsmodells zu validieren.[797] Entdeckungsexperimente, die für die Erprobung datengetriebener Geschäftsmodelle im Werkzeugbau eine hohe Eignung aufweisen, bilden das Storyboard, Ein Tag im Leben, Kundeninterviews sowie Experten-Stakeholder-Interviews.

Im Rahmen des sogenannten Storyboards werden visuelle Entwürfe bzw. Skizzen der datengetriebenen Leistung erstellt. Diese Skizzen werden dem Kunden präsentiert und darauf aufbauend Anwendungsszenarien diskutiert. Anhand der Anwendungsszenarien wird erörtert, wie der Kunde die datengetriebene Leistung bei seiner Aufgabenverrichtung wahrnimmt. Auf diese Weise kann festgelegt werden, ob die datengetriebene Leistung für den Kunden einen

---

792 Vgl. Feige et al. (Bemessung neuer Geschäftsmodelle auf der Basis von Distanzmatrizen), 2019, S. 155-157.
793 Vgl. Maurya (Running Lean), 2023, S. 177-306.
794 Vgl. Osterwalder et al. (Value proposition design), 2015, S. 216-218.
795 Vgl. Buchholz; Bürger (Der Geschäftsmodell Toolguide), 2020, S. 32-148.
796 Vgl. Bland; Osterwalder (Testing Business Ideas), 2020, S. 94-97.
797 Vgl. Bland; Osterwalder (Testing Business Ideas), 2020, S. 93.

sinnhaften Kauf darstellt und welche Kundenbindung entsteht. Somit können mit diesem Experiment insbesondere die dritte und vierte Hypothese überprüft werden.

Das sogenannte Experiment „Ein Tag im Leben“ bedingt ein hohes Vertrauensverhältnis zwischen dem Kunden und dem Werkzeugbaubetrieb. Daher eignet sich dieses Experiment insbesondere bei internen Werkzeugbaubetrieben und der konzerninternen Serienproduktion. Im Rahmen dieses Experiments werden die Aufgaben und entsprechende Mitarbeitende der Serienproduktion in einem festgelegten Zeitintervall von ausgewählten Akteuren des Werkzeugbaubetriebs begleitet. Im Zuge der Begleitung entwickeln die Akteure ein besseres Verständnis über die Kundenaufgaben sowie den potenziellen Einsatz der datengetriebenen Leistung beim Kunden. Bei diesen Akteuren handelt es sich um die Mitarbeitenden des Werkzeugbaubetriebs, die das datengetriebene Geschäftsmodell sowie dessen Nutzenversprechen erproben. Anhand dieses Experiments lassen sich demzufolge Erkenntnisse zur Validierung der zweiten, dritten, vierten und neunten Hypothese sammeln.

Kundeninterviews werden durchgeführt, um direktes Feedback zum geplanten datengetriebenen Geschäftsmodell von den potenziellen Zielkunden zu generieren. Bei den Zielkunden kann es sich wie im ersten Schritt der Methodik erläutert um Produktivitätsnachfrager oder Werkzeugbenutzer handeln (vgl. Kapitel 5.1.1.3). In den Interviews kann einerseits validiert werden, inwiefern die geplante datengetriebene Leistung den Kunden bei der Erledigung seiner Aufgaben unterstützt. Dies liefert weiterhin Erkenntnisse über das potenzielle Nutzungsverhalten der Zielkunden. Im Zuge dessen kann zudem festgestellt werden, welche überzeugenden Kaufgründe die datengetriebene Leistung dargestellt und wie Entscheidungen über den Kauf getroffen werden. Andererseits kann in Kundeninterviews die Zahlungsbereitschaft der Zielkunden untersucht werden. Dies liefert wiederum Erkenntnisse hinsichtlich der Eignung der geplanten Ertragsmechanik. Somit kann im Rahmen dieses Experiments zur Validierung der zweiten, dritten, vierten und neunten Hypothese beigetragen werden.

Des Weiteren können zur Validierung der Hypothesen Interviews mit relevanten Experten-Stakeholdern durchgeführt werden. Hierzu können beispielsweise Anbieter ähnlicher Geschäftsmodelle in anderen Branchen, Partnerunternehmen, Kapitelgeber, Forschungseinrichtungen oder Branchenverbände zählen. In Abhängigkeit von dem spezifischen Interviewpartner können sich alle dargestellten Hypothesen validieren lassen. Beispielsweise kann die fünfte Hypothese anhand von Interviews mit Branchenverbänden im Werkzeugbau adressiert werden. Die Beweisstärke dieses Experiments ist jedoch ebenso in starkem Maße von der Rolle des Interviewpartners sowie dessen individuellem Interesse an dem geplanten datengetriebenen Geschäftsmodell abhängig.

Neben den beschriebenen Entdeckungsexperimenten können ebenso Validierungsexperimente durchgeführt werden. Zu den Validierungsexperimenten zählen der klickbare Prototyp, der Einzelmerkmal-MVP, der Mash-Up-MVP, der Split Test und die umgekehrte Finanzierung. Der klickbare Prototyp stellt die einfachste Form eines Prototyps für die datengetriebene Leistung dar. Anhand dieses Prototyps kann einerseits mit den Zielkunden das grundlegende Wertangebot sowie die Gestaltung der datengetriebenen Leistung validiert werden. Andererseits können mit dem klickbaren Prototypen Abschätzungen in Bezug auf die Leistungserbringung und die entstehenden Kosten gewonnen werden. Dieses Geschäftsmodellexperiment eignet sich somit insbesondere für die Adressierung der ersten, vierten und siebten Hypothese.

Das sogenannte Minimum Viable Product (MVP) bildet eine weitere Form von Prototypen zur Validierung der Funktionsfähigkeit eines Geschäftsmodells. Nach SCHUH ET AL. stellt ein MVP eine Gruppe von Funktionen dar, welche ein Kundenfeedback hervorruft und mit möglichst geringem Aufwand die Sammlung von Erkenntnissen für die weitere Entwicklung des Geschäftsmodells ermöglicht.[798] RIES beschreibt den MVP als Vehikel, um mit möglichst geringem Aufwand in einem definierten Zeitraum zuverlässige Erkenntnisse hinsichtlich spezifischer Geschäftsmodellhypothesen zu generieren.[799] Vor diesem Hintergrund unterscheiden BLAND & OSTERWALDER den Einzelmerkmal-MVP und den Mash-up-MVP.[800] Der Einzelmerkmal-MVP dient zur Überprüfung eines spezifischen Merkmals der datengetriebenen Leistung, welches eine zentrale Aufgabe des Kunden löst. Dieses Merkmal könnte beispielsweise die Lokalisierung eines Werkzeugs oder die Identifizierung des optimalen Zeitpunkts für eine Werkzeuginstandhaltungsarbeit darstellen. Somit kann der Einzelmerkmal-MVP zur Validierung der ersten, vierten, siebten und achten Hypothese eingesetzt werden.

Der Mash-Up-MVP umfasst hingegen mehrere Merkmale der zu offerierenden datengetriebenen Leistung. Mash-Up-MVPs weisen eine hohe Beweiskraft für die Validierung von Hypothesen auf. In Abhängigkeit von den dazustellenden Merkmalen kann sich der Aufwand der Erstellung des Mash-Up-MVPs jedoch stark unterscheiden. Der Fokus von Mash-up-MVPs sollte daher auf die Kernfunktionen der datengetriebenen Leistung für die integrale Werkzeugverbesserung, die komplementäre Prozessleistung oder den digitalen Mittler ausgerichtet sein (vgl. Kapitel 5.1.1.2). Auf diese Weise dient der Mash-Up-MVP als ein Geschäftsmodellexperiment mit hoher Beweisstärke zur Validierung der ersten, vierten, siebten und achten Hypothese.

Im Rahmen von sogenannten Split Tests werden zwei oder mehrere Varianten der datengetriebenen Leistung miteinander verglichen. Anhand des Vergleichs können Erkenntnisse hinsichtlich der Aufgaben sowie Probleme der Kunden generiert sowie erweitert werden. Somit lassen sich Rückschlüsse hinsichtlich der Gestaltung der datengetriebenen Leistung sowie der geplanten Preismechanismen schließen. Dieses Geschäftsmodellexperiment eignet sich somit für die Adressierung der ersten, vierten und neunten Hypothese.

---

[798] Vgl. Schuh et al. (Agile Prototyping for technical systems), 2018, S. 1.
[799] Vgl. Ries (The Lean Startup), 2014, S. 77.
[800] Vgl. Bland; Osterwalder (Testing Business Ideas), 2020, S. 240-246.

Entdeckungsexperimente ◀ ▶ Validierungsexperimente

	Storyboard	Ein Tag im Leben	Kundeninterview	Experten-Stakeholder-Interviews	Klickbedienbarer Prototyp	Einzelmerkmal-MVP	Mash-up-MVP	Split Test	Umgekehrte Finanzierung
H_1				o	o	o	o	o	
H_2		o	o	o					
H_3	o	o	o	o					
H_4	o	o	o	o	o	o	o	o	
H_5				o					
H_6				o					o
H_7				o	o	o	o		o
H_8				o		o	o		o
H_9		o	o	o				o	

H – Hypothese
o – Eignung zur Überprüfung der Hypothese

Abbildung 96:Geschäftsmodellexperimente zur Überprüfung der Hypothesen[801]

Schließlich bildet die sogenannte umgekehrte Finanzierung ein weiteres geeignetes Experiment bei der Einführung datengetriebener Geschäftsmodelle im Werkzeugbau. Im Rahmen dieses Experiments wird die jährliche Profitabilität des geplanten Geschäftsmodells abgeschätzt. Ausgehend von dieser Abschätzung wird rückläufig der Kalkulationsprozess durchgeführt. Zunächst werden der erwartete Gewinn und die angestrebte Umsatzrendite ermittelt. Dem angeschlossen werden der benötigte Umsatz und die zulässigen Kosten abgeleitet. Anhand der festgelegten Ertragsmechanik wird über den Preis pro verkaufter datengetriebener Leistung und den benötigten Umsatz die notwendige Anzahl der Verkäufe der datengetriebenen Leistung ermittelt. Auf Basis dessen kann die Anzahl notwendiger bestehender und neuer Kunden unter der Berücksichtigung der Kundenbindungsrate abgeleitet werden.[802] Anhand dieses Experiments lassen sich demzufolge Erkenntnisse zur Validierung der sechsten, siebten und achten Hypothese sammeln. Zusammenfassend sind die geeigneten Experimente zur Adressierung der Hypothesen in Abbildung 96 gekennzeichnet.

Nach Abschluss von Schritt 5B ergeben sich für den Anwendenden zusammenfassend nachfolgende Ergebnisse:

- Geeignete Experimente zur Erprobung von datengetriebenen Geschäftsmodellen im Werkzeugbau

[801] Eigene Darstellung.
[802] Vgl. Buchholz; Bürger (Der Geschäftsmodell Toolguide), 2020, S. 80-84.

- Bewertete Eignung der identifizierten Geschäftsmodellexperimente zur Validierung der jeweiligen hergeleiteten Hypothesen

5.4 Integration der Phasen und Zwischenfazit

In Kapitel 4 werden die Phasen und Schritte einer Methodik zur Einführung datengetriebener Geschäftsmodelle im Werkzeugbau hergeleitet. Darauf aufbauend werden die Phasen mit den zugehörigen Schritten in den vorangehenden Abschnitten von Kapitel 5 detailliert. Die Integration der Schritte erlaubt die teilweise oder vollständige Anwendung der Methodik. Die vollständige Methodik zur Einführung datengetriebener Geschäftsmodelle im Werkzeugbau ist in Abbildung 97 dargestellt.

Abbildung 97: Einführung datengetriebener Geschäftsmodelle im Werkzeugbau[803]

In der ersten Phase wird das Potenzial der Einführung analysiert. Hierzu werden im ersten Schritt geeignete werkzeugbauspezifische Anbieter-Kunden Paarungen für datengetriebene Geschäftsmodelle identifiziert. Diese Paarungen bilden die Eingangsgröße für den zweiten Schritt der Methodik, welcher die Analyse der datenspezifischen Befähiger umfasst. Für die jeweiligen Paarungen werden die notwendigen Daten und Vernetzungsmöglichkeiten für die Umsetzung datengetriebener Leistungen bestimmt. Somit liegen dem anwendenden Unternehmen der Methodik nach der ersten Phase Kenntnisse hinsichtlich des Potenzials der Einführung eines datengetriebenen Geschäftsmodells im Rahmen einer spezifischen Marktkonstellation vor. Das Potenzial ist gegeben, wenn diese Marktkonstellation eine der identifizierten

[803] Eigene Darstellung.

Paarungen widerspiegelt und dem angeschlossen die jeweiligen datenspezifischen Befähiger vorliegen.

Auf Basis des gegebenen Potenzials umfasst die zweite Phase den dritten und vierten Schritt der Methodik. Im dritten Schritt ist das anwendende Unternehmen der Methodik anhand der hergeleiteten Morphologie dazu befähigt, mögliche Szenarien datengetriebener Geschäftsmodelle zu entwickeln. Dem angeknüpft kann das anwendende Unternehmen der Methodik die entwickelten Szenarien den hergeleiteten Archetypen zuordnen. Auf dieser Basis wird im vierten Schritt das geeignetste Szenario ausgewählt. Zu diesem Zweck werden den Paarungen zunächst geeignete Archetypen zugeordnet. Dazu wird dem anwendenden Unternehmen eine Bewertungssystematik bereitgestellt, die zur Auswahl des geeignetsten Szenarios befähigt. Somit liegt dem anwendenden Unternehmen der Methodik nach der zweiten Phase ein ausgewähltes datengetriebenes Geschäftsmodell vor. Dieses weist die höchste Eignung hinsichtlich der spezifischen Marktkonstellation des anwendenden Unternehmens auf.

In der dritten Phase erfolgt die Erprobung des Geschäftsmodells. Annahmebasiert werden Hypothesen aufgestellt, die zum Funktionsnachweis des Geschäftsmodells validiert werden müssen. Das anwendende Unternehmen der Methodik ist zudem befähigt, durch das HPP die Validierungspriorität der Hypothesen zu ermitteln. Auf dieser Basis werden dem anwendenden Unternehmen Experimente bereitgestellt, die sich zur Validierung der Hypothesen eignen. Somit liegt dem anwendenden Unternehmen nach der dritten Phase ein zur Einführung erprobtes und validiertes, datengetriebenes Geschäftsmodell für die Branche Werkzeugbau vor.

Die Interdependenzen zwischen den diversen Phasen und Schritten unterstreichen die Notwendigkeit, dass die Einführung datengetriebener Geschäftsmodelle in der Branche Werkzeugbau eine umfassende Anwendung aller definierten Schritte und zugehörigen Aufgaben erfordert. Die einzelnen Aufgaben müssen von den Anwendern der Methodik vor dem Hintergrund der spezifischen Rahmenbedingungen und Gegebenheiten des Unternehmens angewendet werden. Zusammenfassend kann festgehalten werden, dass die entwickelte Methodik in der Gesamtheit ein System von zusammengehörigen Modellen, Methoden und Hilfsmitteln zur Einführung datengetriebener Geschäftsmodelle im Werkzeugbau darstellt.

6 Validierung der Methodik durch Fallbeispiele

Im vorangegangen Kapitel 5 wird die Methodik zur Einführung datengetriebener Geschäftsmodelle im Werkzeugbau detailliert. Dem angeknüpft erfolgt im vorliegenden Kapitel 6 die Validierung der detaillierten Methodik anhand von Fallbeispielen. Die Validierung adressiert die beiden letzten Phasen der angewandten Forschung gemäß ULRICH (vgl. Kapitel 1.5). Demzufolge komplementiert die Validierung der Methodik den Forschungsprozess und schließt diesen im Rahmen der vorliegenden Arbeit vollständig ab.

Nachfolgend wird die Methodik anhand von zwei repräsentativen Fallbeispielen validiert. Das erste Fallbeispiel bildet das Unternehmen Fritz Stepper GmbH & Co. KG. Es handelt sich dabei um einen mehrmals ausgezeichneten, externen Werkzeugbautrieb in der Blechumformung, welcher bereits seit Jahrzehnten in der Branche etabliert ist. Das zweite Fallspiel ist die production.AI GmbH. Dieses Unternehmen ist ein junges Start-up mit dem Gründungsjahr 2024. Es fokussiert sich auf datengetriebene Leistungen für den Werkzeugbau. Die Leistungen weisen vollständige Immaterialität auf. Die starke Heterogenität der beiden Fallbeispiele kennzeichnet die Übertragbarkeit der Validierungsergebnisse auf andere Unternehmen und Fallbeispiele. Die einzelnen Schritte der Methodik werden bei beiden Fallbeispielen vollständig angewendet.

Beide Unternehmen werden folgend tiefergehend beschrieben. Zudem wird die Ausgangssituation der Unternehmen erläutert und das Fallbeispiel definiert. Dem angeschlossen erfolgt die Anwendung der Methodik für die beiden Fallbeispiele. Das Kapitel schließt mit einer kritischen Reflexion hinsichtlich der Praxisanwendung der entwickelten Methodik.

6.1 Fallbeispiel 1: Fritz Stepper GmbH & Co. KG

Das Unternehmen Fritz Stepper GmbH & Co. KG, nachfolgend nur: Stepper, wurde im Jahr 1965 in Pforzheim gegründet. Zum Zeitpunkt der Veröffentlichung der vorliegenden Arbeit beschäftigt Stepper ca. 180 Mitarbeitende. Ein besonderes Merkmal von Stepper bildet dabei die hohe Quote an Auszubildenden. Diese liegt laut dem EiP Excellence in Production Wettbewerb zum Werkzeugbauer des Jahres auf einem überdurchschnittlichen Branchenniveau. Strategisch setzt Stepper auf die Entwicklung innovativer Lösungen zur Sicherstellung der Technologieführerschaft als Differenzierungsmerkmal. Zudem gilt Stepper als der Erfinder des modular aufgebauten Stanzwerkzeugs.

Der Fokus des Unternehmens liegt auf der Herstellung von hochpräzisen Folgeverbundwerkzeugen zur Herstellung von Elektronikkomponenten. Die Herstellung der Werkzeuge ist durch eine sehr hohe Fertigungstiefe geprägt. So entwickelt Stepper beispielsweise eigene Beschichtungsanlagen für spezielle Hartstoffbeschichtungen. Zudem wird Software, die bei der Herstellung der Werkzeuge verwendet wird, zum großen Teil eigenentwickelt oder selbst weiterentwickelt. Als externer Werkzeugbaubetrieb vertreibt Stepper die Werkzeuge weltweit an Kunden verschiedener Branchen. Die Kunden von Stepper befinden sich zum Beispiel in der Automobil- oder Elektroindustrie.

Qualitativ zeichnen sich die Werkzeuge u. a. über sehr hohe Standzeiten sowie Hubzahlen aus. Zudem verfügt Stepper über eine interne Serienproduktion mit verschiedenen Pressen. In der Serienproduktion können Stanzteile für Kunden hergestellt werden.[804] Neben dem Diskurs zu datengetriebenen Geschäftsmodellen im Werkzeugbau arbeitete der Autor der vorliegenden Arbeit im Rahmen der Tätigkeit als wissenschaftlicher Mitarbeiter am Werkzeugmaschinenlabor WZL der RWTH Aachen University unter anderem zur Entwicklung einer digitalen Werkzeugakte in der Serienproduktion mit Stepper zusammen.

6.1.1 Ausgangssituation

Stepper fokussiert seit einigen Jahren die Einführung von datengetriebenen Geschäftsmodellen im Werkzeugbau. Vor diesem Hintergrund bietet Stepper bereits verschiedene Abrechnungsmodelle der gefertigten Werkzeuge an. Zum einen vertreibt Stepper Werkzeuge über Einmalverkäufe, wie es in der deutschen Branche Werkzeugbau zum Zeitpunkt der Veröffentlichung der vorliegenden Arbeit üblich ist. Zum anderen bietet Stepper auch stückzahlbasierte Abrechnungsmodelle an. In diesem Rahmen werden mit dem Kunden feste Abnahmemengen in einem festgelegten Zeitraum vereinbart. Das Werkzeug wird so über die Dauer des Zeitraums kontinuierlich abgerechnet. Darüber hinaus bietet Stepper vermehrt datengetriebene Leistungen für die Serienproduktion an. Diese Leistungen können in der unternehmenseigenen Serienproduktion entwickelt und reif gemacht werden, bevor sie externen Kunden angeboten werden. So kann Stepper beispielsweise datengetrieben den Einfluss des Zustands von Werkzeugkomponenten auf die Qualität der Artikel bestimmen. An dieser Stelle sei zudem erwähnt, dass Stepper als mittelständisches Unternehmen im Vergleich zu Konzernen oftmals nur über stark begrenzte Ressourcen zur Entwicklung neuer Leistungen und Geschäftsfelder aufweist. Die Effektivität des Entwicklungsfokus und die Effizienz der eigentlichen Entwicklung verfügen für Stepper daher über eine sehr hohe Relevanz.

Zum Zeitpunkt der Veröffentlichung der vorliegenden Arbeit kann festgehalten werden, dass Stepper zu den erfolgreichsten Werkzeugbaubetrieben der deutschsprachigen Branche zählt. Als Beleg hierfür kann der zweimalige Gewinn von Stepper beim Wettbewerb EiP Excellence in Production in den Jahren 2019 und 2022 angeführt werden. Es ist dabei besonders bemerkenswert, dass Stepper jeweils nur in diesen beiden Jahren an dem Wettbewerb teilgenommen hat.

6.1.2 Anwendung der Methodik

Analog zum ersten Schritt der Methodik beginnt die Einführung des datengetriebenen Geschäftsmodells für Stepper mit der Potenzialanalyse. Zur unternehmenseigenen Einordnung des Potenzials für datengetriebene Geschäftsmodelle wird der Leistungstyp der integralen Werkzeugverbesserung in Betracht gezogen. Hierbei ist zwischen der unternehmensinternen Produktion mit selbstgefertigten Werkzeugen und der Produktion durch den Kunden mit Werkzeugen von Stepper zu unterscheiden. Im ersten Fall kann Stepper die komplementäre Prozessleistung und den digitalen Mittler aufgrund der vollständigen Verfügbarkeit von Daten des

[804] EiP-Preisverleihung vom 26.10.2022 durch Univ. Prof. Dr.-Ing. Günther Schuh.

Serienproduktionsprozesses fokussieren. Als Fallbeispiel für die entwickelte Methodik wird der zweite Fall betrachtet, der aufgrund der externen Produktion mit Werkzeugen von Stepper komplexere Beziehungen der Stakeholder umfasst. An diesem Fallbeispiel werden folgend die fünf Schritte der entwickelten Methodik angewendet sowie validiert.

6.1.2.1 Schritt 1: Identifikation geeigneter Anbieter-Kunden Paarungen

In diesem Fall verfolgt Stepper mit dem Leistungstyp der integralen Werkzeugverbesserung das unternehmerische Ziel der Umsatzsicherung. Dieses Ziel ist vor dem Hintergrund zu verstehen, dass Preise für Werkzeuge auf dem deutschen Markt in vielen Fällen stagnieren oder sich rückläufig entwickeln. Damit der Umsatz im Falle einer konstanten Anzahl verkaufter Werkzeuge gesichert werden kann, bedarf es daher zusätzlicher Leistungen zum eigentlichen Werkzeug. Vor diesem Hintergrund weisen diese Leistungen einen zweifachen Effekt auf. Einerseits kann über das Angebot der Leistungen das sinkende Preisniveau von Werkzeugen zum Zwecke der Umsatzsicherung kompensiert werden. Andererseits können die Leistungen einen zusätzlichen Kaufgrund für ein Werkzeug darstellen und somit das Kerngeschäft der Werkzeugerstellung sichern. Es zeigt sich daher im vorliegenden Fallbeispiel, dass sich die integrale Werkzeugverbesserung mit den beschriebenen Eigenschaften in der Praxis verifizieren lässt und einen geeigneten Leistungstyp für die Einführung datengetriebener Geschäftsmodelle darstellt.

Zur Einordnung von Stepper ist neben dem unternehmerischen Ziel für die Einführung des datengetriebenen Geschäftsmodells zudem eine Betrachtung des Grads der erforderlichen Integrativität gemäß Detailschritt 1A der entwickelten Methodik notwendig. Die benötigte Integrativität kann aufgrund der sogenannten „100 % Messtechnik“ von Stepper als gering eingestuft werden. Bei der 100 % Messtechnik handelt es sich um ein von Stepper entwickeltes kamerabasiertes System zur Vermessung aller Stanzteile, die mit dem Werkzeug hergestellt werden. Auf diese Weise bildet die 100 % Messtechnik die Grundlage zur datengetriebenen Wertschöpfung. Aufgrund dieses eigenentwickelten Systems ist Stepper für die datengetriebene Wertschöpfung nur geringfügig auf kundenseitigen Input angewiesen. Insbesondere sind keine aufwendigen Schnittstellen zu Kundensystemen erforderlich. Der Einordnung der unternehmerischen Ziele und dem Grad der benötigen Integrativität folgend kann Stepper gemäß Detailschritt 1A somit als eigenständiger Werkzeug-Umsatzsicherer eingestuft werden.

Im Sinne von Detailschritt 1B werden die Zielkunden von Stepper anhand der Kollaborationsbereitschaft und der Kundenbedürfnisse identifiziert. Die Kollaborationsbereitschaft erfordert weder einen direkten Datenaustausch noch eine Schnittstelle zu den Kundensystemen. Der Kunde muss jedoch bei der Einrichtung der 100 % Messtechnik sowie bei der Übertragung einzelner Datenpunkte, die beispielsweise Informationen hinsichtlich des Vorrats von Werkzeugersatzteilen enthalten, kollaborieren. Aufgrund dessen müssen die Zielkunden von Stepper grundsätzlich eine hohe Kollaborationsbereitschaft aufweisen. Weiterhin verfügen die Kunden über funktionale Bedürfnisse hinsichtlich des Werkzeugeinsatzes. Die Werkzeugverfügbarkeit soll gewährleistet werden und die Produktivität des Serienprozesses nicht beeinträchtigen. Problemlösungsbedürfnisse, welche beispielsweise die Reduzierung der Zykluszeit betreffen, werden von dem Kunden in dem betrachteten Fallbeispiel nur nachgelagert hervorgebracht. Demzufolge können die Zielkunden von Stepper gemäß den Beschreibungen in Detailschritt 1B als kollaborative Werkzeugnutzer eingestuft werden. Es zeigt sich folgernd, dass sich gegeben der beschriebenen Einstufungen Stepper und die Zielkunden bei der Einführung des datengetriebenen Geschäftsmodells in Paarung 3 einordnen lassen.

6.1.2.2 Schritt 2: Analyse der datenspezifischen Befähiger

Die Einführung des datengetriebenen Geschäftsmodells erfordert für Stepper datenspezifische Befähiger, die im zweiten Schritt der entwickelten Methodik beschrieben werden. Bei diesen Befähigern handelt es sich um die notwendigen Daten zur Umsetzung der Leistung und die Möglichkeiten zur Vernetzung mit dem Kunden. Für die Erbringung der integralen Werkzeugverbesserung ist Stepper auf Daten aus dem Serienproduktionsprozess angewiesen. Die Produktdaten, welche über die 100 % Messtechnik generiert werden, bilden für Stepper die zentrale Datenklasse. Dahingegen weisen die Maschinenperipheriedaten kohärent zu den Beschreibungen in Detailschritt 2A für Stepper eine untergeordnete Rolle auf. Die Produktdaten enthalten vorrangig Informationen hinsichtlich der Maßhaltigkeit der gestanzten Bauteile. Anhand dieser Produktdaten kann Stepper teilweise Maschinen-, Werkzeugnutzungs-, und Prozessdaten plausibilisieren. Verknüpfungen zu produzierten Stückzahlen können beispielsweise hergestellt werden.

Zudem hat sich gezeigt, dass die Aufnahme von Werkzeugnutzungsdaten mithilfe von im Werkzeug verbauter Sensorik aufgrund des Platzbedarfs schwierig umzusetzen ist. Interne Sensorik kann zu einer Zunahme der Werkzeuggröße führen, weshalb der Einsatz von anderen Pressen notwendig wird. Größere Blechumformwerkzeuge erfordern entsprechend größere Pressen, wodurch in der Regel die Produktionskosten und folglich die Artikelkosten steigen. Zudem ist im Falle eines Ausfalls der internen Sensorik eine Werkzeuginstandhaltungsmaßnahme erforderlich, welche die Produktivzeit des Werkzeugs im Serienbetrieb reduziert. Für den Austausch von interner Sensorik ist beispielsweise oftmals eine Demontage des Werkzeugs notwendig. Bei einem Ausfall der 100 % Messtechnik wird die Produktivzeit des Werkzeugs hingegen nicht reduziert, weil die Instandsetzung auch während der Nutzung des Werkzeugs durchgeführt werden kann. Die externe 100 % Messtechnik und die Plausibilisierung über Produktdaten birgt daher für Stepper technische und organisatorische Vorteile.

Neben den Produktdaten und den plausibilisierten Maschinen- und Prozessdaten ist Stepper für die Umsetzung der integralen Werkzeugverbesserung auf einen Datenpunkt aus dem Serienprozess angewiesen. Dabei handelt es sich um einen Datenpunkt, welcher Informationen hinsichtlich des Vorrats von Werkzeugersatzteilen beinhaltet. Dieser Datenpunkt, welcher der Datenklasse der Prozessdaten zugeordnet werden kann, befähigt Stepper dem Kunden Ersatzteile effizient zur Verfügung zu stellen. Auf diese Weise können beispielsweise Bestands- und Lagerkosten des Kunden gesenkt werden. Weiterhin kann die Werkzeugverfügbarkeit über die bedarfsgerechte Bereitstellung der Ersatzteile gesteigert werden. Zudem sei an dieser Stelle erwähnt, dass Stepper aufgrund der Digitalisierung der Auftragsabwicklung über umfassende Werkzeugerstellungsdaten verfügt. Demzufolge kann festgehalten werden, dass die

Relevanz der beschriebenen Datenklassen für Paarung 3 gemäß den Beschreibungen in Detailschritt 2A in dem vorliegenden Fallbeispiel bestätigt werden kann.

Weiterhin kann die hohe Relevanz von physisch vernetzten Plattformen für die Paarung 3 gemäß Detailschritt 2B von Stepper bestätigt werden. Die Vernetzung mit dem Kunden im Rahmen der 100 % Messtechnik sowie des Datenpunkts für Informationen zu Ersatzteilbeständen wird vorrangig mit einer physisch vernetzten Plattform erreicht. Die Daten, die über diesen Plattformtyp bereitgestellt werden, können von Stepper zur datengetriebenen Wertschöpfung genutzt werden. Softwaredefinierte Plattformen und Service-Plattformen sind hingegen nicht notwendig, weil Stepper die Rohdaten analysiert und verwertet sowie die gewonnenen Erkenntnisse und Folgeaktivitäten nicht über eine Plattform vertreibt. Es lässt sich somit festhalten, dass das Fallbeispiel von Stepper die Beschreibungen im Detailschritt 2 hinsichtlich der datenspezifischen Befähiger und deren Relevanz verifiziert.

Weiterhin lässt sich zusammenfassend festhalten, dass nach der Analyse für Stepper ein hohes Potenzial für die Einführung datengetriebener Geschäftsmodelle besteht. Es kann ein datengetriebener Leistungstyp identifiziert werden, der im Falle des Angebots zur Erreichung unternehmerischer Ziele beitragen kann. Des Weiteren können Zielkunden für diesen Leistungstyp identifiziert werden. Die Methodik befähigt zudem, die datenspezifischen Befähiger für den Leistungstyp, welcher charakteristisch für die Einführung eines datengetriebenen Geschäftsmodells steht, zu analysieren.

6.1.2.3 Schritt 3: Entwicklung datengetriebener Geschäftsmodellszenarien

Auf Basis der Analyse des Potenzials, welches von Stepper als sehr hoch bewertet wird, kann die Entwicklung von datengetriebenen Geschäftsmodellen durchgeführt werden. Für Stepper ergeben sich verschiedene Szenarien an datengetriebenen Geschäftsmodellen. Diese Szenarien können in der hergeleiteten Morphologie in Detailschritt 3A dargestellt werden. Im Rahmen des Leistungsangebots fokussiert sich Stepper auf das Angebot eines hybriden Leistungsbündels. Dieses Leistungsbündel besteht aus dem Blechumformwerkzeug und der bedarfsgerechten Belieferung von Ersatzteilen. Die bedarfsgerechte Belieferung der Ersatzteile wird insbesondere über die Analyse von Produktdaten erreicht. Der Fokus des Leistungsbündels liegt somit vorrangig auf der Unterstützung der Werkzeugnutzungsphase.

Es zeigt sich hinsichtlich des Marktadressierungsmodells, dass das Kundensegment Serienartikelhersteller in der Blechumformung umfasst. Es besteht sowohl digitaler als auch analoger Kontakt zum Kunden. Ersterer ist gekennzeichnet durch den direkten und ungefilterten Austausch der Daten, welche durch die 100 % Messtechnik generiert werden. Im Rahmen des Leistungserstellungsmodells bilden die Schlüsselressourcen von Stepper sowohl die Datenwertschöpfungsfähigkeiten als auch die IT-Infrastruktur zur Aufnahme und Verarbeitung der Daten. Die Werkzeugerstellungs-, Werkzeugnutzungs-, Maschinen- und Produktdaten stellen weitere Schlüsselressourcen für Stepper dar. Die Schlüsselaktivitäten sind durch diagnostische Analysen geprägt, welche den Einfluss des Zustands einer Werkzeugkomponente auf die Maßhaltigkeit der Produkte fokussieren. Zudem wird der Kunde hinsichtlich des optimalen Zeitpunkts des Einbaus eines Ersatzteils beraten.

Im Rahmen des Ertragsmodells sind für Stepper verschiedene Szenarien umsetzbar. Einerseits können die Werkzeuge durch Einmalverkäufe im Rahmen von dynamischen Preisverhandlungen vertrieben werden. Andererseits ist auch eine stückzahlbasierte Abrechnung mit Preisen nach Menge bzw. Qualität möglich. In diesem Fall müssen mit dem Kunden feste Abnahmemengen in einer zeitlich festgelegten Periode abgesprochen werden. Nachteilig für die stückzahlbasierte Abrechnung können sich Nachfrageschwankungen beim Kunden darstellen. In dem vorliegenden Fallbeispiel liegt der Besitz des Werkzeugs vertraglich beim Kunden. Es zeigt sich zusammenfassend, dass sich für Stepper mit der entwickelten Morphologie verschiedene Szenarien datengetriebener Geschäftsmodelle vollständig darstellen und differenzieren lassen.

Hinsichtlich der Einordnung in die hergeleiteten Archetypen datengetriebener Geschäftsmodelle im Werkzeugbau sind für Stepper der stille Beobachter und das stille Leistungsbündel relevant. Der stille Beobachter umfasst das Szenario, dass ein Werkzeug und zusätzlich Daten geliefert werden, die Informationen hinsichtlich des idealen Zeitpunkts für den Wechsel von Werkzeugkomponenten bzw. den Einbau von Ersatzteilen beinhalten. Dahingegen spiegelt das stille Leistungsbündel den Fall wider, dass zusätzlich die Ersatzeile bedarfsgerecht zur Verfügung gestellt werden, um beispielsweise Lagerkosten, Bestandskosten sowie Werkzeugstillstandskosten zu reduzieren. Die Archetypen des stillen und lauten Produktivitätsgarants sind hingegen für das Angebot von hybriden Leistungsbündeln nicht relevant.

6.1.2.4 Schritt 4: Auswahl datengetriebener Geschäftsmodellszenarien

Wie im dritten Schritt beschrieben ergeben sich für Stepper verschiedene Szenarien datengetriebener Geschäftsmodelle. Dabei handelt es sich um den stillen Beobachter und das stille Leistungsbündel. Im vierten Schritt der Methodik wird ein Szenario für die anschließende Erprobung ausgewählt. Zudem sei an dieser Stelle nochmals erwähnt, dass sich das vorliegende Fallbeispiel in Paarung 3 verorten lässt. Demzufolge kann die hergeleitete Zuordnung der Paarungen zu den Geschäftsmodell-Archetypen gemäß den Beschreibungen in Detailschritt 4A bestätigt werden.

Da mehrere Szenarien möglich sind, gilt es gemäß der in Detailschritt 4A entwickelten Systematik eine Auswahl vorzunehmen. Für Stepper sind vorrangig werkzeugbauorientierte, wettbewerbsbezogene und leistungstyporientierte Kriterien relevant. Werkzeugbauorientierte Kriterien sind vor dem Hintergrund relevant, dass Stepper als einer von vielen mittelständischen Werkzeugbaubetrieben in der deutschsprachigen Branche Werkzeugbau über begrenzte Entwicklungsressourcen zur Konzeptionierung datengetriebener Leistungen verfügt. Hinsichtlich der werkzeugbauorientierten Kriterien unterscheiden sich die beiden vorliegenden Szenarien nicht, da die benötigten Entwicklungsressourcen in beiden Szenarien gleich sind. Wettbewerbsorientierte Kriterien umfassen im Rahmen des vorliegenden Fallbeispiels vorrangig einen erwarteten Wettbewerbsvorteil, der zum Kauf von qualitativ hochwertigen Ersatzteilen bei Stepper bewegt. Dementsprechend kann das Szenario des stillen Leistungsbündels klar besser bewertet werden. Schließlich sind hinsichtlich der leistungstyporientierten Kriterien insbesondere die Verbundeffekte für die Tätigkeiten der Werkzeug- bzw. Ersatzteilerstellung zu berücksichtigen. Somit kann auch vor dem Hintergrund der leistungstyporientierten Bewertung das Szenario des stillen Leistungsbündels besser bewertet werden, welches demzufolge von Stepper präferiert eingeführt werden soll. Zusammenfassend kann also festgehalten werden, dass die in Schritt 4 der entwickelten Methodik bereitgestellten Methoden im vorliegenden Fallbeispiel zur Auswahl eines Szenarios von datengetriebenen Geschäftsmodellen befähigt.

6.1.2.5 Schritt 5: Validierung des datengetriebenen Geschäftsmodellszenarios

Nach der Auswahl eines Szenarios erfolgt dessen Erprobung. Für die Erprobung gilt es gemäß Detailschritt 5A Hypothesen zu identifizieren und zu priorisieren, die für die Funktionsfähigkeit des datengetriebenen Geschäftsmodells verifiziert werden müssen. Alle neun beschriebenen Hypothesen weisen für Stepper zur Einführung eines datengetriebenen Geschäftsmodells eine hohe Relevanz auf. Da Stepper die Leistung des datengetriebenen Geschäftsmodells jedoch bereits in der unternehmenseigenen Serienproduktion einsetzt, kann Stepper die erste, siebte und achte Hypothese mit einer vergleichsweise geringen Unsicherheit beantworten. Von den übrigen Hypothesen, welche mit einer höheren Unsicherheit verbunden sind, weisen insbesondere die zweite, dritte und vierte Hypothese eine besonders hohe Relevanz für das datengetriebene Geschäftsmodell auf und werden daher von Stepper vorrangig erprobt. Wie in Detailschritt 5A erläutert beinhalten diese Hypothesen Antworten auf die Fragen nach dem Kunden, dessen Kaufentscheidung sowie dessen Kaufüberzeugung. An dieser Stelle kann also festgehalten werden, dass die hergeleiteten Hypothesen die Funktionsfähigkeit eines datengetriebenen Geschäftsmodells im Werkzeugbau beschreiben und das HPP zur Priorisierung dieser Hypothesen befähigt.

Gemäß der in Detailschritt 5B vorgeschlagenen Validierungs- und Entdeckungsexperimente werden zur Überprüfung der hoch priorisierten zweiten, dritten und vierten Hypothese sowohl Kunden-Interviews als auch Experten-Stakeholder-Interviews durchgeführt. Die Zuordnung der Experimente zur Verifizierung bzw. Falsifizierung der Hypothesen kann mithin im vorliegenden Fallbeispiel verifiziert werden. Zusammenfassend befähigen die dargelegten Methoden im fünften Schritt der entwickelten Methodik somit die Erprobung von datengetriebenen Geschäftsmodellen im Werkzeugbau.

6.1.3 Fazit

Als Fazit kann zunächst festgehalten werden, dass Stepper automatisiert anhand von insbesondere Produktdaten den Einfluss des Zustands von Werkzeugkomponenten auf die Maßhaltigkeit der Artikel bestimmen kann. Diese innovative Fähigkeit befähigt Stepper zur bedarfsgerechten Bereitstellung von Ersatzteilen sowie zur Bestimmung des idealen Zeitpunkts des Einbaus von Ersatzteilen. Somit kann die effiziente Werkzeugverfügbarkeit für den Serienproduktionsprozess erhöht werden. Der Fokus des vorliegenden Fallbeispiels liegt auf der datengetriebenen Ersatzteilversorgung der externen Produktion, die mit Werkzeugen von Stepper betrieben wird. Die Werkzeugstillstands-, Bestands- sowie Lagerkosten des Kunden werden auf diese Weise reduziert.

Im Rahmen des beschriebenen Fallbeispiels zeigt sich, dass Stepper den Leistungstyp der integralen Werkzeugverbesserung verfolgt und sich als eigenständiger Werkzeug-Umsatzsicherer einstufen lässt. Die integrale Werkzeugverbesserung sichert das Kerngeschäft der Werkzeugerstellung und liefert in Zeiten abnehmender Werkzeugpreise kompensierende Umsatzerlöse. Die Zielkunden für die Leistung stellen kollaborierende Serienartikelhersteller dar, welche funktionale Bedürfnisse hinsichtlich des Werkzeugs aufweisen. Das Fallbeispiel lässt sich somit im Rahmen von Paarung 3 verorten. Die für Paarung 3 relevanten datenspezifischen Befähiger können in dem Fallbeispiel zudem validiert werden. Ebenso zeigt es sich, dass Stepper in dem Fallbeispiel mit der entwickelten Morphologie verschiedene Szenarien datengetriebener Geschäftsmodelle vollständig darstellen und differenzieren kann. Die verschiedenen Szenarien lassen sich in den Archetypen des stillen Beobachters und des stillen Leistungsbündels zusammenfassen, womit die Zuordnung der Paarungen und Geschäftsmodell-Archetypen verifiziert wird. Die Auswahl eines Szenarios erfolgt insbesondere unter wettbewerbs- und leistungstyporientierten Kriterien. Schließlich werden die zweite, dritte und vierte Hypothese hoch priorisiert. Diese können mit den vorgeschlagenen Entdeckungs- und Validierungsexperimenten verifiziert werden. Auf diese Weise befähigt die entwickelte Methodik die Einführung eines datengetriebenen Geschäftsmodells.

Das präsentierte Fallbeispiel zeigt zusammenfassend, dass die Methodik ein anwenderfreundliches und praxisrelevantes Vorgehen aufweist sowie aus abgegrenzten und aufeinander aufbauenden Schritten besteht. Des Weiteren belegt das Fallbeispiel, dass die entwickelte Methodik die Berücksichtigung spezifischer Unternehmensrandbedingungen zulässt.

6.2 Fallbeispiel 2: production.AI GmbH

Die production.AI GmbH, nachfolgend nur: production.AI, ist zum Zeitpunkt der Veröffentlichung der vorliegenden Arbeit ein junges Start-up. Das Unternehmen wurde Ende 2023 gegründet. Die production.AI beschäftigt zu diesem Zeitpunkt ca. 10 Mitarbeitende. Ein Großteil der Mitarbeitenden bilden Softwareentwickler*innen. Der Fokus der production.AI liegt in der Entwicklung von digitalen Lösungen für produzierende Unternehmen. Diese Lösungen befähigen die Kunden sowohl nachhaltiger als auch produktiver zu werden.

Des Weiteren ist die production.AI im Rahmen einer Ausgründung aus der WBA Aachener Werkzeugbau Akademie GmbH, nachfolgend nur: WBA, entstanden. Die WBA ist ein Center am RWTH Campus im Bereich Produktionstechnik mit dem Fokus auf den Werkzeugbau. Die Geschäftsfelder der WBA umfassen die Industrieberatung, die Weiterbildung, die sogenannte Community, den Demonstrationswerkzeugbau und digitale Lösungen. Letzteres Geschäftsfeld wurde im Rahmen der production.AI ausgegründet. Die Community der WBA umfasst ca. 80 interne und externe Werkzeugbaubetriebe sowie diverse Zulieferer der Branche. Die WBA gilt als eine der führenden Netzwerkorganisationen in der deutschsprachigen Branche Werkzeugbau. Seit der Gründung im Jahr 2010 konnte fundierte praktische sowie wissenschaftliche Branchenexpertise aufgebaut werden.

Aufgrund der Entstehung aus der WBA weist auch die production.AI trotz des jungen Unternehmensalters hohe Branchenexpertise im Werkzeugbau auf. Zudem kann die production.AI aus branchenneutraler Position datengetriebene Leistungen anbieten. Weder die WBA noch die production.AI fokussieren die Herstellung und den Vertrieb von Werkzeugen.

6.2.1 Ausgangssituation

Die production.AI fokussiert als Anbieter digitaler Lösungen für produzierende Unternehmen datengetriebene Geschäftsmodelle. In diesem Rahmen bietet die production.AI fünf verschiedene Lösungen an. Die sogenannte IIoT-Plattform aggregiert und analysiert Daten der Werkzeugerstellung, um Effizienzsteigerungen aufzuzeigen. Die digitale Werkzeugakte aggregiert Daten des gesamten Werkzeuglebenszyklus, um insbesondere produktivitäts- und nachhaltigkeitssteigernde Erkenntnisse für den Serienproduktionsprozess zu generieren. Der sogenannte CO_2 Werkzeugpass befähigt Werkzeugbaubetriebe dazu, gemäß den Standards des Greenhouse Gas Protocols die durch ein Werkzeug verursachten Emissionen zu bestimmen. Weiterhin werden eine Fehlererfassungs-App sowie eine Try-Out-App offeriert, die respektive das Fehlermanagement auf dem Shopfloor und die Reifmachung eines Werkzeugs adressieren.

Darüber hinaus bietet die production.AI auch bilaterale Projekte zur Entwicklung unternehmensspezifischer digitaler Lösungen an. In diesen Projekten werden beispielsweise Daten im Werkzeug-Anlage-System über entwickelte Schnittstellen aufgenommen und gezielt analysiert, um die Werkzeugnutzung effizienter und nachhaltiger zu gestalten.

6.2.2 Anwendung der Methodik

Als junges Unternehmen strebt die production.AI an, die teilweise bereits entwickelten Lösungen fertigzustellen und flächendeckend in den Markt einzuführen. Das nachfolgende Fallbeispiel bezieht sich auf das Angebot der digitalen Werkzeugakte, welche ebenso den CO_2-Werkzeugpass sowie werkzeugbezogene Daten der IIoT-Plattform inkludiert. Im Rahmen dieses Fallbeispiels wird die entwickelte Methodik folgend angewendet und validiert.

6.2.2.1 Schritt 1: Identifikation geeigneter Anbieter-Kunden Paarungen

Im ersten Detailschritt der Methodik erfolgt die Zuordnung von potenziellen datengetriebenen Leistungstypen. Mit dem Angebot der digitalen Werkzeugakte, die ebenso den CO_2-Werkzeugpass sowie werkzeugbezogene Daten der IIoT-Plattform umfasst, adressiert die production.AI den Leistungstyp der komplementären Prozessleistung. Es sollen nachhaltigkeits- und produktivitätssteigernde Erkenntnisse für den Werkzeugbau und über diesen weitergehend an die Serienproduktion geliefert werden. Der Nutzenfokus der Leistung liegt somit auf dem Serienproduktionsprozess. So kann eine Erkenntnis aus der digitalen Werkzeugakte sein, dass beispielsweise eine andere Oberflächenbeschichtung oder ein alternatives Werkzeugkonzept eine nachhaltigere Lösung für den Serienproduktionsprozess darstellt, obwohl dies für die Systemkomponente Werkzeug aus isolierter Sichtweise vermeintlich suboptimal wäre. Für genauere Beschreibungen der Beziehungen der Systemkomponenten im Werkzeug-Anlage-System sei auf Kapitel 5.1.2.2 verwiesen.

Die production.AI ist zum Zeitpunkt der Veröffentlichung der vorliegenden Arbeit ein junges Start-up, welches als unternehmerisches Ziel dem Leistungstyp folgend die Umsatzgenerierung anstrebt. Für die Umsetzung des Leistungstyps ist weiterhin eine hohe Integrativität erforderlich. Die digitale Werkzeugakte speist sich u.a. auch aus Daten, die sich aus den Steuerungssystemen von Maschinen auslesen lassen. Somit benötigt die digitale Werkzeugakte und deren Erkenntnisse im hohe Maße Daten, die durch den Kunden selbst erzeugt werden. Im Rahmen der unternehmerischen Ziele und der erforderlichen Integrativität zur Leistungserstellung kann die production.AI gemäß den Beschreibungen in Detailschritt 1A der entwickelten Methodik als fordernder Werkzeug-Umsatzopportunist eingestuft werden.

Im Sinne von Detailschritt 1B können die Zielkunden der production.AI anhand der erforderlichen Kollaborationsbereitschaft und der Kundenbedürfnisse identifiziert werden. Die Kollaborationsbereitschaft ist maßgeblich durch die Schnittstelle zu den Maschinensteuerungen und die Übertragung von Maschinendaten geprägt. Die Informationen, die diese Daten enthalten, können für den Kunden oftmals eine verhandlungsstrategische Relevanz aufweisen. Beispielsweise kann eine außerplanmäßige Verkürzung der Zykluszeit zu höheren Margen führen. Die Kunden müssen in diesem Sinne ein hohes Maß an Kollaborationsbereitschaft für die Leistungserstellung aufweisen.

Kundenbedürfnisse liegen insbesondere auf einem produktiveren und nachhaltigeren Serienproduktionsprozess. Die digitale Werkzeugakte soll Erkenntnisse liefern, wie der Prozess derartig gestaltet werden kann. Dazu zählen beispielsweise Erkenntnisse hinsichtlich des idealen Instandhaltungszeitpunkts, des energetisch optimalen sowie emissionsärmsten Prozessbetriebs oder des Zusammenhangs von Zykluszeit und Artikelqualität. Demzufolge weisen die Zielkunden Problemlösungsbedürfnisse auf. Folglich lassen sich die Zielkunden gemäß den Beschreibungen in Detailschritt 1B als kollaborative Produktivitätsnachfrager einstufen. Somit können die production.AI und die Zielkunden in Paarung 5 verortet werden. Zusammenfassend lässt sich somit der erste Schritt der entwickelten Methodik an dem Fallbeispiel der production.AI validieren.

6.2.2.2 Schritt 2: Analyse der datenspezifischen Befähiger

Im zweiten Schritt der Methodik werden die datenspezifischen Befähiger analysiert, welche die production.AI zur Einführung eines datengetriebenen Geschäftsmodells benötigt. Diese Befähiger bilden die erforderlichen Daten als Schlüsselressource für das Geschäftsmodell sowie die notwendige Vernetzung mit dem Kunden zur Umsetzung der Leistung. Die production.AI umfasst mit der digitalen Werkzeugakte den kompletten Lebenszyklus eines Werkzeugs, der aus der Entwicklung, Herstellung, Nutzung und Ausmusterung besteht.

Zur Erstellung der digitalen Werkzeugakte sind daher Werkzeugerstellungsdaten relevant, welche der digitalen Werkzeugakte aus der IIoT-Plattform zugespielt werden können. In der Werkzeugnutzungsphase liegt der Fokus insbesondere auf umfassenden Maschinendaten, die aus den Steuerungen ausgelesen werden. Auf diese Weise können Informationen, die im Zusammenhang mit den übrigen Datenklassen stehen, plausibilisiert werden. Als Beispiele seien die Stillstands- oder Rüstzeiten genannt. Zudem können Schnittstellen zu beispielsweise dem MES-System der Serienproduktion aufgebaut werden, um Prozessdaten in die digitale Werkzeugakte einfließen zu lassen. Auf diese Weise kann ein Fertigungsauftrag mit spezifischen Maschinendaten verknüpft werden. Weiterhin können Schnittstellen auch zum Zugriff auf weitere Datenklassen wie die Werkzeugnutzungsdaten generiert werden. Für diese Datenklasse wird zudem angedacht, externe Sensorik zur werkzeugseitigen Überwachung und Dokumentation des Serienproduktionsprozesses zu platzieren. Zusammenfassend kann festgehalten werden, dass die Relevanz der beschriebenen Datenklassen für Paarung 5 gemäß den Beschreibungen in Detailschritt 2A von der production.AI bestätigt werden kann.

Die digitale Werkzeugakte wird des Weiteren auf einer software-definierten Plattform zur Verfügung gestellt. Im Sinne dieses Plattformtyps werden relevante Daten adressatengerecht visualisiert. Auf verschiedenen Ansichten erhöht sich sukzessive die Granularität der Informationen. Weiterhin werden Erkenntnisse, die auf der Analyse von Rohdaten basieren, dem Kunden visualisiert bereitgestellt. Eine physisch-vernetzte Plattform wäre daher entsprechend den Beschreibungen zu Detailschritt 2B für die digitale Werkzeugakte nicht geeignet. In dem vorliegenden Fallbeispiel der production.AI ist zudem eine Service-Plattform nicht geeignet, weil keine physischen Dienstleistungen und Folgeaktivitäten erbracht werden. Die datenspezifischen Befähiger und deren Relevanz im Rahmen der entwickelten Methodik lassen sich somit zusammenfassend am Fallbeispiel der production.AI bestätigen.

6.2.2.3 Schritt 3: Entwicklung datengetriebener Geschäftsmodellszenarien

Die production.AI stuft das Potenzial der Einführung eines datengetriebenen Geschäftsmodells im Werkzeugbau nach der Analyse als sehr hoch ein. Diese Analyse umfasst wie oben beschrieben die Identifikation geeigneter Kunden-Anbieter Paarungen für datengetriebene Geschäftsmodelle sowie die Analyse datenspezifischer Befähiger. Aufgrund der Tatsache, dass die production.AI selbst keine Werkzeuge herstellt und vertreibt, kann eine hohe Neutralität in der Branche Werkzeugbau eingenommen werden. Dies kann zu einer hohen Kollaborationsbereitschaft der beteiligten Stakeholder und insbesondere der anvisierten Zielkunden führen, deren Problemlösungsbedürfnisse datengetrieben befriedigt werden sollen.

Vor diesem Hintergrund konfiguriert die production.AI im Sinne der dargelegten Methodik verschiedene datengetriebene Geschäftsmodelle. Die Konfigurationen können in der entwickelten Morphologie gemäß den Beschreibungen in Detailschritt 3A erstellt werden. In Anbetracht des Leistungsangebots lässt sich festhalten, dass die production.AI datengetriebene Dienstleistungen anbietet. Diese Dienstleistungen können Erkenntnisse für alle Phasen des Werkzeuglebenszyklus enthalten, wobei der Nutzenfokus auf dem Serienproduktionsprozess liegt. Im Rahmen des Marktadressierungsmodells bilden die Zielkunden der production.AI Werkzeugbaubetriebe, welche einen internen oder externen Marktzugang aufweisen können. Es kann jedoch festgehalten werden, dass die Einführung des datengetriebenen Geschäftsmodells mit internen Werkzeugbaubetrieben aufgrund der einfacheren Stakeholder-Situation oftmals geringeren Aufwand hinsichtlich der Kaufüberzeugung bedarf. Weiterhin bildet die Plattform für die digitale Werkzeugakte einen zentralen Kommunikationskanal. Diese Plattform basiert zum Teil auch auf ungefilterten Daten der Maschinensteuerungen der Kunden.

Im Rahmen des Leistungserstellungsmodells bilden sowohl die IT-Infrastruktur als auch die Datenwertschöpfungstätigkeiten grundlegende Schlüsselressourcen. Für detaillierte Beschreibungen der IT-Infrastruktur sei auf Boos et el. verwiesen.[805] Die Datenwertschöpfungsfähigkeiten werden zudem durch das starke Domain-Wissen der production.AI im Werkzeugbau ergänzt. Dieses Domain-Wissen ermöglicht eine anforderungsgerechte Nutzung der Datenwertschöpfungsfähigkeiten für den Werkzeugbau. Zudem bilden die Maschinendaten der Kunden eine zentrale Schlüsselressource der production.AI. Mit diesen Daten können auch Informationen, welche im Zusammenhang mit anderen Datenklassen stehen, plausibilisiert werden. Der Kunde bildet für die production.AI somit einen Schlüsselpartner als Datenlieferant. Hinsichtlich der Schlüsselaktivitäten kann festgehalten werden, dass die Datenanalysen zur Herleitung von produktivitäts- und nachhaltigkeitssteigernden Erkenntnissen für den Serienproduktionsprozess prädiktiver Natur sein können. Mit den hergeleiteten Erkenntnissen werden die Kunden beraten. Die production.AI übernimmt neben der Unterstützung zur Datenbereitstellung jedoch keine physisischen Tätigkeiten für die Kunden.

Im Rahmen des Ertragsmodells sind für die production.AI unterschiedliche Abrechnungsmodelle möglich. Einerseits kann ein Abonnement für die individualisierte Nutzung der digitalen Werkzeugakte abgeschlossen werden. Hierbei kann der Preis nach Anzahl der Lizenzen gestaffelt werden. Andererseits kann die Abrechnung im Rahmen einer Erfolgsbeteiligung erfolgen. In diesem Fall werden Kosten, welche durch produktivitätssteigernde Erkenntnisse beim Kunden eingespart werden können, anteilig abrechnet. Hinsichtlich der Kostenstrukturen kann grundsätzlich festgehalten werden, dass die IT-Infrastruktur kontinuierliche Zahlungen erfordert und der Werkzeugbesitz stets beim Kunden liegt.

Es zeigt sich gemäß den Beschreibungen im Detailschritt 3B, dass sich alle Konfigurationen der datengetriebenen Geschäftsmodelle im Archetyp des stillen Produktivitätsgarants einordnen lassen. Im Rahmen dieses Archetyps werden prozess- oder ergebnisorientierte Leistungen erbracht, die einen vollständig immateriellen Anteil aufweisen. Der laute Produktivitätsgarant ist für die production.AI nicht sinnvoll, weil sich der Kunde im Werkzeugbesitz befindet und keine physischen Tätigkeiten hinsichtlich des Werkzeugs durchgeführt werden. Der stille Beobachter und das stille Leistungsbündel heben sich klar von dem datengetriebenen Geschäftsmodell der production.AI ab, weil diese Archetypen das Angebot von hybriden Leistungsbündeln mit materiellem Anteil vorsehen. Zusammenfassend kann somit festgehalten werden, dass das Fallbeispiel der production.AI den dritten Schritt der Methodik validiert.

6.2.2.4 Schritt 4: Auswahl datengetriebener Geschäftsmodellszenarien

Im vierten Schritt der entwickelten Methodik erfolgt die Auswahl eines datengetriebenen Geschäftsmodells. Wie bereits beschrieben verorten sich die production.AI und die Zielkunden in Paarung 5. Zudem wird im vorherigen Kapitel dargelegt, dass sich die Konfigurationen datengetriebener Geschäftsmodelle dem Archetyp des stillen Produktivitätsgarant zuordnen lassen. Die Zuordnung der Paarungen zu den Archetypen gemäß den Beschreibungen in Detailschritt

[805] Vgl. Boos et al. (IT-Infrastruktur), 2021, S. 14-15.

4A lassen sich somit validieren. Eine Auswahl zwischen den Archetypen ist nicht erforderlich, weil der laute Produktivitätsgarant für die production.AI nicht geeignet ist.

Jedoch muss eine Auswahl hinsichtlich der entwickelten Konfigurationen im Rahmen des Archetyps des stillen Produktivitätsgarants durchgeführt werden. Demnach ist insbesondere eine Auswahl hinsichtlich des Abrechnungswegs notwendig, der entweder durch eine Erfolgsbeteiligung oder ein Abonnement geprägt sein kann. Vor diesem Hintergrund werden hinsichtlich der leistungstyporientierten Kriterien das Entwicklungsrisiko und die Netzeffekte hoch priorisiert. Das Entwicklungsrisiko wird bei einem Abonnement als geringer eingestuft. Es können zwar produktivitätssteigernde Erkenntnisse für den Serienproduktionsprozess gewonnen werden, welche zu Kosteneinsparungen führen. Die genaue und transparente Quantifizierung der Kosteneinsparungen erfordert jedoch eine hohe Integration in die Kundenwertschöpfungsprozesse, welche für die Einführung des Geschäftsmodells eine zusätzliche Hürde darstellt. Die Komplexität im Rahmen des Abonnements ist folglich geringer und führt somit zu einem geringeren Entwicklungsrisiko.

Weiterhin sind Netzeffekte für die production.AI sehr relevant, weil die Datendichte und somit das Potenzial des Erkenntnisgewinns für individuelle Kunden steigen, wenn die Lösung bei verschiedenen Kunden eingesetzt wird. Vor diesem Hintergrund ist ein Abonnement in der jungen Unternehmensphase der production.AI leichter zu handhaben. Zudem bestätigt die production.AI die hohe Relevanz weiterer Bewertungskriterien wie beispielsweise die Release-Fähigkeit, die erwartete Kundenbindungsrate oder der Imitationsschutz. Zusammenfassend lässt sich festhalten, dass die Beschreibungen im vierten Schritt der Methodik die production.AI zur Auswahl zwischen verschiedenen Szenarien datengetriebener Geschäftsmodelle befähigt. Somit lässt sich der vierte Schritt der Methodik am Fallbeispiel der production.AI validieren.

6.2.2.5 Schritt 5: Validierung des datengetriebenen Geschäftsmodellszenarios

Nach der Auswahl eines Szenarios erfolgt im Sinne der entwickelten Methodik die Erprobung des datengetriebenen Geschäftsmodells. Zunächst werden hierfür gemäß den Beschreibungen in Detailschritt 5A die für die Funktionsfähigkeit des Geschäftsmodells relevanten Hypothesen ausgewählt und priorisiert. Es zeigt sich dabei, dass alle neun Hypothesen für die production.AI eine hohe Relevanz aufweisen und für die Erprobung datengetriebener Geschäftsmodelle berücksichtigt werden müssen. Die Hypothesen des Leistungsangebots- und Marktadressierungsmodells verfügen für die production.AI über eine vergleichsweise geringere Unsicherheit. Durch die Tätigkeiten vor der Gründung bei der WBA existiert bei der production.AI hohes Branchenwissen und erfahrene Akquisekompetenz. Zudem sind die Bedürfnisse und Verhaltensweisen der Marktteilnehmer in der Branche Werkzeugbau bereits sehr gut bekannt. Des Weiteren nimmt die production.AI hinsichtlich des Angebots der digitalen Werkzeugakte eine branchenneutrale Stellung ein.

Die Hypothesen des Leistungserstellungsmodells weisen hingegen eine höhere Unsicherheit auf, weil die Leistung der production.AI einen hohen Innovationscharakter besitzt. Die Vorkenntnisse der Erstellung einer derartigen Leistung in der Branche Werkzeugbau ist vor diesem Hintergrund vergleichsweise gering. Daher kann die erste Hypothese im Rahmen der Erprobung hoch priorisiert werden. Dem angeschlossen können ebenso der siebten und achten Hypothese eine hohe Unsicherheit zugesprochen werden, weil die Kosten der Leistungserstellung aufgrund des frühen Entwicklungsstadiums nicht mit vollständiger Gewissheit prognostiziert werden können. Im Rahmen des HPPs werden daher der ersten, siebten und achten Hypothese eine hohe Validierungspriorität zugewiesen. Das HPP der production.AI ist in Abbildung 98 dargestellt.

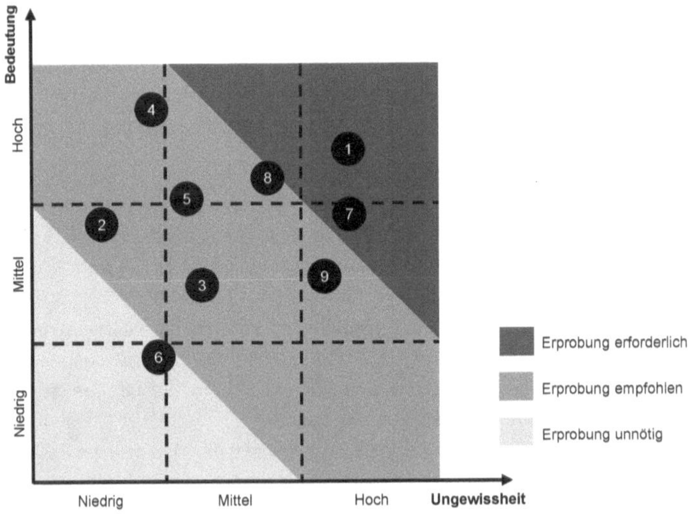

Abbildung 98: HPP der prodcution.AI

Für die Verifizierung dieser Hypothesen nutzt die production.AI insbesondere Validierungsexperimente. Der Entwicklungsfokus und -aufwand können durch die Erstellung eines klickbaren Mock-ups der digitalen Werkzeugakte konkretisiert werden. Dieser Mock-up wird zudem in diversen Workshops mit Kunden besprochen und validiert. Des Weiteren wird ein Einzel-Merkmal-MVP entwickelt, um die Anlage von verschiedenen Klassen von Werkzeugen in der digitalen Werkzeugakte zu erproben. Dabei handelt es sich um eine zentrale Funktion der digitalen Werkzeugakte. Darüber hinaus wird ein Mash-up-MVP entwickelt, welcher verschiedene Funktionen aufweist und durch verschiedene potenzielle Zielkunden validiert wird. Der Mash-up-MVP kann auf diese Weise zu einer deutlich geringeren Unsicherheit der ersten, siebten und achten Hypothese führen.

Es zeigt sich zusammenfassend, dass die erste, siebte und achte Hypothese im Fallbeispiel der production.AI eine hohe Validierungspriorität aufweisen. Die Erprobung dieser Hypothesen kann anhand der vorgeschlagenen Validierungsexperimente erfolgen, um die Funktionsfähigkeit des datengetriebenen Geschäftsmodells zu validieren. Auf diese Weise bestätigt das Fallbeispiel der production.AI den fünften Schritt der entwickelten Methodik.

6.2.3 Fazit

Die production.AI ist ein innovatives Start-up in der Branche Werkzeugbau. Mit der digitalen Werkzeugakte wird Werkzeugbaubetrieben eine datengetriebene Leistung angeboten. Diese Leistung aggregiert Daten des gesamten Werkzeuglebenszyklus, um produktivitäts- und nachhaltigkeitssteigernde Erkenntnisse für den Serienproduktionsprozess zu generieren. An diesem Fallbeispiel kann die entwickelte Methodik der vorliegenden Arbeit validiert werden.

Für den ersten Schritt der Methodik zeigt sich, dass die production.AI mit der digitalen Werkzeugakte den Leistungstyp der komplementären Prozessleistung fokussiert. Als junges Unternehmen besteht das unternehmerische Ziel in der Umsatzgenerierung im Rahmen hoher Integrativität. Die digitale Werkzeugakte und deren Erkenntnisse erfordern im hohe Maße Daten, die durch den Kunden selbst erzeugt werden. Somit kann die prodcution.AI als fordernder Werkzeug-Umsatzopportunist eingestuft werden. Die Zielkunden sind durch eine hohe Kollaborationsbereitschaft und Problemlösungsbedürfnisse geprägt. Somit können die Zielkunden als kollaborierende Produktivitätsnachfrager klassifiziert werden. Die production.AI und die Zielkunden können somit in Paarung 5 verortet werden. Als datenspezifische Befähiger können u. a. die Maschinendaten der Kunden sowie eine software-definierte Plattform zur Bereitstellung der digitalen Werkzeugakte identifiziert werden. Anhand der entwickelten Morphologie lassen sich des Weiteren die Geschäftsmodelloptionen der production.AI konfigurieren. Die verschiedenen Konfigurationen können dem Archetyp des stillen Produktivitätsgarants zugeordnet werden. Die entwickelte Bewertungssystematik befähigt die production.AI insbesondere unter Berücksichtigung der leistungstyporientierten Kriterien zur Auswahl einer spezifischen Konfiguration. Für die Erprobung dieser Konfiguration weisen die erste, siebte und achte Hypothese eine hohe Validierungspriorität auf. Die Validierung kann auf Grundlage der vorgeschlagenen Experimente wie beispielsweise dem Einzel-Merkmal-MVP oder dem Mash-up-MVP erfolgen.

Das präsentierte Fallbeispiel zeigt zusammenfassend, dass die Methodik ein anwenderfreundliches und praxisrelevantes Vorgehen aufweist sowie aus abgegrenzten und aufeinander aufbauenden Schritten besteht. Des Weiteren belegt das Fallbeispiel, dass die entwickelte Methodik die Berücksichtigung spezifischer Unternehmensrandbedingungen zulässt.

6.3 Kritische Reflexion der Praxisanwendung

Die Fallbeispiele von Stepper und der production.AI verdeutlichen, dass die entwickelte Methodik in der Praxis zur Einführung datengetriebener Geschäftsmodelle im Werkzeugbau befähigt. Wesentliche Ergebnisse der Validierung sind in Abbildung 99 zusammenfassend dargestellt. In Kapitel 6.1.2 und 6.2.2 wird die Anwendung aller Phasen und Schritte der Methodik in den beiden Fallbeispielen beschrieben. Infolgedessen kann die Methodik als vollständig validiert evaluiert werden. Im Zuge der praktischen Anwendung der Methodik wird weiterhin der in Kapitel 2.4 formulierte Handlungsbedarf bestätigt. Einerseits kann über datengetriebene Geschäftsmodelle das sinkende Preisniveau von Werkzeugen zum Zwecke der Umsatzsicherung kompensiert werden. Andererseits können datengetriebene Leistungen einen zusätzlichen Kaufgrund für ein Werkzeug darstellen und somit das Kerngeschäft der Werkzeugerstellung sichern. Darüber hinaus kann über die Einführung datengetriebener Geschäftsmodelle eine nachhaltige Umsatzgenerierung anvisiert werden.

Methodikschritte		Validierungsergebnisse	
		Stepper	production.AI
Potenzialanalyse	1 Identifikation geeigneter Anbieter-Kunden Paarungen	➢ Fokussierung auf die integrale Werkzeugverbesserung ➢ Zuordnung in Paarung 3	➢ Fokussierung auf die komplementäre Prozessleistung ➢ Verortung in Paarung 5
Potenzialanalyse	2 Analyse datenspezifischer Befähiger	➢ Plausibilisierung erforderlicher Datenpunkte im Serienprozess ➢ Nutzung von physisch-vernetzen Plattformen	➢ Schnittstellenaufbau zur Generierung erforderlicher Datenklassen ➢ Nutzung einer software-definierten Plattform
Entwicklung	3 Entwicklung datengetriebener Geschäftsmodell-szenarien	➢ Entwicklung von Geschäftsmodellkonfiguration im Rahmen der Archetypen des stillen Beobachters und stillen Leistungsbündels	➢ Verortung aller Geschäftsmodellkonfiguration im stillen Produktivitätsgarant bei vollständig immateriellen Anteil der Leistung
Entwicklung	4 Auswahl datengetriebener Geschäftsmodell-szenarien	➢ Differenzierung über wettbewerbs- und leistungstyporientierte Kriterien ➢ Auswahl einer Konfiguration des stillen Leistungsbündels	➢ Hohe Gewichtung der leistungstyporientierten Kriterien sowie insbesondere der Netzeffekte
Erprobung	5 Validierung des datengetriebenen Geschäftsmodell-szenarios	➢ Verortung der zweiten, dritten und vierten Hypothese im dritten Bereich des HPPs ➢ Durchführung von Entdeckungsexperimenten	➢ Verortung der ersten, siebten und achten Hypothese im dritten Bereich des HPPs ➢ Erprobung der Hypothesen mit Validierungsexperimenten

Abbildung 99: Zusammenfassung wesentlicher Validierungsergebnisse[806]

Die Anwendung der Methodik bei den Fallbeispielen bestätigt zudem die ganzheitliche Erfüllung der Anforderungen an einen Ansatz zur Einführung datengetriebener Geschäftsmodelle im Werkzeugbau. Im Rahmen der allgemeinen Anforderungen unterstreichen die Fallbeispiele die Praktikabilität der entwickelten Methodik. Die praktische Anwendung verdeutlicht die leichte Handhabbarkeit sowie die klaren Strukturen der Methodik. Des Weiteren wird anhand der Fallbeispiele die konkrete Vorgehensweise der Methodik verifiziert. Die einzelnen Bausteine der Methodik sind eindeutig und praxistauglich voneinander abgegrenzt. Zudem bauen die Ein- und Ausgangsgrößen der jeweiligen Schritte logisch aufeinander auf. Dies ermöglicht in der Praxis eine zielgerichtete Durchführung der Aufgaben, welche im Rahmen der Methodik an ein anwendendes Unternehmen gestellt werden.

---

806 Eigene Abbildung.

Weiterhin weisen die Fallbeispiele die Erfüllung der datenorientierten Anforderungen durch die Methodik nach Stepper und die production.AI fokussieren unterschiedliche Mehrwerte durch die externe Datenmonetarisierung. Das datengetriebene Geschäftsmodell von Stepper kann als stilles Leistungsbündel klassifiziert werden, welches durch integrale Werkzeugverbesserungen funktionale Mehrwerte beim Kunden erzeugt. Die Strategie der Datenmonetarisierung wird durch den Archetyp des Datennutzers gekennzeichnet. Das Geschäftsmodell der production.AI lässt sich hingegen als stiller Produktivitätsgarants einstufen. Anhand von immateriellen Prozessleistungen werden Problemlösungsbedürfnisse der Zielkunden adressiert. Die Strategie der Datenmonetarisierung wird durch den Datenbefähiger charakterisiert. Zur Realisierung der datengetriebenen Mehrwerte beschreibt die hergeleitete Morphologie die Aktivitäten sowie deren Komplexitätsstufen im Rahmen der Datenwertschöpfung.

Die geschäftsmodellorientierten Anforderungen werden durch die Methodik auch vollständig adressiert. Stepper und die production.AI werden im Rahmen der identifizierten Anbieter-Kunden Paarungen verortetet. Stepper kann im Zuge des Leistungstyps der integralen Werkzeugverbesserung in der dritten Paarung eingeordnet werden. Diese Paarung ist u. a. durch funktionale Bedürfnisse der Zielkunden hinsichtlich des Werkzeugs geprägt. Dahingegen kann die production.AI der fünften Paarung zugeordnet werden. Diese Paarung ist durch eine hohe Kollaborationsbereitschaft der Zielkunden sowie ein hohes Maß an Integrativität gekennzeichnet. Weiterhin können im dritten Schritt der Methodik alle Teilmodelle und Elemente der datengetriebenen Geschäftsmodelle von Stepper und der production.AI erfasst werden. Die Funktionsweise der beiden unterschiedlichen Geschäftsmodelle kann durch die hergeleiteten Hypothesen annahmebasiert beschrieben werden. Zudem befähigt das HPP Stepper und die production.AI zur Herleitung der Validierungspriorität der Hypothesen. Es zeigt sich für Stepper, dass insbesondere die zweite, dritte und vierte Hypothese eine hohe Relevanz aufweisen. Die vorgeschlagenen Entdeckungsexperimente befähigen zur Bestätigung der Hypothesen. Für die production.AI verfügen hingegen die erste, siebte und achte Hypothese über eine hohe Priorität. Zur Verifizierung dieser Hypothesen werden die empfohlenen Validierungsexperimente genutzt.

Es zeigt sich anhand der Fallbeispiele zudem, dass die entwickelte Methodik die werkzeugbauspezifischen Anforderungen vollständig erfüllt. Entlang der gesamten Methodik werden die spezifischen Charakteristika der Einzel- und Kleinserienfertigung berücksichtigt. Auf diese Weise wird die Anwendung der Methodik bei werkzeugbauspezifischen Fallbeispielen ermöglicht. Bei Stepper und der production.AI wird die Methodik vollständig angewendet. Die unterschiedlichen datengetriebenen Geschäftsmodelle und sowie die Tätigkeiten zu deren Einführung von Stepper und der production.AI können mit der Methodik vollständig beschrieben werden. Innerhalb der Branche Werkzeugbau weist die Methodik einen universellen Charakter auf, wodurch die Anwendung bei spezifischen Unternehmensrandbedingungen möglich ist. Als Beleg hierfür können wiederum die beiden Fallbeispiele aufgeführt werden. Die spezifischen Unternehmensrandbedingungen von Stepper und der production.AI sind stark unterschiedlich. Bei Stepper handelt es sich um einen Betrieb, der seit Jahrzenten erfolgreich in der Branche Werkzeugbau agiert. Zum Kerngeschäft von Stepper zählen sowohl die Herstellung und der Vertrieb von Blechumformwerkzeugen als auch die Herstellung von Stanzteilen in der unternehmensinternen Serienproduktion. Die production.AI bildet zum Zeitpunkt der Veröffentlichung der vorliegenden Arbeit hingegen ein junges Start-up in der Branche Werkzeugbau. Im Bereich der digitalen Lösungen offeriert die produktion.AI ausschließlich vollständig immaterielle Leistungen.

Zusammenfassend lässt sich festhalten, dass die Fallbeispiele die entwickelte Methodik als ganzheitlichen Lösungsansatz zur Einführung datengetriebener Geschäftsmodelle im Werkzeugbau validieren. Die Vielfalt der Rahmenbedingungen der an der Validierung beteiligten Unternehmen sichert die allgemeine Gültigkeit der Methodik. Folglich lässt sich die Realisierung der übergeordneten Zielsetzung der vorliegenden Arbeit bestätigen.

7 Zusammenfassung und Ausblick

Die wirtschaftliche Verwertung von Daten hat disruptive Auswirkungen auf die Auslegung von Geschäftsmodellen. Diese Auswirkungen führen einerseits dazu, dass produzierende Unternehmen datengetriebene Geschäftsmodelle zur Stärkung des Kerngeschäfts nutzen können. Andererseits bieten datengetriebene Geschäftsmodelle erhebliche Wachstumspotenziale. Diese ergeben sich durch die weitestgehende Vermeidung von Grenzkosten durch den Einsatz von Daten als wesentlichen Produktionsfaktor.

Der Werkzeugbau ist der Mittler zwischen der Produktentwicklung und der Serienproduktion und gilt daher als eine Schlüsselbranche der deutschen Industrie. Mit den Erzeugnissen des Werkzeugbaus kann die Produktion hochwertiger Bauteile in Serie realisiert werden. Der deutsche Werkzeugbau ist seit längerer Zeit mit Herausforderungen konfrontiert, welche die nachhaltige Wirtschaftlichkeit der Unternehmen der Branche gefährden. Zu diesen Herausforderungen zählen einerseits weltweit steigende Produktreifegrade und die damit einhergehende Kommoditisierung von werkzeugbauspezifischen Erzeugnissen. Andererseits steigt die Kundenzufriedenheit mit vergleichsweise günstigen ausländischen Werkzeugen und deren Verfügbarkeit auf dem hiesigen Markt. Infolgedessen sinken die Preisniveaus und somit die Produktmargen für deutsche Unternehmen der Branche Werkzeugbau. Aufgrund des hohen Industrialisierungsgrads der Unternehmen und der vergleichsweise geringen Faktorkosten der interkontinentalen Wettbewerber kann den sinkenden Produktmargen nur unzulänglich durch Effizienzsteigerungen in der traditionellen Wertschöpfung begegnet werden. Bestehende Geschäftsmodelle im Werkzeugbau befinden sich folglich vermehrt in der Phase der Degeneration.[807]

Die Einführung von datengetriebenen Geschäftsmodellen bietet daher für Unternehmen der Branche Werkzeugbau ein besonderes Potenzial. Über die Einführung von datengetriebenen Geschäftsmodellen können hohe Deckungsbeitrage erreicht werden. Dieser Effekt kann zur Sicherung des Kerngeschäfts und des Umsatzes genutzt werden. Langfristig kann über die Einführung datengetriebener Geschäftsmodelle das Leistungsversprechen an den Kunden neu definiert werden, um nachhaltig verteidigungsfähige Wettbewerbspositionen im Zuge der steigenden Kommoditisierung werkzeugbauspezifischer Erzeugnisse zu besetzen. Vor diesem Hintergrund lassen sich bereits einige wenige Pionierleistungen von Unternehmen der deutschen Branche Werkzeugbau beobachten. Diese Unternehmen betreiben erfolgreich datengetriebene Geschäftsmodelle, die zu einer erheblichen Umsatzgenerierung führen. Flächendeckend sind datengetriebene Geschäftsmodelle im Werkzeugbau zum Zeitpunkt der Veröffentlichung der vorliegenden Arbeit jedoch kaum verbreitet. Die vorliegende Arbeit beschäftigt sich daher mit der handlungsleitenden Forschungsfrage, wie eine Methodik zur Einführung datengetriebener Geschäftsmodelle im Werkzeugbau gestaltet sein kann.

Zur Beantwortung der Forschungsfrage wird eine systembasierte Methodik als Lösungsansatz gemäß den Phasen der angewandten Forschung nach ULRICH & HILL entwickelt. Die Methodik

[807] Vgl. Boos et al. (Ökoeffektiver Werkzeugbau), 2023, S. 5.

befähigt anwendende Unternehmen geeignete werkzeugbauspezifische Anbieter-Kunden Paarungen sowie die datenspezifischen Befähiger für die Einführung datengetriebene Geschäftsmodelle zu identifizieren. Zudem können mithilfe der Methodik datengetriebene Geschäftsmodelle für den Werkzeugbau konfiguriert und erprobt werden.

Der Aufbau der Methodik basiert auf einem hergeleiteten Ordnungsrahmen und gliedert sich in die Phasen der Potenzialanalyse, der Entwicklung und der Erprobung. Zur Analyse des Potenzials der Einführung datengetriebener Geschäftsmodelle werden zunächst geeignete werkzeugbauspezifische Anbieter-Kunden Paarungen identifiziert. Hierbei wird zwischen dem unternehmerischen Ziel der Umsatzsicherung und der Umsatzgenerierung differenziert. Es zeigt sich, dass selbst bei geringer Kollaborationsbereitschaft der Kunden gewisse datengetriebene Leistungstypen eingeführt werden können. Insgesamt werden sieben geeignete Paarungen identifiziert. Weiterhin bilden Daten in datengetriebenen Geschäftsmodellen definitorisch die Schlüsselressourcen. Für die identifizierten Paarungen werden folgend daher die relevanten Datenklassen bestimmt. Zudem werden für die Paarungen die geeigneten Vernetzungsplattformen ermittelt, um erforderliche Daten vom Kunden zu generieren sowie die datengetriebenen Leistungen an den Kunden zu übermitteln.

Die zweite Phase der Methodik bildet die Entwicklung. Anhand einer hergeleiteten Morphologie können Szenarien von datengetriebenen Geschäftsmodellen konfiguriert werden. Darüber hinaus wird gezeigt, dass sich diese Konfigurationen vier Mustern an datengetriebenen Geschäftsmodellen im Werkzeugbau zuordnen lassen. Diese Muster bilden die Archetypen datengetriebener Geschäftsmodelle im Werkzeugbau und unterscheiden sich beispielsweise hinsichtlich der Anwendbarkeit von Leistungen auf fremd- oder eigengefertigten Werkzeugen. Die Archetypen werden anknüpfend mit den hergeleiteten Paarungen in Relation gesetzt. Dabei wird deutlich, dass sich die Eignung der Archetypen und deren Konfigurationen vor dem Hintergrund der spezifischen Paarungen stark unterscheiden können. Aus diesem Grund wird dem anwendenden Unternehmen in der Methodik eine Bewertungssystematik zur Verfügung gestellt, um die geeignetste Konfiguration zu ermitteln. Die Bewertungssystematik berücksichtigt wettbewerbs-, leistungstyp-, werkzeugbau- und kundenspezifische Faktoren.

Die abschließende Phase der Methodik umfasst die Erprobung, in dessen Rahmen der Funktionsnachweis für eine ausgewählte Konfiguration erbracht wird. Zu diesem Zweck werden annahmebasiert Hypothesen hergeleitet, welche die Funktionsfähigkeit der Konfiguration beschreiben. Anwendende Unternehmen werden weiterführend in die Lage versetzt, die Validierungspriorität der Hypothesen zu bestimmen. Zudem werden Experimente bereitgestellt, welche zur Validierung der jeweiligen Hypothesen geeignet sind. Anhand der Validierung der Hypothesen wird der Funktionsnachweis erbracht.

Die entwickelte Methodik wird bei zwei praktischen Fallbeispielen validiert. Bei den stark unterschiedlichen Fallbeispielen handelt es sich um die Fritz Stepper GmbH & Co. KG und die production.AI GmbH. Im Rahmen dieser Fallbeispiele wird die entwickelte Methodik vollständig angewendet. Die kritische Reflexion der Fallbeispiele verdeutlicht, dass die entwickelte Methodik den in Kapitel 3 hergeleiteten Anforderungen entspricht. Die Vielfalt der Rahmenbedingungen der an der Validierung beteiligten Unternehmen sichert zudem eine breite Anwendbarkeit der Methodik.

Der wissenschaftliche Beitrag der vorliegenden Arbeit besteht mithin in der Methodik als ganzheitlicher Lösungsansatz zur Einführung datengetriebener Geschäftsmodelle im Werkzeugbau. Im Rahmen der Methodik werden geeignete Anbieter-Kunden Paarungen für datengetriebene Geschäftsmodelle ermittelt. Für diese Paarungen werden potenzielle datengetriebene Geschäftsmodelle konfiguriert. Aus diesem Lösungsraum potenzieller Konfigurationen wird das geeignetste Geschäftsmodell ausgewählt. Des Weiteren werden anwendende Unternehmen zur Erprobung dieses Geschäftsmodells befähigt. Dies bildet die Grundlage zur Realisierung der proklamierten Wachstums- und Differenzierungspotenziale durch datengetriebene Geschäftsmodelle.

Daran angeknüpft besteht zukünftiger Forschungsbedarf. Der Fokus der vorliegenden Arbeit liegt insbesondere auf der explorativen Geschäftsmodellerschließung. Daher sollten sich weitere wissenschaftliche Untersuchungen einerseits den späteren Phasen des Managements von datengetriebenen Geschäftsmodellen im Werkzeugbau widmen. Hierzu zählen u. a. die operative Implementierung sowie das Controlling von Geschäftsmodellen. Vor dem Hintergrund der exploitativen Geschäftsmodellanwendung sollte zudem untersucht werden, ob und unter welchen Bedingungen die neuen Geschäftsmodelle intern im Rahmen von bestehenden Unternehmen oder extern durch Ausgründungen umgesetzt werden sollten. Im Verlauf der Implementierung ist aufgrund der neuen Geschäftsmodell-Konfigurationen weiterhin mit emergenten Störeinflüssen zu rechnen, deren Ursachen und potenzielle Korrekturmaßnahmen zu untersuchen sind. Andererseits gelten datengetriebene Geschäftsmodelle oftmals als Befähiger von Nachhaltigkeitsbestrebungen und -initiativen. Vor diesem Hintergrund gilt es insbesondere die Wirkbeziehungen zwischen der Ökoeffektivität und neuen Geschäftsmodellen zu erforschen.

V Literaturverzeichnis

Aas, T. H.; Breunig, K. J.; Hellström, M. M.; Hydle, K. M. (Business Models in Manufacturing in the Digital Era: Towards a New Taxonomy):
Service-oriented Business Models in Manufacturing in the Digital Era: Towards a New Taxonomy. In: International Journal of Innovation Management. 24. Jg, 2020, Nr. 08, S. 1-15.

Al-Debei, M. M.; Avison, D. (Unified framework of the business model):
Developing a unified framework of the business model concept. In: European Journal of Information Systems. 19. Jg, 2010, Nr. 3, S. 359-376.

Alwis, R. S. (Markt- und Wettbewerbsanalyse):
Markt- und Wettbewerbsanalyse für Bibliotheken. In: Georgy, U.; Schade, F. (Hrsg.) Praxishandbuch Bibliotheks- und Informationsmarketing. München: DE GRUYTER SAUR, 2012, S. 135-158.

Anger, H. (Modelldenken):
Theoriebildung und Modelldenken in der Kleingruppenforschung. In: Kölner Zeitschrift für Soziologie und Sozialpsychologie, 1962, Nr. 14, S. 4-18.

Ashton, K. (That 'internet of things' thing):
That 'internet of things' thing. In: RFID journal. 22. Jg, 2009, Nr. 7, S. 97-114.

Atzori, L.; Giusto, D.; Iera, A.; Morabito, G. (Preface IoT):
Preface. In: Giusto, D.; Iera, A.; Morabito, G.; Atzori, L. (Hrsg.) The Internet of Things. New York: Springer New York, 2010, S. V-XVIII.

Azkan, C.; Goecke, H.; Spiekermann, M. (Forschungsbereiche der Datenökonomie):
Forschungsbereiche der Datenökonomie. In: Wirtschaftsdienst. 100. Jg, 2020, Nr. 2, S. 124-127.

Azkan, C.; Iggena, L.; Gür, I.; Möller, F.; Otto, B. (Taxonomy for Data-Driven Services in Manufacturing):
A Taxonomy for Data-Driven Services in Manufacturing Industries. In: 24th Pacific Asia Conference on Information System, PACIS 2020 Proceedings, 2020.

Azkan, C.; Iggena, L.; Krotova, A. (Data Business in Ecosystems):
Data Business in Ecosystems. Handbuch zur Entwicklung datengetriebener Dienstleistungen. Dortmund: Fraunhofer Institut für Software- und Systemtechnik, 2021.

Azkan, C.; Moller, F.; Iggena, L.; Otto, B. (Design Principles for Industrial Data-Driven Services):
Design Principles for Industrial Data-Driven Services. In: IEEE Transactions on Engineering Management, 2022, S. 1-24.

Azkan, C.; Spiekermann, M.; Goecke, H. (Research Streams in the Data Economy):
Uncovering Research Streams in the Data Economy Using Text Mining Algorithms. In: Technology Innovation Management Review. 9. Jg, 2019, Nr. 11, S. 62-74.

Backhaus, K. (Entwicklungspfade im Investitionsgütermarketing):
Entwicklungspfade im Investitionsgütermarketing. In: Backhaus, K.; Günter, B.; Kleinaltenkamp, M.; Plinke, W.; Raffée, H. (Hrsg.) Marktleistung und Wettbewerb. Strategische und operative Perspektiven der marktorientierten Leistungsgestaltung. (Reihe: Springer eBook Collection Business and Economics). Wiesbaden, s.l.: Gabler Verlag, 1997, S. 33-62.

Bandte, H. (Komplexität in Organisationen):
Komplexität in Organisationen. Organisationstheoretische Betrachtungen und agentenbasierte Simulation. Dissertation. TU Braunschweig. Wiesbaden: Deutscher Universitätsverlag, 2006.

Bastian, M. (Modelle und Methoden in Problemlösungsprozessen):
Modelle und Methoden in Problemlösungsprozessen. In: Luczak, H.; Stich, V. (Hrsg.) Betriebsorganisation im Unternehmen der Zukunft. (Reihe: Springer eBook Collection Business and Economics). Berlin, Heidelberg, s.l.: Springer Berlin Heidelberg, 2004, S. 285-289.

Bauernhansl, T. (Die Vierte Industrielle Revolution):
Die Vierte Industrielle Revolution – Der Weg in ein wertschaffendes Produktionsparadigma. In: Vogel-Heuser, B.; Bauernhansl, T.; Hompel, M. ten (Hrsg.) Handbuch Industrie 4.0 Bd.4. Berlin, Heidelberg: Springer Berlin Heidelberg, 2017, S. 1-31.

Bauernhansl, T.; Krüger, J.; Reinhart, G.; Schuh, G. (WGP-Standpunkt Industrie 4.0):
WGP-Standpunkt Industrie 4.0. Darmstadt: WGP, Wissenschaftliche Gesellschaft für Produktionstechnik, 2016.

Beck, H. (Volkswirtschaftslehre):
Volkswirtschaftslehre. Mikro- und Makroökonomie. (Reihe: VWL, 10-2012). München: Oldenbourg, 2012.

Becker, J.; Knackstedt, R.; Holten, R.; Hansmann, H.; Neumann, S. (Konstruktion von Methodiken):
Konstruktion von Methodiken. (Reihe: Arbeitsberichte des Instituts für Wirtschaftsinformatik, Bd. 77). Münster: Universitäts- und Landesbibliothek Münster, 2008.

Becker, W. (Transformation von Geschäftsmodellen):
Digitale Transformation von Geschäftsmodellen – Ein konzeptioneller Bezugsrahmen. In: Becker, W.; Eierle, B.; Fliaster, A.; Ivens, B. S.; Leischnig, A.; Pflaum, A.; Sucky, E. (Hrsg.) Geschäftsmodelle in der digitalen Welt. Strategien, Prozesse und Praxiserfahrungen. Korrigierte Publikation. Wiesbaden, Germany: Springer Gabler, 2019, S. 15-33.

Begovic, A. (Datenbasiertes Wissensmanagement):
Datenbasiertes Wissensmanagement für Smart Services im Werkzeugbau. Dissertation. RWTH Aachen. Aachen: Apprimus, 2018.

Bellman, R.; Clark, C. E.; Malcolm, D. G.; Craft, C. J.; Ricciardi, F. M. (Business Game):
On the Construction of a Multi-Stage, Multi-Person Business Game. In: Operations Research. 5. Jg, 1957, Nr. 4, S. 469-503.

Belz, C.; Schuh, G.; Groos, S. A.; Reinecke, S. (Industrie als Dienstleister):
Industrie als Dienstleister. (Reihe: Fachbuch für Marketing). St. Gallen: Thexis, 1997.

Berens, W.; Delfmann, W. (Quantitative Planung):
Quantitative Planung. Konzeption, Methoden und Anwendungen. Stuttgart: Schäffer-Poeschel, 1994.

Berger, C.; Hees, A.; Braunreuther, S.; Reinhart, G. (Characterization of Cyber-Physical Sensor Systems):
Characterization of Cyber-Physical Sensor Systems. In: Procedia CIRP. 41. Jg, 2016, S. 638-643.

Berndt, S.; Geismar, L. (Erfolgsgrößen datengetriebener Geschäftsmodelle):
Erfolgsgrößen datengetriebener Geschäftsmodelle. In: Zeitschrift für wirtschaftlichen Fabrikbetrieb. 116. Jg, 2021, Nr. 5, S. 289-293.

Bertalanffy, L. v. (General system theory):
General system theory. Foundations, development, applications. Rev. ed. New York: Braziller, 1968.

Beucher, O. (Signale und Systeme):
Signale und Systeme: Theorie, Simulation, Anwendung. Eine beispielorientierte Einführung mit MATLAB. (Reihe: Lehrbuch). 2., ergänzte Auflage. Berlin: Springer Vieweg, 2015.

Beutel, J. (Mikroökonomie):
Mikroökonomie. Berlin/Boston: De Gruyter Oldenbourg, 2006.

Bieger, T.; Bickhoff, N.; Knyphausen-Aufseß, D. zu **(Über zukünftige Geschäftsmodelle):**
Einleitung. In: Bieger, T.; Bickhoff, N.; Caspers, R.; Knyphausen-Aufseß, D.; Reding, K. (Hrsg.) Zukünftige Geschäftsmodelle. Konzept und Anwendung in der Netzökonomie. (Reihe: Springer eBook Collection Business and Economics). Berlin, Heidelberg, s.l.: Springer Berlin Heidelberg, 2002, S. 1-11.

Bieger, T.; Reinhold, S. (Das wertbasierte Geschäftsmodell):
Das wertbasierte Geschäftsmodell – Ein aktualisierter Strukturierungsansatz. In: Bieger, T.; Knyphausen-Aufseß, D. zu; Krys, C. (Hrsg.) Innovative Geschäftsmodelle. Berlin, Heidelberg: Springer Berlin Heidelberg, 2011, S. 13-70.

Biehl, S. (Design guidelines for smart services):
Design guidelines for smart services. A strategic-logic perspective on seeking competitive advantage with digitized servitization strategies. Dissertation. Universität St. Gallen. Bamberg: Difo-Druck GmbH, 2017.

Bilsing, A. (Leistungsfähigkeit im Werkzeugbau):
Kennzahlengestützte Bewertung der technologischen Leistungsfähigkeit der Fertigung im Werkzeug- und Formenbau. Dissertation. RWTH Aachen. Aachen: Shaker, 2007.

Binder, V. A.; Kantowsky, J. (Technologiepotentiale):
Technologiepotentiale. Neuausrichtung der Gestaltungsfelder des Strategischen Technologiemanagements. Wiesbaden: Deutscher Universitätsverlag, 1996.

Binner, H. F. (Prozessmanagement):
Methoden-Baukasten für ganzheitliches Prozessmanagement. Systematische Problemlösungen zur Organisationsentwicklung und -gestaltung. Wiesbaden: Springer Gabler, 2016.

Bischoff, J.; Hegmanns, T.; Braun, S. (I4.0 im Mittelstand):
Erschließen der Potenziale der Anwendung von Industrie 4.0 im Mittelstand. Kurzfassung., 2015.

Bitkom Research (Wo steht die deutsche Wirtschaft?):
Datenökonomie – Wo steht die deutsche Wirtschaft? Ergebnisse einer Unternehmensbefragung 2023, 2023.

Bland, D. J.; Osterwalder, A. (Testing Business Ideas):
Testing business ideas. New Jersey: John Wiley & Sons Inc, 2020.

Blank, S.; Dorf, R. (The startup owner's manual):
The startup owner's manual. The Step-by-Step Guide for Building a Great Company. 1. ed. Pescadero: K&S Ranch, 2012.

Blessing, L. T.; Chakrabarti, A. (Design Research Methodology):
DRM, a Design Research Methodology. 1st ed. Guildford, Surrey: Springer London, 2009.

BMWi (Industrie 4.0):
Industrie 4.0 und Digitale Wirtschaft. Impulse für Wachstum, Beschäftigung und Innovation. Stand: April 2015. Berlin: Bundesministerium für Wirtschaft und Energie, 2015.

Boos, W. (Bewertung von modularen Werkzeugen):
Methodik zur Gestaltung und Bewertung von modularen Werkzeugen. Dissertation. RWTH Aachen. Aachen: Apprimus, 2008.

Boos, W.; Kelzenberg, C.; Boshof, J.; Ochel, T.; Trisjono, J. (Datenbasierte Dienstleistungen für den Werkzeugbau):
Datenbasierte Dienstleistungen für den Werkzeugbau. Status quo, Entwicklung und Beispiele. Aachen: Werzeugmaschinenlabor WZL der RWTH Aachen, 2022.

Boos, W.; Kelzenberg, C.; Prümmer, M.; Goertz, D.; Boshof, J.; Horstkotte, R.; Ochel, T.; Lürken, C. (Tooling in Germany 2020):
Tooling in Germany 2020. Aachen: Werzeugmaschinenlabor WZL der RWTH Aachen, 2020.

Boos, W.; Kelzenberg, C.; Wiese, J.; Boshof, J.; Kessler, N.; Haase, B. (IT-Infrastruktur):
IT-Infrastruktur zur digitalen Vernetzung im Werkzeugbau. 1. Auflage. Aachen: WBA Aachener Werkzeugbau Akademie GmbH; Werkzeugmaschinenlabor WZL der Rheinisch-Westfälischen Technischen Hochschule Aachen, 2021.

Boos, W.; Kelzenberg, C.; Wiese, J.; Stracke, F.; Ebbecke, C.; Graberg, T.; Jakubowski, S.; Lapper, S. (Intelligente Werkzeuge und datenbasierte Geschäftsmodelle):
Intelligente Werkzeuge und datenbasierte Geschäftsmodelle. 1. Auflage. Aachen: Werzeugmaschinenlabor WZL der RWTH Aachen, 2018.

Boos, W.; Kuhlmann, K.; Salmen, M.; Kenk, U.; Kuhlmann, T.; Helbig, J.; Stark, M. (Erfolgreich Finanzieren):
Erfolgreich Finanzieren im Werkzeugbau. Aachen: Werzeugmaschinenlabor WZL der RWTH Aachen, 2016.

Boos, W.; Lukas, G.; Barth, S.; Haase, B.; Kenfenheuer, J.; Weber, S.; Schenk, J.; Koch, A. (Tooling in Germany 2023):
Tooling in Germany. Aachen: Werzeugmaschinenlabor WZL der RWTH Aachen, 2023.

Boos, W.; Lukas, G.; Kessler, N.; Schweins, J.; Haase, B.; Kenfenheuer, J. (World of Tooling 2022):
World of Tooling 2022. Aachen: Werzeugmaschinenlabor WZL der RWTH Aachen, 2022.

Boos, W.; Lukas, G.; Kessler, N.; Trisjono, J. (Strategische Allianzen im Werkzeugbau):
Strategische Allianzen. In: FORM+Werkzeug, 2022, Nr. 04, S. 62-63.

Boos, W.; Lukas, G.; Ochel, T.; Haase, B.; Trisjono, J.; Calchera, R. (Der Werkzeugbau als Gesamtlösungsanbieter):
Der Werkzeugbau als Gesamtlösungsanbieter. Aachen: WBA Aachener Werkzeugbau Akademie GmbH, 2022.

Boos, W.; Lukas, G.; Schweins, J.; Trisjono, J. (Datengetriebene Geschäftsmodelle):
Wie datengetriebene Geschäftsmodelle im Werkzeugbau gelingen. In: Industrieanzeiger, 2023, Nr. 07, S. 26-28.

Boos, W.; Lukas, G.; Trisjono, J.; Eberius, T. (Der Werkzeugbau als Produktivitätsbefähiger):
Der Werkzeugbau als Produktivitätsbefähiger. Aachen: Werzeugmaschinenlabor WZL der RWTH Aachen, 2024.

Boos, W.; Lukas, G.; Trisjono, J.; Klisch, L. (Ökoeffektiver Werkzeugbau):
Whitepaper Ökoeffektiver Werkzeugbau. Aachen: Werzeugmaschinenlabor WZL der RWTH Aachen, 2023.

Boos, W.; Salmen, M.; Begovic, A.; Kelzenberg, C.; Stracke, F. (Smart Tooling):
Smart Tooling 2016. 1. Auflage. Aachen: Werzeugmaschinenlabor WZL der RWTH Aachen, 2016.

Boos, W.; Salmen, M.; Kelzenberg, C.; Johannsen, L.; Helbig, J.; Ebbecke, C. (Tooling in Germany 2018):
Tooling in Germany 2018. 2. Auflage. Aachen: Werzeugmaschinenlabor WZL der RWTH Aachen, 2018.

Boshof, J. (Datenbasierte Dienstleistungen):
Definition und Auslegung von datenbasierten Dienstleistungen im Werkzeugbau. Dissertation. RWTH Aachen. Aachen: Apprimus, 2022.

Bossel, H. (Systeme, Dynamik, Simulation):
Systeme, Dynamik, Simulation. Modellbildung, Analyse und Simulation komplexer Systeme. Norderstedt: Books on Demand, 2004.

Boßow-Thies, S.; Hofmann-Stölting, C.; Jochims, H. (Das Öl des 21. Jahrhunderts – Strategischer Einsatz von Daten):
Das Öl des 21. Jahrhunderts – Strategischer Einsatz von Daten im Marketing. In: Boßow-Thies, S.; Hofmann-Stölting, C.; Jochims, H. (Hrsg.) Data-driven Marketing. Wiesbaden: Springer Fachmedien Wiesbaden, 2020, S. 3-26.

Boyes, H.; Hallaq, B.; Cunningham, J.; Watson, T. (IIoT: An analysis framework):
The industrial internet of things (IIoT): An analysis framework. In: Computers in Industry. 101. Jg, 2018, S. 1-12.

Brankamp, K. (Werkzeug- und Betriebsmittelbau):
Wettbewerbsfaktor Werkzeug- und Betriebsmittelbau. In: Brankamp, K. (Hrsg.). (Reihe: Praxisleitfaden für das Management). Zürich: Verl. Industrielle Organisation; Verl. TÜV Rheinland, 1991.

Breitfuss, G.; Fruhwirth, M.; Pammer-Schindler, V.; Stern, H.; Dennerlein, S. (The Data-Driven Business Value Matrix):
The Data-Driven Business Value Matrix - A Classification Scheme for Data-Driven Business Models. In: Tagungsband zum 32nd Bled eConference Humanizing Technology for a Sustainable Society, Bled, Slovenia, Conference Proceedings, June 16 –19, 2019: University of Maribor Press, 2019, S. 803-820.

Brunhuber, E. (Praxis der Druckgußfertigung):
Praxis der Druckgußfertigung. 4. Auflage. Berlin: Schiele & Schön, 1991.

Bruns, M. (Interdisziplinäre Systementwicklung):
Systemtechnik. Ingenieurwissenschaftliche Methodik zur interdisziplinären Systementwicklung. (Reihe: Springer eBook Collection Business and Economics). Berlin, Heidelberg: Springer Berlin Heidelberg, 1991.

Buchholz, B.; Bürger, M. (Der Geschäftsmodell Toolguide):
Der Geschäftsmodell Toolguide. Von der Idee zur Umsetzung. Frankfurt: Campus Verlag, 2020.

Busch, M. (Intelligente Produktionsplanungsprozesse im Werkzeugbau):
Intelligente Produktionsplanungsprozesse im Werkzeugbau. Dissertation. RWTH Aachen. Aachen: Apprimus, 2022.

Corsten, H.; Gössinger, R. (Produktionswirtschaft):
Produktionswirtschaft. Einführung in das industrielle Produktionsmanagement. (Reihe: Lehr- und Handbücher der Betriebswirtschaftslehre). 14., überarbeitete und erweiterte Auflage. Berlin: De Gruyter Oldenbourg, 2016.

Dahm, M. (Modellgestützte Lösung):
Modellgestützte Lösung eines sequentiellen Beschaffungsproblems auf der Grundlage der Stopp-Theorie. (Reihe: Empirische Wirtschafts- und Sozialforschung). Herbolzheim: Centaurus Verlag & Media, 1996.

Dawes, J. (An Experiment Using 5-Point, 7-Point and 10-Point Scales):
Do Data Characteristics Change According to the Number of Scale Points Used? An Experiment Using 5-Point, 7-Point and 10-Point Scales. In: International Journal of Market Research. 50. Jg, 2008, Nr. 1, S. 61-104.

Dehnert, M.; Gleiss, A.; Reiss, F. (What makes a data-driven business model? A consolidated taxonomy):
What makes a data-driven business model? A consolidated taxonomy. In: ECIS 2021 Research Papers. 139. Jg, 2021.

Demont, A.; Paulus-Rohmer, D. (Industrie 4.0-Geschäftsmodelle systematisch entwickeln):
Industrie 4.0-Geschäftsmodelle systematisch entwickeln. In: Schallmo, D.; Rusnjak, A.; Anzengruber, J.; Werani, T.; Jünger, M. (Hrsg.) Digitale Transformation von Geschäftsmodellen. Wiesbaden: Springer Fachmedien Wiesbaden, 2017, S. 97-125.

Destatis Statistisches Bundesamt (Volkswirtschaftliche Gesamtrechnungen):
Volkswirtschaftliche Gesamtrechnungen. Wichtige Zusammenhänge im Überblick, 2024.

Deutsches Institut für Normung e. V. (DIN 8580: Fertigungsverfahren):
DIN 8580: Fertigungsverfahren. DIN 8580: Fertigungsverfahren – Begriffe, Einteilung. Berlin: Beuth, 2003.

Deutskens, C. (Konfiguration der Wertschöpfung):
Konfiguration der Wertschöpfung bei disruptiven Innovationen am Beispiel der Elektromobilität. Dissertation. RWTH Aachen. Aachen: Apprimus, 2014.

Doege, E.; Behrens, B.-A. (Handbuch Umformtechnik):
Handbuch Umformtechnik. Grundlagen, Technologien, Maschinen. (Reihe: VDI-Buch). 2., bearb. Auflage. Berlin: Springer, 2010.

Dorfer, L. (Datenzentrische Geschäftsmodelle als neuer Geschäftsmodelltypus):
Datenzentrische Geschäftsmodelle als neuer Geschäftsmodelltypus in der Electronic-Business-Forschung: Konzeptionelle Bezugspunkte, Klassifikation und Geschäftsmodellarchitektur. In: Schmalenbach journal of business research. 68. Jg, 2016, Nr. 3, S. 307-369.

Dorfer, L. (Erfolgsstrategien Datenzentrischer Geschäftsmodelle):
Erfolgsstrategien Datenzentrischer Geschäftsmodelle. (Reihe: Medienmanagement und E-Business Ser). Wiesbaden: Gabler, 2018.

Dorschel, J. (Praxishandbuch Big Data):
Praxishandbuch Big Data. Wirtschaft – Recht – Technik. (Reihe: SpringerLink Bücher). Wiesbaden: Springer Gabler, 2015.

Drews, G. (Projektmanagement-Methoden):
Lexikon der Projektmanagement-Methoden. (Reihe: GPM Projektmanagement bei Haufe). 2. Auflage. Freiburg: Haufe, 2010.

Drossel, W.-G.; Ihlenfeldt, S.; Langer, T.; Dumitrescu, R. (Cyber-Physische Systeme):
Cyber-Physische Systeme. In: Neugebauer, R. (Hrsg.) Digitalisierung. Berlin, Heidelberg: Springer Berlin Heidelberg, 2018, S. 197-222.

Durugbo, C.; Riedel, J. C. (Collaborative networked organisations):
Readiness assessment of collaborative networked organisations for integrated product and service delivery. In: International Journal of Production Research. 51. Jg, 2013, Nr. 2, S. 598-613.

Ebi, M. (Implementierung von Subskriptionsmodellen):
Implementierung von Subskriptionsmodellen im Maschinen- und Anlagenbau. Dissertation. RWTH Aachen. Aachen: Apprimus, 2021.

Echterhoff, B. (Einführung innovativer Geschäftsmodelle):
Methodik zur Einführung innovativer Geschäftsmodelle in etablierten Unternehmen. Dissertation. Universität Paderborn Heinz Nixdorf Institut, 2018.

Echterhoff, B.; Hagelskamp, T.; Rabe, M.; Gausemeier, J. (Functionally validated business concepts):
Developing functionally validated business concepts. In: Tagungsband zum The International Society for Professional Innovation Management (ISPIM), 2017, S. 1-19.

Edwards, J. E. (Organizational Surveys):
How To Conduct Organizational Surveys. A Step-by-Step Guide. Thousand Oaks: SAGE Publications, 1996.

Efthymiou, K.; Mourtzis, D.; Pagoropoulos, A.; Papakostas, N.; Chryssolouris, G. (Manufacturing systems complexity analysis):
Manufacturing systems complexity analysis methods review. In: International Journal of Computer Integrated Manufacturing. 29. Jg, 2016, Nr. 9, S. 1025-1044.

Engelhardt, W. H. (Leistungsbündel als Absatzobjekte):
Leistungsbündel als Absatzobjekte. Ein Ansatz zur Überwindung der Dichotomie von Sach- und Dienstleistungen. In: Zeitschrift für betriebswirtschaftliche Forschung. 45. Jg, 1993, Nr. 5, S. 395-426.

Evans, J. R. (Business analytics):
Business analytics. Methods, models, and decisions. (Reihe: Always learning). 2nd ed. Boston: Pearson, 2017.

Eversheim, W.; Klocke, F. (Werkzeugbau mit Zukunft):
Werkzeugbau mit Zukunft. Strategie und Technologie. (Reihe: VDI-Buch). Berlin: Springer, 1998.

Exner, K.; Stark, R.; Kim, J. Y. (Methodology for Data-driven Business Model):
Data-driven business model a methodology to develop smart services. In: Tagungsband zum 2017 International Conference on Engineering, Technology and Innovation (ICE/ITMC). Madeira, Portugal, 27.06.2017 - 29.06.2017: IEEE, 2017, S. 146-154.

Fair Isaac Corporation (Business Intelligence):
Business Intelligence and Big Data Analytics: Speeding the Cycle from Insights to Action. Four Steps to More Profitable Customer Engagement. In: Whitepaper der Fair Isaac Corporation (FICO), 2013.

Feige, B. A.; Fabry, H.; Gudergan, G.; Krechting, D. (Bemessung neuer Geschäftsmodelle auf der Basis von Distanzmatrizen):
Aufwandsbemessung zur Umsetzung neuer Geschäftsmodelle auf der Basis von Distanzmatrizen. In: Stich, V.; Schumann, J. H.; Beverungen, D.; Gudergan, G.; Jussen, P. (Hrsg.) Digitale Dienstleistungsinnovationen. Berlin, Heidelberg: Springer Berlin Heidelberg, 2019, S. 147-165.

Fiedler, A.; Krieger, C.; Sackmann, D.; Wenzel-Schinzer, H. (Reifegradmodell):
RMI 4.0: Ein Reifegradmodell für den Mittelstand. In: Industrie 4.0 Management. 34. Jg, 2018, Nr. 2, S. 48-52.

Frank, R.; Schumacher, G.; Tamm, A. (Cloud-Transformation):
Cloud-Transformation. Wie die Public Cloud Unternehmen verändert. (Reihe: Springer e-Book Collection). Wiesbaden: Springer Gabler, 2019.

Freichel, C. (Interorganisatorische Vernetzung in der Produktion):
Interorganisatorische Vernetzung in der Produktion. In: Winkelmann, A.; Flath, C.; Thiesse, F. (Hrsg.) Sharing Economy in der Industrie. Unternehmensübergreifende Auslastung von Produktionskapazitäten am Beispiel der additiven Fertigung. Wiesbaden, Heidelberg: Springer Gabler, 2021, S. 11-38.

Frick, L. (Geschäftsmodelle im Werkzeugbau):
Erfolgreiche Geschäftsmodelle im Werkzeugbau. Dissertation. RWTH Aachen. Aachen: Shaker, 2006.

Fricke, K. (Digitaltechnik):
Digitaltechnik. Lehr- und Übungsbuch für Elektrotechniker und Informatiker. 7. Auflage. Wiesbaden: Springer Vieweg, 2014.

Fritsch, M.; Krotova, A. (Der Weg zu datengetriebenen Geschäftsmodellen):
Der Weg zu datengetriebenen Geschäftsmodellen. Eine modellbasierte Analyse. Köln: Institut der deutschen Wirtschaft, 2020.

Fritsch, M.; Krotova, A. (Wie datengetrieben sind Geschäftsmodelle in Deutschland):
Wie datengetrieben sind Geschäftsmodelle in Deutschland? Analyse des Status quo. IW-Report. No. 9/2020. Köln: Institut der deutschen Wirtschaft, 2020.

Garland, R. (The Mid-Point on a Rating):
The Mid-Point on a Rating Scale. In: Marketing Bulletin. 2. Jg, 1991, Nr. 3, S. 66-70.

Gassmann, O.; Frankenberger, K.; Choudury, M. (Geschäftsmodelle entwickeln):
Geschäftsmodelle entwickeln. 55 innovative Konzepte mit dem St. Galler Business Model Navigator. München: Hanser, 2013.

Gausemeier, J.; Klocke, F.; Dülme, C.; Eckelt, D.; Kabasci, P.; Kohlhuber, M.; Schön, N.; Schröder, S.; Wellensiek, M. (Internationaler Benchmark):
Industrie 4.0 : internationaler Benchmark, Zukunftsoptionen und Handlungsempfehlungen für die Produktionsforschung. Paderborn: Heinz Nixdorf Institut, 2016.

Gehrke, W.; Winzker, M.; Woitowitz, R.; Urbanski, K. (Grundlagen der Digitaltechnik):
Digitaltechnik. Grundlagen, VHDL, FPGAs, Mikrocontroller. (Reihe: Springer-Lehrbuch). 7., überarbeitete und aktualisierte Auflage. Berlin: Springer Vieweg, 2017.

Ghaziani, A.; Ventresca, M. J. (Analysis of Business Model Public Talk):
Keywords and Cultural Change: Frame Analysis of Business Model Public Talk, 1975–2000. In: Sociol Forum. 20. Jg, 2005, Nr. 4, S. 523-559.

Gierens, H. (Digitaltechnik - Handbuch Elektrotechnik):
Digitaltechnik. In: Plaßmann, W.; Schulz, D. (Hrsg.) Handbuch Elektrotechnik. Wiesbaden: Springer Fachmedien Wiesbaden, 2016, S. 589-632.

Goertz, D. (Vernetzte adaptive Montage im Werkzeugbau):
Gestaltungsmodell für eine vernetzte adaptive Montage im Werkzeugbau. Dissertation. RWTH Aachen. Aachen: Apprimus, 2022.

Gölzer, P. (Big Data in Industrie 4.0):
Big Data in Industrie 4.0 - Eine strukturierte Aufarbeitung von Anforderungen, Anwendungsfällen und deren Umsetzung. Dissertation. Friedrich-Alexander-Universität Erlangen-Nürnberg. Erlangen, 2017.

Graberg, T. (Digitaler Schatten im Werkzeugbau):
Operationalisierung von digitalen Schatten im Werkzeugbau. Dissertation. RWTH Aachen. Aachen: Apprimus, 2023.

Greer, C.; Burns, M.; Wollman, D.; Griffor, E. (CPS and IoT):
Cyber-physical systems and internet of things. Gaithersburg, MD: National Institute of Standards and Technology, 2019.

Greiner, R.; Berger, D.; Böck, M. (Analytics und Artificial Intelligence):
Analytics und Artificial Intelligence. Datenprojekte mehrwertorientiert, agil und nachhaltig planen und umsetzen. Wiesbaden: Springer Fachmedien Wiesbaden GmbH, 2022.

Grote, K.-H. (Das Ingenieurwissen):
Das Ingenieurwissen. Berlin, Heidelberg: Springer Berlin Heidelberg, 2014.

Gudehus, T. (Logistik):
Logistik. Berlin, Heidelberg: Springer Berlin Heidelberg, 2010.

Günther, H.-O.; Tempelmeier, H. (Produktion und Logistik):
Produktion und Logistik. (Reihe: Springer-Lehrbuch). 9., aktualisierte und erw. Auflage. Berlin: Springer, 2012.

Gutenberg, E. (Betriebswirtschaftslehre):
Grundlagen der Betriebswirtschaftslehre. Berlin, Heidelberg: Springer Berlin Heidelberg, 1951.

Haberfellner, R.; Weck, O. L. d.; Fricke, E.; Vössner, S. (Systems Engineering):
Systems Engineering. Fundamentals and Applications. (Reihe: Springer eBook Collection). Cham: Birkhäuser, 2019.

Häckel, B.; Übelhör, J. (Digitale Geschäftsmodelle in der Industrie):
Digitale Geschäftsmodelle in der Industrie: Eine Analyse der Auswirkungen und Herausforderungen. In: Meinhardt, S.; Pflaum, A. (Hrsg.) Digitale Geschäftsmodelle – Band 2. Geschäftsmodell-Innovationen, digitale Transformation, digitale Plattformen, Internet der Dinge und Industrie 4.0. (Reihe: Springer eBooks Computer Science and Engineering). Wiesbaden: Springer Vieweg, 2019, S. 167-181.

Haken, H.; Schiepek, G. (Synergetik):
Synergetik in der Psychologie. Selbstorganisation verstehen und gestalten. 2., korrigierte Auflage. Göttingen: Hogrefe, 2010.

Hans Ulrich (Der allgemeine Systembegriff):
Der allgemeine Systembegriff. In: Baetge, J. (Hrsg.) Grundlagen der Wirtschafts- und Sozialkybernetik. Betriebswirtschaftliche Kontrolltheorie. (Reihe: Moderne Lehrtexte). Wiesbaden, s.l.: VS Verlag für Sozialwissenschaften, 1975, S. 33-39.

Hartmann, P. M.; Zaki, M.; Feldmann, N.; Neely, A. D. (Capturing value from big data):
Capturing value from big data - a taxonomy of data-driven business models used by start-up firms. In: IJOPM International journal of operations & production management, 2016, S. 1382-1406.

Heinen, E. (Einführung in die Betriebswirtschaftslehre):
Einführung in die Betriebswirtschaftslehre. Wiesbaden: Gabler Verlag, 1968.

Heinisch, S. (Serviceerfolgsmessung – Ein Modell zur Analyse von Service Value):
Serviceerfolgsmessung – Ein Modell zur Analyse von Service Value. In: Bruhn, M.; Hadwich, K. (Hrsg.) Service Value als Werttreiber. Konzepte, Messung und Steuerung. (Reihe: Forum Dienstleistungsmanagement). Wiesbaden: Springer Gabler, 2014, S. 115-136.

Helbig, J. (Referenzstrategien für den Werkzeugeinkauf):
Typisierung und Auswahl von Referenzstrategien für den Werkzeugeinkauf. Dissertation. RWTH Aachen. Aachen: Apprimus, 2022.

Henn, R. (Der Modellbegriff):
Der Modellbegriff in den Wirtschaftswissenschaften. In: Markt und Wettbewerb, 1987, S. 481-490.

Hensen, T. (Strategische Auslegung industrieller Werkzeugbaubetriebe):
Strategische Auslegung industrieller Werkzeugbaubetriebe. Dissertation. RWTH Aachen. Aachen: Apprimus, 2017.

Hevner, A.; Chatterjee, S. (Design Research in Information Systems):
Design Research in Information Systems. (Bd. 22). Boston, MA: Springer US, 2010.

Hippmann, S.; Klingner, R.; Leis, M. (Digitalisierung):
Digitalisierung – Anwendungsfelder und Forschungsziele. In: Neugebauer, R. (Hrsg.) Digitalisierung. Berlin, Heidelberg: Springer Berlin Heidelberg, 2018, S. 9-18.

Hirsch-Kreinsen, H.; Ittermann, P. (Digitalisierung industrieller Einfacharbeit):
Digitalisierung industrieller Einfacharbeit. In: Dobischat, R.; Käpplinger, B.; Molzberger, G.; Münk, D. (Hrsg.) Bildung 2.1 für Arbeit 4.0? (Reihe: Bildung und Arbeit). Wiesbaden: Springer Fachmedien Wiesbaden, 2019, S. 99-117.

Hoffmann, M.; Schröder, C. (Datenbasierte Geschäftsmodelle):
Datenbasierte Geschäftsmodelle – Chancen und Herausforderungen für KMU. In: Wirtschaftspolitischen Blätter. 66. Jg, 2019, Nr. 03, S. 277-287.

Hopmann, C.; Michaeli, W.; Greif, H.; Ehrig, F. (Technologie des Spritzgießens):
Technologie des Spritzgießens. Lern- und Arbeitsbuch. (Reihe: Hanser eLibrary). 4., aktualisierte Auflage. München: Carl Hanser Verlag, 2017.

Huber, A. (Geschäftsmodellinnovation in disruptiven Branchen):
Geschäftsmodellinnovation in disruptiven Branchen. Am Beispiel der Berufsfotografie. In: Wirtschaftsinformatik & Management. 13. Jg, 2021, Nr. 5, S. 376-383.

Hunke, F.; Seebacher, S.; Schuritz, R.; Illi, A. (Process Model for Data-Driven Business Model Innovation):
Towards a Process Model for Data-Driven Business Model Innovation. In: Proceedings of

2017 IEEE 19th Conference on Business Informatics (CBI). Thessaloniki, Greece, 7/24/2017 - 7/27/2017. Piscataway, NJ: IEEE, 2017, S. 150-157.

Husmann, M. (Markteinführung datenbasierter Dienstleistungen):
Erfolgsfaktoren bei der Markteinführung von datenbasierten Dienstleistungen. Im Maschinen- und Anlagenbau. Dissertation. RWTH Aachen. Aachen: Apprimus, 2020.

Iansiti, M.; Lakhani, K. R. (Competing in the age of AI):
Competing in the age of AI. Strategy and leadership when algorithms and networks run the world. Boston, Massachusetts: Harvard Business Review Press, 2020.

International Telecommunication Union (Overview of Industrial IoT):
Overview of Industrial IoT. Overview of smart manufacturing in the context of the industrial Internet of things. Recommendation ITU-T Y.4003, 2018, Nr. 6, S. 1-17.

ISTMA (Statistical Year Book 2023):
Statistical Year Book 2023. Marinha Grande: International Special Tooling & Machining Association, 2023.

Jele, H. (Wissenschaftliches Arbeiten):
Wissenschaftliches Arbeiten in Bibliotheken. Einführung für Studierende. 2. Auflage. München: De Gruyter Oldenbourg, 2003.

Josh Brownlow; Mohamed Zaki; Andy Neely; Florian Urmetzer (Data-Driven Business Models):
Data-Driven Business Models: A Blueprint for Innovation. The Competitive Advantage of the New Big Data World. University of Cambridge, 2015.

Jud, C. G.; Bosler, M.; Herzwurm, G. (Einfluss von Plattformen auf digitale Geschäftsmodelle):
Der Einfluss von Plattformen auf digitale Geschäftsmodelle von Komplementoren. In: Meinhardt, S.; Pflaum, A. (Hrsg.) Digitale Geschäftsmodelle – Band 1. (Reihe: Edition HMD). Wiesbaden: Springer Fachmedien Wiesbaden, 2019, S. 119-137.

Jüttner, U.; Windler, K.; Schäfer, A.; Zimmermann, A. (Design von Smart Services):
Design von Smart Services. Eine explorative Studie im Business-to-Business-Sektor. In: Dienstleistungen 4.0 ; Band 2: Geschäftsmodelle - Wertschöpfung - Transformation. Wiesbaden: Springer Gabler, 2017, 2017.

Kagermann, H.; Riemensperger, F.; Hoke, D.; Schuh, G.; Scheer, A.-W.; Spath, D.; Leukert, B.; Wahlster, W.; Rohleder, B.; Schweer, D. (Smart Service Welt):
Smart Service Welt – Umsetzungsempfehlungen für das Zukunftsprojekt ‚Internetbasierte Dienste für die Wirtschaft'. Abschlussbericht. Berlin: Eine Studie der acatech - Deutsche Akademie der Technikwissenschaften e. V., 2015.

Kagermann, H.; Wahlster, W.; Helbig, J. (Zukunftsprojekt Industrie 4.0):
Umsetzungsempfehlungen für das Zukunftsprojekt Industrie 4.0. Abschlussbericht des Arbeitskreises Industrie 4.0. Deutschlands Zukunft als Produktionsstandort sichern. Berlin: acatech - Deutsche Akademie der Technikwissenschaften e. V., 2013.

Kaiserau, H.-A. (Modellgestützte Geschäftsprozesse):
Modulare CIMAS® - Prozeß-Modelle zur Strukturierung von modellgestützten Geschäftsprozessen. In: Intelligente Organisationen. Konzepte für turbulente Zeiten auf der Grundlage von Systemtheorie und Kybernetik ; wissenschaftliche Jahrestagung der Gesellschaft für Wirtschafts- und Sozialkybernetik vom 2. - 4. Oktober 1997 in St. Gallen, Schweiz. (Reihe: Wirtschaftskybernetik und Systemanalyse, Bd. 19). Berlin: Duncker & Humblot, 1999, S. 189-196.

Kampe, T.; Uphaus, A. (Wachstumsfinanzierung):
Wachstumsfinanzierung. In: Haag, P. (Hrsg.) KMU- und Start-up-Management. Wiesbaden: Springer Fachmedien Wiesbaden, 2021, S. 261-307.

Kampker, A.; Frank, J.; Jussen, P. (Digitale Vernetzung im Service):
Digitale Vernetzung im Service. Wandel im Servicegeschäft zwingt Unternehmen zum Handeln. In: Zeitschrift für Studium und Forschung. 46. Jg, 2017, Nr. 5

Karrenberg, U. (Signale):
Signale – Prozesse – Systeme. Berlin, Heidelberg: Springer Berlin Heidelberg, 2017.

Katz, M. L.; Shapiro, C. (Network externalities, competition, and compatibility):
Network externalities, competition, and compatibility. In: The American economic review. 75. Jg, 1985, Nr. 3, S. 424-440.

Kelzenberg, C. (Datenstrukturmodell für den digitalen Schatten):
Datenstrukturmodell für den digitalen Schatten der Auftragsabwicklung von Werkzeugbaubetrieben. Dissertation. RWTH Aachen. Aachen: Apprimus, 2020.

Kempermann, H.; Lichtblau, K. (Dienstleistungspotenziale):
Dienstleistungspotenziale im Rahmen von Industrie 4.0. Eine Studie der vbw - Vereinigung der Bayerischen Wirtschaft e. V., 2014.

Kett, I. (Management Skills):
Management Skills. Beziehungen nutzen, Probleme lösen, effektiv kommunizieren. (Reihe: SpringerLink Bücher). Wiesbaden: Gabler, 2010.

Keuth, H. (Logik der Forschung):
Karl Poppers „Logik der Forschung". In: Franco, G. (Hrsg.) Handbuch Karl Popper. Wiesbaden: Springer Fachmedien Wiesbaden, 2019, S. 45-63.

Kleinemeier, M. (Automatisierungspyramide):
Von der Automatisierungspyramide zu Unternehmenssteuerungsnetzwerken. In: Bauernhansl, T.; Hompel, M. ten; Vogel-Heuser, B. (Hrsg.) Industrie 4.0 in Produktion, Automatisierung und Logistik. Wiesbaden: Springer Fachmedien Wiesbaden, 2014, S. 571-579.

Klocke, F. (Fertigungsverfahren 4):
Fertigungsverfahren 4. Umformen. (Reihe: VDI-Buch). 6. Auflage. Berlin, Heidelberg: Springer Vieweg, 2017.

Klocke, F.; Arntz, K. (Technologien für den Werkzeugbau):
Technologien für den Werkzeug-und Formenbau von morgen. In: Klocke, Eversheim (Hg.) – 4. Internationales Kolloquium Werkzeugbau, 2004, S. 1-26.

Klocke, F.; Bergs, T.; Bobek, T.; Huwer, T.; Liu, G.; Pothe, M.; Staasmeyer, J.-H.; Winands, K. (Vernetzte adaptive Produktion):
Vernetzte adaptive Produktion. In: Brecher, C.; Klocke, F.; Schmitt, R.; Schuh, G. (Hrsg.) Internet of Production für agile Unternehmen. AWK Aachener Werkzeugmaschinen-Kolloquium 2017, 18. bis 19. Mai. 1. Auflage. Aachen: Apprimus Verlag, 2017, S. 263-285.

Klotzbach, C. (Industrieller Werkzeugbau):
Gestaltungsmodell für den industriellen Werkzeugbau. Dissertation. RWTH Aachen. Aachen: Shaker, 2007.

Knoll, M.; Rinderle-Ma, S. (Plattformen):
Plattformen – Eine Einführung. In: HMD Praxis der Wirtschaftsinformatik. 52. Jg, 2015, Nr. 3, S. 322-336.

Koch, S. (Steigerung der Wandlungsfähigkeit):
Methodik zur Steigerung der Wandlungsfähigkeit von Fabriken im Maschinen- und Anlagenbau. Dissertation. RWTH Aachen. Aachen: Apprimus, 2011.

Kohtamäki, M.; Parida, V.; Oghazi, P.; Gebauer, H.; Baines, T. (Digital servitization business models):
Digital servitization business models in ecosystems: A theory of the firm. In: Journal of Business Research. 104. Jg, 2019, S. 380-392.

Kolz, D. (Komponenten industrieller, datenbasierter Dienstleistungen):
Komponenten industrieller, datenbasierter Dienstleistungen. Dissertation. RWTH Aachen. Aachen: Apprimus, 2019.

Komorek, N. J. (Kollaborative Wertschöpfung im Werkzeugbau):
Gestaltungsmodell für kollaborative Wertschöpfung im industriellen Werkzeugbau. Dissertation. RWTH Aachen. Aachen: Apprimus, 2014.

Kozielski, S. A. (Kennzahlensystem für den Werkzeugbau):
Integratives Kennzahlensystem für den Werkzeugbau. Dissertation. RWTH Aachen. Aachen: Apprimus, 2013.

Krebs, H.-A.; Hagenweiler, P. (Datenanonymisierung):
Datenanonymisierung im Kontext von Künstlicher Intelligenz und Big Data. Grundlagen – Elementare Techniken – Anwendung. (Reihe: Springer eBook Collection). Wiesbaden: Springer Vieweg, 2022.

Kreutzkamm, P. L.; Weber, M.-A. (Einführung digitaler Produkte im Maschinenbau):
Leitfaden zur Einführung digitaler Produkte im Maschinenbau. In: Zeitschrift für wirtschaftlichen Fabrikbetrieb. 117. Jg, 2022, Nr. 9, S. 600-604.

Kriedel, R. (Systemkompetenz für Entrepreneure):
Systemkompetenz für Entrepreneure. Wiesbaden: Springer Fachmedien, 2017.

Kubicek, H. (Heuristische Bezugsrahmen):
Heuristische Bezugsrahmen und heuristisch angelegte Forschungsdesign als Elemente einer Konstruktionsstrategie empirischer Forschung. (Reihe: Arbeitspapier, Bd. 16). Berlin: Institut für Unternehmensführung der Freien Universität Berlin, 1976.

Kuhlmann, K. K. (Gestaltung von Geschäftsprozessen):
Methodik zur Gestaltung von Geschäftsprozessen im industriellen Werkzeugbau. Dissertation. RWTH Aachen. Aachen: Apprimus, 2011.

Kuhlmann, T. (Corporate Tooling):
Corporate Tooling. Modularer Werkzeugbau als Befähiger internationaler Produktionsnetzwerke. Dissertation. RWTH Aachen. Aachen: Apprimus, 2017.

Kühn, T. (Lebenszyklusorientierte Leistungssysteme):
Lebenszyklusorientierte Leistungssysteme im Werkzeugbau. Dissertation. Rheinisch-Westfälische Technische Hochschule Aachen. Aachen: Apprimus, 2016.

Kühne, B.; Bohmann, T. (Requirements for Representing Data-Driven Business Models):
Requirements for Representing Data-Driven Business Models - Towards Extending the Business Model Canvas. In: 24th Americas Conference on Information Systems (AMCIS 2018) ; Volume 2 of 6, 2018.

Kühne, B.; Bohmann, T. (Representing Data-Driven Business):
Requirements for Representing Data-Driven Business Models - Towards Extending the Business Model Canvas. In: 24th Americas Conference on Information Systems (AMCIS 2018); Volume 2 of 6, 2018.

Kühne, B.; Böhmann, T. (Formative Evaluation of Data-Driven Business):
Formative Evaluation of Data-Driven Business Models – The Data Insight Generator. In: Tagungsband zum Hawaii International Conference on System Sciences: Hawaii International Conference on System Sciences, 2020

Laufenberg, L. (Integrierte Projektgestaltung):
Methodik zur integrierten Projektgestaltung für die situative Umsetzung des simultaneous engineering. Dissertation. RWTH Aachen. Aachen: Shaker, 1996.

Laux, H.; Gillenkirch, R. M.; Schenk-Mathes, H. Y. (Entscheidungstheorie):
Entscheidungstheorie. (Reihe: Springer-Lehrbuch). 9. Auflage. Berlin, Heidelberg: Springer Berlin Heidelberg, 2014.

Lehner, F.; Wildner, S.; Scholz, M. (Wirtschaftsinformatik):
Wirtschaftsinformatik. Eine Einführung. 2. Auflage. München Wien: Hanser, 2008.

Lemke, C. (Digitalisierung zwischen Technologie und Management):
Digitalisierung im Spannungsfeld zwischen Technologie und Management. In: Rump, J.; Eilers, S. (Hrsg.) Die vierte Dimension der Digitalisierung. Spannungsfelder in der Arbeitswelt von morgen. (Reihe: IBE-Reihe). 1. Auflage 2020. Berlin, Heidelberg: Springer Berlin Heidelberg, 2020, S. 17-41.

Likert, R. (A technique for the measurement of attitudes):
A technique for the measurement of attitudes. (Reihe: Archives of psychology, Bd. 140). New York: Columbia University, 1932.

Linacre, J. M. (Optimizing rating scale category effectiveness):
Optimizing rating scale category effectiveness. In: Journal of applied measurement. 3. Jg, 2002, Nr. 1, S. 85-106.

Linden, A.; Kart, L.; Schulte, W. R. (Portfolio of Analytics Capabilities):
Extend Your Portfolio of Analytics Capabilities. In: Gartner Report ID: G00254653, 2013.

Lüdtke, J. (Zukünftige Entwicklung im Werkzeugbau):
Marktlage und zukünftige Entwicklung im Werkzeug-, Modell- und Formenbau 2021. Göppingen, 2021.

Martens, B.; Streel, A. d.; Graef, I.; Tombal, T.; Duch-Brown, N. (Business-to-business data sharing):
Business-to-business data sharing. An economic and legal analysis. (Reihe: JRC technical report, Bd. 2020, 05). Seville: European Commission, 2020.

Maurya, A. (Running Lean):
Running Lean. Geschäftsmodelle schnell und iterativ entwickeln. (Reihe: The lean series). 2. Auflage. Heidelberg: O'Reilly, 2023.

McGrath, R. G.; Cliffe, S. (When Your Business Model is in Trouble):
When Your Business Model is in Trouble. In: Harvard business review. 89. Jg, 2011, Nr. 5, S. 96-98.

Meadows, D. H. (Thinking in systems):
Thinking in systems. A primer. White River Junction: Chelsea Green Pub, 2011.

Meffert, H.; Bruhn, M. (Dienstleistungsmarketing):
Dienstleistungsmarketing. Grundlagen, Konzepte, Methoden ; mit Fallstudien. (Reihe: Meffert Marketing Edition). 4. Auflage. Wiesbaden: Gabler, 2003.

Meffert, H.; Burmann, C.; Kirchgeorg, M. (Marketing):
Marketing. Grundlagen marktorientierter Unternehmensführung ; Konzepte - Instrumente - Praxisbeispiele. (Reihe: Meffert-Marketing-Edition). 12. Auflage. Wiesbaden: Springer Gabler, 2015.

Meier, H.; Uhlmann, E. (Hybride Leistungsbündel):
Hybride Leistungsbündel – ein neues Produktverständnis. In: Meier, H.; Uhlmann, E. (Hrsg.) Integrierte Industrielle Sach- und Dienstleistungen. Vermarktung, Entwicklung und Erbringung hybrider Leistungsbündel. Berlin, Heidelberg: Springer Berlin Heidelberg, 2012, S. 1-21.

Meise, V. (Ordnungsrahmen zur Organisationsgestaltung):
Ordnungsrahmen zur prozessorientierten Organisationsgestaltung. Modelle für das Management komplexer Reorganisationsprojekte. Dissertation. Universität Münster. Hamburg: Kovač, 2001.

Menges, G.; Michaeli, W.; Mohren, P. (Spritzgießwerkzeuge):
Spritzgießwerkzeuge. Auslegung, Bau, Anwendung. (Reihe: Hanser eLibrary). 6. Auflage. München: Hanser, 2007.

Mennig, G.; Bogensperger, H. (Werkzeuge für die Kunststoffverarbeitung):
Werkzeuge für die Kunststoffverarbeitung. Bauarten, Herstellung, Betrieb ; mit 53 Tabellen. In: Mennig, G.; Bogensperger, H. (Hrsg.). 4. Aufl. München: Hanser, 1995.

Metzger, G. (Digitale Gründer):
Digitale Gründer werden ihrer Vorreiterrolle gerecht. In: Fokus Volkswirtschaft, 2017, Nr. 157

Micheletti, G.; Raczko, N.; Moise, C.; Osimo, D.; Cattaneo, G. (European Data Market Study):
European Data Market Study 2021–2023. D2.8 Final Report on Policy Conclusions: European Commission, 2024.

Michels, J. S. (Industrial Connectivity):
Industrial Connectivity und Industrial Analytics, Kernbausteine der Fabrik der Zukunft. In: Sendler, U. (Hrsg.) Industrie 4.0 grenzenlos. (Reihe: Xpert.press). Berlin, Heidelberg: Springer Berlin Heidelberg, 2016, S. 245-270.

Mittelmann, A.; Della Schiava, M.; Dückert, S.; Terhoeven, G. (Werkzeugkasten Wissensmanagement):
Werkzeugkasten Wissensmanagement. Norderstedt: Books on Demand, 2011.

Monostori, L.; Kádár, B.; Bauernhansl, T.; Kondoh, S.; Kumara, S.; Reinhart, G.; Sauer, O.; Schuh, G.; Sihn, W.; Ueda, K. (Cyber-physical systems in manufacturing):
Cyber-physical systems in manufacturing. In: CIRP Annals. 65. Jg, 2016, Nr. 2, S. 621-641.

Müller, S. C.; Böhm, M.; Schröer, M.; Bahkirev, A.; Baiasu, B.-C.; Krcmar, H.; Welpe, I. M. (Geschäftsmodelle in der digitalen Wirtschaft):
Geschäftsmodelle in der digitalen Wirtschaft. (Reihe: Studien zum deutschen Innovationssystem, Bd. Nr. 2016, 13). Berlin: Expertenkommission Forschung und Innovation, 2016.

Mullins, J. W.; Komisar, R. (Breaking through to a better business model):
Getting to plan B. Breaking through to a better business model. Boston, Mass.: Harvard Business Press, 2010.

Neugebauer, R. (Digitale Information):
Digitale Information – der „genetische Code" moderner Technik. In: Neugebauer, R. (Hrsg.) Digitalisierung. Berlin, Heidelberg: Springer Berlin Heidelberg, 2018, S. 1-7.

Neuhausen, J. (Gestaltung modularer Produktionssysteme):
Methodik zur Gestaltung modularer Produktionssysteme für Unternehmen der Serienproduktion. Dissertation. RWTH Aachen. Aachen, 2002.

Nickerson, R. C.; Varshney, U.; Muntermann, J. (A method for taxonomy development in information systems):
A method for taxonomy development and its application in information systems. In: European Journal of Information Systems. 22. Jg, 2013, Nr. 3, S. 336-359.

Nicola Terrenghi (Business Model Management in Offline-Born Organizations):
Design, Implement, Repeat: Essays on Business Model Management in Offline-Born Organizations. Dissertation. University of Lausanne, 2019.

Ochel, T. (Prognostik zur Resilienzsteigerung):
Prognostik zur Resilienzsteigerung im Werkzeugbau. Dissertation. RWTH Aachen. Aachen: Apprimus, 2023.

Österle, H.; Riehm, R.; Vogler, P. (Middleware):
Middleware. Wiesbaden: Vieweg+Teubner Verlag, 1996.

Osterwalder, A.; Pigneur, Y. (Business Model Generation):
Business Model Generation. Ein Handbuch für Visionäre, Spielveränderer und Herausforderer. Frankfurt: Campus Verlag, 2011.

Osterwalder, A.; Smith, A.; Bernarda, G.; Pigneur, Y. (Value proposition design):
Value proposition design. Entwickeln Sie Produkte und Services, die Ihre Kunden wirklich wollen. (Reihe: Business 2015). Frankfurt: Campus Verlag, 2015.

Parker, G.; van Alstyne, M.; Choudary, S. P. (Platform revolution):
Platform revolution. How networked markets are transforming the economy - and how to make them work for you. New York: W. W. Norton & Company, 2016.

Parvinen, P.; Pöyry, E.; Gustafsson, R.; Laitila, M.; Rossi, M. (Advancing Data Monetization):
Advancing Data Monetization and the Creation of Data-based Business Models. In: CAIS. 47. Jg, 2020, Nr. 1, S. 25-49.

Passlick, J.; Dreyer, S.; Olivotti, D.; Grützner, L.; Eilers, D.; Breitner, M. H. (Internet of things enabled business model: A taxonomy):

Predictive maintenance as an internet of things enabled business model: A taxonomy. In: Electron Markets. 31. Jg, 2021, Nr. 1, S. 67-87.

Patzak, G. (Systemtechnik):
Systemtechnik - Planung komplexer innovativer Systeme. Grundlagen, Methoden, Techniken. Berlin, Heidelberg: Springer Berlin Heidelberg, 1982.

Pfeiffer, A. (Service-oriented Business Model-Framework):
Service-oriented Business Model-Framework - die Entwicklung von Geschäftsmodellen in digital transformierenden Ökosystemen am Beispiel der Elektromobilität. Dissertation. RWTH Aachen University. Göttingen: Cuvillier Verlag, 2018.

Pitsch, M. (Kompetenzfeldbasierte Vernetzung):
Kompetenzfeldbasierte Vernetzung von Werkzeugbaustandorten. Zugl.: Aachen, Techn. Hochsch., Diss., 2014. (Reihe: Edition Wissenschaft Apprimus, Bd. 2014,14). 1. Aufl. Aachen: Apprimus Verlag, 2014.

Popper, K. (Die Logik der Sozialwissenschaften):
Die Logik der Sozialwissenschaften. In: Kölner Zeitschrift für Soziologie und Sozial-Psychologie. 14. Jg, 1962, S. 233-248.

Porter, M. E. (Competitive strategy):
Competitive strategy. Techniques for analyzing industries and competitors. New York: Free Press, 1998.

Rat der Wirtschaftsweisen (Transformation gestalten):
Transformation gestalten: Bildung, Digitalisierung und Nachhaltigkeit. Jahresgutachten 21/22. (Reihe: Jahresgutachten / Sachverständigenrat zur Begutachtung der Gesamtwirtschaftlichen Entwicklung, Bd. 21/22). Wiesbaden: Statistisches Bundesamt, 2021.

Reim, W.; Parida, V.; Örtqvist, D. (A systematic literature review of Product–Service Systems):
Product–Service Systems (PSS) business models and tactics – a systematic literature review. In: Journal of Cleaner Production. 97. Jg, 2015, Pages 61-75.

Reinhart, G.; Zühlke, D. (Von CIM zu Industrie 4.0):
Von CIM zu Industrie 4.0. In: Reinhart, G. (Hrsg.) Handbuch Industrie 4.0. München: Carl Hanser Verlag GmbH & Co. KG, 2017, S. XXXI-XL.

Reinsel, D.; Gantz, J.; Rydning, J. (The Digitization of the World):
The Digitization of the World. From Edge to Core. Framingham, 2018.

Reynolds, E. B.; Uygun, Y. (Strengthening advanced manufacturing):
Strengthening advanced manufacturing innovation ecosystems: The case of Massachusetts. In: Technological Forecasting and Social Change. 136. Jg, 2018, S. 178-191.

Ries, E. (The Lean Startup):
The lean startup. How today's entrepreneurs use continuous innovation to create radically successful businesses. 1st ed. New York: Crown Business, 2014.

Riesener, M.; Schuh, G.; Dölle, C.; Tönnes, C. (The Digital Shadow):
The Digital Shadow as Enabler for Data Analytics in Product Life Cycle Management. In: Procedia CIRP. 80. Jg, 2019, S. 729-734.

Ritz, P. (Bewertung technischer Änderungen):
Bewertung technischer Änderungen im Werkzeugbau. Dissertation. RWTH Aachen. Aachen: Shaker, 1999.

Roh, P. (Datengetriebene Verbesserung von Produktionsabläufen):
Methoden zur datengetriebenen Lokalisierung des Verbesserungspotentials in Produktionsabläufen. Dissertation. ETH Zürich, 2019.

Rohde, M.; Bürger, M.; Peneva, K.; Mock, J. (Datenwirtschaft und Datentechnologie):
Datenwirtschaft und Datentechnologie. Wie aus Daten Wert entsteht. In: Rohde, M.; Bürger, M.; Peneva, K.; Mock, J. (Hrsg.). (Reihe: Springer eBook Collection). 1st ed. 2022. Berlin, Heidelberg: Springer Berlin Heidelberg; Imprint Springer Vieweg, 2022.

Romero, D.; Galeano, N.; Molina, A. (Assessing organisations' readiness for collaboration):
Mechanisms for assessing and enhancing organisations' readiness for collaboration in collaborative networks. In: International Journal of Production Research. 47. Jg, 2009, Nr. 17, S. 4691-4710.

Rose, K.; Eldridge, S.; Chapin, L. (The Internet of Things: An Overview):
The Internet of Things: An Overview. Understanding the Issues and Challenges of a More Connected World: Whitepaper der Internet Society (ISOC), 2015.

Roth-Dietrich, G.; Gröschel, M. (Matching zwischen Geschäftsmodellmustern):
Matching zwischen innovativen Geschäftsmodellmustern und IT-Wirkungsbereichen. In: Barton, T.; Müller, C.; Seel, C. (Hrsg.) Digitalisierung in Unternehmen. (Reihe: Angewandte Wirtschaftsinformatik). Wiesbaden: Springer Fachmedien Wiesbaden, 2018, S. 87-109.

Ruhnke, K. (Bezugsrahmen):
Nutzen von Abschlussprüfungen: Bezugsrahmen und Einordnung empirischer Studien. In: Schmalenbach journal of business research. 55. Jg, 2003, Nr. 3, S. 250-280.

Rusche, C.; Scheufen, M. (Frameworks in the Digital Economy):
On (Intellectual) Property and other Legal Frameworks in the Digital Economy. An Economic Analysis of the Law. Köln: Institut der deutschen Wirtschaft, 2018.

Sahlman, W. A. (Business Plan):
How to write a great business plan. In: Harvard business review. 75. Jg, 1997, Nr. 4, S. 98-108.

Salmen, M. (Digital vernetzter Shopfloor):
Gestaltungsmodell für den digital vernetzten Shopfloor im Werkzeugbau. Dissertation. RWTH Aachen. Aachen: Apprimus, 2016.

Sandberg, B. (Wissenschaftlich Arbeiten):
Wissenschaftlich Arbeiten von Abbildung bis Zitat. Lehr- und Übungsbuch für Bachelor, Master und Promotion. 2. Auflage. München: Oldenbourg, 2013.

Sandikçi, S. (Kooperationen mit Start-ups):
Kooperationen mit Start-ups. In: Zeitschrift für wirtschaftlichen Fabrikbetrieb. 116. Jg, 2021, Nr. 12, S. 895-898.

Schade, F. (Age of the Customer):
Age of the Customer: Interne und externe Daten zur Beschreibung von Zielkunden und ihre Eignung für die Marktsegmentierung. In: Schade, F.; Georgy, U. (Hrsg.) Praxishandbuch Informationsmarketing: De Gruyter, 2018, S. 71-90.

Schallmo, D.; Rusnjak, A. (Digitale Transformation von Geschäftsmodellen):
Roadmap zur Digitalen Transformation von Geschäftsmodellen. In: Schallmo, D.; Rusnjak, A.; Anzengruber, J.; Werani, T.; Lang, K. (Hrsg.) Digitale Transformation von Geschäftsmodellen. Grundlagen, Instrumente und Best Practices. (Reihe: Schwerpunkt Business Model Innovation). 2. Auflage. Wiesbaden, Heidelberg: Springer Gabler, 2021, S. 1-36.

Schanz, G. (Grundfragen der Führungsforschung):
Wissenschaftstheoretische Grundfragen der Führungsforschung. In: Kieser, A. (Hrsg.) Handwörterbuch der Führung. HWFü. (Reihe: Enzyklopädie der Betriebswirtschaftslehre, Bd. 10). Stuttgart: Poeschel, 1987.

Schmalenbach-Gesellschaft (Systems Selling):
Systems Selling. Ergebnis des Arbeitskreises "Marketing in der Investitionsgüterindustrie". In: Zeitschrift für betriebswirtschaftliche Forschung. 27. Jg, 1975, 753–769

Schmidt, A. (Überlegene Geschäftsmodelle):
Überlegene Geschäftsmodelle. Wertgenese und Wertabschöpfung in turbulenten Umwelten. Dissertation. Universität Potsdam. Wiesbaden: Springer, 2015.

Schneider, M. (Lean und Industrie 4.0):
Lean und Industrie 4.0. Eine Digitalisierungsstrategie auf Basis des Wertstroms. (Reihe: Hanser eLibrary). München: Hanser, 2019.

Schrage, M. (The innovator's hypothesis):
The innovator's hypothesis. How cheap experiments are worth more than good ideas. (Reihe: Business/Innovation). Cambridge, Mass.: MIT Press, 2014.

Schroeder, R. (Big data business models):
Big data business models: Challenges and opportunities. In: Cogent Social Sciences. 2. Jg, 2016, Nr. 1

Schuh, G.; Anderl, R.; Gausemeier, J.; Hompel, M. ten; **Wahlster, W. (Industrie 4.0 Maturity Index):**

Industrie 4.0 Maturity Index. Die digitale Transformation von Unternehmen gestalten. (Reihe: acatech STUDIE). München: Herbert Utz, 2017.

Schuh, G.; Boos, W.; Kelzenberg, C.; Lange, J. de; **Stracke, F.; Helbig, J.; Boshof, J.; Ebbecke, C. (Industrie 4.0: Implement it!):**
Industrie 4.0: Implement it! Ein Leitfaden zur erfolgreichen Implementierung von Industrie 4.0-Lösungen. 1. Auflage. Aachen: Werzeugmaschinenlabor WZL der RWTH Aachen, 2018.

Schuh, G.; Boos, W.; Kuhlmann, K.; Rittstieg, M. (Operative Exzellenz im Werkzeug):
Operative Exzellenz im Werkzeug- und Formenbau. 1. Auflage. Aachen: Apprimus, 2010.

Schuh, G.; Boos, W.; Rittstieg, M.; Schittny, B. (Vom Werkzeughersteller zum globalen Dienstleister):
Vom Werkzeughersteller zum globalen Dienstleister. In: Zeitschrift für wirtschaftlichen Fabrikbetrieb. 105. Jg, 2010, Nr. 5, S. 416-420.

Schuh, G.; Breit, S.; Echterfeld, J.; Graberg, T.; Kreutzer, R.; Manz, S.; Michaelis, M.; Patzwald, M.; Pieper, T.; Schön, N.; Volm, M. (Datengetriebene Geschäftsmodelle implementieren):
Value Capture - Datengetriebene Geschäftsmodelle erfolgreich in produzierenden Unternehmen implementieren. In: Internet of Production - Turning Data into Value : Statusberichte aus der Produktionstechnik: Fraunhofer-Gesellschaft, 2020, S. 36-56.

Schuh, G.; Brettel, M.; Prote, J.-P.; Gützlaff, A.; Sauermann, F.; Thomas, K.; Piel, M. (Data-Based Business Models):
From a Theory of Production to Data-Based Business Models. In: Ameri, F.; Stecke, K. E.; Cieminski, G. von; Kiritsis, D. (Hrsg.) Advances in Production Management Systems. Towards Smart Production Management Systems. (Reihe: IFIP Advances in Information and Communication Technology). Cham: Springer International Publishing, 2019, S. 277-284.

Schuh, G.; Doelle, C.; Schloesser, S. (Agile Prototyping for technical systems):
Agile Prototyping for technical systems – Towards an adaption of the Minimum Viable Product principle. In: Proceedings of NordDesign 2018. Scotland: The Design Society, 2018

Schuh, G.; Gudergan, G.; Kampker, A. (Management industrieller Dienstleistungen):
Management industrieller Dienstleistungen. Berlin, Heidelberg: Springer Berlin Heidelberg, 2016.

Schuh, G.; Jordan, F.; Maasem, C.; Zeller, V. (Industrie 4.0 - Implikationen für produzierende Unternehmen):
Industrie 4.0. Implikationen für produzierende Unternehmen. In: Digitale Transformation im Unternehmen gestalten. München: Hanser, 2016, 2016.

Schuh, G.; Kelzenberg, C.; Boshof, J.; Graberg, T.; Ochel, T. (Strategien der Datenmonetarisierung):

Strategien der Datenmonetarisierung in produzierenden Unternehmen. In: Trauth, D.; Bergs, T.; Prinz, W. (Hrsg.) Monetarisierung von technischen Daten. Innovationen aus Industrie und Forschung. Berlin, Heidelberg: Springer Vieweg, 2021, S. 143-165.

Schuh, G.; Kelzenberg, C.; Wiese, J.; Stracke, F. (Industry 4.0 implementation framework):
Industry 4.0 implementation framework for the producing industry. In: Journal of Advances in Technology and Engineering Research. 4. Jg, 2018, Nr. 2, S. 79-90.

Schuh, G.; Pitsch, M.; Kühn, T. (Customer Integration):
Customer Integration to Gain Cost Efficiency Alongside Tool's Life Cycle. In: Procedia CIRP. 29. Jg, 2015, S. 275-280.

Schuh, G.; Salmen, M.; Jussen, P.; Riesener, M.; Zeller, V.; Hensen, T.; Begovic, A.; Birkmeier, M.; Hocken, C.; Jordan, F.; Kantelberg, J.; Kelzenberg, C.; Kolz, D.; Maasem, C.; Siegers, J.; Stark, M.; Tönnes, C. (Geschäftsmodell-Innovation):
Geschäftsmodell-Innovation. In: Reinhart, G. (Hrsg.) Handbuch Industrie 4.0. München: Carl Hanser Verlag GmbH & Co. KG, 2017, S. 1-29.

Schuh, G.; Schmidt, C. (Produktionsmanagement):
Produktionsmanagement. Berlin, Heidelberg: Springer Berlin Heidelberg, 2014.

Schuh, G.; Stich, V. (Produktionsplanung und -steuerung):
Produktionsplanung und -steuerung 2. Berlin, Heidelberg: Springer Berlin Heidelberg, 2012.

Schuh, G.; Stich, V.; Basse, F.; Franzkoch, B.; Harzenetter, F.; Luckert, M.; Prote, J.; Reschke, J.; Schmitz, S.; Tücks, G.; Weißkopf, J. (Change Requests):
Change Requests. In: Brecher, C.; Klocke, F.; Schmitt, R.; Schuh, G. (Hrsg.) Internet of Production für agile Unternehmen. AWK Aachener Werkzeugmaschinen-Kolloquium 2017, 18. bis 19. Mai. 1. Auflage. Aachen: Apprimus Verlag, 2017, S. 109-131.

Schuh, G.; Varnhagen, V.; Pitsch, M.; Kuhlmann, K.; Komorek, N. J.; Stich, C.; Bechtold, J.; Lauenstein, C. (Digitale Wertschöpfungsnetzwerke im Werkzeugbau):
Fokus Automobilindustrie. Digitale Wertschöpfungsnetzwerke im Werkzeugbau. 1. Auflage. Aachen: Apprimus, 2013.

Schuler GmbH (Handbuch der Umformtechnik):
Handbuch der Umformtechnik. (Reihe: Springer eBook Collection). Berlin, Heidelberg: Springer Berlin Heidelberg, 1996.

Schultes, T. K. (Digitale Lieferantenvernetzung):
Gestaltungsmodell zur digitalen Vernetzung von Werkzeugbaubetrieben mit Lieferanten. Dissertation. RWTH Aachen. Aachen: Apprimus, 2020.

Schulz, E.; Sachs, A. (Geschäftsmodellinnovation eines mittelständischen Behälterherstellers):
Geschäftsmodellinnovation eines mittelständischen Behälterherstellers: Einblicke in die

Anforderungsphase. In: Becker, W.; Eierle, B.; Fliaster, A.; Ivens, B. S.; Leischnig, A.; Pflaum, A.; Sucky, E. (Hrsg.) Geschäftsmodelle in der digitalen Welt. Strategien, Prozesse und Praxiserfahrungen. Korrigierte Publikation. Wiesbaden, Germany: Springer Gabler, 2019, S. 603-617.

Schuritz, R.; Satzger, G. (Data-Infused Business Model Innovation):
Patterns of Data-Infused Business Model Innovation. In: Tagungsband zum 2016 IEEE 18th Conference on Business Informatics (CBI). Paris, France, 29.08.2016 - 01.09.2016: IEEE, 2016, S. 133-142.

Schweihoff, J.; Jussen, I.; Dahms, V.; Möller, F.; Otto, B. (A Taxonomy of Data Sharing Business Models):
How to Share Data Online (fast) – A Taxonomy of Data Sharing Business Models. In: Proceedings of the 56th Hawaii International Conference on System Sciences (HICSS), 2023.

Sendler, U. (Industrie 4.0 - Beherrschung industrieller Komplexität):
Industrie 4.0. Beherrschung der industriellen Komplexität mit SysLM (System Lifecycle Management). In: Sendler, U. (Hrsg.) Industrie 4.0. Beherrschung der industriellen Komplexität mit SysLM. (Reihe: Xpert.press). Berlin, Heidelberg: Springer Vieweg, 2013, S. 1-20.

Sendler, U. (Industrie 4.0 grenzenlos):
Industrie 4.0 grenzenlos. Berlin, Heidelberg: Springer Berlin Heidelberg, 2016.

Shy, O. (The economics of network industries):
The economics of network industries. First published. Cambridge: Cambridge University Press, 2001.

Sisinni, E.; Saifullah, A.; Han, S.; Jennehag, U.; Gidlund, M. (Industrial Internet of Things):
Industrial Internet of Things: Challenges, Opportunities, and Directions. In: IEEE Transactions on Industrial Informatics. 14. Jg, 2018, Nr. 11, S. 4724-4734.

Stachowiak, H. (Allgemeine Modelltheorie):
Allgemeine Modelltheorie. Wien, New York: Springer, 1973.

Stähler, P. (Geschäftsmodelle in der digitalen Ökonomie):
Geschäftsmodelle in der digitalen Ökonomie. Merkmale, Strategien und Auswirkungen. Dissertation. Universität St. Gallen. Lohmar: Josef Eul, 2001.

Steier, G.; Peukert, S.; Lanza, G. (Digital Business Model in Global Production):
An Integrated Approach for Developing Production Strategy and Digital Business Model in Global Production. In: Behrens, B.-A.; Brosius, A.; Drossel, W.-G.; Hintze, W.; Ihlenfeldt, S.; Nyhuis, P. (Hrsg.) Production at the Leading Edge of Technology. (Reihe: Lecture Notes in Production Engineering). Cham: Springer International Publishing, 2022, S. 666-674.

Steinhoff, H. G. (Betriebliche Entscheidungsprozesse):
Betriebliche Entscheidungsprozesse. Dynamische Probleme in d. Materialwirtschaft. (Reihe: (Reihe Wirtschaftswissenschaften, Bd. 226)). Thun, Frankfurt a.M.: Deutsch, 1981.

Stich, V.; Moser, B.; Frank, J.; Faulhaber, M. (Digitale Geschäftsmodelle in der produzierenden Industrie):
Digitale Geschäftsmodelle in der produzierenden Industrie. Status quo der Industrie – Von digitalisierten Prozessen bis zu digitalen Geschäftsmodellen. Aachen: FIR e.V. an der RWTH Aachen, 2019.

Stracke, F. (Serienanlauf von Werkzeugen):
Gestaltungsmodell für den vernetzten und synchronisierten Serienanlauf von Werkzeugen. Dissertation. RWTH Aachen. Aachen: Apprimus, 2021.

Strahringer, S. (Modelle und Metamodellierung):
Modelle und Metamodellierung. In: Benker, T.; Jürck, C.; Wolf, M. (Hrsg.) Geschäftsprozessorientierte Systementwicklung. Wiesbaden: Springer Fachmedien Wiesbaden, 2016, S. 11-23.

Strahringer, S.; Wiener, M. (Datengetriebene Geschäftsmodelle - Konzeptuelles Rahmenwerk):
Datengetriebene Geschäftsmodelle. Konzeptuelles Rahmenwerk, Praxisbeispiele und Forschungsausblick. In: HMD Praxis der Wirtschaftsinformatik. 58. Jg, 2021, Nr. 3, S. 457-476.

Straßburg, S.; Beckmann, H. (Datenwirtschaft und Datenwertschöpfungsketten):
Datenwirtschaft und Datenwertschöpfungsketten – Eine systematische Übersicht. In: Wirtschaftsinformatik 2022 Proceedings, 2022, Nr. 3

Strunk, G.; Schiepek, G. (Systemische Psychologie):
Systemische Psychologie. Eine Einführung in die komplexen Grundlagen menschlichen Verhaltens. 1. Auflage. München: Elsevier Spektrum Akad. Verl., 2006.

Tomczak, T. (Forschungsmethoden):
Forschungsmethoden in der Marketingwissenschaft. Ein Plädoyer für den qualitativen Forschungsansatz. In: Marketing ZFP. 14. Jg, 1992, Nr. 2, S. 77-87.

Trauth, D.; Bergs, T.; Prinz, W. (Monetarisierung von technischen Daten):
Monetarisierung von technischen Daten. Innovationen aus Industrie und Forschung. In: Trauth, D.; Bergs, T.; Prinz, W. (Hrsg.). Berlin: Springer Vieweg, 2021.

Turnbull, P. W.; Valla, J.-P. (Strategic Planning in Industrial Marketing):
Strategic Planning in Industrial Marketing: An Interaction Approach. In: European Journal of Marketing. 20. Jg, 1986, Nr. 7, S. 5-20.

Ulrich, H. (Die Unternehmung als System):
Die Unternehmung als produktives soziales System. Grundlagen der allgemeinen Unternehmungslehre. (Reihe: Schriftenreihe Unternehmung und Unternehmungsführung, Bd. 1). Bern: Haupt, 1968.

Ulrich, H. (Der systemorientierte Ansatz):
Der systemorientierte Ansatz in der Betriebswirtschaftslehre. In: Kortzfleisch, G. von (Hrsg.) Wissenschaftsprogramm und Ausbildungsziele der Betriebswirtschaftslehre. Bericht von der wissenschaftlichen Tagung in St. Gallen vom 2. - 5. Juni 1971. (Reihe: Tagungsberichte des Verbandes der Hochschullehrer für Betriebswirtschaft e.V, Bd. 1). Berlin: Duncker & Humblot, 1971, S. 43-60.

Ulrich, H. (Management):
Management. (Reihe: Schriftenreihe Unternehmung und Unternehmungsführung, Bd. 13). Bern: Haupt, 1984.

Ulrich, P.; Hill, W. (Wissenschaftstheoretische Grundlagen):
Wissenschaftstheoretische Grundlagen der Betriebswirtschaftslehre (Teil I). In: Wirtschaftswissenschaftliches Studium: Zeitschrift Für Studium Und Forschung. 5. Jg, 1976, Nr. 8, S. 304-309.

Varian, H. R. (Grundzüge der Mikroökonomik):
Grundzüge der Mikroökonomik. (Reihe: De Gruyter Studium). 9., aktualisierte und erweiterte Auflage. Berlin, Boston: De Gruyter Oldenbourg, 2016.

Veit, D. J.; Steininger, D. M. (Terminologische Diffusion von Geschäftsmodellen):
Geschäftsmodelle als Thema der Wirtschaftsinformatik: Grundlagen, Begriffswelten und terminologische Diffusion. (Reihe: Working papers / Ludwig-Maximilians-Universität, Institut für Wirtschaftsinformatik und Neue Medien, Bd. 1/2012). Augsburg: Universität Augsburg; Ludwig-Maximilians-Universität München, 2012.

Verein Deutscher Ingenieure e. V. (VDI 2815):
VDI 2815. Begriffe für die Produktionsplanung und -steuerung = Terms of production engineering and control. Berlin: Beuth

Voigt, K.-I.; M. Müller, J. (Digital Business Models in Industrial Ecosystems):
Digital Business Models in Industrial Ecosystems. Lessons Learned from Industry 4.0 Across Europe. In: Voigt, K.-I.; M. Müller, J. (Hrsg.). (Reihe: Future of Business and Finance). 1st ed. 2021. Cham: Springer International Publishing; Imprint Springer, 2021.

Weiber, R.; Mohr, L.; Weiber, T. (Butler-Services):
Butler-Services als Dienstleistungen 4.0 zur Entlastung von Konsumenten in ihren Alltagsprozessen. In: Bruhn, M.; Hadwich, K. (Hrsg.) Dienstleistungen 4.0. Wiesbaden: Springer Fachmedien Wiesbaden, 2017, S. 61-96.

Weinreich, U. (Lean Digitization):
Lean Digitization. Digitale Transformation Durch Agiles Management. Berlin, Heidelberg: Springer Berlin Heidelberg, 2016.

Weiser, M. (The computer for the 21 st century):
The computer for the 21 st century. In: ACM SIGMOBILE Mobile Computing and Communications Review. 3. Jg, 1999, Nr. 3, S. 3-11.

Weking, J.; Hein, A.; Böhm, M.; Krcmar, H. (A hierarchical taxonomy of business model patterns):
A hierarchical taxonomy of business model patterns. In: Electron Markets. 30. Jg, 2020, Nr. 3, S. 447-468.

Weller, W. (Das Systemkonzept):
Das Systemkonzept - ein produktiver Lösungsansatz zur Behandlung technischer und natürlicher Systeme. Humboldt-Universität zu Berlin, 2012.

Wentz, R.-C. (Die Innovationsmaschine):
Die Innovationsmaschine. Wie die weltbesten Unternehmen Innovationen managen. 1. Auflage. Berlin, Heidelberg: Springer, 2008.

Westkämper, E.; Warnecke, H.-J. (Einführung in die Fertigungstechnik):
Einführung in die Fertigungstechnik. (Reihe: Springer eBook Collection Computer Science and Engineering). 6. Auflage. Wiesbaden: Vieweg+Teubner Verlag, 2004.

Williams, K.; Chatterjee, S.; Rossi, M. (Design of Emerging Digital Services: A Taxonomy):
Design of Emerging Digital Services: A Taxonomy. In: Hevner, A.; Chatterjee, S. (Hrsg.) Design Research in Information Systems. (Reihe: Integrated Series in Information Systems). Boston, MA: Springer US, 2010, S. 235-253.

Willke, H. (Systemtheorie):
Systemtheorie. Systemtheorie 1. Grundlagen: Eine Einführung in die Grundprobleme der Theorie sozialer Systeme. (Reihe: UTB, Bd. 1161). 7. Auflage. Konstanz: UVK-Verl.-Ges, 2006.

Winzer, P. (Generic systems engineering):
Generic systems engineering. Ein methodischer Ansatz zur Komplexitätsbewältigung. 2. Auflage. Berlin, Heidelberg: Springer Vieweg, 2016.

Wirtz, B. W. (Business Model Management):
Business Model Management. Design - Instrumente - Erfolgsfaktoren von Geschäftsmodellen. 1. Auflage. Wiesbaden: Gabler, 2010.

Woratschek, H.; Roth, S. (Bestimmung des Kundenwerts):
Die Ermittlung von Preisbereitschaften und Preisreaktionen als Basis zur Bestimmung des Kundenwerts. In: Günter, B.; Helm, S. (Hrsg.) Kundenwert. Wiesbaden: Gabler Verlag, 2006, S. 369-395.

WZL/IPT (Datenbank Werkzeugbau):
Datenbank Werkzeugbau. Gemeinsame Datenbank des Werkzeugmaschinenlabors WZL der RWTH Aachen und des Fraunhofer-Instituts für Produktionstechnik IPT, 2024.

Ziegenfuss, K. (Bewertung innovativer Geschäftsmodelle):
Bewertung innovativer Geschäftsmodelle. Dissertation. TU Chemnitz. Chemnitz: Universitätsverlag, 2020.

Zimmermann, E. (Das Experiment):
Das Experiment in den Sozialwissenschaften. (Reihe: Teubner-Studienskripten Studienskripten zur Soziologie, Bd. 37). Stuttgart: Teubner, 1972.

Ziskoven, H. (Auftragseinplanung einer getakteten Fertigung):
Methodik zur Gestaltung und Auftragseinplanung einer getakteten Fertigung im Werkzeugbau. Dissertation. RWTH Aachen. Aachen: Apprimus, 2013.

Zollenkop, M. (Geschäftsmodellinnovation):
Geschäftsmodellinnovation. Initiierung eines systematischen Innovationsmanagements für Geschäftsmodelle auf Basis lebenszyklusorientierter Frühaufklärung. (Reihe: Schriften zum europäischen Management). Wiesbaden: Gabler, 2006.

Zolnowski, A.; Christiansen, T.; Gudat, J. (Data-Driven Innovations):
Business Model Transformation Patterns of Data-Driven Innovations. In: Tagungsband zum European Conference on Information Systems (ECIS 2016). Istanbul, 2016

Zwicker, R. (Kostenfaktor oder Erfolgsgeheimnis):
Kostenfaktor oder Erfolgsgeheimnis): Der interne Werkzeugbau als Keimzelle des Unternehmenserfolgs. In: Plastverarbeiter. 10. Jg, 2009, Nr. 9, S. 12-14.

Zwicky, F. (Morphologisches Weltbild):
Entdecken - Erfinden - Forschen im morphologischen Weltbild. (Reihe: Knaur-Taschenbücher, Bd. 264). München: Droemer Knaur, 1971.

In der Reihe **Ergebnisse aus der Produktionstechnik** zuletzt erschienen:

Klee, Lukas:
Auslegung des Druckprozesses beim Binder Jetting zur Herstellung von Verzahnungen mit hoher Zahnfußtragfähigkeit
ISBN: 978-3-98555-299-3
Erscheinungsdatum: 02.09.2025

Lee, Tae Hun:
Messung und Modellierung der thermo-elastischen Abweichungen von fünfachsigen Werkzeugmaschinen
ISBN: 978-3-98555-294-8
Erscheinungsdatum: 12.08.2025

Welschof, Lukas:
Ermüdungsfestigkeit drahtfunkenerodierter Nickelbasiswerkstoffe für Triebwerksanwendungen
ISBN: 978-3-98555-287-0
Erscheinungsdatum: 10.06.2025

Chhor, Jimmy:
Cyclic Procedure Model for the Continuous Optimization of Digital Business Processes
ISBN: 978-3-98555-271-9
Erscheinungsdatum: 24.03.2025

Pullen, Thomas Wilhelm:
Überwachung des Verschleißzustandes von Bohrwerkzeugen mithilfe von Körperschallsignalen
ISBN: 978-3-98555-268-9
Erscheinungsdatum: 04.03.2025

Adlon, Katharina:
Montageplanung für Verlagerungen unter Berücksichtigung kulturbedingter Unterschiede
ISBN: 978-3-98555-256-6
Erscheinungsdatum: 03.02.2025

Trisjono, Julian Andreas:
Methodik zur Einführung datengetriebener Geschäftsmodelle im Werkzeugbau
ISBN: 978-3-98555-298-6
Erscheinungsdatum: 02.09.2025

Schollemann, Alexander:
Strategische Ausrichtung nachhaltiger Produktionsnetzwerke
ISBN: 978-3-98555-293-1
Erscheinungsdatum: 15.07.2025

Spindler, Sarah:
Multi-Source Energy Harvesting for Wireless IIoT Sensors
ISBN: 978-3-98555-285-6
Erscheinungsdatum: 02.06.2025

Mendl-Heinisch, Michael:
Bewertung technischer Produktänderungen mittels prädiktiver Datenanalyse
ISBN: 978-3-98555-267-2
Erscheinungsdatum: 24.03.2025

Lauf, Hendrik:
Identifizierung von Innovationspotenzialen durch die semantische Modellierung des Produktumfelds
ISBN: 978-3-98555-251-1
Erscheinungsdatum: 24.02.2025

Sohnius, Felix:
Integriertes Qualitäts- und Nachhaltigkeitsmanagement im Aachener Qualitätsmanagement Modell
ISBN: 978-3-98555-257-3
Erscheinungsdatum: 03.02.2025

Edition Wissenschaft
Apprimus

Kunze, Rouwen Elia:
Low Coherence Interferometry for Depth Monitoring in Water Jet Guided Laser Micro Machining
ISBN: 978-3-98555-247-4
Erscheinungsdatum: 27.01.2025

Haase, Bernd:
Datenbasierte Werkzeuglebenszykluskostenanalyse
ISBN: 978-3-98555-255-9
Erscheinungsdatum: 20.01.2025

Ruschitzka, Christina:
Funktionsorientierte Ökologieanalyse im Maschinen- und Anlagenbau
ISBN: 978-3-98555-252-8
Erscheinungsdatum: 08.01.2025

Steinert, Alexander:
Modellprädiktive Regelung aktiver Kühlsysteme von Werkzeugmaschinen zur Kompensation thermo-elastischer Verlagerungen
ISBN: 978-3-98555-245-0
Erscheinungsdatum: 26.11.2024

Voet, Henning:
Ermittlung der Qualitätskosten bei Bauteilen mit unsicherheitsbehafteten geometrischen Merkmalen durch additiv gefertigte Prozessprototypen in Kleinserien
ISBN: 978-3-98555-242-9
Erscheinungsdatum: 17.10.2024

Föhlisch, Nils:
Klassifikationsbasierte Planung flexibler, flussorientierter Mixed-Model-Montagestrukturen
ISBN: 978-3-98555-231-3
Erscheinungsdatum: 16.09.2024

Küpper, Ugur:
Data-driven Model for Process Evaluation in Wire EDM
ISBN: 978-3-98555-260-3
Erscheinungsdatum: 27.01.2025

Krug, Marius:
Reduzierung der Fertigungsprogrammvarianz mittels datenbasierter Ähnlichkeitsanalyse
ISBN: 978-3-98555-253-5
Erscheinungsdatum: 20.01.2025

Schlosser, Tino X.:
Gestaltung des Zentralisierungsgrads im Produktionsmanagement globaler Produktionsnetzwerke
ISBN: 978-3-98555-248-1
Erscheinungsdatum: 17.12.2024

Mueller, Aleksandra:
Assistenzsystem zur wissensbasierten Steuerungsrekonfiguration für robotergestützte Automatisierungsprozesse
ISBN: 978-3-98555-244-3
Erscheinungsdatum: 28.10.2024

Latz, Tim:
Methodik zur Förderung von Deep-Tech im Maschinenbau
ISBN: 978-3-98555-243-6
Erscheinungsdatum: 14.10.2024

Keuper, Alexander:
Kompetenzbasierter Ressourceneinsatz in Multientwicklungsprojektumgebungen
ISBN: 978-3-98555- 236-8
Erscheinungsdatum: 09.09.2024

Edition Wissenschaft
Apprimus